水库型饮用水水源地保护理论与技术

以丹江口水库为例

尹　炜　王　超　辛小康　李　建等著

科学出版社

北　京

内 容 简 介

本书以南水北调中线工程水源地丹江口水库为研究对象，介绍水库型饮用水水源地保护的基础理论、关键技术和管理措施等。基础理论包括水库型饮用水水源地水质安全保障分区、污染来源追踪模拟；关键技术包括库湾富营养化风险防控技术、库滨带生态屏障构建技术、面源污染生态阻控技术、水源涵养林定向恢复技术；管理措施包括入库河流纳污红线管理、生态清洁小流域建设、跨区域农林帮扶生态补偿。

本书可供水利、环境、生态、地理等学科的研究人员、相关专业高等院校师生，以及自然资源、生态环境等职能部门工作人员阅读参考。

图书在版编目（CIP）数据

水库型饮用水水源地保护理论与技术：以丹江口水库为例/尹炜等著.
—北京：科学出版社，2021.6
ISBN 978-7-03-068972-6

Ⅰ.① 水… Ⅱ.① 尹… Ⅲ.① 水库-饮用水-水源保护-研究-丹江口
Ⅳ.① X524

中国版本图书馆 CIP 数据核字（2021）第 105234 号

责任编辑：刘　畅/责任校对：高　嵘
责任印制：彭　超/封面设计：苏　波

科 学 出 版 社 出版
北京东黄城根北街 16 号
邮政编码：100717
http://www.sciencep.com
武汉精一佳印刷有限公司 印刷
科学出版社发行　各地新华书店经销
＊

开本：787×1092　1/16
2021 年 6 月第 一 版　印张：23 1/2
2021 年 6 月第一次印刷　字数：586 000
定价：238.00 元
（如有印装质量问题，我社负责调换）

水库型饮用水水源地是我国饮用水水源地的重要组成部分，在我国的供水系统中占有重要地位。《全国重要饮用水水源地名录》（2016 年）中公布的 618 个各类型的水源地中，水库型饮用水水源地就有 270 个，占全部重要饮用水水源地的 43.7%。根据 2018 年《中国水资源公报》，全国 1129 座主要水库中，全年总体水质为 I～III 类的水库有 986 座，占评价总数的 87.3%，IV～V 类的水库有 114 座，占评价总数的 10.1%，劣 V 类水库共计 29 座，占评价总数的 2.6%。总体来看，水库型饮用水水源地水质状况不容乐观，水源地的污染治理和水质保护任务十分紧迫。

我国水库型饮用水水源地多位于山区，水土流失、农业面源污染等通常是水源地水质保护面临的主要问题，水库的人工调控导致消落带植被退化、土壤氮磷释放、库湾富营养化等问题也比较突出。另外，山区水库汇水面积大，尤其是大型水库，流域面积远远超过水域面积，水质保护工作与区域的社会经济发展紧密相关。针对水库型饮用水水源地的这些特点，系统开展水质保护和污染防控相关技术和理论研究，对于推动水库型饮用水水源地的保护工作十分必要。

国外针对地表水水源地的保护技术和理论研究始于 20 世纪 70 年代，近年来我国在这方面的研究也取得了长足的进步。在水源地管理方面，国内外开展了大量研究和实践，形成了诸如水质目标管理、水源地生态补偿、小流域生态建设等多种管理模式。在污染防控理论方面，形成了景观"源-汇"理论、"种养平衡"理论、"循环再生"理论等。在污染防控技术，尤其是面源污染治理技术方面也开展了大量工作，形成了景观格局优化配置、沟塘水系生态化改造、污染物源头减量控制等一系列技术措施，在农业面源污染控制中都有广泛的应用。

已开展的水源地保护研究和实践取得了较好的成效，但针对水库型饮用水水源地的保护理论和技术，尚未见系统性研究和报道。尤其是针对水库型饮用水水源地面临的库湾富营养化风险、消落带植被退化、库周水土流失、小流域农村农业面源污染输出、区域生态补偿等问题，尚未形成系统的对策和措施。因此，针对水库型饮用水水源地的基本特点开展系统研究和分析，形成能够适用于广大农村地区，尤其是在大型水库流域范围高效应用推广的面源污染治理技术模式，将是我国水库型饮用水水源地保护的根本出路。

本书以南水北调中线工程水源地丹江口水库为研究对象，系统总结水库型饮用水水源地保护的基础理论、关键技术和管理措施。全书共 10 章，第 1 章为绪论，第 2 章介绍水质安全保障分区，第 3 章介绍污染来源追踪模拟，第 4 章介绍库湾富营养化风险防控，第 5 章介绍库滨带生态屏障构建，第 6 章介绍面源污染生态阻控，第 7 章介绍水源涵养林定向恢复，第 8 章介绍入库河流纳污红线管理，第 9 章介绍生态清洁小流域建设，第 10 章介绍跨区域农林帮扶生态补偿。希望本书的出版可以为从事水源地保护工作的教学、科研人员及水利、环保、农业管理工作者提供参考，也为南水北调中线工程的水源地保护工作提供帮助和支撑。

本书相关工作得到了丹江口库区环境保护科学研究项目"水生态保护与修复研究"（ZSY/K-ZX（2013）002）、国家科技支撑计划项目课题"丹江口库区生态修复与环境保障关键技术研究与示范"（2012BAC06B03）、水利部技术示范项目"丹江口库区水土保持与面源污染阻控技术示范"（SF-201708），以及国家自然科学基金项目"基于景观单元养分盈亏平衡的小流域农业面源污染模拟"（41101250）的资助。

本书第 1 章由尹炜、张洪撰写，第 2 章由辛小康、雷俊山、朱惇、李建撰写，第 3 章由辛小康、贾海燕、杨芳、卢路撰写，第 4 章由王超、白凤朋、王剑、徐建锋撰写，第 5 章由王超、雷俊山、李全宏、张乐群撰写，第 6 章由王超、徐建锋、雷俊山、贾海燕撰写，第 7 章由李建、闫峰陵、李璐、朱惇撰写，第 8 章由辛小康、杨芳、卢路、白凤朋撰写，第 9 章由徐建锋、李建、王玲、张洪撰写，第 10 章由李建、贾海燕、李超、湛若云、陈泽涛撰写，全书由尹炜、史志华审定统稿。

另外，本书还参考了其他单位和个人的研究成果，均已在参考文献中注明，在此表示诚挚的谢意。

限于水平和时间仓促，书中难免存在不足之处，敬请读者指正。

作 者

2021 年 1 月

目录

第1章　绪论 ··· 1

1.1　水库型饮用水水源地基本特征 ··· 2

1.1.1　水库生态系统特征 ··· 2

1.1.2　流域生态环境特征 ··· 3

1.2　水库型饮用水水源地保护基本思路和技术框架 ································ 4

1.2.1　水源地保护分区 ·· 4

1.2.2　关键污染源区识别 ··· 5

1.2.3　面源防控和消落带治理 ·· 6

1.2.4　水土保持和水源涵养 ·· 7

1.2.5　水源地综合管理 ·· 8

1.3　我国水库型饮用水水源地保护面临的形势与问题 ····························· 9

1.4　本书内容概要 ··· 10

参考文献 ··· 12

第2章　水质安全保障分区 ··· 15

2.1　水质安全保障分区体系 ·· 16

2.1.1　水资源保护分区研究进展 ·· 16

2.1.2　现有水源地水质保护分区方法及不足 ···································· 17

2.1.3　水库型饮用水水源地水质安全保障分区方案 ·························· 19

2.2　水质安全保障分区方法 ·· 21

2.2.1　水质安全保障区一级区划分 ··· 21

2.2.2　水质安全保障区二级区划分 ··· 22

2.3　丹江口水源地水质安全保障分区方案 ·· 24

2.3.1　丹江口水源地水质安全保障一级区 ······································· 24

2.3.2　丹江口水源地水质安全保障二级区 ······································· 24

参考文献 ··· 40

第3章　污染来源追踪模拟 ··· 43

3.1　污染类型判别方法 ·· 44

3.1.1 基流分割：数字滤波法 ·· 44

3.1.2 点源和非点源污染负荷估算：通量法 ···················· 44

3.1.3 污染类型判别方法在丹江口水源地的应用 ··············· 45

3.2 入库河流点源污染反演方法 ·· 54

3.2.1 点源浓度正向预测模型 ·· 54

3.2.2 点源污染反演模型构建 ·· 55

3.2.3 点源污染反演模型验证 ·· 57

3.3 面源污染追踪方法 ·· 59

3.3.1 自然界氮稳定同位素及其分馏现象 ························ 59

3.3.2 自然界中氮同位素的分馏机制 ······························ 61

3.3.3 不同来源氮污染氮同位素分馏特点及其判别依据 ······ 62

3.3.4 面源污染追踪方法在丹江口水源地的应用 ··············· 64

3.4 面源污染过程模拟 ·· 67

3.4.1 研究区概况 ·· 67

3.4.2 流域基础数据库构建 ·· 67

3.4.3 数学模型构建 ··· 73

3.4.4 流域特征与水化学响应 ·· 77

参考文献 ·· 88

第4章 库湾富营养化风险防控 ·· 91

4.1 库湾富营养化状况和变化趋势 ····································· 92

4.1.1 富营养化评价方法 ··· 92

4.1.2 典型库湾富营养化评价 ·· 93

4.1.3 2016~2018年春季水库富营养化变化趋势 ··············· 98

4.2 深窄型库湾富营养化风险防控 ····································· 104

4.2.1 技术思路 ·· 104

4.2.2 技术方案 ·· 105

4.2.3 羊山库湾示范建设 ··· 107

4.3 宽浅型库湾富营养化风险防控 ····································· 114

4.3.1 技术思路 ·· 114

4.3.2 技术方案 ·· 114

4.3.3 宋岗库湾典型设计 ··· 117

参考文献 ·· 124

第 5 章　库滨带生态屏障构建 ·· 127

5.1　库滨带植物种质资源调查 ·· 128

5.1.1　调查方法 ·· 128

5.1.2　库滨带植物群落类型 ·· 134

5.1.3　库滨带植物群落的物种多样性 ·· 139

5.1.4　库滨带植物群落空间分布特征 ·· 140

5.2　库滨带适生植物种质资源筛选 ·· 140

5.2.1　库滨带植物种质资源库构建 ·· 140

5.2.2　库滨带植物淹水和干旱胁迫试验 ·· 143

5.2.3　引进植物淹水经历调查 ·· 157

5.2.4　库滨带适生植物种质资源筛选 ·· 160

5.3　库滨带适生植物群落配置模式优化 ······································ 162

5.3.1　植物对区位环境的适应力 ·· 162

5.3.2　库滨带植物群落模式配置 ·· 163

5.4　库滨带生态屏障构建典型案例 ·· 165

5.4.1　陡坡库滨带生态屏障建设示范 ·· 165

5.4.2　缓坡库滨带生态屏障建设示范 ·· 168

参考文献 ·· 172

第 6 章　面源污染生态阻控 ·· 173

6.1　面源污染生态阻控总体思路和技术框架 ·································· 174

6.1.1　面源污染生态阻控理念 ·· 174

6.1.2　面源污染生态阻控总体思路 ·· 175

6.1.3　面源污染生态阻控技术措施 ·· 175

6.2　小流域面源污染生态阻控技术实施流程 ·································· 178

6.3　胡家山小流域面源污染生态阻控系统 ···································· 179

6.3.1　小流域概况 ·· 179

6.3.2　阻控系统建设 ·· 180

6.3.3　实施效果 ·· 181

6.4　余家湾小流域面源污染生态阻控系统 ···································· 190

6.4.1　小流域概况 ·· 190

6.4.2　阻控系统建设 ·· 191

6.4.3　实施效果 ·· 192

6.5　张沟小流域面源污染生态阻控系统 ······································ 193

6.5.1 小流域概况 ·······193
6.5.2 阻控系统建设 ·······194
6.5.3 实施效果 ·······198

6.6 肖河小流域面源污染生态阻控系统 ·······200
6.6.1 小流域概况 ·······200
6.6.2 阻控系统建设 ·······201
6.6.3 实施效果 ·······207

参考文献 ·······210

第7章 水源涵养林定向恢复 ·······213
7.1 水源区森林植被动态变化 ·······214
7.1.1 森林覆盖变化的动态特征 ·······214
7.1.2 林地分布的主要影响因子 ·······216
7.1.3 林地变化的影响因子 ·······217

7.2 水源涵养植物筛选及群落模式构建 ·······219
7.2.1 水源涵养植物及群落模式筛选 ·······219
7.2.2 径流小区恢复模式设计 ·······224
7.2.3 水源涵养林模式建设 ·······224

7.3 植物群落多样性及生态结构 ·······227
7.3.1 调查方法 ·······227
7.3.2 种子植物区系 ·······227
7.3.3 植物群落生态结构 ·······234

7.4 水源涵养林建造分区及造林技术完善 ·······235
7.4.1 水源涵养林建造分区 ·······235
7.4.2 水源涵养林造林关键技术 ·······236

参考文献 ·······239

第8章 入库河流纳污红线管理 ·······241
8.1 河流纳污红线管理技术 ·······242
8.1.1 水域纳污能力核算基本单元 ·······242
8.1.2 水域纳污能力核算方法 ·······242
8.1.3 限制排污总量确定方法 ·······244

8.2 纳污红线管理技术在丹江口水源地的应用 ·······245
8.2.1 水功能区划情况 ·······245

8.2.2　水域纳污能力核定条件 ·· 248

8.2.3　水域纳污能力核定结果 ·· 250

8.2.4　限制排污总量方案制订 ·· 252

8.3　典型入库河流限制纳污红线管理技术方案 ·································· 256

8.3.1　神定河限制纳污红线管理技术方案 ·· 256

8.3.2　老灌河限制纳污红线管理技术方案 ·· 263

8.3.3　官山河限制纳污红线管理技术方案 ·· 268

参考文献 ·· 272

第 9 章　生态清洁小流域建设 ··· 273

9.1　生态清洁小流域建设内涵与思路 ··· 274

9.2　生态清洁小流域建设措施体系 ··· 275

9.2.1　源头控制措施 ··· 276

9.2.2　传输控制措施 ··· 280

9.2.3　末端控制措施 ··· 285

9.3　生态清洁小流域建设分类 ··· 288

9.3.1　综合治理型生态清洁小流域 ··· 289

9.3.2　生态农业型生态清洁小流域 ··· 290

9.3.3　景观建设型生态清洁小流域 ··· 291

9.4　典型生态清洁小流域建设模式与经验 ······································ 292

9.4.1　桃花谷小流域 ··· 292

9.4.2　饶峰河小流域 ··· 297

9.4.3　闵家河小流域 ··· 302

9.4.4　胡家山小流域 ··· 306

参考文献 ·· 310

第 10 章　跨区域农林帮扶生态补偿 ·· 311

10.1　生态补偿理论 ·· 312

10.1.1　生态服务价值理论 ·· 312

10.1.2　水资源外部性理论 ·· 314

10.1.3　水资源价值理论 ··· 314

10.2　水源区生态服务价值评估体系 ·· 316

10.2.1　水源区生态服务价值评估框架 ··· 316

10.2.2　水源区生态服务价值评估方法 ··· 317

10.2.3 水源区生态服务价值评估 ··· 322

10.3 水源区农林帮扶生态补偿机制 ··· 329

10.3.1 水源区生态补偿内涵 ·· 329

10.3.2 农林帮扶生态补偿机制框架 ·· 329

10.4 典型流域农林帮扶生态补偿实例 ··· 348

10.4.1 堵河上游流域概况 ·· 348

10.4.2 基于绿水管理的农林帮扶生态补偿 ·· 353

10.4.3 其他农林帮扶生态补偿 ·· 364

10.4.4 堵河上游农林帮扶生态补偿体系 ·· 364

参考文献 ·· 366

第 1 章
绪　　论

　　饮用水水源地是指为居民生活及公共服务供水的水源地域，其主要类型有河流、湖泊、水库、地下水等，其水质安全作为国家公共卫生安全的重要保障，与人民群众的健康和社会稳定密切相关。根据水利部发布的 2018 年《中国水资源公报》，全国 31 个省（直辖市、自治区）共评价 1 045 个集中式饮用水水源地，全年水质合格率在 80% 及以上的水源地占评价总数的 83.5%。水库型饮用水水源地在我国的供水系统中占有重要地位。当前，我国水库的水质现状不容乐观，水库型饮用水水源地保护面临较大的压力。

1.1 水库型饮用水水源地基本特征

1.1.1 水库生态系统特征

水库是通过人工筑坝形成的水体，一般建造于河谷，是人类利用工程手段来调节和利用水资源的主要方式。在我国，库容小于 0.1 亿 m^3 的水库为小型水库，大于 1 亿 m^3 的水库为大型水库，库容在 0.1 亿～1 亿 m^3 的水库为中型水库。水库是一种半人工半自然的水体类型，水域面积与流域面积之比一般在 1：20～1：100，远大于同面积的天然湖泊，从而使流域特征对水库的影响更为剧烈（韩博平，2010）。水库形成后会对河流形成明显的缓流效应。根据水库的形态结构，水库由入水口到大坝可依次分为河流区（riverine zone）、过渡区（transition zone）和湖泊区（lacustrine zone）（Wetzel，1990）。河流区位于水库入水口处，窄而浅。河水流速在河流区开始变慢，但河流区仍是水库中流速最快、水力滞留时间最短的区域。过渡区结构上宽而深，水流流速进一步减缓，粒径小的淤泥、黏土和细颗粒物大量沉积。湖泊区位于水库大坝处，是水库最宽最深的区域，极易出现水温、物质浓度垂直分层现象。湖泊区水流流速最慢，由于颗粒物大量沉降，水体透明度在 3 个区中最高。

除供水功能外，水库通常同时具有防洪、发电、灌溉、航运等功能，水库的水位主要受到水库调度的影响。相对于湖泊，水库具有更加剧烈的水位波动，水位的变化节律具有很强的人工调控属性。以丹江口水库为例，根据水利部批复的《丹江口水利枢纽调度规程（试行）》，丹江口水库在汛期未发生洪水时，水库按不高于防洪限制水位运行。即夏汛期 6 月 21 日～8 月 20 日，防洪限制水位为 160 m；8 月 21～31 日为夏汛期向秋汛期的过渡期；秋汛期 9 月 1 日～10 月 10 日，其中 9 月 1～30 日防洪限制水位为 163.5 m。从 10 月 1 日起，视汉江汛情和水文气象预报，水库可以逐步充蓄；10 日之后可蓄至正常蓄水位 170 m。考虑泄水设施启闭运行、水情预报误差，实时调度时，水库运行水位可在防洪限制水位上下 0.5 m 范围内变动。为保证防洪需要，汛前水位应逐步平稳消落，在 6 月 20 日应消落至 160 m；水库调洪蓄水后，在洪水退水过程中，应统筹考虑下游防洪要求、枢纽运行安全和水库供水等，使水库水位尽快消落至防洪限制水位。可见，水库的水位波动具有明显的冬季高夏季低的特点，与自然湖泊的丰枯节律具有明显的差异。

消落带是水库特有的形态结构，对水源地水质的影响不容忽视。消落带周期性淹水和落干会造成一些繁殖较快的草本植物形成生长-死亡-腐解的循环，有机物不断累积释放（肖丽微 等，2017）；一些大中型水库的消落带土壤肥沃，库周群众的无序耕种较多，农业生产活动产生的面源污染问题突出（孙盼盼 等，2014）。我国自 20 世纪 50 年代初就在三峡工程对生态环境影响的研究中提到水库消落带可引发生态环境问题。但直至 90 年代初，有学者提出三峡库区蓄水导致的大面积消落带将造成严重的环境污染问题，才将水库消落带问题再次带到人们面前（郑海金 等，2010）。丹江口大坝加高蓄水后，水库消落带高程范围上移，由于消落带管理机制尚不完善，库周土地无序利用的现象比较普遍。农业耕作活动破坏植被，增加了水土流失，不可避免地产生一定的面源污染，特别是农民在种植过程中，难免少量使用化肥、农药，对库区生态环境和水质带来一定风险。另外，很多水库型饮用水水源地还存在内源污染问题，水库淤积物氮、磷物质的不断溶出和释放可能对上覆水水质造成威胁（周建军 等，2006）。

由于水体缓流和水位消落等基本特征，水库型饮用水水源地一般面临富营养化、库滨屏障功能不足等问题。根据丹江口水库水质监测数据，丹江口水库整体处于中营养状态，但部分水动力条件较差的库湾水体出现轻度富营养状态，富营养化风险较高。丹江口大坝加高后，正常蓄水位 170 m 与夏季防洪限制水位 160 m 之间形成了变幅达 10 m 的消落区，植被退化明显，严重削弱了水源地的水质安全保障能力。在过去的几十年里，国际上对水库水质的管理一直沿袭对湖泊的管理经验。随着对水库生态系统的深入研究，人们逐步意识到水库和湖泊生态系统在动力学过程及机制上差异较大。因此，基于水库的基本特征开展水库型饮用水水源地保护的针对性研究十分必要。

1.1.2　流域生态环境特征

水库型饮用水水源地一般位于山区，流域范围多为农村，污染类型以面源污染为主。农村地区面源污染来源多、分布广，包括农业种植、农村养殖、农村生活污水和垃圾、水土流失等。农业种植方面，山区农村地少人多，农田耕种强度大，化肥过量施用和流失的问题比较突出。不同耕作方式对污染物流失影响强烈，其中坡耕地流失量最大。农村地区生活污水散排现象比较普遍。很多水库型饮用水水源地作为水利风景区，流域内旅游人口的生活污水排放更为突出。研究显示，旅游村的人均生活污水排放系数是普通村的 4～5 倍（尹洁 等，2009），厨余废水、洗浴废水和洗衣废水构成生活污水的主要部分。很多村落的生活垃圾和养殖废物没有规范化收集处理，随意堆放，也会影响沟道水体的输出水质（王旭旭，2016）。水库型饮用水水源地一般划定了禁养区和限养区，近年来随着水源地管理和保护力度的加强，规模化养殖的问题逐步解决，但还是存在分散畜禽和水产养殖污染问题，对北京的密云水库、云南的鱼洞水库等水源地的调查都发现分散养殖对流域的污染负荷影响不容忽视（庞树江 等，2017；全勇 等，2015）。水土流失也是重要面源污染来源，尤其是在水库的拦截和缓流效应下，水土流失携带的颗粒物更容易滞留，对水源地水质造成影响。对丹江口水库（龚世飞 等，2019）、洋河水库（陈平 等，2018）、汾河水库等水源地的研究结果也都表明水土流失是非常重要的面源污染来源。

从土地利用类型上看，水库型饮用水水源地流域范围多以林地为主，水源涵养林在流域生态系统中地位突出。水源涵养林包括原始森林、次生林和人工林。森林通过庞大的林冠层、丰富的枯枝落叶层，既能够吸附、截留一定的降雨，又能够有效减轻或防止雨水冲击和土壤侵蚀，且具有深厚的疏松土壤层，利于降雨过程中的雨水下渗，水土保持和涵养水源的效益十分显著。水库型饮用水水源地通过流域范围的森林系统对区域降雨进行调蓄缓冲，实现水资源的调节与水质净化的效果。很多水库位于山区丘陵，地形地质条件加上森林砍伐、农业耕种等原因，水土流失问题比较突出，水源涵养林建设成为水库型饮用水水源地保护的重要任务。例如，丹江口水库在 20 世纪 60 年代，由于林木被大量砍伐，植被以灌木草本为主，乔木数量少，森林植被非常脆弱。随着长江防护林、天然林保护工程的建设和退耕还林政策的逐步落实，库区及上游的森林植被有较大的改善，水土流失问题得到一定程度的缓解。根据水利部发布的《中国水土保持公报（2018 年）》，水源区仍有 2.85 万 km^2 的水土流失面积，平均年土壤侵蚀量达 0.69 亿 t，平均侵蚀模数为 3 177 t/（$km^2 \cdot a$）。

在区域社会经济发展方面，水库型饮用水水源地的生态环境保护要求与区域经济发展需求容易形成冲突。水库型饮用水水源地通常位于丘陵山区，交通不便，土地资源不足，很多都属于贫困地区。为确保水源地的供水安全，维护良好的生态环境，水源地的经济发展往往受到限制，致使水源地经济发展速度与其他地区的差距不断拉大。部分大型水库流域范围分布有城镇甚至大型城市，区域的社会经济发展必须优先考虑水源地的生态环境保护要求和承载能力，产业发展存在诸多限制，经济发展的需求非常强烈。水库型饮用水水源地保护与城乡经济社会发展有着密切的联系，农村地区的经济发展水平决定农村污染控制措施的推广效果，城市规模的不断扩大也会导致水源地保护的压力不断增加。在区域经济发展水平较低的条件下，水土流失治理，污水处理厂建设、运行、提标改造等工作都会受到制约，农村和农业面源污染治理更是难以全面推广。近年来，我国污染治理力度不断加大，水源地作为优先重点保护的水体，城镇点源问题基本得到有效控制（雷阿林 等，2013），但农村面源、城镇发展带来的污染增量、水土流失等始终是影响水库型饮用水水源地水质安全的潜在因素。

1.2 水库型饮用水水源地保护基本思路和技术框架

1.2.1 水源地保护分区

水库水域与汇流区内的陆域在水文循环过程中是一个有机整体。对水源地的保护，如果忽视生态系统的完整性、水文循环的纽带作用，忽视水域周边的生态与环境对水体的影响，就不能从根本上保障水源地的安全。水库型饮用水水源地，尤其是大中型水库，流域面积大，涉及因素多，水源地保护工作必须进行分区分级。水源地保护区划分是饮用水水源地安全保障的基础和前提，保护区划分须遵循水文循环规律，从问题出发，进行科学划定（陈敏建 等，2006）。国外关于水源地水质保护分区研究起源很早，如德国于18 世纪末期在科隆地区划分了第一个水源保护区，随后针对不同水体分别出台了《地下水水源保护区条例》《水库水水源保护区条例》《湖泊水水源保护区条例》（李建新，1998）。我国的饮用水水源地保护工作按照一级保护区、二级保护区和准保护区三个分区分别保护的思路开展，并制定了《饮用水水源保护区划分技术规范》（HJ/T 338—2018）。

《饮用水水源保护区划分技术规范》是 2018 年环境保护部颁布的指导性标准，根据各省份公布的水源保护区划分方案，全国至少有 119 处大中型水库按照该规范划定了水源保护区，涉及北京、河北、山西、吉林、黑龙江、江苏、安徽、福建、山东、河南、湖北、湖南、广东、重庆、四川、云南等多个省份（王民 等，2018）。不少学者指出，现行的饮用水水源地保护区划分方法不尽合理（卢士强 等，2010；常德政 等；2010），也有学者提出不同的分区方案。陈敏建等（2006）提出，湖库作为独特的产汇流区域，根据流域的地理学特征、污染物的发生特征和输出特征，可将其划分为三个控制单元：湖库水体、入库径流及周边汇流区域，其中周边汇流区域又分为岸带和坡面带。湖库水体主要的污染来源为来往船只的排污、水产养殖及部分水域可能发生的底泥释放；入库径流主要为上游点源排放，并承接上游小流域面源污染，携带泥沙入库；汇流区域岸带主要威胁为库岸崩塌、开挖、采砂及固体废弃物，坡面带（包括水库上游小流域）重点控制水土流失、面源污染等。吴问琦（2011）提出生态保护区、生态保育区、生态建设区、生态防护区的分区方案。其中生态保护区主要为一级水源保护区，生态保育区主要包括现状基本农田、林地保护区域，生态建设区主要包括水库周边集镇区、城市建设区及规划生态休闲旅游区等建设区，生态防护区包括入库河渠水系绿带、道路防护林带、高压线走廊等空间形式的生态廊道。

总体来看，虽然《饮用水水源保护区划分技术规范》对水源保护区的划分提出了明确的要求和方案，但是该规范对水源地，尤其是水库型饮用水水源地的流域整体性考虑不足，因此在水库型饮用水水源地分区保护工作中还存在较大的优化空间。

1.2.2　关键污染源区识别

面源污染的发生受土壤、地形、气候、水文、土地利用和管理方式等众多因素的影响，流域内不同景观单元的污染负荷输出系数可能差异十分显著，少数景观单元往往占据了整个流域污染负荷的绝大部分。有研究表明，在很多流域磷的关键源区只占整个流域的一小部分，磷流失量的 90% 来自 10% 的区域（周慧平 等，2005）。识别流域范围内的关键污染源区，将治理重点和有限的资源投入负荷最高、对水质影响最大的区域，能够显著降低污染治理的难度，提高投资效益并节约土地资源。

水库型饮用水水源地汇水面积大，面源污染关键区识别体现在两个层次，一是在大尺度上识别整个流域内面源发生风险高的区域，二是小尺度上识别景观单元容易产生污染物的地段和部位。在流域尺度上，通常以土地利用、水文过程为基础，将水文/水质模型相结合，利用遥感数据和地理信息系统技术在大尺度上确定污染高风险区。在景观单元尺度，面源污染产生源强受地形和耕种措施、土壤和水分状况、抗侵蚀能力等因素的影响。通常需要根据景观单元内的各项参数指标进行量化识别，根据土壤性质、所在单元与受纳水体的距离、地形坡度及土地利用方式等特征，建立面源污染指数模型，对景观单元内的面源污染发生风险进行量化（王中根 等，2003）。

国内外很多学者发现，面源污染来源复杂，识别困难，逐渐成为水源地保护的主要障碍。尤其一些大中型水库流域土地利用复杂多样，对污染来源的准确判断成为开展水源地保护工作的基础。目前针对水源地面源污染模拟和预测的研究大量展开，如利用面源污染风险评价技术剖析面源污染与水源周边土地利用方式的内在联系，采用输出系数法分析各类景观及集水区特征与地表水污染物浓度之间的关系（周慧平 等，2005）。针对农田生态系统的磷流失，有学者提出土壤磷流失的敏感性评价指标体系来评价磷的潜在流失风险，并以敏感性指数来半定量描述农业非点源污染的潜在风险分布（周慧平 等，2008）。还有学者应用遥感、地理信息系统技术对水源地的面源污染进行大尺度解译识别，通过数值模拟技术研究水源地面源污染物输移扩散过程等（郑丙辉 等，2007）。这些研究推动了水源地面源污染研究进入定量化阶段，一些定量分析的模型被广泛应用于农业管理方式对流域面源污染预测、营养盐动态迁移转化模拟等方面，如暴雨洪水管理模型（storm water management model，SWMM）、农业非点源模型（agriculture non-point source，AGNPS）等（孙本发 等，2013）。

1.2.3　面源防控和消落带治理

水库型饮用水水源地流域范围的面源污染是威胁水质的主要因素。在农村面源污染治理方面，我国开展了大量实践和探索，形成了源头减量、过程阻断、养分再利用、生态修复等一系列技术措施（杨林章 等，2013）。在流域尺度，利用"源-汇"理论实施生态工程措施，优化配置景观格局，一直是水库型饮用水水源地面源污染控制的重要手段。根据源和汇的理论，在面源污染形成的过程中，农田等景观起到"源"的作用，人工湿地和缓冲带等景观可以滞蓄污染物而起到"汇"的作用，同时沟道水系等景观起到了传输的作用。如果流域中"源""汇"景观在空间分布上达到了平衡状态，形成合理的分布格局，流域会产生较少的污染物输出；反之，如果流域景观格局分布不合理，并有较多的"源"集中分布，而缺乏"汇"的滞蓄作用，流域将会有较多的污染物输出产生（叶碎高 等，2008）。水库型饮用水水源地多为山区农村，采用投资少、易维护、易推广的生态工程措施，减少面源输出，是水源地水质保障的基本途径。

水源地面源污染防控过程中，常用的面源污染控制生态工程措施包括植被缓冲带、自然和人工湿地、水塘、前置库、沟渠系统等。植被缓冲带指在河道与陆地交界的一定区域内建设乔、灌、草相结合的立体植物带，在陆地与河道之间起到一定的缓冲作用，缓冲带建设主要考虑因素是宽度和植物配置（邓红兵 等，2001）。国外研究发现，植被缓冲带的去污效果随着带宽的增加而提高，但 3～5 m 的带宽也能取得理想的效果，不同水质保护目的和目标所要求的缓冲区宽度，可以作为建立植被缓冲带的参考依据（曾立雄 等，2010）。在植被选择上，应该尽可能采用本土植物，较高的地表覆盖度有利于降低地表径流速度和过滤其中的颗粒态污染物（王超 等，2018）。湿地、水塘、前置库、沟渠系统作为重要的"汇"景观，在面源污染输移过程中起到重要的滞留和净化作用。例如，多水塘系统能够截留日降雨强度 141 mm 的降雨所产生径流的 90%，径流流量峰值从 2.6 m³/s 降低到 0.3 m³/s；由于较大的储水容量，多水塘系统能够有效地沉积水土流失颗粒，平均年沉积厚度可达 3 cm（涂安国 等，2009）。前置库通过减缓入库水流速度，使径流污水中的泥沙沉淀，并吸收去除水体和底泥中的污染物和营养物质（徐祖信 等，2005）。自然和人工湿地、生态沟渠等也都是通过调蓄径流、增加颗粒物沉降、强化营养物质吸收来控制面源负荷，这些措施在农业面源污染控制中都有广泛的应用。

针对消落带问题，当前的研究重点主要集中在消落带的土地利用模式、消落带的土壤环境问题及消落带的生态修复等（程瑞梅 等，2010）。消落带的特征和生态过程都是由水位涨落过程、区域气候、地质构造等共同决定的，但最主要的还是水位大幅涨落带来的影响（Battaglia et al.，2006）。季节性水位的涨落导致区域内的光照、水分等环境因素改变，对植物的光合作用、呼吸作用、生长繁殖产生巨大的制约，进而引起植物的分布演替甚至退化（Urbanc-Beri et al.，2004）。植被重建和恢复的基本要求是消落带生态系统在应对水位反复涨落周期、耐淹时间、水位变化频率、人为干扰、外来种入侵等方面具有较强的适应性。

国内外在消落带的植被恢复和重建方面都开展了很多探索，如张建春等（2003）采用先锋物种引入和生物工程措施，设计了元竹-枫杨-薹草和意杨-紫穗槐-河柳-薹草两种群落优化配置模式，恢复后的河岸带生态系统生物多样性和稳定性增加。国外的研究区域更加偏重于岸边带（riparian zone），对植被缓冲带的氮磷净化机制（Anbumozhi et al.，2005）、岸边挺水植被的恢复（Azza et al.，2006）、植被演替过程（Kellogg et al.，2003）等都开展了深入系统的研究。在岸边带修复方面，国外有很多应用柳属植物作为植被重建物种的成功案例（Pezeshki et al.，2007）。就目前的研究来看，选择适生乡土植物进行种植模式的配置，将生物、生态、工程相结合是推动消落带植被恢复的常用手段（程瑞梅 等，2010），但尚未形成普适性的方案，水库消落带的生态修复依旧是一项世界性难题。

1.2.4　水土保持和水源涵养

水土保持和水源涵养在水库型饮用水水源地保护工作中占有重要地位。森林与水的关系在 20 世纪初就开始有人研究，主要关注森林砍伐对流域产水量的影响。美国在 1965 年对 95 个流域进行了试验研究，认为流域的产流量随着森林采伐量的增加而增加。但苏联的研究认为中等流域的森林覆盖率对年产水量有促进作用，森林覆盖率升高 10%，河川流量将增加 19 mm。英国、日本、德国的研究则认为，面积较小的集水区，森林的存在会减少年径流量，面积较大的流域（数百或数千平方千米）情况则相反，径流量会随着森林覆盖率的升高而增加（高成德 等，2000）。我国也在开展相关的研究工作，如植被覆盖率变化对径流量的季节分配、洪水量、洪水过程的影响等，总的观点认为森林覆盖率的减少会不同程度地增加河川径流量（刘世荣，1996）。从世界各国的研究来看，对森林植被和流域产水量的关系尚未形成统一的认识，这也迫使研究人员更加重视水文物理机制的研究，为水源涵养林的经营提供依据（余新晓 等，2001）。

尽管森林对产水量的影响未有定论，但对水质和泥沙都有非常显著的调控作用。欧美发达国家 20 世纪 70～80 年代就开始关注森林对水环境的影响，尤其是 90 年代以来点源和非点源污染问题日益突出，开发不同时间和空间尺度上污染物迁移转化模型，成为评价森林对水质影响的主要任务（朱磊 等，2012）。据苏联对小流域的试验研究结果，在皆伐条件下，由于溪流水温上升，生物活动旺盛，其生物需氧量（biological oxygen demand，BOD）为择伐流域的 1.11～1.28 倍，总氮含量为择伐流域的 3～4 倍。北京林业大学在山西吉县对水土保持林水质效应的研究表明：以森林为主的溪流水质指标优于以农地+荒地为主的溪流水质；三峡和丹江口地区的研究也显示，森林为主的坡面径流水质明显优于农地+荒地为主的坡面径流水质（徐建锋 等，2016；韩黎阳 等，2014）。在泥沙研究方面，很多学者指出植被对土壤的侵蚀、沉积、风化等过程多有影响。美国学者认为生物量积累过程是控制土壤侵蚀的主要生物学机制。日本学者提出人工裸地的侵蚀量相当于自然植被地的 4～20 倍，同时树种、林种、空间配置、覆盖率和密度等都会影响森林对土壤侵蚀的防控效果

（丸山岩三 等，1994）。水源涵养林对径流泥沙的控制是水源涵养林效益评价的重要指标，对密云水库水源保护林防止土壤侵蚀效益的评价结果表明，林地对坡面产沙的削减率平均为 79.7%，对小流域产沙的削减率平均为 65.6%（冯秀兰 等，1998）。

当前，我国水源涵养林尚存在结构不合理、功能不完善等问题，水源涵养林恢复是水库型饮用水水源地保护的重要内容。科研人员在我国各大水源区上游，科学推进还草还林工程，初步提出了水源涵养型植被的优化群落结构，如在长江上游开展了水源涵养型植被群落结构与功能等一系列研究，筛选出栎类、云南松等优良水源涵养林乔灌木树种；在黄河上游，研究人员根据高原山地生态环境严酷、林分结构单一等特点，开展了混交树种与目的树种竞争关系等研究，为进一步营造良好的水源环境打下坚实基础（王静，2005）；在丹江口库区，研究人员针对生态环境脆弱、水土流失严重等问题，开展了水源涵养林的定向恢复及其空间配置优化研究（尹炜 等，2011）。水源地自然地理条件复杂多样，水源涵养林的定向恢复技术、经营模式及缓冲区营建模式等还需要更多的研究和实践。

1.2.5 水源地综合管理

针对水库型饮用水水源地的流域综合管理，国内外开展了大量研究和实践，形成了诸如水质目标管理、水源地生态补偿、小流域生态建设等多种管理模式。美国从 20 世纪 90 年代初即开始强调实施地表水体的流域管理计划，饮用水水源的保护也受益于《清洁水法》（*Clean Water Act*，CWA）规定的各类流域保护计划。对于受污染的饮用水水源，首先按照国家污染排放削减系统（national pollutant discharge elimination system，NPDES）要求，为点源制订排放限制措施，如水体仍不能达到功能水体质量标准，则将该水体列入受损水体清单，各州须为受损（污染）水体制订和实施最大日负荷总量（total maximum daily loads，TMDL）计划。美国的许多成功案例表明，受污染的水源水体通过 TMDL 计划水质得到有效改善，经严格评估后重新成为饮用水水源地。根据美国环保局（United States Environmental Protection Agency，USEPA）发布的 TMDL 计划指南，点源负荷可通过 NPDES 系统进行管理，非点源负荷则通过实施最佳管理实践（best management practices，BMPs）得以削减（巩莹 等，2010）。我国的水功能区限制纳污红线制度也是从水质目标管理的角度，对水源地管理模式的积极探索。2010 年 12 月《中共中央　国务院关于加快水利改革发展的决定》指出，我国要实行最严格的水资源管理制度，划定水资源管理的"三条红线"，其中之一就是水功能区限制纳污红线。我国集中式饮用水水源地均纳入了水功能区划，纳污红线实施方案对饮用水水源地的水质目标提出了明确要求，并核定了水功能区的纳污能力（彭文启，2012）。

生态补偿在促进水源地水质保护方面具有重要作用。从世界范围来看，德国、美国等国家已经实施了生态补偿制度。在德国，生态补偿的资金支出主要用于改变地区间既得生态利益格局，实现生态服务水平的均衡。其实行的是州际间横向转移支付，以州际财政平衡基金为主要内容。在美国，政府为提高流域上游地区居民对水土保持工作的积极性，采用了水土保持补偿机制，即由流域下游水土保持受益区的政府和居民向上游地区作出环境贡献的居民进行货币补偿。在欧洲，瑞典、比利时等国家也以各种与环境有关的税收（绿色税）等形式对生态环境进行补偿（葛颜祥 等，2006）。国外开展水源地生态补偿相对较早，较多采用生态环境付费（payment for ecological/environmental services，PES）等方式，生态补偿标准的确定和补偿资金的配置较为侧重市场化，补偿方式大致可分为生态补偿基金制度模式、生态补偿税模式、区域转移支付制度和流域（区域）合作模式等。发展经历了以政府为唯一补偿主体、以政府为主导补偿模式多样化、以市场化运作为主体多种实践模式相结合的 3 个历史阶段。实际上，我国早在 1992 年就开始探索生态补偿的办法，只不过在 20 世纪 90 年代前期，生态补偿关注的焦点是对生态环境加害者索取赔偿。到了 90 年代后期，生态补偿的对象才更多转向生态环境保护者和建设者。我国对西部退耕还林、还草者实施的补贴政策，就是一种典型的对生态保护者进行的补偿，而且在实践中取得了良好的社会效益和生态效益。国内水源地的生态补偿研究和实践相对较晚，部分学者在生态补偿机制的理论框架、补偿标准等方面开展了研究，对以政府为主导的一些水库型饮用水水源地也开展了试点探索。但是，缺少针对不同特征水库型饮用水水源地生态补偿模式的探讨和生态补偿框架研究（李建 等，2019）。

小流域生态建设是具有中国特色的水源地保护措施，对水源地流域范围内的水土流失控制和面源污染治理都起到非常重要的作用，其中最为典型的就是生态清洁小流域建设。生态清洁小流域建设通常以水土流失防治和面源控制为主要目标，根据地形地势及人类活动情况进行规划布局，因地制宜、因害设防布设防治措施，将流域建设成"有水则清、无水则绿"的水土保持生态系统。很多学者就生态清洁小流域的建设模式进行了研究和实践。围绕丹江口水库的生态建设问题，尹炜（2014）基于"水源涵养区-生态农业区-岸带缓冲区"的流域生态功能分区，提出了以坡面水土调控为基础、以沟塘水系利用为纽带、以岸带生态系统为屏障的立体生态控制新模式；同时针对小流域提出了"生态修复-综合治理-生态缓冲 3 道防线，林地径流控制-村落面源控制-农田径流控制-传输途中控制-流域出口汇集处理 5 级控制"的治理模式。贾海燕等（2015）将小流域划分为综合治理型、生态农业型、景观建设型 3 大类，并分类制订了建设重点。闫建梅等（2018）也提出了从山顶到水源区周边依次建设"生态修复、生态治理、生态保护"水源保护三道防线的治理思路。

1.3　我国水库型饮用水水源地保护面临的形势与问题

当前我国针对水库型饮用水水源地保护开展了大量工作，取得了较好的成效，但仍然面临一些问题。

一是对水库富营养化风险问题尚未形成有效的防控手段。据统计，2018 年长江流域 365 座水库中，处于中营养状态的水库有 237 座，占 64.9%；处于中、轻度富营养状态的水库有 128 座，占 35.1%。水库富营养化不仅直接关系受水人群的生命健康，同时也是水库生态健康的杀手，被称为"生态癌"。一旦富营养化，水体藻类过度繁殖，破坏水体生物多样性，导致水质迅速恶化、水生态系统崩溃，产生藻毒素等大量有毒有害物质，影响供水安全。

二是面源污染依然普遍，尚未形成能够适用于广大农村地区，尤其是在大型水库流域范围高效应用推广的面源污染治理技术模式。从问题复杂性和技术角度看，对于入库径流、水域及近岸带，目前已具备行之有效的控制技术和管理办法。只要加强对水域及入库径流的管理，严格实行污染物总量控制，隔离岸带并禁止该区域人类活动，以上几个区域的安全就可以得到有效保障。饮用水水源地保护的重点及难点在坡面带，该区受人类活动影响剧烈，水土流失、非点源污染成因复杂，影响范围广，产生后果严重，治理难度大，是水源地安全管理的难点和盲点。据估计，目前我国非点源污染约占河流和湖泊营养物质负荷总量的60%～80%。北京密云水库、天津于桥水库、安徽巢湖、云南洱海、上海淀山湖等水域，非点源污染比例超过点源污染，已上升为威胁饮用水水源水质的主要原因。汇流区非点源污染机理复杂，在降雨径流作用下，污染物既可从地表污染湖泊水库水体，也可通过地下水迁移进入湖泊水库。饮用水水源地坡面汇流区构成的技术问题复杂，迫切需要重大技术突破。因此，无论从对饮用水水源地的危害程度还是从污染控制技术的复杂程度来看，坡面带是饮用水水源地保护的最关键区域（陈敏建 等，2006）。

三是水库型饮用水水源地的流域生态系统高度复杂，尤其是大中型水库流域范围大，水质影响因素多，不论是水源地保护分区，还是流域管理措施，都具有很强的特异性，需要进行针对性的系统研究和分析。以长江流域水库型饮用水水源地为例，根据2016年调查结果，长江流域70个水库型饮用水水源地取水口水质全部达到或优于Ⅲ类地表水质量标准，但是仍有部分水质管理目标为Ⅱ类的水库型饮用水水源地存在氮、磷超标等问题。供水保证率达到95%的水库型饮用水水源地有68个，多数水源地已建有应急备用水源地，但仍有5处水源地未建成应急备用水源地，少数水源地二级保护区内还存在排污口，对水源地水质构成威胁。长江流域部分水库型饮用水水源地监控设施、信息监控系统建设和应急能力建设等方面还比较薄弱。例如，水源地未建立巡查制度，未开展排查性监测和营养状况监测，有些还缺乏应急监测能力。水源地保护的资金投入机制不健全，是制约水源地达标建设方案等措施落实的重要因素。《全国重要饮用水水源地安全保障达标建设实施方案》中提出了水源地达标建设的工程措施，包括备用水源地建设、取水口迁移、生态补偿等，但是这些措施的资金投入还较为不足。长江流域仅湖南省株树桥水库、贵州省红枫湖水库、湖北省丹江口水库等部分水源地开展了生态补偿试点，全流域尚未建立集中式饮用水水源地生态补偿制度（李建 等，2019）。

总体来看，当前我国水库型饮用水水源地保护面临的形势依然严峻，在水体富营养化风险防控、流域面源污染治理等方面存在技术制约，而在流域管理手段方面也需要更多有针对性的探索。解决好上述问题，将是我国水库型饮用水水源地保护的根本出路。

1.4　本书内容概要

丹江口水库是南水北调中线工程水源地，水质保护十分重要。随着南水北调一期工程全面建成并投入运行，丹江口水库的生态健康、水质安全、水量可靠性、监控预警、风险应对、统筹管理等众多问题受到了政府和社会公众前所未有的关注。围绕南水北调中线水源地生态环境保护的主题，"十一五"期间科技部启动了国家科技支撑计划项目课题"南水北调中线丹江口水库库区生态环境综合整治技术开发"，针对丹江口水库库周及集水区水土流失加剧、植被水源涵养功能低下、农业经济增长潜力弱、面源污染严重等生态环境问题进行生态环境保护技术与模式开发。在"十一五"研究基础上，"十二五"期间，科技部启动了国家科技支撑计划项目课题"丹江口库区生态修复与环境保障关键技术研究与示范"，其目标为通过库滨带和湿地恢复，强化入库河口的污染阻控功能，通过恢复和重建多功能植物群落库滨带，提升库滨带植被稳定维持能力。另外，国务院南水北调工程建设委员会办公室、国家自然科学基金委员会、水利部等相关部门也都针对南水北调中线水源地保护启动或支持了一系列科研和示范项目。课题组长期从事南水北调中线水源地保护工作，主持或参与了与中线水源地保护相关的多项科研课题，积累了丰富的研究成果和实践经验。本书是对课题组工作成果的系统梳理和总结，包括以下主要内容。

（1）水质安全保障分区。借鉴现有分区研究成果的经验，以水文单元为基础，水库型饮用水水源地水质安全保障分区包括两级划分体系。一级分区划分为水质保护核心区、水质影响缓冲区、水源涵养生态建设区。二级分区是在水质保护核心区内进一步依据水质管理要求和距离取水口的远近，划分为隔离防护区、生态阻控区。

（2）污染来源追踪模拟。针对丹江口水源地的污染来源追踪溯源问题，首先介绍污染类型判别的主要方法，包括基流分割—数字滤波法及点源和非点源污染负荷估算—通量法，并将上述判别方法在丹江口水源地进行了应用。其次对水源地入库支流点源污染反演方法进行研究，包括点源浓度正向预测模型、点源污染反演模型构建及验证。水源地流域面源追踪方法研究重点介绍营养盐追踪技术及其在丹江口水源地的应用。

（3）富营养化风险防控。丹江口水库分布有陡坡型和缓坡型两种库岸。针对陡坡库岸开发库湾水循环系统构建技术，利用风能将库湾水体抽提至库岸，在库滨带构建相关净化措施，异位削减水体营养负荷，并促进库湾水体流动，降低富营养化风险。针对缓坡库岸开发生态水系统构建技术，包括生态沟渠、前置库、生态塘、人工湿地等生态工程措施，能够对库周径流实现多级净化，削减入库营养负荷。

（4）库滨带生态屏障构建。丹江口水库大坝加蓄水高后，新形成的消落带因水文情势改变将进入新一轮植被演替过程，如果不加以人工干预，库岸屏障功能恢复过程漫长且生态效益有限。针对丹江口水库特殊的水文和地形条件，筛选适宜的种质资源，优化配置稳定的群落结构，构建高效的植被缓冲带，为丹江口水源地库滨带生态屏障恢复提供依据。

（5）面源污染生态阻控。针对丹江口库区的农村生产生活方式相对落后、农村面源突出的问题，以小流域为单元，以水的产流、汇流和径流过程为重点，探索微地形调整和沟塘水系生态化改造方法，使养分在流域内得到逐级削减和滞留，提出生态阻控措施体系构建的技术方法，为库区面源污染治理提供参考。

（6）水源涵养林定向恢复。详细介绍水源区森林植被动态变化分析，包括森林覆盖变化的动态特征和影响因子。开展水源涵养植物筛选及群落模式构建研究，对水源涵养植物及群落模式筛选、径流小区恢复模式设计、水源涵养林建设模式进行系统阐述。同时针对植物群落多样性及生态结构，乡土物种生态、生理特性及培育，水源涵养林建造分区及造林技术完善等内容都进行系统分析。

（7）入库河流纳污红线管理。系统介绍水源区河流纳污红线和限排总量控制技术，包括水域纳污能力核算基本单元、水域纳污能力计算方法、限制排污总量确定方法等。入河排污总量控制技术在丹江口水源区进行应用，并选择典型入库支流制订限制纳污红线管理实施方案。

（8）生态清洁小流域建设。系统介绍适用于丹江口水源区的生态清洁小流域措施体系，并结合已经开展的典型案例总结建设模式和经验，为水源区生态清洁小流域建设全面推广提供参考。主要内容包括生态清洁小流域建设内涵与思路，生态清洁小流域措施体系，丹江口水源区生态清洁小流域建设分类、典型生态清洁小流域建设模式与经验等。

（9）跨区域农林帮扶生态补偿。水源地生态补偿的类型有很多，本书重点关注跨区域农林帮扶类型的生态补偿。主要内容包括水源地生态补偿理论、水源区生态服务价值评估体系、水源区农林帮扶生态补偿机制、典型流域农林帮扶生态补偿实例等。

本书中与丹江口水库相关的地域范围名称较多，包括水源地、库区、库区及上游、水源区等，对上述范围界定如下。水源地即丹江口水库，地域范围包括正常蓄水位 170 m 以下的区域。库区是指丹江口水库流域范围内，水库淹没涉及的县级行政区，国务院批复的《丹江口库区及上游地区对口协作工作方案》明确库区范围涉及河南省南阳市淅川县、邓州市和湖北省十堰市张湾区、茅箭区、丹江口市（含武当山特区）、郧阳区、郧西县共 7 个县（市、区）。本书从研究角度考虑，所提到的库区还包括流域内涉及的河南省南阳市西峡县部分区域。库区及上游是指库区范围加上丹江口水库上游的汇水流域范围，面积为 9.52 万 km^2。水源区的范围与库区及上游范围相同。

参 考 文 献

常德政, 袁金华, 王有乐, 2010. 河流型水源保护区划分方法探讨[J]. 环境科学与技术, 33(2): 181-183, 191.

车越, 杨凯, 徐启新, 2005. 水源地研究的进展与展望[J]. 环境科学与技术, 28(5): 105-107.

陈平, 傅长锋, 及晓光, 2018. 洋河水库流域面源污染负荷的空间分布特征[J]. 水生态学杂志, 39(6): 58-64.

陈敏建, 石秋池, 王立群, 2006. 湖库型饮用水水源地安全保障技术需求分析[J]. 中国水利(11): 16-18.

程瑞梅, 王晓荣, 肖文发, 等, 2010. 消落带研究进展[J]. 林业科学(4): 114-122.

邓红兵, 王青春, 王庆礼, 等, 2001. 河岸植被缓冲带与河岸带管理[J]. 应用生态学报, 12(6): 951-954.

冯秀兰, 张洪江, 王礼先, 1998. 密云水库上游水源保护林水土保持效益的定量研究[J]. 北京林业大学学报, 20(6): 71-77.

高成德, 余新晓, 2000. 水源涵养林研究综述[J]. 北京林业大学学报, 22(5): 78-82.

葛颜祥, 梁丽娟, 接玉梅, 2006. 水源地生态补偿机制的构建与运作研究[J]. 农业经济问题(9): 22-27.

龚世飞, 丁武汉, 肖能武, 等, 2019. 丹江口水库核心水源区典型流域农业面源污染特征[J]. 农业环境科学学报, 38(12): 2816-2825.

巩莹, 刘伟江, 朱倩, 等, 2010. 美国饮用水水源地保护的启示[J]. 环境保护(12): 25-28.

韩博平, 2010. 中国水库生态学研究的回顾与展望[J]. 湖泊科学, 22(2): 151-160.

韩黎阳, 黄志霖, 肖文发, 等, 2014. 三峡库区兰陵溪小流域土地利用及景观格局对氮磷输出的影响[J]. 环境科学, 35(3): 1091-1097.

贾海燕, 徐建锋, 尹炜, 2015. 丹江口库区生态清洁小流域建设思路探讨[C]//中国水土保持学会水土保持规划设计专业委员会 2015 年年会论文集.

雷阿林, 史志华, 张全发, 等, 2013. 南水北调中线丹江口水库库区生态环境综合整治技术开发[J]. 中国科技成果(12): 20.

李建, 贾海燕, 徐建锋, 2019. 长江流域水库型水源地生态补偿研究[J]. 人民长江, 50(6): 15-19.

李建新, 1998. 德国饮用水水源保护区的建立与保护[J]. 地理科学进展, 17(4): 88-96.

刘世荣, 1996. 中国森林生态系统水文生态功能规律[M]. 北京: 中国林业出版社.

卢士强, 林卫青, 顾玉亮, 等, 2010. 潮汐河口水库型饮用水水源地保护区划分技术方法[J]. 长江流域资源与环境(2): 36-41.

庞树江, 王晓燕, 2017. 流域尺度非点源总氮输出系数改进模型的应用[J]. 农业工程学报, 33(18): 213-223.

彭文启, 2012. 水功能区限制纳污红线指标体系[J]. 中国水利(7): 35-38.

全勇, 唐玉凤, 龚声信, 等, 2015. 渔洞水库农业面源污染现状及对策建议[J]. 四川环境, 34(3): 141-145.

孙本发, 马友华, 胡善宝, 等, 2013. 农业面源污染模型及其应用研究[J]. 农业环境与发展(3): 1-5.

孙盼盼, 尹珂, 2014. 基于农户意愿的三峡库区消落带弃耕经济补贴标准估算及影响因素分析[J]. 中国农学通报(29): 115-119.

田伟, 暴入超, 张权, 2016. 南水北调中线水源区限制纳污红线技术探讨 [J]. 人民黄河(11): 71-74.

涂安国, 尹炜, 陈德强, 等, 2009. 多水塘系统调控农业非点源污染研究综述[J]. 人民长江, 40(21): 71-73.

丸山岩三, 方华荣, 1994. 森林的水土保持机能(Ⅲ): 保水(水源涵养)机能[J]. 水土保持科技情报(2): 47-50.

王超, 尹炜, 贾海燕, 等, 2018. 滨岸带对河流生态系统的影响机制研究进展[J]. 生态科学, 37(3): 222-232.

王静, 2005. 我国开展水源涵养型植被建设技术研究[J]. 草业科学(4): 56.

王民, 綦海萌, 2018. 国内大中型水库饮用水水源保护区划分方法分析[J]. 水利规划与设计(3): 47-50.

王旭旭, 2016. 水库型水源地污染综合治理技术研究[D]. 大连: 大连理工大学.

王中根, 刘昌明, 吴险峰, 2003. 基于 DEM 的分布式水文模型研究综述[J]. 自然资源学报, 18(2): 168-173.

吴问琦, 2011. 水库型水源地保护与综合利用的生态模式初探[J]. 工程与建设, 25(5): 591-593.

肖丽微, 朱波, 2017. 水环境条件对三峡库区消落带狗牙根氮磷养分淹水浸泡释放的影响[J]. 环境科学, 38(11): 4580-4588.

徐建锋, 尹炜, 闫峰陵, 等, 2016. 农业源头流域景观异质性与溪流水质耦合关系[J]. 中国环境科学, 36(10): 3193-3200.

徐祖信, 叶建锋, 2005. 前置库技术在水库水源地面源污染控制中的应用[J]. 长江流域资源与环境(6): 792-795.

闫建梅, 田太强, 卢阳, 等, 2018. 重庆市生态清洁小流域(重要水源地)建设体系研究[J]. 中国水土保持, 440(11): 12-15.

杨林章, 薛利红, 施卫明, 等, 2013. 农村面源污染治理的 "4R" 理论与工程实践: 案例分析[J]. 农业环境科学学报, 32(12): 2309-2315.

叶碎高, 王帅, 2008. 水源地农业面源污染防治研究进展[J]. 中国水利(5): 18-20.

尹洁, 郑玉涛, 王晓燕, 2009. 密云水库水源保护区不同类型村庄生活污水排放特征[J]. 农业环境科学学报, 28(6): 1200-1207.

尹炜, 2014. 南水北调中线工程水源地生态环境保护研究[J]. 人民长江, 45(15): 18-21.

尹炜, 史志华, 雷阿林, 2011. 丹江口库区生态环境保护的实践与思考[J]. 人民长江, 42(2): 59-63.

余新晓, 于志民, 2001. 水源保护林培育、经营、管理、评价[M]. 北京: 中国林业出版社.

曾立雄, 黄志霖, 肖文发, 等, 2010. 河岸植被缓冲带的功能及其设计与管理[J]. 林业科学, 46(2): 128-133.

张建春, 彭补拙, 2003. 河岸带研究及其退化生态系统的恢复与重建[J]. 生态学报, 23(1): 56-63.

郑丙辉, 付青, 刘琰, 2007. 中国城市饮用水水源地环境问题与对策[J]. 环境保护(10a): 59-61.

郑海金, 杨洁, 谢颂华, 2010. 我国水库消落带研究概况[J]. 中国水土保持(6): 30-33, 72.

周慧平, 高超, 2008. 巢湖流域非点源磷流失关键源区识别[J]. 环境科学, 29(10): 2696-2702.

周慧平, 高超, 朱晓东, 2005. 关键源区识别: 农业非点源污染控制方法[J]. 生态学报, 25(12): 3368-3374.

周建军, 林秉南, 李玉樑, 2006. 关于三峡水库内源污染控制的研究[J]. 科技导报(10): 7-12.

朱磊, 李怀恩, 李家科, 等, 2012. 考虑非点源影响的水源地水库水质预测研究[J]. 水土保持通报, 32(3): 111-115.

ANBUMOZHI V, RADHAKRISHNAN J, YAMAJI E, 2005. Impact of riparian buffer zones on water quality and associated management considerations[J]. Ecological Engineering, 24(5): 517-523.

AZZA N, DENNY P, KOPPEL J V D, et al., 2006. Floating mats: Their occurrence and influence on shoreline distribution of emergent vegetation[J]. Freshwater Biology, 51(7): 1286-1297.

BATTAGLIA L L, COLLINS B S, 2006. Linking hydroperiod and vegetation response in Carolina bay wetlands[J]. Plant Ecology, 184(1): 173-185.

KELLOGG C H, BRIDGHAM S D, LEICHT S A, 2003. Effects of water level, shade and time on germination and growth of freshwater marsh plants along a simulated successional gradient [J]. Journal of Ecology, 91(2): 271-282.

PEZESHKI S R, LI S, SHIELDS F D, et al., 2007. Factors governing survival of black willow (*Salix nigra*) cuttings in a streambank restoration project[J]. Ecological Engineering, 29(1): 56-65.

URBANC-BERI O, GABERSCIK A, 2004. The relationship of the processes in the rhizosphere of common reed *Phragmites australis*, (Cav.) Trin. ex Steudel to water fluctuation[J]. International Review of Hydrobiology, 89(5-6): 500-507.

WETZEL R G, 1990. Reservoir ecosystems: Conclusion and speculations[M]//THORNTON K W, KIMMEL B L, PAYN F E. Reservoir limnology: Ecological perspectives. New Jersey: A Wiley-Innterscience Publication, John Wiley & Sons, Inc.

第 2 章
水质安全保障分区

　　水质安全保障分区是以维护水质为目标,综合考虑经济−社会−生态可持续发展,从库区的自然属性、功能要求、开发利用现状出发,结合经济社会需求,提出不同区域的功能及保障优先顺序,确定水质安全保障单元。本章将从水质安全保障分区体系入手,详细阐述水资源保护分区的研究进展,现有水源地水质保护分区方法与不足,以及水库型饮用水水源地水质安全保障分区方案,重点介绍丹江口水源地水质安全保障分区方案。

2.1 水质安全保障分区体系

2.1.1 水资源保护分区研究进展

开展水源地水质安全保障分区工作是因地制宜地制订水质保护方案的前提，是提高水源地水质保护效率的手段。国内外针对流域水资源开发利用与保护开展了多种分区方案研究，形成了卓有成效的分区理论成果。我国最早于 2003 年开展了水资源分区研究，水利部根据我国的河湖水系和水资源特点，将全国河湖水系划分为 10 个一级区、80 个二级区和 210 个三级区，并分区核算了多年平均水资源量（中华人民共和国水利部，2003）。之后水利部从保障水域使用功能的角度，开展了水功能区划，将全国重要河湖划分为保护区、保留区、开发利用区和缓冲区 4 种一级区，在开发利用区内细分为 7 类二级区，并给每一个水功能区设定了一个保证使用功能的水质目标（石秋池，2002）。环境保护主管部门也从控制水体水质的角度，开展了水环境功能区划，把水体划分为 5 类水质等级，并考虑水环境容量控制以保证河湖水质不退化（刘国华 等，1998）。目前针对流域综合管理的需要，水生态分区的研究越来越重要，学者们根据不同的生态保护对象，提出了不同的分区思路。Gao（2012）和 Jia 等（2018）提出了支持水资源可持续管理与发展的水环境承载力区划方法。Lu 等（2015）提出了中国海洋空间功能分区和海洋生态红线。Li 等（2019）根据非点源污染强度和分布特征，提出了非点源污染流域湖泊缓冲区划定方法。Chen 等（2016）根据黑河流域水环境、水生态和经济活动的特点，采用主成分分析法和 K 均值聚类法，将黑河流域划分为防风固沙功能区、水土保持功能区、水源涵养功能区，并划分为 8 个二级区。Nguyena 等（2016）建立了一种生态脆弱性评价方法，利用层次分析法和地理信息系统（geographic information system，GIS）开展 Perfume 河流域的生态脆弱性评价，在此基础上形成了生态环境脆弱性分区，以便于开展生态环境保护管理。

关于水源地水质保护的分区理论，国内相关的研究文献报道较少，但国外相关研究起源较早，德国于 18 世纪末期提出的水源保护区划分的总原则：力争将取水口所在的流域范围全部划定为水源保护区，至少要包括取水口上游流域区域；水源区内部划分出 2～3 个亚区，实行分级保护（表 2.1.1）（李建新，1998）。各亚区的确定方法并没有严格的科学依据，而是直接以"水源保护区条例"的形式确定了具体的范围，例如水库型饮用水水源地 I 级区的内部区 IA 就是水库水面及库滨带纵深 100 m 范围的水域。

表 2.1.1　德国水源地保护区分级分区方案

一级分区	亚区	保护区范围
I 级区（取水口区）	内部区 IA，外部区 IB	水库水面及库滨带纵深 100 m
II 级区（附近区）	内部区 IIA，外部区 IIB	流入地表河道左右两岸，岸宽 100 m
III 级区（远区）	内部区 IIIA，外部区 IIIB	水库所在流域的剩余部分

　　针对日益严重的水环境污染对人民生活饮用水产生的不利影响,我国从 1984 年就开始立法建立饮用水水源地保护区制度。1984 年颁布的《中华人民共和国水污染防治法》第十二条规定"县级以上人民政府可以对生活饮用水水源地、风景名胜区水体、重要渔业水体和其他具有特殊经济文化价值的水体,划定保护区,并采取措施,保证保护区的水质符合规定用途的水质标准",这是我国水源地分区保护的最早依据。在 1985 年出台的《生活饮用水卫生标准》(GB 5749—1985)中,规定了水源地卫生防护地带,其中地表水水源地卫生防护地带的范围有两种,第一种是取水点周围半径 100 m 的水域,第二种是取水点上游 1 000 m 至下游 100 m 的水域,两种范围的环境保护规定不同(李建新,2000)。

　　2000 年以后,随着水功能区划(朱党生 等,2001)、水环境功能区划(刘玉邦 等,2009)和生态功能区划(郭雪勤 等,2018)技术和方法的不断深入完善,饮用水水源保护区划分理论得到了进一步关注,一些统计方法和数学模型方法被应用于水源地保护区的划分工作中。Fritz 等(2005)将统计方法应用于水源地保护区划分工作中。Konstadinos 等(2008)将统计分析与 GIS 技术相结合应用于地下水水源区的划分中。张军锋等(2013)对比分析了经验法和数学模型法在水库型饮用水水源地保护区划分中的应用情况。贺涛等(2009)采用二维水质模型分析了水库型饮用水水源地二级保护区中入库河流的保护范围,认为入库河流保护长度主要取决于保证一级保护区内水库水质稳定达标所需长度。卢士强等(2009)采用解析解模型研究了上海青草沙水库保护区划分技术问题。邢领航等(2015)分别采用经验法和数值模拟方法对丹江口水库水源地保护区划分方法进行了初步探讨。

　　但目前关于水源地水质安全保障分区的研究不多,特别是水库型饮用水水源地水质安全保障分区与水库的水流条件、污染物浓度分布及流域污染源分布、流域内经济产业布局十分相关,有必要采用科学严谨的模型手段,提出水质安全保障分区方案,针对水质安全保障分区布局采取更为有效的水质保护措施。

2.1.2　现有水源地水质保护分区方法及不足

　　目前我国对饮用水水源地开展的水质保护工作按照一级保护区、二级保护区和准保护区三个分区分别保护的思路开展,该分区思路及分区方法主要依据《饮用水水源保护区划分规范》,此方法对水库型饮用水水源地保护区的划分规则有以下几方面。

1. 水库型饮用水水源地分级

　　依据水库型饮用水水源地所在水库规模的大小,将其分成小型、中型和大型三种类型。划分的指标及其标准见表 2.1.2。

表 2.1.2　我国水库型饮用水水源地类型划分标准

分类编号	分类名称	分类依据
1	小型水源地	总库容<0.1 亿 m³
2	中型水源地	0.1 亿 m³≤总库容<1 亿 m³
3	大型水源地	总库容≥1 亿 m³

2. 保护区划分规则

对于一级保护区水域范围而言，小型水库应将多年平均水位对应的高程线以下的全部水域划为一级保护区。中型水库保护区范围为取水口半径不小于 300 m 的水域。大型水库保护区范围为取水口半径不小于 500 m 的水域。

对于一级保护区陆域范围而言，小型水库应为一级保护区水域外不小于 200 m 范围内的陆域或一定高程线以下的陆域，但不超过流域分水岭范围。大、中型水库为一级保护区水域外不小于 200 m 范围内的陆域，但不超过流域分水岭。

对于二级保护区水域范围而言，一般要求中、小型水库一级保护区边界外的水域面积设定为二级保护区；大型水库以一级保护区外径向距离不小于 2000 m 水域作为二级保护区水域。

对于二级保护区陆域范围而言，小型水库可将上游整个流域（一级保护区陆域外区域）设定为二级保护区。平原型中型水库的二级保护区范围是正常水位线以上（一级保护区以外）、水平距离 2000 m 区域，山区型中型水库二级保护区的范围是水库周边山脊线以内（一级保护区以外）及入库河流上溯 3000 m 的汇水区域。大型水库可以划定一级保护区外不小于 3000 m 的区域为二级保护区范围。

3. 保护区水质要求

一般而言，一级保护区水域水质应达到《地表水环境质量标准》（GB 3838—2002）的 II 类水质标准；二级保护区水域水质应满足 III 类水质标准，同时要求主要污染物浓度在二级保护区内应从 III 类水质标准浓度水平衰减至 II 类水质标准浓度。

4. 保护区水质保护措施

我国现行饮用水水源区的水质保护工作主要依据《饮用水水源保护区污染防治管理规定》，该规范性文件规定：在饮用水地表水源一级保护区内禁止新建、扩建与供水设施和保护水源无关的建设项目；禁止向水域排放污水，已设置的排污口必须拆除；不得设置与供水需要无关的码头，禁止停靠船舶；禁止堆置和存放工业废渣、城市垃圾、粪便和其他废弃物；禁止设置油库；禁止从事种植、放养畜禽和网箱养殖活动；禁止可能污染水源的旅游活动和其他活动。在二级保护区内，禁止新建、改建、扩建排放污染物的建设项目；原有排污口依法拆除或者关闭；禁止设立装卸垃圾、粪便、油类和有毒物品的码头。在准保护区内，禁止新建、扩建对水体污染严重的建设项目；改建建设项目，不得增加排污量（中华人民共和国环境保护部，2010）。

5. 存在的不足

一是以常数距离（如 500 m、2000 m）来约束全国范围内的水库型饮用水水源地保护区范围，未能考虑各水库的实际情况，如划分水源地之前就已经存在的道路、村庄、农田等问题。该分区的方法对大型水库的保护区划分而言，仍属于一般原则性规定，在具体划分工作中仍然存在诸多不确定性。二是未考虑水库本身的水质特点，因此难以保证取水口附近水库水质满足较高的水质目标要求。因此有必要借助精确的数学模型，开展饮用水水源地水质安全保障分区。三是在划分保护区时仅仅对水质标准提出了要求，未根据不同分区的污染特点着眼于流域水污染防治工作。因此在水库型饮用水水源地分区保护工作中还存在较大的优化空间。

2.1.3　水库型饮用水水源地水质安全保障分区方案

1. 水质安全保障分区原则

1）科学划分，分区施策

作为水源地的水库及其上游集水区域，均应该纳入水质安全保障区范围。但必须根据水域和集水区陆域的地理位置进行分区，依次划分为核心区、缓冲区和影响区。按照其对水质保护的重要程度和水污染的轻重缓急分区施策，达到保护性和经济性的双重目的。

2）分类考虑，因地制宜

将水库型饮用水水源地按照水库的总库容划分为小型、中型和大型 3 种类型，对于小型和仅具有饮用水水源功能的中型水库而言，其库容小、抵御水污染的能力弱、水体使用功能单一，应将整个水库及其集水区划分为核心区进行全面保护。对于大型水库和有多种使用功能的中型水库，应根据水质数学模型计算，同时结合库区的地形条件，划分出不同分区。

3）保护为主，兼顾利用

大型水库和有多种使用功能的中型水库除具有饮用水水源功能以外，还兼有航运、水产养殖、景观等功能，地方政府和当地群众的生产生活对水库的依赖性较强，因此在进行保护区划分时，应适当根据实地情况留有余地，兼顾库区周边水资源开发利用和当地经济发展。

4）水质达标，便于监督

在进行水域保护区划分时，充分考虑水库水动力特征及污染物的扩散情况，确保水源地一级保护区、二级保护区内水域水质分别不低于《地表水环境质量标准》（GB 3838—2002）Ⅱ、Ⅲ 类标准，满足水功能区水质要求。同时保护区水域的边界确定充分考虑现有监测断面设置情况，便于水源地保护的监督、监测与管理。

5）征地最少，实际可行

水质安全保障分区应充分考虑现行法律法规对区域水环境保护和水污染防治的相关规定，避免分区后需要实施大量征地和移民工作。被划定为核心保护区的范围，建设项目、生产种植、畜禽养殖等生产活动将会受到限制，因此核心保护区范围过大会限制当地的社会经济发展，进行水质安全保障区划时，在确保水库水源地不受污染的前提下，划定核心保护区范围应尽可能小。

2. 水质安全保障分区方案

在水污染防治和水环境治理领域，开展分区的目的在于把区域差别巨大的水环境问题进行空间上区分，使得水污染防治措施按照分区细化和落实。美国地质调查局为了推动实施最大日负荷总量控制计划，以水文单元为基础划分水环境控制单元（USEPA，2016；王

东 等，2012；Patil et al.，2011）。孟伟等（2007a，2007b）根据水生态分区提出水污染防治控制单元的划分框架，主要是为实现水生态保护目标。有些学者建议直接以行政区为单元划分水污染防治控制单元（徐敏 等，2013；Xie，2011）。全国重点流域水污染防治"十三五"规划编制期间，邓富亮等（2016）进一步提出了水污染防治控制单元的具体划分方案。尹炜等（2014）最早提出水质安全保障分区的概念，并根据水质安全保障的风险等级，将三峡库区划分为优先保障区、协调保障区和一般保障区。上述划分方法，均未考虑水库型饮用水水源地的水质特点和水环境管理特点。课题组充分借鉴现有分区研究成果的经验，以水文单元为基础，综合考虑水库型饮用水水源地本身的水质状况、水库汇水区内污染特征及水源地本身的管理特性，按照空间上的重要程度及其供水和水环境保护功能，划分为水质保护核心区、水质影响缓冲区和水源涵养生态建设区，一方面反映空间上的重要程度，另一方面反映区域水污染防治的特点。

1）水质保护核心区

对于小型水库和单一供水功能的中型水库型饮用水水源地，应将水库的整个水域作为水质保护核心区水域，水库全部汇水区域作为水质保护核心区陆域。对于有多种功能的中型水库和大型水库，应将水库正常蓄水位线以下的水域作为水质保护核心区的水域，水库库区范围作为水质保护核心区陆域。

水质保护核心区内根据水质管控要求和与取水口距离的远近关系，又分为隔离防护区和生态阻控区。隔离防护区包含饮用水水源地一级保护区、二级保护区范围，一般是根据水质模型模拟计算，水质稳定达到Ⅱ类水质标准的水域，该水域水面线向陆域延伸不小于200 m范围作为其陆域范围；生态阻控区是除隔离防护区以外的水质保护核心区范围。

2）水质影响缓冲区

对于小型水库和单一供水功能的中型水库型饮用水水源地，无水质影响缓冲区。对于大型水库和有多种使用功能的中型水库型饮用水水源地，库区及主要入库支流外围为水质影响缓冲区。

3）水源涵养生态建设区

对于小型水库和单一供水功能的中型水库型饮用水水源地，无水源涵养生态建设区。对于大型水库和有多种使用功能的中型水库型饮用水水源地，根据水源地重要程度，可划一定区域的水源涵养生态建设区，范围为除水质保护核心区和水质影响缓冲区以外的流域集水区。

3. 分区水污染防治策略

1）水质保护核心区

水质保护核心区直接关系饮用水取水（引水）口的水质安全，应确保其水质达到《地表水环境质量标准》（GB 3838—2002）中的Ⅱ～Ⅲ类水质标准。在其隔离防护区范围内禁止建设与供水设施和保护水源无关的项目，已建成的项目应逐步搬迁或拆除，一般情况下也尽量避免人类居住和农业生产。在生态阻控区内，应禁止设置点源，重点防范因降雨和径流形成的农业面源。

2）水质影响缓冲区

缓冲区不会直接影响取水（引水）口的水质安全，但它直接与核心保护区相连，缓冲区内农业发达，工业虽受到限制但仍有发展空间，因此会影响水库水质的安全。特别是流域内支流、沟渠逐级汇水输送营养物质，可能会导致水库营养物质富集，使水库发生富营养化现象，因此有必要重点关注缓冲区内的水质安全。

3）水源涵养生态建设区

水源涵养生态建设区一般属于水库汇水区的外围，其范围内可能分布有大中型城市，社会经济活动频繁，点源污染较多，面源污染并存，重点防控点源污染、兼顾面源污染，按照最严格水资源管理制度中水功能区限制排污总量控制点源排污规模，可为核心保护区和缓冲区水质提供一道屏障。另外，为了涵养水源，流域植被恢复也是该区域水质安全保障的工作重点。

2.2　水质安全保障分区方法

2.2.1　水质安全保障区一级区划分

一般而言，水库型饮用水水源地水质安全保障分区按照两级分区体系来划分（图2.2.1）。一级区主要考虑区域地形地貌、与取水口的远近位置关系、水环境特征等因素，定性地划分出大区域，提出区域水质安全保障的战略和原则，指导二级区划分工作。水库型饮用水水源地水质安全保障一级区按照距离取水口由近及远依次划分为水质保护核心区、水质影响缓冲区、水源涵养生态建设区。

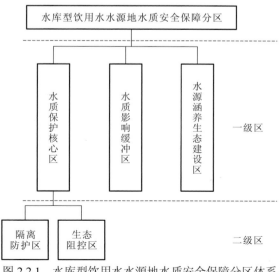

图 2.2.1　水库型饮用水水源地水质安全保障分区体系

2.2.2 水质安全保障区二级区划分

水库型饮用水水源地水质安全保障区二级区是在一级区中的水质保护核心区内按照重要程度及必要性原则进行细分。其重要程度主要是根据水质数据模型模拟计算分析得出。对于大中型水库而言，一般要采用平面二维数值解模型，结合实际污染源开展多工况模拟分析。

1. 模型控制方程

由于水库型饮用水水源地水系多，水流结构和污染物分布特征复杂，一般采用平面二维水动力模型模拟流场分布，然后采用差分数值解法求解对流扩散方程模拟污染物浓度分布。平面二维水质模型的控制方程由水动力方程和物质输运方程构成，目前国内外比较成熟的商业化模型有 MIKE、Delft、EFDC、SMS 等。

1）水动力方程

二维水动力控制方程为笛卡儿坐标系（Cartesian coordinates）下的纳维-斯托克斯方程组（Navier-Stokes equations），该方程组由水流连续性方程、沿水流方向（x 方向）的动量方程和垂直水流方向（y 方向）的动量方程组成。

$$\frac{\partial h}{\partial t} + \frac{\partial hu}{\partial x} + \frac{\partial hv}{\partial y} = hS \tag{2.2.1}$$

$$\frac{\partial hu}{\partial t} + \frac{\partial hu^2}{\partial x} + \frac{\partial huv}{\partial y} = fhv - gh\frac{\partial \eta}{\partial x} - \frac{h}{\rho_0}\frac{\partial p_a}{\partial x} - \frac{gh}{\rho_0}\int_z^\eta \frac{\partial \rho}{\partial x}dz + \frac{\tau_{sx}}{\rho_0} - \frac{\tau_{bx}}{\rho_0}$$
$$- \frac{1}{\rho_0}\left(\frac{\partial S_{xx}}{\partial x} + \frac{\partial S_{xy}}{\partial y}\right) + \frac{\partial}{\partial x}(hT_{xx}) + \frac{\partial}{\partial y}(hT_{xy}) + hu_sS \tag{2.2.2}$$

$$\frac{\partial hv}{\partial t} + \frac{\partial hvu}{\partial x} + \frac{\partial hv^2}{\partial y} = fhu - gh\frac{\partial \eta}{\partial y} - \frac{h}{\rho_0}\frac{\partial p_a}{\partial y} - \frac{gh}{\rho_0}\int_z^\eta \frac{\partial \rho}{\partial y}dz + \frac{\tau_{sy}}{\rho_0} - \frac{\tau_{by}}{\rho_0}$$
$$- \frac{1}{\rho_0}\left(\frac{\partial S_{yx}}{\partial x} + \frac{\partial S_{yy}}{\partial y}\right) + \frac{\partial}{\partial x}(hT_{xy}) + \frac{\partial}{\partial y}(hT_{yy}) + hv_sS \tag{2.2.3}$$

式中：η 为水位；h 为总水深；g 为重力加速度；ρ 为水的密度，ρ_0 为水的参考密度；f 为科氏力系数；p_a 为大气压强；S_{xx}、S_{xy}、S_{yx}、S_{yy} 为辐射应力；S 和 u_s、v_s 分别为点源的污水量和流速；u 和 v 分别为 x 方向、y 方向的流速；τ_{sx}、τ_{sy} 为水面风应力；τ_{bx}、τ_{by} 为床面应力；T_{xx}、T_{xy}、T_{yx}、T_{yy} 为侧向应力，它们可基于水深平均流速梯度用涡黏性系数公式来估计。

2）物质输运方程

根据质量守恒定律，考虑污染物运移过程中的对流、扩散和降解等因素，污染物的运移方程可写为

$$\frac{\partial hC}{\partial t} + \frac{\partial huC}{\partial x} + \frac{\partial hvC}{\partial y} = \frac{\partial}{\partial x}\left(hD_x\frac{\partial C}{\partial x}\right) + \frac{\partial}{\partial y}\left(hD_y\frac{\partial C}{\partial y}\right) - KhC + S \tag{2.2.4}$$

式中：C 为污染物的浓度；D_x、D_y 分别为 x 方向、y 方向的扩散系数；K 为污染物综合降解系数。

2. 初始条件

对于水动力模型而言，初始条件为模拟区域的水位分布和流速分布，一般只需要设定水位分布值。初始条件的作用是保证数学模型启动迭代计算程序，其取值对最终计算结果的影响不大。对于水质模型而言，初始条件为模拟区域各污染物指标（高锰酸盐指数、氨氮、总磷）的监测值，可用分块插值方法确定初始值，也可对计算区域取均一值，对于小型水库型饮用水水源地，取均一浓度值作为初始值；对于大中型水库水源地，需分块插值，当模型计算的时间足够长，初始值对污染物浓度最终计算结果的影响也较小。

3. 边界条件

对于水动力模型而言，一般上游来流边界可采用流量控制条件，下游出流边界可采用水位控制条件。一般而言水库水体的边界条件较为复杂，主要入库河流较多，可分别采用河流的入流流量控制条件作为边界条件，对于引水工程可采用出流流量控制条件。水库大坝断面一般是整个计算区域的下游控制断面，采用水位边界条件。对于水质模型而言，一般上游来流边界可采用浓度控制，引水工程和下游出流边界可采用浓度梯度控制（丁洪亮 等，2014）。

4. 参数率定和验证

对于水动力模型而言，模型的参数主要是糙率参数 n，还有风速条件参数（风速和风向）。对于水质模型而言，主要是各种污染物对应的综合降减系数 K。例如，对于南水北调中线水源地丹江口水库而言，参考《南水北调中线一期工程环境影响评价复核报告》，取糙率参数 $n=0.04$，扩散系数 $D_x=D_y=2~\mathrm{m^2/s}$，高锰酸盐指数综合降解系数取值为 $0.004~\mathrm{d^{-1}}$，氨氮综合降解系数取值为 $0.004~\mathrm{d^{-1}}$，总磷综合降解系数取值为 $0.004~\mathrm{d^{-1}}$。考虑风速对丹江口水库的影响，取丹江口库区盛行风西北风（WN）为代表，平均风速 $2.3~\mathrm{m/s}$。水质模型验证可采用模型计算得到的浓度值与实测浓度值进行比较，以反映模型参数取值的合理性。

5. 计算方案设计

结合水库运行调度要求和水环境特征，选择最不利的水文、水质条件作为平面二维水质模型计算工况的初始和边界条件。对于水文条件而言，水库一般采用"蓄丰补枯"的运行调度方式，汛期（丰水期）水位较低，利于防洪；汛末蓄水，水位较高；枯水期维持高水位向下游补水或加大供水；汛前水位开始消落。丹江口水库（不完全年调节水库）水位运行调度图见图 2.2.2。选择汛期低水位、枯水期高水位作为设计水文条件。对于水质条件而言，汛期降雨集中，面源污染负荷较大，应作为水利水质条件，同时枯水期也作为对照工况进行计算。

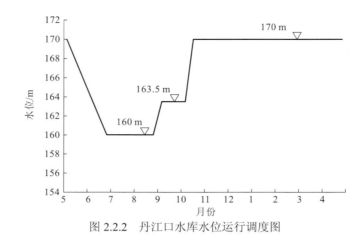

图 2.2.2 丹江口水库水位运行调度图

2.3 丹江口水源地水质安全保障分区方案

2.3.1 丹江口水源地水质安全保障一级区

丹江口水源地水质安全保障一级区分区结果见图 2.3.1。水质保护核心区，涉及丹江口水库水域、水库周边区域，以及老灌河、淇河、丹江、滔河、天河、堵河、泗河、神定河、剑河、官山河、浪河等流域。该区以丹江口水库饮用水水源保护区为核心，重点开展饮用水水源保护区规范化建设，全面削减各类污染负荷，治理不达标入库河流，强化水污染风险管控。

水质影响缓冲区，涉及湖北黄龙滩水库以上堵河流域、汉江陕西白河县以上和安康水库以下的汉江流域，以及丹江中上游的商州市、丹凤县等区域。该区重点围绕总氮负荷的削减，加强畜禽养殖污染治理，减少农药化肥施用量，完善城镇环境基础设施。

水源涵养生态建设区，涉及安康水库及以上的汉江流域，主要任务是治理水土流失，开展退耕还林还草，稳步推进重点镇、汉江干流沿岸建制镇及以上行政区的城镇环境基础设施建设，增强水源涵养能力。

2.3.2 丹江口水源地水质安全保障二级区

1. 丹江口水库平面二维水质模型验证

为科学划定丹江口水源地水质安全保障二级区，采用平面二维水质模型模拟丹江口水库水质状况。模拟过程中，考虑到丹江口水库水质保护要求较高，按照水文、水质条件最不利原则和水质保护核心区范围最小化原则，选择 2012 年水文条件叠加 16 条入库支流最差水质数据进行模拟分析。

1）水流边界条件

汉江流量边界采用白河水文站逐日流量数据；堵河流量边界采用黄龙滩水库逐日下泄流量数据；丹江口大坝水位边界采用坝上逐日水位数据；清泉沟引水流量边界采用设计流

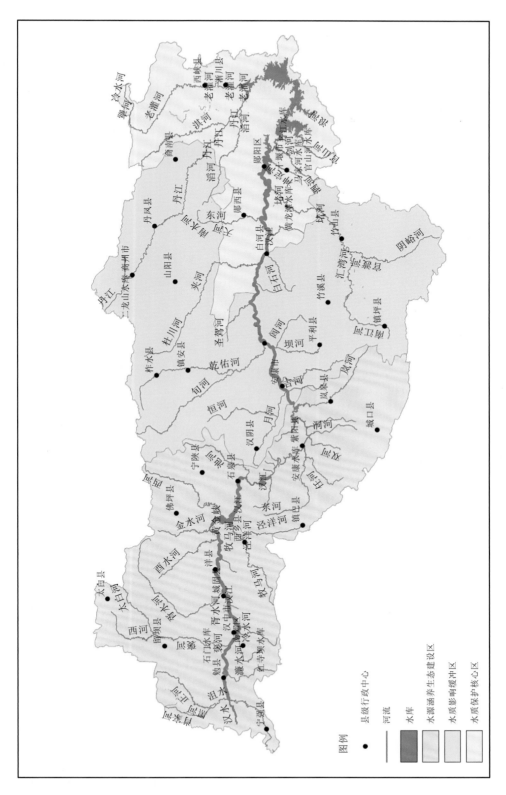

图 2.3.1　丹江口水源地水质安全保障区一级区区划分示意图

量值；丹江流量边界采用荆紫关水文站（渠+河道）逐日流量数据；老灌河流量边界采用西峡水文站（渠+河道）逐日流量数据。其他入库支流流量采用现场监测数据。丰水期2012年7月水流边界条件见表2.3.1。枯水期2012年12月水流边界条件见表2.3.2。

表 2.3.1　丹江口水库水质模型部分边界水流条件（丰水期验证工况）

时间 （年-月-日）	汉江流量 /（m³/s）	堵河流量 /（m³/s）	坝前水位 /m	清泉沟流量 /（m³/s）	丹江流量 /（m³/s）	老灌河流量 /（m³/s）
2012-07-01	641	5.8	138.92	20	10.57	9.20
2012-07-02	1 250	5.8	138.88	20	11.05	12.82
2012-07-03	1 720	38.7	138.86	20	29.29	19.31
2012-07-04	1 720	15.3	139.00	20	48.78	19.74
2012-07-05	4 950	5.8	139.48	20	113.40	53.40
2012-07-06	2 300	5.8	140.34	20	83.30	28.70
2012-07-07	1 640	5.8	140.75	20	55.58	22.60
2012-07-08	8 420	5.8	141.06	20	41.61	20.70
2012-07-09	4 240	5.8	142.51	20	41.59	156.70
2012-07-10	5 030	5.8	143.22	20	55.76	241.90
2012-07-11	3 140	5.8	144.10	20	48.41	166.90
2012-07-12	1 490	25.8	144.66	20	41.84	51.10
2012-07-13	1 490	25.8	144.84	20	35.38	45.50
2012-07-14	1 310	5.8	144.91	20	28.23	45.40
2012-07-15	1 400	5.8	144.93	20	26.52	45.10
2012-07-16	1 540	5.8	144.98	20	23.55	43.80
2012-07-17	1 370	5.8	145.01	20	22.01	43.40
2012-07-18	1 470	5.8	145.06	20	21.34	56.80
2012-07-19	1 340	5.8	145.09	20	20.93	46.10
2012-07-20	1 480	5.8	145.12	20	20.29	40.20
2012-07-21	1 640	5.8	145.14	20	19.61	39.07
2012-07-22	1 670	25.8	145.25	20	19.60	69.46
2012-07-23	1 710	5.8	145.36	20	19.30	72.10
2012-07-24	1 560	18.9	145.47	20	21.00	43.80
2012-07-25	1 580	70.8	145.57	20	20.90	43.60
2012-07-26	1 230	53.4	145.63	20	22.20	43.50
2012-07-27	1 290	26.9	145.70	20	22.00	41.60
2012-07-28	1 330	20.9	145.78	20	21.30	40.80
2012-07-29	1 590	20.9	145.87	20	21.00	39.30
2012-07-30	1 290	20.9	145.90	20	20.90	35.80

表 2.3.2　丹江口水库水质模型部分边界水流条件（枯水期验证工况）

时间 （年-月-日）	汉江流量 /（m³/s）	堵河流量 /（m³/s）	坝前水位 /m	清泉沟流量 /（m³/s）	丹江流量 /（m³/s）	老灌河流量 /（m³/s）
2012-12-01	240	5.8	148.67	20	9.79	2.72
2012-12-02	219	5.8	148.55	20	9.50	2.77
2012-12-03	235	12.3	148.50	20	9.30	3.43
2012-12-04	181	24.3	148.45	20	9.30	3.25
2012-12-05	139	6.0	148.40	20	9.30	2.97
2012-12-06	159	16.9	148.33	20	9.30	2.97
2012-12-07	117	85.6	148.26	20	9.29	2.96
2012-12-08	90.5	28.0	148.22	20	9.20	2.83
2012-12-09	274	57.8	148.12	20	9.18	5.59
2012-12-10	344	47.7	148.06	20	9.10	7.77
2012-12-11	378	5.8	148.02	20	9.09	3.29
2012-12-12	337	5.8	147.98	20	9.08	2.38
2012-12-13	514	33.3	147.97	20	9.01	2.00
2012-12-14	363	11.8	147.99	20	9.00	2.44
2012-12-15	179	32.5	148.02	20	9.00	1.48
2012-12-16	209	6.0	147.98	20	9.00	2.21
2012-12-17	219	5.8	147.95	20	9.00	2.21
2012-12-18	194	5.8	147.97	20	9.00	2.18
2012-12-19	235	5.8	147.97	20	9.00	2.32
2012-12-20	274	43.8	147.98	20	9.00	2.34
2012-12-21	312	5.8	148.00	20	9.00	3.40
2012-12-22	312	5.8	148.01	20	9.00	4.55
2012-12-23	331	5.8	148.02	20	9.00	4.55
2012-12-24	255	5.8	148.03	20	9.00	4.47
2012-12-25	435	5.8	148.01	20	9.00	3.46
2012-12-26	375	5.8	148.02	20	8.99	3.35
2012-12-27	366	5.8	148.03	20	8.84	3.33
2012-12-28	543	5.8	148.04	20	8.83	3.10
2012-12-29	318	5.8	148.09	20	8.79	3.10
2012-12-30	315	5.8	148.10	20	8.75	3.33

2）水质边界条件

入库支流边界水质浓度采用长江流域水环境监测中心对 16 条入库支流河口 2012 年度开展的水质监测数据，陶岔坝前、丹江口坝前、清泉沟引水闸等出流边界水质浓度采用零梯度，丰水期 7 月水质边界条件见表 2.3.3。枯水期 12 月水质边界条件见表 2.3.4。

表 2.3.3　丹江口水库水质模型部分边界水流水质条件（丰水期验证工况）

边界	流量/（m³/s）（水位/m）	COD$_{Mn}$ 浓度/（mg/L）	氨氮浓度/（mg/L）	总磷浓度/（mg/L）
汉江白河	见逐日值	1.4～3.2	0.025～0.081	0.03～0.07
天河贾家坊	77.8	2.4～2.6	0.128～0.415	0.12～0.13
堵河黄龙滩	见逐日值	3.2	0.957～1.15	0.12～0.34
神定河	6.1	7.5	8.86～10.6	0.81～1.17
泗河	3.6	5.8～7.6	4.42～6.18	0.56～0.65
官山河	0.7	3.7～5.6	0.226～0.48	0.22～0.25
剑河	4.9	4.6～6.3	1.78～6.16	0.19～0.44
浪河	0.7	3.3～4.3	0.38～0.41	0.12～0.16
老灌河西峡	见逐日值	2.8～4.1	0.28～2.84	0.13
丹江荆紫关	见逐日值	1.1～2.3	0.025～0.045	0.01～0.08
滔河	11.5	1.2～1.4	0.025～0.031	0.02
淘沟河	0.4	1.5～1.9	0.025～0.089	0.02～0.03
陶岔坝前	0	零梯度	零梯度	零梯度
清泉沟引水闸	见逐日值	零梯度	零梯度	零梯度
丹江口坝前	（见逐日值）	零梯度	零梯度	零梯度

表 2.3.4　丹江口水库水质模型部分边界水流水质条件（枯水期验证工况）

边界	流量/（m³/s）（水位/m）	COD$_{Mn}$ 浓度/（mg/L）	氨氮浓度/（mg/L）	总磷浓度/（mg/L）
汉江白河	见逐日值	1.3～1.5	0.067～0.086	0.03～0.05
天河贾家坊	3.8	1.3～1.7	0.217～1.120	0.07～0.08
堵河黄龙滩	见逐日值	1.6～1.7	0.072～0.079	0.02～0.03
神定河	11.8	8.5～18.1	5.76～14.8	0.52～1.53
泗河	2.6	3.4～5.6	4.7～6.64	0.6～0.61
官山河	5.0	2.1～2.5	0.186～0.210	0.05～0.07
剑河	0.9	3.9～5.0	0.126～0.194	0.05～0.08
浪河	0.1	2.0～2.5	0.102～0.339	0.02～0.04
老灌河西峡	见逐日值	2.1～2.4	0.189～0.491	0.04

边界	流量/（m³/s）（水位/m）	COD_Mn 浓度/（mg/L）	氨氮浓度/（mg/L）	总磷浓度/（mg/L）
丹江荆紫关	见逐日值	2.0～3.8	0.688	0.06
滔河	0.6	0.9～1.1	0.060～0.074	0.02～0.03
淘沟河	0.3	0.8～2.8	0.025～0.087	0.01～0.06
陶岔坝前	0	零梯度	零梯度	零梯度
清泉沟引水闸	见逐日值	零梯度	零梯度	零梯度
丹江口坝前	（见逐日值）	零梯度	零梯度	零梯度

3）初始条件

丰水期模型验证选取模拟时段初（2012 年 7 月 1 日）的水位 138.92 m 作为水动力初始条件。丰水期模型验证选择陶岔断面的 7 月水质监测浓度值作为背景值，总磷为 0.02 mg/L，高锰酸盐指数为 2.0 mg/L，氨氮为 0.135 mg/L。

枯水期模型验证选取模拟时段初（2012 年 12 月 1 日）的水位 148.67 m 作为水动力初始条件。选择陶岔断面的 12 月水质监测浓度值作为背景值，总磷为 0.02 mg/L，高锰酸盐指数为 2.0 mg/L，氨氮为 0.103 mg/L。

4）水质验证结果

所选取的丰水期 7 月，丹江口水库水位随着拦洪运用在 139～145 m 变化。所选取的枯水期 12 月，丹江口水库水位基本维持在 148 m 左右，即上游来水量几乎等于出库水量。采用丹江口水库神定河口断面、浪河口下断面、坝上断面（坝上指丹江口大坝以上）、凉水河—台子山断面、陶岔断面作为本次水质模型的验证断面。上述断面丰水期 7 月的水质实测浓度与模型预测浓度的比较见表 2.3.5，验证工况高锰酸盐指数、氨氮和总磷浓度分布见图 2.3.2～图 2.3.4。枯水期 12 月的水质实测浓度与模型预测浓度的比较见表 2.3.6，验证工况高锰酸盐指数、氨氮和总磷浓度场见图 2.3.5～图 2.3.7。可见，丰水期模型计算相对误差的绝对值均小于 32%，枯水期模型计算相对误差的绝对值均小于 10%，所选取的模型参数具有较高的精度，模型可用于丰水期不同边界组合条件下的水质预测。

表 2.3.5　丰水期 7 月水质模型计算结果与实测结果比较

断面	COD_Mn 浓度			NH₃-N 浓度			TP 浓度		
	实测值/（mg/L）	模拟值/（mg/L）	误差/%	实测值/（mg/L）	模拟值/（mg/L）	误差/%	实测值/（mg/L）	模拟值/（mg/L）	误差/%
神定河口	5.8	6.5	12.1	9.000	10.000	11.1	0.19	0.25	31.6
浪河口下	2.0	2.2	10.0	0.239	0.220	-7.9	0.02	0.02	0.0
坝上	2.0	2.1	5.0	0.241	0.180	-25.3	0.02	0.02	0.0
凉水河—台子山	2.1	2.2	4.8	0.241	0.180	-25.3	0.02	0.02	0.0
陶岔	2.4	2.2	-8.3	0.135	0.130	-3.7	0.02	0.02	0.0

表 2.3.6　枯水期 12 月水质模型计算结果与实测结果比较

断面	COD$_{Mn}$ 浓度			NH$_3$-N 浓度			TP 浓度		
	实测值 /（mg/L）	模拟值 /（mg/L）	误差 /%	实测值 /（mg/L）	模拟值 /（mg/L）	误差 /%	实测值 /（mg/L）	模拟值 /（mg/L）	误差 /%
神定河口	8.0	10.2	27.5	6.307	8.133	29.0	0.53	0.55	3.8
浪河口下	2.0	2.2	10.0	0.112	0.105	-6.3	0.02	0.02	0.0
坝上	2.1	2.0	-4.8	0.103	0.105	1.9	0.02	0.018	-10.0
凉水河—台子山	2.0	2.0	0.0	0.115	0.105	-8.7	0.02	0.018	-10.0
陶岔	2.2	2.0	-9.1	0.105	0.096	-8.6	0.02	0.018	-10.0

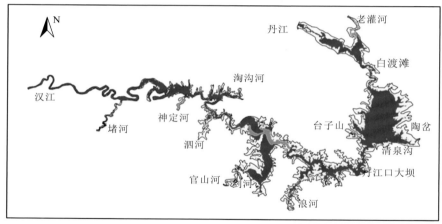

图 2.3.2　丰水期 7 月丹江口水库水质模型 COD$_{Mn}$ 浓度分布图

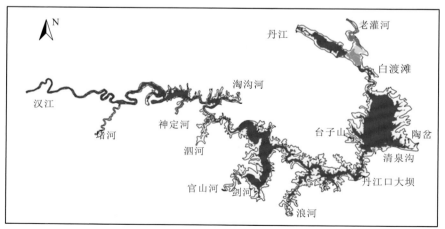

图 2.3.3　丰水期 7 月丹江口水库水质模型 NH$_3$-N 浓度分布图

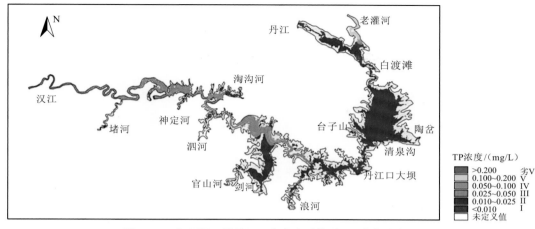

图 2.3.4　丰水期 7 月丹江口水库水质模型 TP 浓度分布图

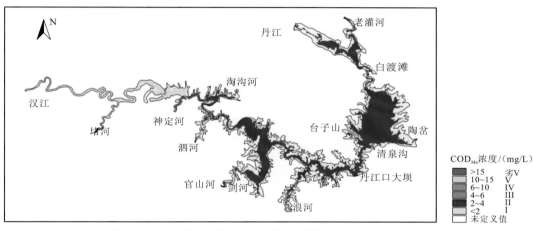

图 2.3.5　枯水期 12 月丹江口水库水质模型 COD$_{Mn}$ 浓度分布图

图 2.3.6　枯水期 12 月丹江口水库水质模型 NH$_3$-N 浓度分布图

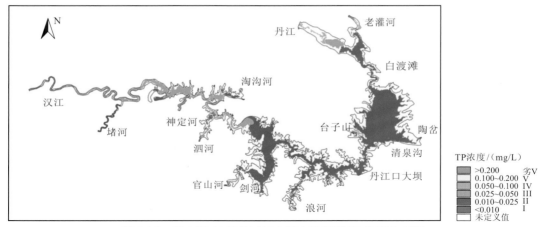

图 2.3.7　枯水期 12 月丹江口水库水质模型 TP 浓度分布图

2. 水质模型预测方案

根据丹江口水库入库径流的情况，选择水文频率为 10%、50% 和 75% 入库水量条件分别作为丰水年、平水年和枯水年的代表，同时结合丹江口水库 170 m 正常蓄水位运行调度方案，设计丰水期、平水期、枯水期三种方案，组成 9 种工况进行水动力水质模拟计算。各计算工况的边界条件如表 2.3.7～表 2.3.15 所示。

表 2.3.7　丰水年丰水期工况水质模型边界条件表（170 m 运行方案）

边界	流量/（m³/s）（水位/m）	指标浓度/（mg/L）		
		COD$_{Mn}$	NH$_3$-N	TP
汉江白河	2 402.25	3.2	0.449	0.15
天河贾家坊	35.82	2.6	0.415	0.13
堵河黄龙滩	354.75	3.2	1.205	0.35
神定河	10.98	9.5	12.500	1.21
泗河	9.16	7.6	6.990	0.94
官山河	6.59	5.6	0.480	0.52
剑河	3.29	8.9	6.160	0.44
浪河	8.79	5.9	0.540	0.66
老灌河西峡	214.93	3.7	2.840	0.13
丹江荆紫关	300.90	2.6	0.920	0.15
滔河	31.61	2.6	0.176	0.04
淘沟河	2.29	4.8	0.189	0.08
陶岔坝前	350.00	3.0	0.240	0.02
清泉沟引水闸	20.00	3.0	0.240	0.02
丹江口坝前	（162.35）	2.8	0.240	0.02

表 2.3.8　丰水年平水期工况水质模型边界条件表（**170 m** 运行方案）

边界	流量/（m³/s）（水位/m）	指标浓度/（mg/L）		
		COD$_{Mn}$	NH$_3$-N	TP
汉江白河	777.50	2.3	0.190	0.07
天河贾家坊	5.49	2.4	0.320	0.26
堵河黄龙滩	209.75	3.3	0.680	0.24
神定河	10.76	15.9	12.900	2.67
泗河	8.55	7.12	6.540	0.95
官山河	3.68	3.80	0.590	0.25
剑河	1.97	11.50	12.400	0.29
浪河	0.72	4.46	1.200	0.5
老灌河西峡	32.95	2.89	1.720	0.12
丹江荆紫关	46.13	1.97	0.125	0.17
滔河	7.78	1.9	0.062	0.04
淘沟河	2.29	4.8	0.180	0.08
陶岔坝前	272.25	2.6	0.270	0.02
清泉沟引水闸	20.00	2.6	0.270	0.02
丹江口坝前	（158.35）	2.9	0.170	0.02

表 2.3.9　丰水年枯水期工况水质模型边界条件表（**170 m** 运行方案）

边界	流量/（m³/s）（水位/m）	指标浓度/（mg/L）		
		COD$_{Mn}$	NH$_3$-N	TP
汉江白河	163.40	1.5	0.086	0.05
天河贾家坊	1.65	1.7	1.120	0.08
堵河黄龙滩	46.95	1.7	0.079	0.03
神定河	11.80	18.1	14.800	1.53
泗河	2.57	5.6	6.640	0.61
官山河	5.01	2.5	0.210	0.07
剑河	0.85	5.0	0.194	0.08
浪河	0.12	2.5	0.339	0.04
老灌河西峡	9.89	2.4	0.491	0.04
丹江荆紫关	13.85	3.8	0.688	0.06
滔河	0.56	1.1	0.070	0.03
淘沟河	0.27	2.8	0.087	0.06
陶岔坝前	314.00	2.8	0.130	0.02
清泉沟引水闸	20.00	2.8	0.130	0.02
丹江口坝前	（166.19）	2.3	0.100	0.02

表 2.3.10　平水年丰水期工况水质模型边界条件表（170 m 运行方案）

边界	流量/（m³/s）（水位/m）	指标浓度/（mg/L）		
		COD_Mn	NH₃-N	TP
汉江白河	1 199.00	3.2	0.449	0.15
天河贾家坊	7.65	2.6	0.415	0.13
堵河黄龙滩	569.25	3.2	1.205	0.35
神定河	10.98	9.5	12.500	1.21
泗河	9.16	7.6	6.990	0.94
官山河	6.59	5.6	0.480	0.52
剑河	3.29	8.9	6.160	0.44
浪河	8.79	5.9	0.540	0.66
老灌河西峡	45.91	3.7	2.840	0.13
丹江荆紫关	64.28	2.6	0.920	0.15
滔河	31.61	2.6	0.176	0.04
淘沟河	2.29	4.8	0.189	0.08
陶岔坝前	333.67	3.0	0.240	0.02
清泉沟引水闸	20.00	3.0	0.240	0.02
丹江口坝前	（161.47）	2.8	0.240	0.02

表 2.3.11　平水年平水期工况水质模型边界条件表（170 m 运行方案）

边界	流量/（m³/s）（水位/m）	指标浓度/（mg/L）		
		COD_Mn	NH₃-N	TP
汉江白河	720.25	2.3	0.190	0.07
天河贾家坊	12.42	2.4	0.320	0.26
堵河黄龙滩	151.90	3.3	0.680	0.24
神定河	10.76	15.9	12.900	2.67
泗河	8.55	7.12	6.540	0.95
官山河	3.68	3.80	0.590	0.25
剑河	1.97	11.50	12.400	0.29
浪河	0.72	4.46	1.200	0.50
老灌河西峡	74.54	2.89	1.720	0.12
丹江荆紫关	104.36	1.97	0.125	0.17
滔河	7.78	1.9	0.062	0.04
淘沟河	2.29	4.8	0.180	0.08
陶岔坝前	409.25	2.6	0.270	0.02
清泉沟引水闸	20.00	2.6	0.270	0.02
丹江口坝前	（164.07）	2.9	0.170	0.02

表 2.3.12　平水年枯水期工况水质模型边界条件表（170 m 运行方案）

边界	流量/（m³/s）（水位/m）	指标浓度/（mg/L）		
		COD$_{Mn}$	NH$_3$-N	TP
汉江白河	200.50	1.5	0.086	0.05
天河贾家坊	2.44	1.7	1.120	0.08
堵河黄龙滩	73.48	1.7	0.079	0.03
神定河	11.8	18.1	14.800	1.53
泗河	2.57	5.6	6.640	0.61
官山河	5.01	2.5	0.210	0.07
剑河	0.85	5.0	0.194	0.08
浪河	0.12	2.5	0.339	0.04
老灌河西峡	14.63	2.4	0.491	0.04
丹江荆紫关	20.48	3.8	0.688	0.06
滔河	0.56	1.1	0.070	0.03
淘沟河	0.27	2.8	0.087	0.06
陶岔坝前	320.25	2.8	0.130	0.02
清泉沟引水闸	20	2.8	0.13	0.02
丹江口坝前	（166.42）	2.3	0.1	0.02

表 2.3.13　枯水年丰水期工况水质模型边界条件表（170 m 运行方案）

边界	流量/（m³/s）（水位/m）	指标浓度/（mg/L）		
		COD$_{Mn}$	NH$_3$-N	TP
汉江白河	1 118.25	3.2	0.449	0.15
天河贾家坊	5.27	2.6	0.415	0.13
堵河黄龙滩	208.75	3.2	1.205	0.35
神定河	10.98	9.5	12.5	1.21
泗河	9.16	7.6	6.99	0.94
官山河	6.59	5.6	0.48	0.52
剑河	3.29	8.9	6.16	0.44
浪河	8.79	5.9	0.54	0.66
老灌河西峡	31.61	3.7	2.84	0.13
丹江荆紫关	44.25	2.6	0.92	0.15
滔河	31.61	2.6	0.176	0.04
淘沟河	2.29	4.8	0.189	0.08
陶岔坝前	246.92	3.0	0.24	0.02
清泉沟引水闸	20	3.0	0.24	0.02
丹江口坝前	（156.44）	2.8	0.24	0.02

表 2.3.14　枯水年平水期工况水质模型边界条件表（170 m 运行方案）

边界	流量/（m³/s）（水位/m）	指标浓度/（mg/L）		
		COD_Mn	NH₃-N	TP
汉江白河	300.25	2.3	0.19	0.07
天河贾家坊	1.78	2.4	0.32	0.26
堵河黄龙滩	107.63	3.3	0.68	0.24
神定河	10.76	15.9	12.90	2.67
泗河	8.55	7.12	6.54	0.95
官山河	3.68	3.80	0.59	0.25
剑河	1.97	11.50	12.4	0.29
浪河	0.72	4.46	1.2	0.5
老灌河西峡	10.66	2.89	1.72	0.12
丹江荆紫关	14.92	1.97	0.125	0.17
滔河	7.78	1.9	0.062	0.04
淘沟河	2.29	4.8	0.18	0.08
陶岔坝前	145	2.6	0.27	0.02
清泉沟引水闸	20	2.6	0.27	0.02
丹江口坝前	（162.35）	2.9	0.17	0.02

表 2.3.15　枯水年枯水期工况水质模型边界条件表（170 m 运行方案）

边界	流量/（m³/s）（水位/m）	指标浓度/（mg/L）		
		COD_Mn	NH₃-N	TP
汉江白河	135.75	1.5	0.086	0.05
天河贾家坊	1.45	1.7	1.12	0.08
堵河黄龙滩	41.03	1.7	0.079	0.03
神定河	11.8	18.1	14.8	1.53
泗河	2.57	5.6	6.64	0.61
官山河	5.01	2.5	0.21	0.07
剑河	0.85	5.0	0.194	0.08
浪河	0.12	2.5	0.339	0.04
老灌河西峡	8.71	2.4	0.491	0.04
丹江荆紫关	12.19	3.8	0.688	0.06
滔河	0.56	1.1	0.07	0.03
淘沟河	0.27	2.8	0.087	0.06
陶岔坝前	117.67	2.8	0.13	0.02
清泉沟引水闸	20	2.8	0.13	0.02
丹江口坝前	（150.11）	2.3	0.1	0.02

3. 不同工况水质模型预测结果

根据 9 种设计工况进行水动力水质模拟计算，得出每种工况下不同污染物的浓度分布图，并根据水质安全保障分区的需要对不同工况各污染物超过 II 类水质标准的范围进行统计汇总，统计结果如表 2.3.16 所示。

表 2.3.16　各预测工况模拟影响范围统计表

工况条件	COD$_{Mn}$ 影响范围		NH$_3$-N 影响范围		TP 影响范围	
	汉库	丹库	汉库	丹库	汉库	丹库
丰水年丰水期	神定河等支流局部	无	堵河口至坝上 26 km	滔河口至坝上 30 km	天河口至坝上 7 km	滔河口至坝上 52 km
平水年丰水期	神定河等支流局部	无	堵河口至坝上 13 km	滔河口至坝上 60km	天河口至坝上 26 km	滔河口至坝上 60 km
枯水年丰水期	神定河等支流局部	无	堵河口至坝上 37 km	滔河口至坝上 62 km	天河口至坝上 35 km	滔河口至坝上 60 km
丰水年平水期	神定河等支流局部	无	神定河、泗河、剑河局部	老灌河局部	天河口至坝上 20 km	滔河口至坝上 60 km
平水年平水期	神定河等支流局部	无	神定河、泗河、剑河局部	老灌河局部	天河口至坝上 39 km	滔河口至坝上 58 km
枯水年平水期	神定河等支流局部	无	堵河、神定河、泗河、剑河局部	老灌河局部	天河口至坝上 59 km	滔河口至坝上 62 km
丰水年枯水期	神定河局部	无	神定河及其下游 8 km、泗河局部	无	天河口至坝上 62 km	滔河口至坝上 65 km
平水年枯水期	神定河等支流局部	无	堵河口至坝上 37 km	滔河口至坝上 62 km	天河口至坝上 19 km	滔河口至坝上 60 km
枯水年枯水期	神定河等支流局部	无	神定河及其下游 25 km、泗河局部	滔河口至坝上 61 km	天河口至坝上 59 km	滔河口至坝上 58 km

1）高锰酸盐指数

根据不同工况的高锰酸盐指数指标模拟结果可以看出，因为丹江口水库主要入库河流汉江、丹江水量大，且该项指标的入库水质可达到 II 类标准，枯水期甚至可达到 I 类标准，所以在此种污染负荷输入条件下，整个水库超过 II 类水质标准的水体范围较小，仅局限于神定河等水质较差的支流入库河段，见表 2.3.16。

2）氨氮

根据不同工况的氨氮指标模拟结果可以看出，丰水期堵河入库水质为 IV 类，神定河、泗河、剑河、老灌河为劣 V 类，且水量较大，因此氨氮指标超 II 类标准的范围也较大。对汉库而言，超 II 类标准的水域范围为堵河口至坝上 13 km（浪河口下 10 km）的范围（表 2.3.16）。对丹库而言，超 II 类标准的水域范围为滔河口至坝上 30 km（白渡滩以上）区域；平水期超过 II 类水质标准的水域分布于堵河、神定河、泗河、剑河、老灌河入库河段以内，为 III～

IV 类水质，未延伸到水库水域；枯水期超 II 类水质标准的水域范围主要分布于神定河、泗河入库河段，以及神定河口至泗河口区间的水库水体，但平水年枯水期由于受堵河水质的影响，汉库超 II 类水质标准的水域范围较大，为堵河口至坝上 37 km 的范围，而丹库超 II 类水质标准的水域范围限于丹江和老灌河以内（淯河口至坝上 62 km）（表 2.3.16）。

3）总磷

丰水期汉江、剑河、丹江、老灌河入库水质总磷指标为 V 类，而堵河、神定河、泗河、官山河、浪河为劣 V 类，该项指标入库水质较差。根据总磷指标不同水平年丰水期的模拟结果，总磷超 II 类标准的水域范围达到最大。对汉库而言，超 II 类标准的水域范围为天河口（汉江边界）至坝上 7 km（浪河口下游 13 km），包括堵河、神定河、泗河、官山河、淘沟河等入库河段。对丹库而言，超 II 类标准的水域范围为淯河口至坝上 52 km（白渡滩以上）区域；平水期总磷指标的状况与丰水期相似，但由于入库河流的流量较小于丰水期，入库总负荷量较小于丰水期，超 II 类标准的水域范围也稍小于丰水期；枯水期汉江、丹江、堵河、官山河入库水质总磷指标为 IV 类，泗河为 V 类，神定河为劣 V 类，汇水后对水库水质产生一定影响，但范围比丰水期和平水期更小。对汉库而言，超 II 类标准的水域范围为泗河口以上区域，包括堵河、神定河、泗河、官山河等入库河段。对丹库而言，超 II 类标准的水域范围为丹江和老灌河入库河段，未扩散至白渡滩断面以下水库水域。

根据计算结果，分析 COD_{Mn}、NH_3-N 和 TP 三个指标超 II 类水质目标形成的最大影响范围时所对应的工况，分别为平水年枯水期工况、平水年丰水期工况和丰水年丰水期工况，统计各条支流的影响范围见表 2.3.17。可以看出，COD_{Mn} 影响范围最小，NH_3-N 次之，TP 影响范围最大。

表 2.3.17　各支流最大超 II 类水质影响范围统计表

支流	COD_{Mn} 影响范围	NH_3-N 影响范围	TP 影响范围
汉江	无	无	汉江全段至坝上 7 km[c]
天河	无	无	天河全段至坝上 7 km[c]
堵河	无	堵河全段至坝上 13 km[a]	堵河全段至坝上 7 km[c]
神定河	神定河全段	神定河全段至坝上 13 km[a]	神定河全段至坝上 7 km[c]
犟河	未纳入计算	未纳入计算	未纳入计算
泗河	河口 15 km 以上区域	河口 7 km 以上区域	泗河全段
官山河	局部	无	官山河全段
剑河	剑河全段	剑河全段	剑河全段
浪河	局部	无	局部
丹江	无	丹江全段至坝上 30 km[b]	丹江全段至坝上 52 km[d]
淇河	未纳入计算	未纳入计算	未纳入计算
淯河	无	淯河全段至坝上游 30 km[b]	淯河全段至坝上 52 km[d]
老灌河	无	老灌河全段至坝上游 30 km[b]	老灌河全段至坝上 52 km[d]

支流	COD$_{Mn}$ 影响范围	NH$_3$-N 影响范围	TP 影响范围
曲远河	未纳入计算	未纳入计算	未纳入计算
将军河	未纳入计算	未纳入计算	未纳入计算
淘沟河	淘沟河全段	淘沟河全段	淘沟河全段

注：a 表示汉库内的 NH$_3$-N 超标水域由堵河、神定河汇流共同引起；b 表示丹库内的 NH$_3$-N 超标水域由丹江、滔河、老灌河汇流共同引起；c 表示汉库内的 TP 超标水域由汉江、天河、堵河、神定河 4 条河流汇流共同引起；d 表示丹库内的 TP 超标水域由丹江、滔河、老灌河 3 条河流汇流共同引起

综上所述，由于丹江口水库本底水质较好，高锰酸盐指数、氨氮和总磷指标可达 II 类水质标准，入库支流水质较差，与水库水体汇合后将形成局部的超 II 类水域范围。根据上述 9 种工况的 3 个指标计算结果分析，按照最不利水文和水质条件计算成果，获得超 II 类标准的水域最大包络范围：汉库为汉江、堵河、神定河、剑河、官山河、浪河边界至坝上 7 km（浪河口断面下游 13 km）的水域范围；丹库为丹江、老灌河边界～白渡滩断面。其余水体均可达到地表水 II 类水质标准。水质模拟结果见图 2.3.8。

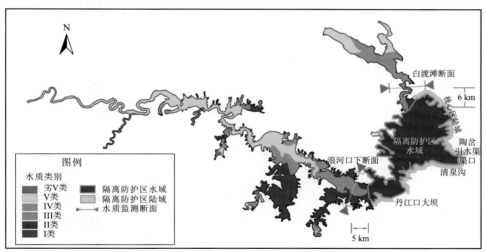

图 2.3.8　丹江口水源地隔离防护区水域和陆域范围图

模拟结果为水文、水质最不利条件下不同污因子的浓度叠加范围

4. 基于水质预测结果的中线水源区水质安全保障分区二级区划

1）隔离防护区

根据前述水库型饮用水水源地水质安全保障分区方法，将不同工况条件下丹江口水库水质可稳定达到 II 类水质标准的水域划为核心区，根据平面二维水质数学模型计算结果，丹江口水库当前的水质较好，能够稳定达到 II 类水质的水域范围较广。以丹江口水库整体作为研究对象，以南水北调中线陶岔取水口和其他取水口附近水域为重点，以库区已经布设的水质监测断面为控制边界，根据水质模型中预测的入库支流可能出现的最大污染浓度

及污染物在库区的分布范围，划分出稳定达到 II 类水质目标的水域作为核心保护区总体范围，然后以划定的水域边界为基础，将取水口一侧的陆域范围划定陆域保护区，南水北调中线水源地隔离防护区范围见图 2.3.8。

2）生态阻控区

丹江口水库入库干流水质较好，部分入库支流对丹江口水库的水质影响较大，因此生态阻控区划分范围限于丹江口库区，水域范围划定为丹江口库区 170 m 水面线以内除去核心区以外的水域；陆域范围划定为丹江口库区范围，且陆域边界不超过流域分水岭。划分结果见图 2.3.9。

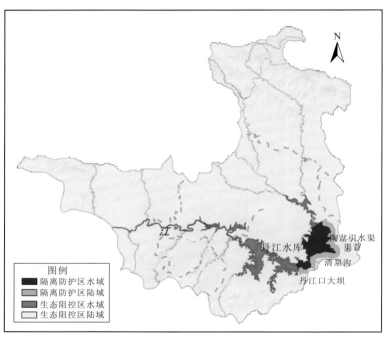

图 2.3.9　丹江口水源地生态阻控区水域和陆域范围图

参 考 文 献

邓富亮, 金陶陶, 马乐宽, 等, 2016. 面向"十三五"流域水环境管理的控制单元划分方法[J]. 水科学进展, 27(6): 910-917.

丁洪亮, 张洪刚, 2014. 汉江丹襄段水污染事故水库应急调度措施研究[J]. 人民长江, 45(5): 75-78.

郭雪勤, 梁建奎, 扎西平措, 等, 2018. 丹江口水源区三级水生态功能分区研究[J]. 人民长江, 47(5): 6-9.

贺涛, 彭晓春, 白中炎, 等, 2009. 水库型饮用水水源保护区划分方法比较[J]. 资源开发与市场, 25(2): 122-185.

李建新, 1998. 德国饮用水水源保护区的建立与保护[J]. 地理科学进展, 17(4): 88-96.

李建新, 2000. 我国生活饮用水水源保护区问题的探讨[J]. 水资源保护(3): 12-14.

刘国华, 傅伯杰, 1998. 生态区划的原则及其特征[J]. 环境科学进展, 6(6): 67-72.

刘玉邦, 梁川, 2009. 长江上游水资源保护分区研究[J]. 中国农村水利水电(4): 10-14.

卢士强, 林卫青, 顾玉亮, 2009. 潮汐河口水库型饮用水水源地保护区划分技术方法探讨[J]. 上海环境科学, 28(1): 1-6.

孟伟, 张楠, 张远, 等, 2007a. 流域水质目标管理技术研究: (I)控制单元的总量控制技术[J]. 环境科学研究, 20(4): 1-7.

孟伟, 张远, 郑丙辉, 2007b. 水生态区划方法及其在中国的应用前景[J]. 水科学进展, 18(2): 293-300.

石秋池, 2002. 关于水功能区划[J]. 水资源保护(3): 58-59.

王东, 王雅竹, 谢阳村, 等, 2012. 面向流域水环境管理的控制单元划分技术与应用[J]. 应用基础与工程科学学报, 20(9): 924-926.

邢领航, 范治晖, 陈进, 等, 2015. 南水北调中线水源地饮用水源保护区划分研究[J]. 人民长江, 46(19): 83-89.

徐敏, 谢阳村, 王东, 等, 2013. 流域水污染防治"十二五"规划分区方法与实践[J]. 环境科学与管理, 38(12): 74-77.

尹炜, 贾海燕, 杨芳, 2014. 三峡库区水质安全保障分区研究[J]. 南昌工学院学报, 33(4): 62-66.

张军锋, 张建永, 杨玉霞, 等, 2013. 湖库型饮用水水源地保护区划分技术研究[J]. 华北水利水电学院学报, 34(2): 27-29.

中华人民共和国环境保护部, 2010. 饮用水水源保护区污染防治管理规定(2010 年修订)[EB/OL]. (2010-12-22). [2020-10-22]. http://hbj.yzcity.gov.cn/hbj/0305/201802.

中华人民共和国水利部, 2003. 全国水资源综合规划技术大纲[EB/OL]. (2003-11-14). [2020-10-22]. http://www.mwr.gov.cn/zw/zcjd/xgwj/201905/t20190521_1208701.html.

朱党生, 王筱卿, 纪强, 等, 2001. 中国水功能区划与饮用水源保护[J]. 水利技术监督(3): 33-37.

CHEN D D, JIN G, ZHANG Q, et al., 2016. Water ecological function zoning in Heihe river basin, Northwest China[J]. Physics and Chemistry of the Earth(96): 74-83.

FRITZ S, ALBERTO G, ADRIAN B, et al., 2005. Delineation of source protection zones using statistical methods[J]. Water Resoureces Management(19): 163-185.

GAO P, SONG Y S, YANG C, 2012. Water function zoning and water environment capacity analysis on surface water in Jiamusi Urban Area[J]. Procedia Engineering(28): 458-463.

JIA Z M, CAI Y P, CHEN Y, et al., 2018. Regionalization of water environmental carrying capacity for supporting the sustainable water resources management and development in China[J]. Resources, Conservation & Recycling(134) : 282-293.

KONSTADINOS N M, SLEXANDRA G, VASSILIOS A T, 2008. Delineation of groundwater protection zones by the backward particle tracking method: Theoretical background and GIS-based stochastic analysis[J]. Environmental Geology(54): 1081-1090.

LI C H, WANG Y K, YE C, et al., 2019. A proposed delineation method for lake buffer zones in watersheds dominated by non-point source pollution[J]. Science of Total Enironment, 660: 32-39.

LU W H, LIU J, XIANG X Q, et al., 2015. A comparison of marine spatial planning approaches in China: Marine functional zoning and the marine ecologicalred line[J]. Marine Policy(62): 94-101.

NGUYENA A K, YUEI A L, MING H L, et al., 2016. Zoning eco-environmental vulnerability for environmental management and protection[J]. Ecological Indicators(69): 100-117.

PATIL A, DENG Z Q, 2011. Bayesian approach to estimating margin of safety for total maximum daily load development[J]. Journal of Environmental Management, 92(3): 910-918.

USEPA, 2016. Handbook for developing watershed plans to restore and protect our waters[EB/OL]. (2016-03-08). [2020-10-22]. http://www.epa.gov/owow/nps/watershed handbook.

XIE Y C, 2011. Exploration on the technologies of control unit classification and goal-setting of total pollutant emission control[C]// International Conference on Bioinformatics & Biomedical Engineering. Wuhan: IEEE Xplore: 1-5.

第 3 章
污染来源追踪模拟

　　丹江口库区地形复杂、景观破碎，农业面源污染在时空上的随机性和不确定性，导致常规水质监测方法很难判别水体污染物来源，农业面源污染来源的解析一直是流域农业面源控制的一大难题。另外，流域范围部分城镇尚存在点源输入，点面源叠加交织使得污染源的识别更加复杂。本章首先介绍污染类型判别方法，对点源和面源负荷贡献进行总体区分。其次详细介绍点源污染的反演方法，以及面源污染的追踪和模拟方法。最后以丹江口库区的典型流域为对象，重点对面源污染的输移过程进行模拟分析。

3.1 污染类型判别方法

在传统研究工作中，通常采用调查统计或估算方法确定点源和面源负荷，以此判断流域水污染的主导因素。目前点源负荷的调查估算方法相对成熟，生态环境部门已经开展了两次污染源普查工作，制订了比较完善的工作方案。但面源污染来源广泛且污染过程有随机性，负荷的统计比较困难。相关学者对面源污染负荷的估算方法进行了研究和探讨，如输出系数法（方怒放 等，2011）、AnnAGNPS 模型（佟文会，2008）、SWAT 模型（乔卫芳 等，2013）等。上述模型和方法能够定量模拟面源污染负荷的分布和输移，但大都要求完整的数字高程模型（digital elevation model，DEM）数据、土地利用数据、土壤数据、气象水文数据，且模型构建比较复杂。借助水文学中基流分割的原理，可实现径流点源、面源负荷分离。基流分割是将总径流中较稳定的部分——河川基流与波动部分——表面径流分割开来的一种水文学方法，主要用于确定河道基流量。点源污染负荷和自然背景相对稳定，年内变化不大，可用基流输送来代表，而面源污染负荷伴随降雨形成的地面径流进入河道，具有波动性，可用表面径流输送来代表（郑丙辉 等，2009）。通过基流分割方法可定性判断水库型水源地的污染类型，总体了解污染负荷来源。

3.1.1 基流分割：数字滤波法

基流分割是从总径流中将基流分离出来的一种方法。由于对基流的理解不同，分割的理论和方法有差异。目前比较常用的基流分割方法有直线分割法、斜线分割法、水文模型法、加里宁水量平衡法、环境同位素法和数字滤波法（陈利群 等，2006；倪雅茜 等，2005）。数字滤波法的核心是滤波方程：

$$q_t = \beta q_{t-1} + \frac{1+\beta}{\alpha}(Q_t - Q_{t-1})$$ （3.1.1）

式中：q_t 为 t 时段（如 1 d）内过滤后的表面径流；Q_t 为当日总流量；Q_{t-1} 为前一天的总流量；α、β 均为滤波参数。滤波参数目前没有很好的取值方法，Nathan 等（1990）将数字滤波法计算出的河川基流成果与人工分割方法计算出的结果进行比较后，提出 α 的参考取值为 2，β 的参考取值为 0.925。

3.1.2 点源和非点源污染负荷估算：通量法

当基流分割工作完成以后，在河川基流、表面径流划分的基础上，将基流中输运的污染负荷视为子流域内天然背景和点源污染负荷的总和（以下统称为点源污染负荷，不再区分），将表面径流中输运的污染负荷视为非点源（面源）污染负荷。则支流年入库污染负荷可表示为

$$W_t = \int_0^t [C_p(t)Q_p(t) + C_{np}(t)Q_{np}(t)]\mathrm{d}t \qquad (3.1.2)$$

式中：t 为时间；$C_p(t)$ 为 t 时刻点源污染物浓度，采用枯水期对应月份的水质监测数据近似代替；$Q_p(t)$ 为河川基流量；$C_{np}(t)$ 为 t 时刻非点源污染物浓度；$Q_{np}(t)$ 为表面径流量；W_t 为入库污染总负荷。由于缺乏连续水质观测数据，需要对式（3.1.2）进行离散化处理。

$$W_t = \sum_{i=1}^{n} C_{pi}Q_{pi}\Delta t + \sum_{i=1}^{n} C_{npi}Q_{npi}\Delta t \qquad (3.1.3)$$

式中：n 为监测次数，一般为 12 次；C_{pi} 为第 i 次监测的点源污染浓度；Q_{pi} 为第 i 个月的基流流量；C_{npi} 为第 i 次监测的非点源污染浓度；Q_{npi} 为第 i 个月的表面径流流量。

W_t 可由监测断面的水质、水量数据直接求出：

$$W_t = \sum_{i=1}^{n} C_i Q_i \Delta t \qquad (3.1.4)$$

水质监测频次大多为 1 次/月。式（3.1.4）中：C_i 为第 i 月监测的污染物浓度；Q_i 为第 i 月的平均流量。Δt 为第 i 次监测所代表的时段。

由此，非点源污染负荷可表示为 $W_{np} = W_t - W_p$，即

$$\sum_{i=1}^{n} C_{npi}Q_{npi}\Delta t = \sum_{i=1}^{n} C_i Q_i \Delta t - \sum_{i=1}^{n} C_{pi}Q_{pi}\Delta t \qquad (3.1.5)$$

式（3.1.5）即为基于基流分割的非点源污染负荷估算公式，其中，非点源污染负荷通过总污染负荷减去点源污染负荷进行估算；点源污染负荷通过枯水期实测污染物浓度和基流量进行估算。

3.1.3 污染类型判别方法在丹江口水源地的应用

以南水北调中线水源地丹江口水库入库河流为例，本小节采用前述基于数字滤波法和通量法构建的水源地污染类型判别方法，研究南水北调中线水源区的污染类型。

1. 研究区基本特征

南水北调中线水源地丹江口水库库周分布着 16 条主要入库支流，基本水文参数见表 3.1.1。其中汉江、天河、堵河、丹江、淇河和老灌河 6 条较大的河流设置了水文站，可获取逐日流量数据，各条河流的水文站点的位置见图 3.1.1。为了解 16 条主要入库支流的水质状况，自 2012 年起，在支流河口附近设置了水质监测断面（简单起见，监测断面名称与河流名称一致），水质监测断面的分布见图 3.1.1。由表 3.1.1 可以看出，设置了水文站的 6 条入库河流流域面积之和为 86 549 km²，占丹江口水库总集水面积（9.52 万 km²）的 90.9%；多年平均流量之和为 1 179.5 m³/s，占总入库流量（1 230.4 m³/s）的 95.9%，因此分析这 6 条河流的污染负荷结构可以反映南水北调中线水源区污染类型。

表 3.1.1   16 条主要入库支流基本水文参数

序号	河流名称	河长/km	流域面积/km²	平均流量/（m³/s）	序号	河流名称	河长/km	流域面积/km²	平均流量/（m³/s）
1	汉江	925	59 115	833	9	浪河	57.3	381	5.15
2	天河	84	1 614	14.80	10	丹江	384	7 560	46.23
3	堵河	342	12 431	236	11	淇河	147	1 598	12.10
4	神定河	58	227	1.52	12	滔河	155	1 210	16.50
5	犟河	35	326	2.00	13	老灌河	254	4 231	37.40
6	泗河	67	469	3.62	14	曲远河	53	312	1.74
7	官山河	66.5	465	7.78	15	将军河	22.5	61.6	0.44
8	剑河	26.9	47.2	0.32	16	淘沟河	27	45	0.30

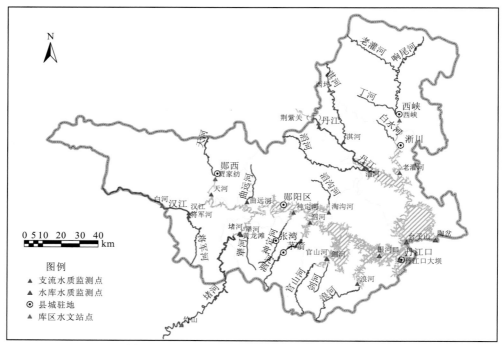

图 3.1.1   丹江口库区水文和水质监测站点分布图

2. 研究区典型年水文特征

汉江白河水文站、堵河竹山水文站、天河贾家坊水文站、丹江荆紫关水文站、淇河西坪水文站、老灌河西峡水文站 2013 年实测流量的年内分配状况见表 3.1.2。可见，2013 年 6 条主要入库支流径流量主要集中在丰水期 5～9 月，径流量达到全年径流总量的 73.38%；枯水期 1～3 月和 12 月径流量仅占全年的 10.46%；平水期 10～11 月和 4 月径流量占全年的 16.15%。

表 3.1.2　6 条主要入库支流 2013 年径流年内分配状况　　（流量单位：m³/s）

月份	汉江流量	天河流量	堵河流量	丹江流量	淇河流量	老灌河流量	6 条支流合计	
							流量	占比/%
1	226.77	4.35	31.43	8.41	2.53	3.36	276.86	3.39
2	41.36	4.31	29.71	7.95	1.98	2.86	88.17	1.08
3	91.38	4.35	50.13	7.31	2.88	2.57	158.62	1.94
4	455.01	13.02	107.45	8.71	3.52	3.74	591.45	7.24
5	696.77	18.79	150.39	41.90	0.92	14.63	923.40	11.30
6	1 299.00	8.36	175.36	26.99	0.58	17.93	1 528.22	18.71
7	1 683.81	14.57	352.39	56.36	11.42	13.71	2 132.25	26.10
8	806.45	15.96	121.39	27.12	10.21	13.02	994.14	12.17
9	291.15	8.85	95.63	7.48	9.49	3.62	416.21	5.10
10	343.65	6.00	63.42	5.39	1.55	1.89	421.88	5.16
11	184.48	7.54	102.84	7.39	1.17	2.52	305.95	3.75
12	277.55	6.45	39.53	5.68	0.87	1.02	331.10	4.05
年平均	533.11	9.38	109.97	17.56	3.93	6.74	680.69	

2013 年，汉江流域上游水量普遍偏枯（汉江白河来水频率 $P=75.3\%$，天河贾家坊来水频率 $P=80.3\%$，堵河竹山来水频率 $P=83.3\%$，丹江荆紫关来水频率 $P=90.5\%$，淇河西坪来水频率 $P=90.3\%$，老灌河西峡来水频率 $P=96.5\%$），6 条主要入库支流 2013 年径流与多年平均径流特征见表 3.1.3，2013 年的逐月流量距平率见图 3.1.2。

表 3.1.3　6 条主要入库支流 2013 年径流特征表　　（单位：m³/s）

水文站名称	2013 年年均流量	多年平均流量	代表系列
汉江白河	533.11	833.0	1950～2013 年
天河贾家坊	9.38	14.8	1959～2013 年
堵河竹山	109.97	158.6	1959～2013 年
丹江荆紫关	17.56	46.2	1965～2013 年
淇河西坪	3.93	12.1	1965～2013 年
老灌河西峡	6.74	37.4	1965～2013 年

3. 研究区典型年水质特征

以 2013 年逐月水质监测数据进行分析。水质监测指标为《地表水环境质量标准》（GB 3838—2002）中 24 项常规监测指标中的 19 项，指标包括溶解氧（DO）、化学需氧量（COD）、高锰酸盐指数（COD_{Mn}）、五日生化需氧量（BOD_5）、总磷（TP）、氨氮（NH_3-N）、

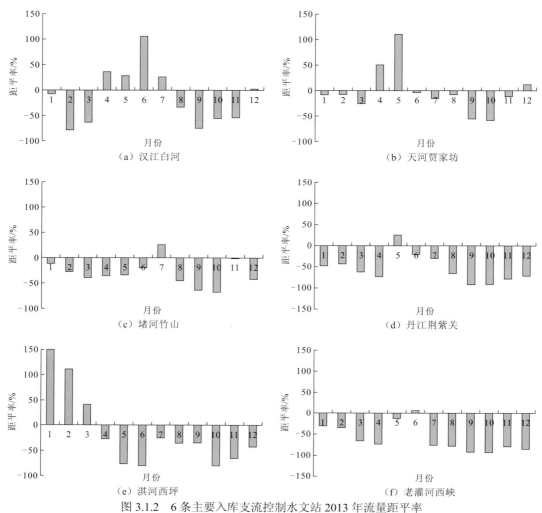

图 3.1.2　6 条主要入库支流控制水文站 2013 年流量距平率

硫化物（S^{2-}）、氰化物（CN^-）、氟离子（F^-）、六价铬（Cr^{6+}）、砷（As）、汞（Hg）、硒（Se）、铜（Cu）、铅（Pb）、镉（Cd）、锌（Zn）、挥发酚（Vola）、石油类（Oils），监测频次为 1 次/月。丹江口库区 COD_{Mn}、TP、NH_3-N 和 BOD_5 4 项典型污染物指标浓度 2013 年逐月变化趋势见图 3.1.3。

非点源污染物随着降雨径流进入河流水体，如果丰水期污染物浓度高于枯水期或平水期，则表明河流水体受非点源污染的影响明显。6 条入库河流中，天河流经郧西县城，老灌河流经西峡和淅川县城，这两条河流点源和非点源污染大致相当，因此污染物指标浓度与流量的相关性较差。另外四条河流 COD_{Mn}、TP 和 NH_3-N 浓度与流量的相关关系见图 3.1.4，可以看出，COD_{Mn} 和 TP 指标浓度与流量的相关性较强（$R^2=0.40\sim0.78$，$R^2=0.51\sim0.80$），而 NH_3-N 和 BOD_5 指标浓度与流量的相关性较弱（$R^2=0.15\sim0.35$，$R^2=0.01\sim0.13$），可见，所选的 4 项典型污染物中，COD_{Mn} 和 TP 受非点源的影响较显著，可用水文分割的方法进行非点源污染负荷计算。

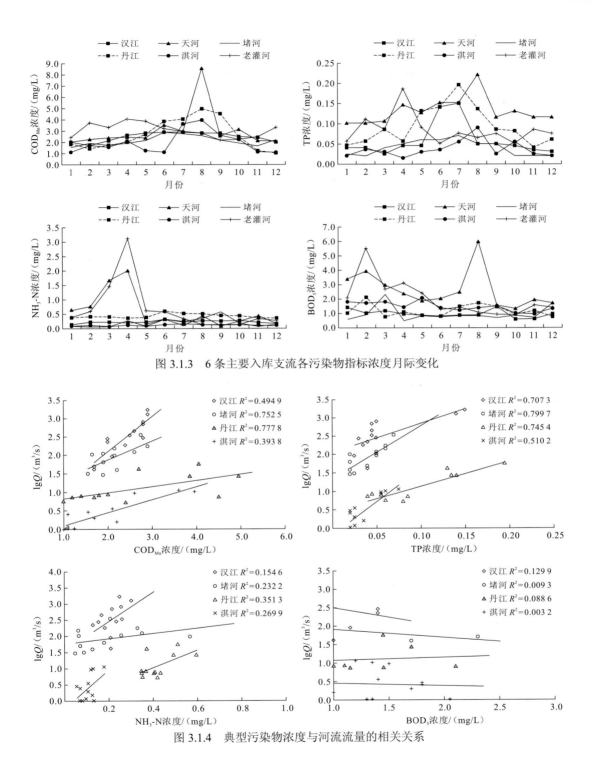

图 3.1.3　6 条主要入库支流各污染物指标浓度月际变化

图 3.1.4　典型污染物浓度与河流流量的相关关系

4. 污染类型判别结果分析与讨论

1）径流量和污染物通量总体情况

采用 6 条河流水文站的 2013 年逐日流量资料，采用数字滤波法得到了丹江口水库 6 条主要入库支流的河流基流总量和地表径流量（表 3.1.4）。2013 年汉江、天河、堵河、丹江、淇河、老灌河的河流基流流量年平均值分别为 229.56 m³/s、4.90 m³/s、37.79 m³/s、7.71 m³/s、1.54 m³/s、2.04 m³/s，各条河流基流总量占总径流量的比例为 30.0%～52.4%。各条河流的日流量过程线和基流流量过程线见图 3.1.5。

表 3.1.4 丹江口水库 6 条主要入库河流基流分割成果

河流（测站）	年均流量 /（m³/s）	总径流量 /亿 m³	基流流量 /（m³/s）	基流总量 /亿 m³	地表径流量 /亿 m³
汉江（白河）	536.89	169.31	229.56	72.39	96.92
天河（贾家坊）	9.40	2.96	4.90	1.55	1.42
堵河（竹山）	110.50	34.85	37.79	11.92	22.93
丹江（荆紫关）	17.69	5.58	7.71	2.43	3.15
淇河（西坪）	3.90	1.23	1.54	0.49	0.74
老灌河（西峡）	6.77	2.13	2.04	0.64	1.49

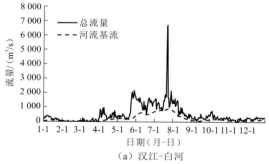

（a）汉江-白河

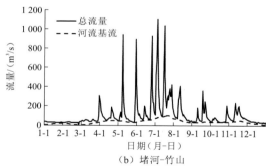

（b）堵河-竹山

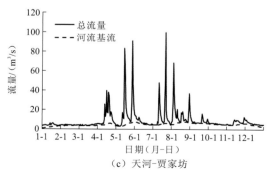

（c）天河-贾家坊

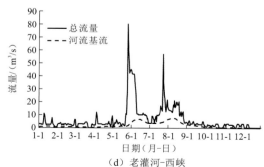

（d）老灌河-西峡

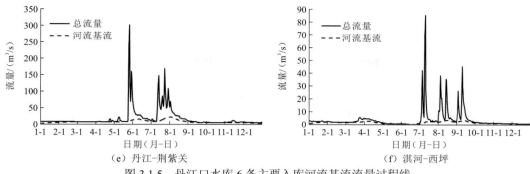

图 3.1.5　丹江口水库 6 条主要入库河流基流流量过程线

采用通量法计算得到 6 条入库河流流域点源污染负荷量、非点源污染负荷量见表 3.1.5，2013 年 6 条河流入库 COD_{Mn} 和 TP 污染总负荷量为 $58.2×10^3$ t 和 $1.86×10^3$ t，其中来自非点源的 COD_{Mn} 入库负荷量为 $39.82×10^3$ t，占 COD_{Mn} 总入库负荷量的 68.4%，6 条河流的比例范围为 65.7%～80.0%；来自非点源的 TP 入库负荷量为 $1.544×10^3$ t，占总负荷量的 82.9%，6 条河流的比例范围为 50.0%～83.8%，这与国内其他流域非点源污染负荷计算的结论基本一致（程红光 等，2006；李崇明 等，2005）。由此可见，丹江口库区非点源污染已成为水质变化的主导因素，且就不同指标而言，磷与农药、化肥的施用量密切相关，受非点源污染影响的特征更为明显（乔卫芳 等，2013）。

表 3.1.5　2013 年丹江口水库 6 条主要入库河流入河污染负荷　（单位：10^3 t，非点源占比除外）

河流	COD_{Mn}				TP			
	点源	非点源	总量	非点源占比/%	点源	非点源	总量	非点源占比/%
汉江	15.06	31.07	46.13	67.4	0.246	1.299	1.55	83.8
天河	0.35	0.67	1.02	65.7	0.021	0.021	0.042	50.0
堵河	2.21	5.97	8.18	73.0	0.031	0.149	0.180	82.8
丹江	0.49	1.36	1.85	73.5	0.015	0.058	0.073	79.5
淇河	0.07	0.28	0.35	80.0	0.001	0.005	0.006	83.3
老灌河	0.22	0.46	0.67	68.7	0.005	0.011	0.016	68.8
合计	18.38	39.82	58.2	68.4	0.32	1.544	1.862	82.9

2）污染物空间分布特征

表 3.1.6 和图 3.1.6 显示了 2013 年 6 条入库河流污染负荷总量贡献对比情况。从空间分布上看，COD_{Mn} 入库总负荷量贡献率由大到小依次是汉江＞堵河＞丹江＞天河＞老灌河＞淇河，COD_{Mn} 非点源入库负荷量贡献率由大到小依次是汉江＞堵河＞丹江＞天河＞老灌河＞淇河。汉江对 COD_{Mn} 入库总负荷的贡献率达到 79.3%，占绝对优势，其次是堵河，贡献率 14.1%，从非点源 COD_{Mn} 入库负荷贡献率来看，汉江占 78.0%，堵河占 15.0%。

同样，TP 入库总负荷量贡献率由大到小依次是汉江＞堵河＞丹江＞天河＞老灌河＞淇河，TP 非点源入库负荷量贡献率与入库总负荷量贡献率排序相同。汉江对 TP 入库总负荷量的贡献率达到 83.2%，堵河占 9.7%，从非点源 TP 入库负荷贡献率来看，汉江占 84.1%，堵河占 9.7%，属于 TP 的主要来源区。这与两条河流的入库流量相对较大有关，汉江 2013 年入库流量贡献率为 78.4%，堵河为 16.1%，而 6 条河流污染物指标的浓度相差不大。

表 3.1.6　入库污染负荷的空间分布情况

河流名称	COD_Mn				TP			
	总负荷/10^3 t	占比/%	非点源负荷/10^3 t	占比/%	总负荷/10^3 t	占比/%	非点源负荷/10^3 t	占比/%
汉江	46.13	79.3	31.07	78.0	1.55	83.2	1.299	84.1
天河	1.02	1.8	0.67	1.7	0.042	2.3	0.021	1.4
堵河	8.18	14.1	5.97	15.0	0.18	9.7	0.149	9.7
丹江	1.85	3.2	1.36	3.4	0.073	3.9	0.058	3.8
淇河	0.35	0.6	0.28	0.7	0.006	0.3	0.005	0.3
老灌河	0.67	1.2	0.46	1.2	0.016	0.9	0.011	0.7
合计	58.2		39.82		1.862		1.544	

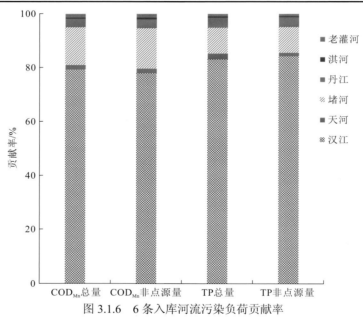

图 3.1.6　6 条入库河流污染负荷贡献率

就丹库片区的丹江、淇河和老灌河三条河流而言，2013 年 COD_Mn 的入库非点源污染负荷量为 2.1×10^3 t，TP 为 0.074×10^3 t；通过汉库片区的汉江、天河和堵河三条河流 COD_Mn 的入库非点源污染负荷量为 37.71×10^3 t，TP 为 1.469×10^3 t。这说明丹江口水库的非点源污染负荷主要来自陕西省，其次是湖北省，河南省的贡献率相对较小，这与南水北调水源区内三省农田面积和农业人口分布情况基本一致。

3）污染物时间分布特征

表 3.1.7 和图 3.1.7 显示了 2013 年不同水期污染物负荷的分布情况。从时间分布上看，COD_Mn 和 TP 总入库负荷量、非点源负荷量均表现出丰水期＞平水期＞枯水期的特征。丰

水期经过 6 条河流进入丹江口水库的 COD_{Mn} 总负荷量为 45.568×10^3 t，占比 78.3%，非点源负荷量为 32.167×10^3 t，占比 80.8%；TP 总负荷量为 1.633×10^3 t，占比 87.7%，非点源负荷量为 1.404×10^3 t，占比 90.9%。

表 3.1.7　入库污染负荷不同水期的分布情况

水期	COD_{Mn}				TP			
	总负荷/10^3 t	占比/%	非点源负荷/10^3 t	占比/%	总负荷/10^3 t	占比/%	非点源负荷/10^3 t	占比/%
丰水期	45.568	78.3	32.167	80.8	1.633	87.7	1.404	90.9
平水期	8.182	14.1	5.214	13.1	0.149	8.0	0.097	6.3
枯水期	4.450	7.6	2.436	6.1	0.080	4.3	0.043	2.8
合计	58.2		39.82		1.862		1.544	

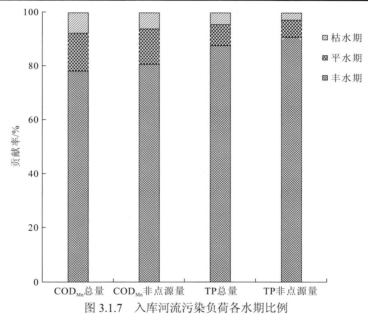

图 3.1.7　入库河流污染负荷各水期比例

4）污染类型判别结论

随着丹江口库区及上游水污染防治规划实施工作的推进，南水北调中线水源区的点污染治理取得了成效，而入库非点源污染负荷成为影响丹江口水库水质的主要因素。借鉴水文学的基流分割方法，将入库点源和非点源污染负荷进行分割，并根据通量法估算了 6 条主要入库支流 COD_{Mn} 和 TP 的点源、非点源负荷量。2013 年 6 条河流入库 COD_{Mn} 和 TP 污染总负荷量为 58.2×10^3 t 和 1.862×10^3 t，其中来自非点源的 COD_{Mn} 入库负荷为 39.82×10^3 t，占总负荷量的 68.4%；来自非点源的 TP 入库负荷量为 1.544×10^3 t，占总负荷量的 82.9%。6 条河流中，汉江和堵河为污染负荷的主要来源，二者对 COD_{Mn} 入库总负荷贡献率达到 93.4%，对 TP 入库总负荷贡献率达到 92.9%，因此，汉江和堵河流域的非点源污染治理应作为未来水污染防治的重点。

3.2 入库河流点源污染反演方法

一般而言，点源污染负荷可通过水质现场监测获得，但存在偷排、漏排时监测手段就会失灵，需要采用污染追踪方法。实际上在过去几十年，由事故或非法排放引起的突发水污染事件频现，如 2004 年的沱江水污染事件、2005 年的松花江水污染事件、2015 年美国的科罗拉多河水污染事件、2017 年嘉陵江广元段铊污染事件等，基于水质模型的污染源反演方法得到了研究者的关注。

3.2.1 点源浓度正向预测模型

点源污染水质的过程可以概化为点源负荷进入水体后的对流扩散过程。对于入库河流而言，该过程可以用河流一维对流扩散方程进行数学描述。在河道地形和水文资料不足的条件下难以得到数值解。因此，可对河流一维对流扩散方程进行简化：①将河流简化成一条长为 l 的顺直河道，水流为均匀流，水体介质为均匀介质；②河流两个端点处及河流初始状态下该种污染物质的浓度相对于事故污染物的入河总量而言，近似为 0；③污染物质在河流中沿断面均匀混合，并会有一定的衰减。因此多点源事故污染物质进入河流后的浓度分布可简化为如下偏微分方程：

$$\begin{cases} \dfrac{\partial C}{\partial t}+u\dfrac{\partial C}{\partial x}=E_x\dfrac{\partial^2 C}{\partial x^2}-KC+\sum_{i=1}^{q}M_i\delta(x-x_i), & 0<x<l,\ 0<t \\ C(x,0)=0, & 0<x<l \\ C(0,t)=0, & t>0 \\ C(l,t)=0, & t>0 \end{cases} \tag{3.2.1}$$

式中：C 为引起水污染事故的污染物质浓度；t 为时间；x 为沿河长方向的位置坐标；u 为水流流速；E_x 为扩散系数；K 为综合衰减系数；M_i 为点源污染源排放强度；δ 为狄拉克函数；x_i 为点源所在的位置坐标；q 为点源污染源总个数。

偏微分方程组（3.2.1）在形式上属于非齐次热传导方程，Kumar 等（2010）及冯安住（2012）采用傅里叶变换和拉普拉斯变换法相结合的方法，闵涛等（2004）采用分离变量方法对定解问题进行了求解。最终得出水污染事故水质方程式（3.2.1）的解析解为

$$C(x,t)=e^{(ux/2E_x-u^2t/4E_x)}\sum_{n=1}^{\infty}\frac{\dfrac{2}{l}\sum_{i=1}^{q}M_i e^{-\frac{ux_i}{2E_x}}\sin\dfrac{n\pi x_i}{l}}{\dfrac{u^2}{4E_x}+\left(\dfrac{n\pi}{l}\right)^2+K_d}\left\{e^{\frac{u^2t}{4E_x}}-e^{-t[(\frac{n\pi}{l})^2+k]}\right\}\sin\frac{n\pi x}{l} \tag{3.2.2}$$

假设某试验河段长度 l 为 1 000 m，流速为 0.01 m/s，扩散系数为 0.001 m²/s，综合衰减系数为 0.00001/s。考虑两种工况，工况 1 为单个污染源发生污染的情形，工况 2 为两个污染源发生污染的情形，试验河段的水动力和水环境特征参数及两种工况的污染源位置和污染物排放强度见表 3.2.1。利用傅里叶级数表达式（3.2.2），取级数前 50 项（$n=50$）求和计算得出的各时刻污染物浓度，计算得出两种工况条件下的各时刻浓度沿程分布如图 3.2.1 所示。

表 3.2.1　试验河段水动力水环境特征参数和污染源参数

项目	河段长 l/m	流速 u/（m/s）	扩散系数 E_x/（m²/s）	衰减系数 K_d/（1/s）	单个污染源的位置及负荷量/（m, g/s）	两个污染源的位置及负荷量/（m, g/s）
取值	1 000	0.1	5.0	0.000 01	（500，3.0）	（300，3.0）、（500，5.0）

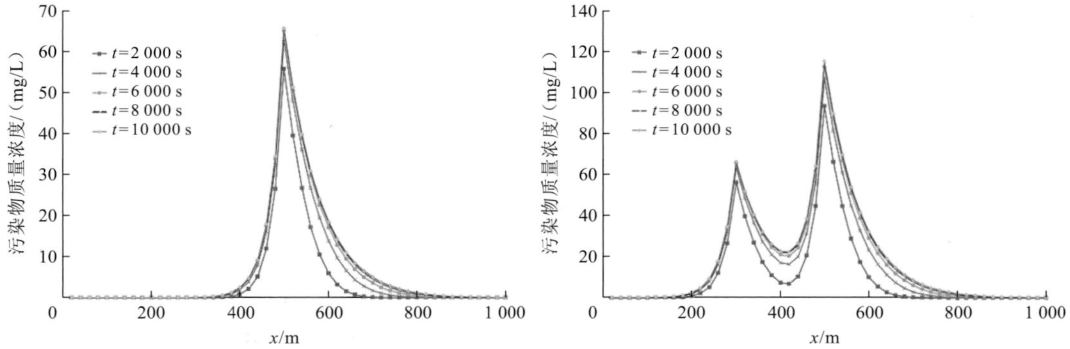

（a）单个污染源发生污染时　　　　　　　（b）两个污染源发生污染时

图 3.2.1　污染事件发生后各时刻污染物浓度分布图

3.2.2　点源污染反演模型构建

由方程式（3.2.1）可知，求解 $C(x,t)$ 依赖于点源污染源的位置 x_i 和入河污染物质总量 M_i，因此，不同的 x_i 和 M_i 可以决定不同的污染物浓度分布。如果在 T 时刻，通过在河流上布设足够的水质监测断面，获取污染物的沿程分布状况为 $\overline{C}(\overline{x}_i,T)$，其中 i 为监测断面的个数，$\overline{x}_i$ 表示第 i 个监测断面的坐标位置。那么污染源反演问题就可转化为非线性离散型函数优化问题：

$$\min \sum_{i=1}^{n} C(x_i, M_i, \overline{x}_i, T) - \overline{C}(\overline{x}_i, T) \tag{3.2.3}$$

即通过优化方程式（3.2.2）求得计算值与实测值 $\overline{C}(\overline{x}_i,T)$ 最接近的 x_i 和 M_i，就确定了污染源的位置和污染物总量。这个优化搜索过程可交由遗传算法来完成。该优化模型具有不可导、多参数、非凸函数、非连续性等特征，采用常规的数学分析法难以获得极值从而得到最优解，需要选择鲁棒性更好的优化算法来实现求解的目的，本小节选择遗传算法开展优化研究。基本遗传算法是美国密歇根大学 Holland 教授于 1975 年提出的一种智能优化方法（Holland，1975），它通过模拟自然界遗传过程中的选择、交配繁殖和基因突变现象，从任意初始种群出发，通过随机选择、交叉和变异算子的操作，产生出新的更适应环境的个体，经过一代一代地遗传进化后，得到最优个体。其中种群中每个个体即为优化问题的一个可行解，最优个体则为优化问题的最优解。遗传算法具有 4 个优点：①优化目标函数既可以是连续型函数，也可以是离散型函数（Tang et al.，2010）；②具有全局搜索和自动向最优解收敛的特性；③在处理复杂非线性问题时具有很强的鲁棒性；④原理简单，易于理解，通用性和操作性强。鉴于遗传算法应用十分广泛，不少学者对遗传算法进行了改进，提出了交叉运算的小生境技术、均匀变异运算方法和交叉、变异概率的自适应算法等（Yu et al.，2013；辛小康 等，2009；Li et al.，2004；Srinivas et al.，1994）。

基于遗传算法的污染源识别模型可通过如下步骤来建立。

（1）确定遗传算法的参数。包括个体的基因个数 N_g、基因的取值范围、交叉概率 p_c、变异概率 p_m、种群中的个体数 I_m、最大进化代数 T_m。其中，基因个数由优化变量的个数确定，交叉概率、变异概率、种群规模根据经验确定。

（2）确定染色体基因编码。一个污染源对应一个位置和一个污染物排放负荷，因此 N_p 个点源就有 $2N_p$ 个反演变量。为便于编码和解码，采用实数编码方法，个体的基因个数为 $2N_p$。种群中第 k 个个体的染色体的基因为 $X^k = (x_i^k, M_i^k)$。

（3）产生初始种群。$x_i^k = x_{i,min} + rand(x_{i,max} - x_{i,min})$，$M_i^k = M_{i,min} + rand(M_{i,max} - M_{i,min})$，其中 rand 是产生(0,1)区间内随机数的函数。

（4）建立优化目标函数（遗传算法适应度函数）。遗传算法只能使个体朝着适应度值不断增加的方向进化，而式（3.2.3）要求优化变量朝着目标函数值减少的方向变化，因此修改目标函数为适应度函数：

$$F = 1 / [C(x_i, M_i, \bar{x}_i, T) - \overline{C}(\bar{x}_i, T)]^2 \tag{3.2.4}$$

（5）遗传优化搜索。对生成的初始种群应用选择算子、交叉算子和变异算子进行操作运算，直至算法收敛或达到最大进化代数为止。模型中适应度最大的个体即为污染源的位置和污染物总量值。基于遗传算法的点源污染源识别模型工作流程见图 3.2.2。

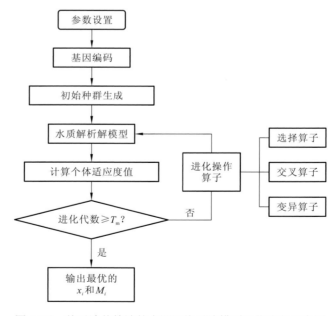

图 3.2.2　基于遗传算法的点源污染反演模型工作流程示意图

3.2.3　点源污染反演模型验证

1. 单点源位置或污染物总量识别

在实际情况中，有一些水污染事件发生后，虽然已通过其他途径调查得到事故污染源的位置，但是不知道入河污染物质的总量；或者是已获知污染物总量，但不明确污染源的入河位置，导致无法进一步预测污染物的影响范围，从而给事故抢险和责任界定带来困难。因此，首先应用建立的事故污染源识别模型，反演单个污染源发生水污染事故后的入河污染物总量或污染源位置。以污染物总量真值为 3.0 g/s、污染源位置真值为 500 m 的突发水污染事故为案例，利用 $t=4000\,s$ 时"正问题"的解作为"反问题"的监测值 $\overline{C}(x_i,T)$，监测断面的布置见图 3.2.3，"现场监测值"见表 3.2.2。考虑遗传算法的种群规模对识别模型的影响较大，设定不同工况进行计算。各工况的计算参数见表 3.2.3。污染物的总量或污染源的位置识别结果见表 3.2.4。可以看出，基于遗传算法的突发水污染事故识别模型具有较高的精度，污染物总量识别结果相对误差为 −1.7%～5.0%，污染源位置识别结果相对误差为 −1.6%～0。且随着种群规模的增大，交叉运算比较充分，可避免"早熟"现象的发生，且模型收敛较快，当种群规模取为 10 时，模型识别结果与真值完全相同，相对误差为 0。

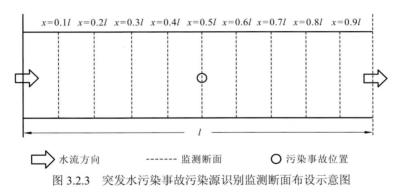

图 3.2.3　突发水污染事故污染源识别监测断面布设示意图

表 3.2.2　单点源 $t=4\,000\,s$ 时各坐标对应的浓度真值

项目	监测点									
	1#	2#	3#	4#	5#	6#	7#	8#	9#	10#
位置坐标/m	0.1l	0.2l	0.3l	0.4l	0.5l	0.6l	0.7l	0.8l	0.9l	1.0l
浓度/(mg/L)	0.00	0.00	0.03	1.89	63.23	13.94	1.75	0.09	0.00	0.00

表 3.2.3　单点源识别模型各工况条件下的计算参数

工况编号	反演变量	交叉概率 p_c	变异概率 p_m	种群规模 I_m	最大进化代数 T_m
工况 1	总量	0.8	0.05	4	200
工况 2	总量	0.8	0.05	6	200

工况编号	反演变量	交叉概率 p_c	变异概率 p_m	种群规模 I_m	最大进化代数 T_m
工况 3	总量	0.8	0.05	8	200
工况 4	总量	0.8	0.05	10	200
工况 5	位置	0.8	0.05	4	200
工况 6	位置	0.8	0.05	6	200
工况 7	位置	0.8	0.05	8	200
工况 8	位置	0.8	0.05	10	200

表 3.2.4　单点源识别模型各工况条件下的计算结果

工况编号	位置 /m	总量 /(g/s)	相对误差 /%	初始最优适应度值	收敛代数	末代最优适应度值
工况 1	—	3.03	1.0	0.12	40	178
工况 2	—	2.95	−1.7	0.29	25	188
工况 3	—	3.15	5.0	0.09	10	2
工况 4	—	3.00	0.0	0.22	5	9 613
工况 5	492	—	−1.6	0.00	96	32
工况 6	493	—	−1.4	0.00	118	78
工况 7	493	—	−1.4	0.00	96	78
工况 8	500	—	0.0	0.00	10	2 150

2. 单点源位置和污染物总量识别

有一些突发水污染事故发生后，既无法知道事故污染源的位置，也无法了解入河污染物的总量，因此需要对污染源的两个参数同时进行识别。仍然以污染物总量真值为3.0 g/s、污染源位置真值为 500 m 的突发水污染事故为案例，利用 $t=4\,000$ s 时"正问题"的解作为"反问题"的监测值 $\overline{C}(x_i,T)$，建立识别模型对污染源的位置和污染物总量进行识别试验。识别模型的计算参数见表 3.2.5，识别结果见表 3.2.6。可见，识别模型计算出的污染源位置为 503 m（相对误差 0.6%），污染物总量为 2.90 g/s（相对误差-2.34%），误差在可接受范围之内。当模型计算至 20 代时，模型收敛、模型最优适应度值随进化代数的变化曲线见图 3.2.4。

表 3.2.5　单点源多变量识别模型的计算参数

工况编号	反演变量	交叉概率 p_c	变异概率 p_m	种群规模 I_m	最大进化代数 T_m
工况 1	总量和位置	0.9	0.2	10	200

表 3.2.6 单点源多变量识别模型的计算结果

工况编号	污染源位置 /m	污染物总量 /(g/s)	初始最优个体 适应度值	稳定收敛代数	末代最优个体 适应度值
工况 1	503	2.90	0.0	20	0.18

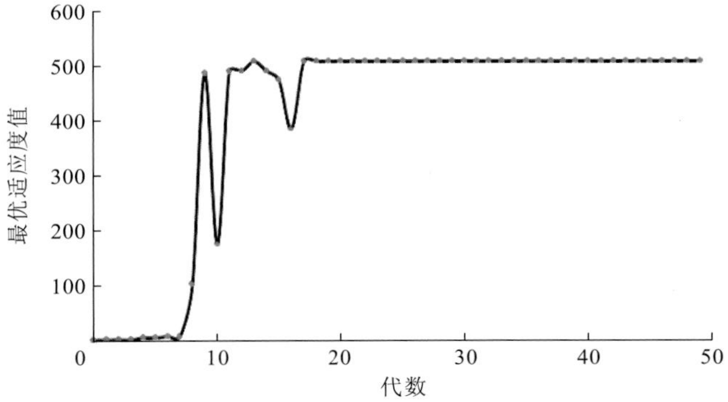

图 3.2.4 单点源位置和污染物总量识别模型适应度值变化过程

3. 多点源位置和污染物总量识别

仍然以污染物总量为 3.0 g/s 和 5.0 g/s,污染源位置为 300 m 和 500 m 的两个点源突发水污染事故为对象,利用 $t=4000$ s 时各坐标对应的计算值作为监测值 $\overline{C}(\overline{x_i}, T)$,建立多点源位置和污染物总量的识别模型。通过模型试算,两个点源的污染源位置识别结果为 520 m 和 295 m,相对误差为 0 和 0.3%,污染物总量识别结果为 9.15 g/s 和 2.4 g/s,模型计算得到错误的反演结果。说明对于多点源的情形,该模型不具有适定性(ill-posed)。

3.3 面源污染追踪方法

营养盐追踪技术是一种面源污染物来源追踪集成技术,其核心是 20 世纪 90 年代发展起来的氮同位素示踪技术。该技术的主要原理:依据土壤和水体中硝酸盐中氮氧稳定同位素的分馏率,判别土壤和水体中硝酸盐的主要来源,如大气、降雨、无机化肥、有机肥料和生活污水等。该技术可解决面源污染输出源区的识别难题。

3.3.1 自然界氮稳定同位素及其分馏现象

20 世纪 40 年代,研究者发现原子量低于 40 的元素其同位素之间很容易通过物理化学过程而发生原子分配上的差异,而原子量高于 40 的元素因为同位素之间的质量差异太小,很难通过物理化学过程发生分馏(刘耘,2015)。氮是自然环境中最重要且又最敏感的元素之一,原子量低于 40,目前的研究表明,自然界中氮元素存在 7 种同位素,见表 3.3.1。其中 ^{14}N 和 ^{15}N 的原子核是稳定的,而且它们的原子总个数比例在大气圈相对恒定,两者的丰度分别为 99.366% 和 0.366%，原子个数比值为 1/272（张俊萍 等，2014）。由于两种氮同位素原子的质量不同，在发生物理、化学及生物化学反应过程中，氮元素的两种同位素在不同反应产物中的同位素比值发生变化，与大气圈的同位素丰度相比发生偏差，这种重分配过程被称为分馏。而不同的物理、化学和生物化学作用对氮同位素的分馏机制是不同的，有的会导致 ^{15}N 富集、^{14}N 贫化，有的会导致 ^{15}N 贫化、^{14}N 富集。正是利用这种特性，依据环境水体中 ^{15}N 的丰度偏差，来识别污染来源。

表 3.3.1　自然环境中存在的氮同位素

氮同位素	质子数	中子数	质量数	类型	半衰期	大气中的丰度
^{14}N	7	7	14	稳定	—	99.633%
^{15}N	7	8	15	稳定	—	0.366%
^{12}N	7	5	12	放射性	11 μs	微量
^{13}N	7	6	13	不稳定	10 min	微量
^{16}N	7	9	16	不稳定	7.1 s	微量
^{17}N	7	10	17	不稳定	4.16 s	微量
^{18}N	7	11	18	不稳定	0.63 s	微量

通常将由于同位素质量不同，在物理、化学及生物化学作用过程中，该元素的不同同位素在两种或两种以上物质之间分配不均匀的现象称为同位素分馏。同位素分馏的程度通常用分馏系数表示，N 同位素分馏系数为

$$\alpha(\alpha_k) = R_A / R_B \qquad (3.3.1)$$

式中：R 表示氮同位素 $^{15}N/^{14}N$ 的比值；A、B 分别表示两种物相；α 和 α_k 分别表示平衡分馏系数和动力学分馏系数。

准确地来讲，同位素的分馏分为平衡分馏和动力学分馏，前者指某一物理化学反应完成后，同位素分配达到平衡，只要体系的物理化学条件不变，则同位素在不同物相之间的分配就保持不变，这就是同位素平衡分馏。动力学分馏指偏离同位素平衡与时间有关的分馏，即同位素在物相之间的分配随时间和反应进程而不断变化。由于自然界中的物理、化学和生物反应过程在持续发生，因此自然界中大多数同位素分馏属于动力学分馏。平衡分馏对应的分馏系数为 α，动力学分馏对应的分馏系数为 α_k。无论是平衡分馏，还是动力学分馏，对于某一相对固定的区域而言，分馏的趋势（贫化或富集）不会因为时间和反应进程而改变。例如，在氮元素的反硝化过程中，^{14}N 总是优先发生反应生成 N_2，而环境中剩余的硝酸盐就会贫化 ^{14}N 而富集 ^{15}N，这种趋势不会发生变化，所以区域中残留 NO_3^- 与反硝化产物 N_2 之间的动力学分馏系数总是大于 1，用公式表达为

$$\alpha^\kappa = \frac{R_{NO_3^-}}{R_{N_2}} = \frac{(^{15}N/^{14}N)_{NO_3^-}}{(^{15}N/^{14}N)_{N_2}} > 1 \qquad (3.3.2)$$

为了衡量一个系统中某个物相中氮同位素发生分馏的状态，通常用该物质中氮同位素比值与大气圈氮同位素稳定比值之间的偏差，即丰度比值 $\delta^{15}N$（千分数）来表示：

$$\delta = \frac{R - R_{\text{atom}}}{R_{\text{atom}}} = \frac{(^{15}\text{N}/^{14}\text{N}) - (^{15}\text{N}/^{14}\text{N})_{\text{atom}}}{(^{15}\text{N}/^{14}\text{N})_{\text{atom}}} \qquad (3.3.3)$$

3.3.2　自然界中氮同位素的分馏机制

氮同位素的分馏过程伴随含氮元素的循环过程发生。自然界中氮元素的循环过程包括挥发、粒子交换等物理过程，铵化、硝化和反硝化等化学过程，以及生物固氮、生物吸收等生物过程，氮循环各过程中 ^{15}N 值的变化见图 3.3.1（Kreitler，1979）。

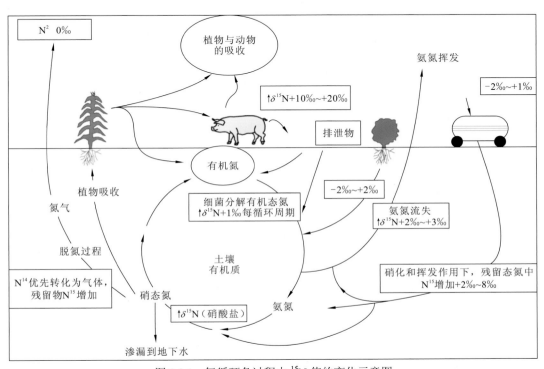

图 3.3.1　氮循环各过程中 ^{15}N 值的变化示意图

1. 挥发

含有铵盐的体系在碱性环境中，容易产生易挥发的氨气，挥发的氨气会优先带走 ^{14}N，从而使体系中剩余的铵盐富集 ^{15}N。

$$\text{NH}_4^+ + \text{OH}^- \longrightarrow \text{NH}_3 + \text{H}_2\text{O}$$

2. 粒子交换

粒子交换主要发生在水土界面，其中铵盐的粒子交换最为频繁，相关研究表明，虽然粒子交换后液体中铵盐的 ^{15}N 是增加的，但是这种变化不大。

3. 铵化反应

铵化反应是指含有有机氮和硝酸盐的体系，经过催化条件，最终形成铵盐的过程。铵化反应同样优先反应 ^{14}N，使得产生的铵盐中 ^{15}N 原子减少，方晶晶（2014）的研究表明，有机氮在铵化反应后，生成的铵盐中 ^{15}N 将降低 5‰～10‰。

4. 硝化反应

硝化反应是指含有铵盐的体系，经过微生物的作用，氧化成硝酸盐的过程，反应方程式为

$$NH_4^+ + 1.5O_2 \longrightarrow NO_2^- + H_2O + H^+ + 能量$$
$$NO_2^- + 0.5O_2 \longrightarrow NO_3^- + 能量$$

反应过程中铵盐的 ^{14}N 优先参与硝酸盐的转化，从而使硝化产物硝酸盐中的 ^{15}N 减少，一般情况下，硝化产物中硝酸盐的 ^{15}N 会减少 18‰。

5. 反硝化反应

反硝化反应是指含有硝酸盐的体系，经过微生物的作用，还原为氮气和二氧化氮的过程。反硝化反应过程中的氮同位素分馏非常显著，反硝化产物氮气和二氧化氮中 ^{14}N 富集、^{15}N 贫化，体系中剩余的硝酸盐则富集 ^{15}N。

6. 生物固氮

大自然界有些细菌和植物具有固氮的功能，生物固氮的总反应方程式为

$$N_2 + 8e^- + 8H^+ + 16MgATP \longrightarrow 2NH_3 + H_2 + 16MgADP$$

它们能够使气态氮进入生物圈转化为有机氮，当生物死亡并腐烂后，形成有机氮进入土壤，进一步转化为氨氮或硝态氮。一般认为，生物固氮对氮元素的分馏作用较小，分馏系数为 0（Heaton，1986）。

7. 生物吸收

生物吸收是指生物吸收土壤和水体中氮元素的生化反应过程，也是自然界中无机氮向有机氮转化的主要方式。一般认为，高等植物吸收氮元素的过程对氮同位素的分馏程度较小。但微生物在吸收氮元素的过程中，氮同位素的分馏程度较大。相关学者在细菌和藻类的培养实验中分析发现，它们优先吸收同化 ^{14}N 的化合物。对铵盐而言，^{15}N 的分馏程度为-28.8‰～-5.8‰（Pennock et al.，1996），对硝酸盐而言，^{15}N 的分馏程度为-9.7‰～4.3‰（Waser et al.，1998）。

3.3.3 不同来源氮污染氮同位素分馏特点及其判别依据

1. 未污染流域中的氮同位素丰度比值

未受面源污染的流域土壤和水域中硝酸盐主要来源于固氮植物死亡和腐败后形成的有

机氮，然后有机氮进一步转化为硝态氮或氨氮。由于高等植物吸收对氮同位素的分馏程度较小，未污染流域内有机氮 $\delta^{15}N$ 与大气圈的 $\delta^{15}N$ 基本一致，均为 0。但随着硝化反应的进行 ^{15}N 会降低，因此 $\delta^{15}N$ 应为负值。周爱国等（2001）研究表明，北京市西部未开发区域土壤中硝酸盐 $\delta^{15}N$ 为 -1.9%。

2. 人畜粪便污染区域氮同位素丰度比值

农村地区人畜粪便是面源污染的主要来源之一，分析研究受人畜粪便污染地区氮同位素分馏特点具有十分重要的意义。由于人畜粪便中大量的氮素在尿液中，尿液中的尿素容易水解形成二氧化碳和铵盐，而堆粪区域往往碱性偏高，容易导致铵盐反向生成氮气后挥发，从而使剩余在土壤中的铵盐富集 ^{15}N，铵盐发生硝化反应形成硝酸盐后其中的 ^{15}N 也较多。Kreitler（1979）研究测得了美国德克萨斯州某地化粪池和牛圈土壤剖面中 NO_3^- 中的 $\delta^{15}N$ 为 $10\permil \sim 22\permil$。邵益生等（1992）研究表明，采自北京丰台区某地粪堆的粪肥凯氏氮与附近菜地土壤凯氏氮的 $\delta^{15}N$ 值都较高，其中畜类的 $\delta^{15}N$ 值为 $9.7\permil$，附近土壤的 $\delta^{15}N$ 值为 $10.0\permil$，人类粪便的 $\delta^{15}N$ 值为 $15.4\permil$，附近土壤的 $\delta^{15}N$ 值为 $13.0\permil$。显然，菜地土壤氮的主要来源是附近的化粪堆。一般认为，人畜粪便 $\delta^{15}N$ 值的典型变化范围为 $10.0\permil \sim 22.0\permil$。

3. 工业化肥污染区域氮同位素丰度比值

工业化肥是维持我国粮食高产量的重要动力，其中氮肥的施用量占据主导。工业氮肥主要有碳酸氢铵、尿素、硫酸铵等。由于工业氮肥一般利用合成氨技术，总体上工业氮肥 ^{15}N 的丰度与大气中 ^{15}N 的丰度基本一致，约等于 0。但在合成氨反应中，^{14}N 原子优先参与合成，因此工业化肥中 $\delta^{15}N$ 值一般小于 0。王东升（1997）监测结果显示化肥中 $\delta^{15}N$ 值为 $-2\permil \sim 0.5\permil$，张丽娟等（2010）研究认为尿素中 $\delta^{15}N$ 值为 $-0.2\permil \sim 0.1\permil$，Heaton（1986）研究认为氨肥 $\delta^{15}N$ 值为 $-5\permil \sim 0.3\permil$，Lee 等（2008）研究认为工业化肥 $\delta^{15}N$ 值为 $-3\permil \sim 3\permil$。焦鹏程等（1992）的研究成果及项目组在丹江口地区的采样分析结果显示，受工业化肥污染区域具有高含量的硝酸盐和较低的 $\delta^{15}N$ 值双重特征。

4. 生活污水污染区域氮同位素丰度比值

生活污水中的氮元素主要来自人的粪便，主要以氨氮为主，氨氮约占总氮的 $80\% \sim 90\%$，其次是有机氮，占比 $10\% \sim 15\%$，硝态氮的比重很小。生活污水中 ^{15}N 的丰度比值应该与畜禽粪便污染源的类似，例如，北京丰台污水灌溉区菜地土壤中硝酸盐的 $\delta^{15}N$ 值为 $5.6\permil \sim 13.1\permil$，与人畜粪便 $\delta^{15}N$ 值的典型变化范围（$10.0\permil \sim 22.0\permil$）比较一致。

5. 工业废水污染区域氮同位素丰度比值

工业污水的氮化学组成也以 NH_4^+ 中的 N 为主，约占总氮的 $80\% \sim 90\%$，而有机氮只占 5% 左右。与生活污水相比，工业污水的总氮和有机氮浓度明显下降，NO_3^- 中的 ^{15}N 含量显著上升，而 NH_4^+ 中的 ^{15}N 和 NO_3^- 中的 ^{15}N 主要来源于工业生产过程及其化学制品。因此，工业污水的氮同位素组成可能更接近于氮肥。例如，北京石景山工业污水中 NO_3^- 的 $\delta^{15}N$

值为 0.9‰，该值与工业化肥中 NO_3^- 的 $\delta^{15}N$ 值相近。

  水中 NO_3^- 的潜在污染源主要有上述 4 种类型，并且由各自特征的氮同位素组成。来自非点源污染的硝酸盐在进入水体之前，多数情况下都要经过土壤环境，并在土壤中留下氮同位素标记。因此，比较土壤和水中 NO_3^- 的氮同位素组成的差异是鉴别水中 NO_3^- 来源的主要依据。根据不同研究文献和现场监测分析总结得出不同污染来源氮素 $\delta^{15}N$ 值变化范围，见表 3.3.2。

表 3.3.2 不同污染来源氮素 $\delta^{15}N$ 值变化范围

氮素来源	$\delta^{15}N$ 值的变化范围/‰	主要影响因素
天然土壤	0~8	固氮、硝化分馏
粪便	10~22*	氮挥发、硝化分馏
氮肥	<0*	氮肥类型、氮挥发分馏
生活污水	≥10	—
工业废水	≤1	污水 pH
大气沉降	4~9	硝化分馏

注：*根据邵益生等（1992）总结，其余根据胡钰等（2015）研究成果总结

3.3.4 面源污染追踪方法在丹江口水源地的应用

  在丹江口水源地总氮的组成结构中，硝酸盐占绝对主导地位，水体中硝酸盐的潜在来源可分为天然硝酸盐和非天然硝酸盐两种。前者来源于天然有机氮或腐殖质的降解和消化，后者则与人、畜粪便，人造化肥和生活污水、工业废水等人类活动有关。由于同位素具有轻微的质量依赖特性，不同来源的氮素根据其不同的化学反应速率和化学平衡中元素比例变化，根据前述研究不同来源的硝酸盐氮同位素 $\delta^{15}N$ 值一般在一个特征范围内变化：大气沉降（含雨水）的 $\delta^{15}N$ 值为 4‰~9‰，化学肥料的 $\delta^{15}N$ 值为-7.4‰~0，养殖粪便（有机肥）的 $\delta^{15}N$ 值为 10‰~22‰，生活排水的 $\delta^{15}N$ 值为 10‰~17‰。

  选择南水北调中线水源地胡家山小流域进行面源污染追踪方法应用，其地理位置见图 3.3.2。流域集水面积为 14.03 km^2，其中林地面积为 7.85 km^2、旱地面积为 5.58 km^2、荒草地面积为 1.43 km^2、居民点面积为 0.25 km^2，其余为水体面积，多为农业型小流域，无工业生产活动。胡家山小流域共布设 5 个采样点，从上至下，采样点编号为 1~5，如图 3.3.3 所示。2012 年 5 月和 7 月两次对试验区域水样进行氮氧同位素测定。其中 2012 年 5 月在非降雨期间采样；2012 年 7 月在降雨期间采样。胡家山河地表水中 TN、NO_3^- 和 NH_4^+ 的浓度分别为 0.34~2.84 mg/L、0.09~2.16 mg/L 和 0.11~0.42 mg/L。总体而言，TN、NO_3^- 和 NH_4^+ 浓度均较低。除 4 号采样点和 5 号采样点的浓度相对较高外，各采样点之间的差异不显著。降雨期 NO_3^- 和 TN 浓度略高于非降雨期，但方差分析显示，降雨期和非降雨期 NO_3^- 和 TN 差异不显著。

· 64 ·

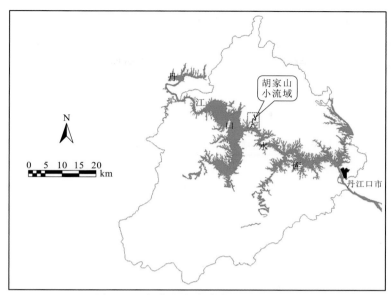

图 3.3.2　胡家山小流域地理位置示意图

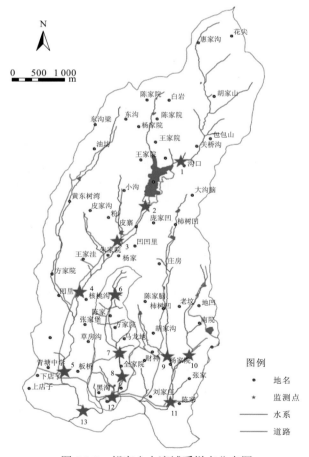

图 3.3.3　胡家山小流域采样点分布图

各监测点降雨期和非降雨期氮素特征及氮同位素测定值见表3.3.3。1号采样点位于胡家山水库上游，两次观测结果显示NO_3^-的$\delta^{15}N$值差异较大。非降雨期$\delta^{15}N$值为5.11‰处于天然土壤（0~8‰）的范围，降雨期$\delta^{15}N$值为0.41‰处于大气干湿沉降（4‰~9‰）和工业氮肥（≤0）的共同作用范围。胡家山水库上游土地利用类型主要为林地，可以判断非降雨期几乎无人为污染，降雨期由大气沉降和林用化肥引起硝态氮浓度升高，$\delta^{15}N$值降低。

表3.3.3　胡家山流域地表水氮素浓度与硝酸盐氮同位素测定值

采样期	采样点编号	TN浓度/(mg/L)	NO_3^-浓度/(mg/L)	NH_4^+浓度/(mg/L)	$\delta^{15}N$/‰
降雨期	1	0.80	0.32	0.23	0.41
	2	0.38	0.28	0.11	5.79
	3	0.85	0.42	0.20	9.20
	4	2.84	1.80	0.25	10.04
	5	2.66	2.16	0.37	10.54
非降雨期	1	0.43	0.09	0.23	5.11
	2	0.34	0.12	0.18	6.78
	3	0.60	0.27	0.32	11.54
	4	1.71	1.48	0.19	11.57
	5	1.96	1.46	0.26	9.15

2号采样点位于胡家山水库坝下。受水库滞留效应，2号采样点TN和NO_3^-浓度略低于上游1号采样点，但两次检测NO_3^-的$\delta^{15}N$值无显著差异（分别为5.79和6.78），基本处于大气沉降、天然土壤、人工氮肥NO_3^-中$\delta^{15}N$的特征值范围内，与1号采样点相似。这一结果与2号采样点控制流域面积仍以林地为主（林地面积大于65%）有关，因此可以判断2号采样点NO_3^-仍然主要来自天然土壤和少部分人工氮肥。

3~5号采样点，总氮浓度和硝酸盐浓度显著高于上游的1~2号采样点，降雨期浓度高于非降雨期，受面源污染的特点明显。同时，无论是在降雨期还是非降雨期，两次观测分析得出的NO_3^-的$\delta^{15}N$值均大于天然土壤NO_3^-的$\delta^{15}N$值范围（0~8‰）的上限，符合畜禽粪便NO_3^-的$\delta^{15}N$特征值范围（10‰~22‰），和生活污水NO_3^-的$\delta^{15}N$特征值范围（10‰~17‰），且降雨期和非降雨期$\delta^{15}N$值基本稳定于同一水平，明显高于1号采样点和2号采样点。结合3~5号采样点土地利用状况，这三个采样点集水区内居民地和旱地面积所占比例均升高，相反，林地所占比例下降。胡家山流域内旱地和居民点主要集中分布于小流域的下游地区，受畜禽养殖和居民生活污水污染，下游TN和NO_3^-显著高于上游。虽然该区域偶尔施用人工化肥，但施用量极少，主要用人畜粪便作为肥料来源，因此可以判断3~5号采样点NO_3^-负荷主要来自居民点畜禽养殖或生活污水。

3.4 面源污染过程模拟

3.4.1 研究区概况

本节选取丹江口水库 9 条代表性入库河流，利用各支流监测站点所提供的监测数据进行流域水化学特性时空差异及流域景观特征对水化学特性影响的详细分析。监测站点的位置分布与对应的流域如图 3.4.1 所示。

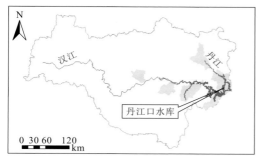
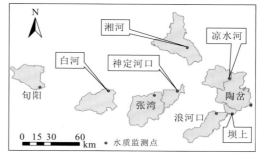

图 3.4.1 丹江口库区入库支流地理位置图

9 个监测站点对应的河流分别为湘河（1 288.4 km²）、凉水河（553.1 km²）、陶岔（1 066.6 km²）、坝上（97.9 km²）、浪河口（738.4 km²）、神定河口（341.3 km²）、张湾（1 120.9 km²）、白河（828.6 km²）及旬阳（699.7 km²）。其中，湘河、凉水河两个监测站点位于丹江口水库的丹库西北部支流河口；陶岔为南水北调中线工程渠首，位于丹库东部；坝上监测站地处丹江口大坝下游；浪河口、神定河口和张湾三个监测站点分布在丹江口水库的汉库支流河口；而白河和旬阳监测站点则位于汉江支流河口（图 3.4.1）。研究区地形比较复杂，山区面积占比 85% 以上，海拔高程为 86～2 084 m，65% 的土地分布在大于 15° 的陡坡上。各入库支流具有典型的亚热带季风气候特征，年内旱季和雨季依次循环。冬季，干冷的偏北风盛行且降雨量较小；而夏季温暖的偏南风湿度极强，易造成强降雨，其中超过 80% 的降雨集中发生在季风季节的 6～10 月。主要植被覆盖类型包括针叶林、落叶阔叶林、针阔混交林和阔叶林，以及灌木和草本植物。农业用地和居民地基本都沿河分布，人为活动对水质造成潜在威胁。

3.4.2 流域基础数据库构建

研究用到的基本数据资料主要包括：水化学监测数据、统计年鉴数据、数字高程模型（DEM）、遥感影像、气象数据、土壤资料及其属性数据，以及其他必要的辅助信息。基于数据可获取和适用性原则，将上述相关数据资料收集齐全后，根据研究需要对数据分别进行处理和存储，作为进一步分析使用。

1. 水化学监测数据

本小节用到的水化学监测数据（来自丹江口库区 9 个水环境水质监测站点）的水样采

集和分析工作均由长江流域水资源保护局丹江口局实验室完成,分析和计算方法均参照《中华人民共和国国家地表水环境质量标准》（GB 3838—2002）。

水化学监测数据涉及 17 个指标,包括:氢离子浓度指数（pH）、溶解氧（dissolved oxygen,DO）、氨氮（ammonia nitrogen, NH_3-N）、高锰酸盐指数（potassium permanganate index,COD_{Mn}）、五日生化需氧量（5-days biochemical oxygen demand, BOD_5）、氰化物（total cyanide,T-CN$^-$）、砷（arsenic, As）、挥发酚（volatile phenol, V-ArOH）、六价铬（chromium with a valence of six, Cr^{6+}）、汞（Hg）、铜（Cu）、镉（Cd）、铅（Pb）、总磷（total phosphorus, TP）、石油类（petroleum）以及粪大肠菌群（fecal coliform）,各项水化学参数的基本实验分析方法如表 3.4.1 所示,时间为 2005～2009 年。分析发现,五日生化需氧量 BOD_5、氰化物 T-CN$^-$、挥发酚 V-ArOH、六价铬、汞、铜、镉、铅及粪大肠菌群的测量值均在最低检出限以下,因此未纳入本小节分析。此外,由于旬阳和神定河口 2 个水质站点监测的时间频率与湘河、凉水河、陶岔、坝上、浪河口、张湾及白河站点不一致,为了便于数据分析,将其统一标准化为年平均含量。

表 3.4.1　水化学参数及基本分析方法

水化学参数	参数简称	分析方法	方法来源
氢离子浓度指数	pH	玻璃电极法	GB 6920—1986
溶解氧	DO	碘量法	GB 7489—1987
氨氮	NH_3-N	纳氏试剂比色法	GB 7479—1987
总氮	TN	碱性过硫酸钾消解紫外分光光度法	GB 11894—1989
高锰酸盐指数	COD_{Mn}	酸性高锰酸钾法	GB 11892—1989
五日生化需氧量	BOD_5	稀释与接种法	GB 7488—1987
氰化物	T-CN$^-$	异烟酸-吡唑啉酮比色法	GB 7487—1987
砷	As	二乙基二硫代氨基甲酸银分光光度法	GB 7485—1987
挥发酚	V-ArOH	蒸馏后 4-氨基安替比林分光光度法	GB 7490—1987
六价铬	Cr^{6+}	二苯碳酰二肼分光光度法	GB 7467—1987
汞	Hg	冷原子吸收分光光度法	GB 7468—1987
铜	Cu	原子吸收分光光度法（螯合萃取法）	GB 7475—1987
镉	Cd	原子吸收分光光度法（螯合萃取法）	GB 7475—1987
铅	Pb	原子吸收分光光度法（螯合萃取法）	GB 7475—1987
总磷	TP	钼酸铵分光光度法	GB 11893—1989
石油类	petroleum	红外分光光度法	GB/T 16488—1996
粪大肠菌群	fecal coliform	多管发酵法及滤膜法	国家环保局《水和废水监测分析方法》编委会（1989）

2. 统计年鉴数据

9 条入库支流涉及湖北、河南、陕西三省 15 个行政区县,各流域的行政区县组成百分比见表 3.4.2。参考上述三省的统计年鉴、农村统计年鉴，整理研究区涉及的 15 个行政区县的社会经济数据，按照各流域包括行政区县的面积比，将各行政区县指标数据转化为该流域对应的指标值。

表 3.4.2　各流域的行政区县构成

编号	流域名称	流域面积/km²	包含的行政区	流域内包含该行政区的面积/km²	行政区总面积/km²	流域内包括该行政区的面积占行政区总面积的百分比/%
1	湘河	1 288.38	西峡县	0.27	0.27	100.0
			郧阳区	167.45	1 005.77	16.6
			商南县	962.51	962.51	100.0
			淅川县	158.11	1 402.83	11.3
			卢氏县	0.04	0.04	100.0
2	凉水河	553.07	丹江口市	66.36	1 130.45	5.9
			郧阳区	48.87	1 005.77	4.9
			淅川县	437.84	1 402.83	31.2
3	陶岔	1 066.54	丹江口市	228.09	1 130.45	20.2
			内乡县	31.58	31.58	100.0
			淅川县	806.87	1 402.83	57.5
4	坝上	97.53	丹江口市	97.53	1 130.45	8.6
5	浪河	738.30	丹江口市	738.30	1 130.45	65.3
6	神定河	341.26	张湾区	120.59	613.61	19.7
			茅箭区	7.87	26.54	29.7
			郧阳区	212.80	1 005.77	21.2
7	张湾	1 120.91	张湾区	493.02	613.61	80.3
			茅箭区	18.67	26.54	70.3
			郧阳区	556.39	1 005.77	55.3
			竹山县	0.21	2.35	8.9
			房县	52.62	52.62	100.0
8	白河	828.59	白河县	805.86	805.86	100.0
			郧阳区	20.26	1 005.77	2.0
			竹山县	2.14	2.35	91.1
			郧西县	0.33	0.33	100.0
			旬阳市	0.00	664.13	0.0
9	旬阳	699.73	汉滨区	35.61	35.61	100.0
			旬阳市	664.13	664.13	100.0

收集整理的统计年鉴数据包括：2005~2009 年各年研究流域涉及的 15 个行政区县的人口数量（城镇人口与农村人口）、农作物种植面积、氮肥施用量、畜禽养殖量、农产品产量、畜禽产品量等。

3. 流域景观特征数据

流域景观特征变量主要有气象变量即降雨量，植被覆盖度变量即归一化植被指数（normalized differential vegetation index，NDVI），形态变量包括流域面积、地形坡度、地形高程差和高程积分，土壤变量包括土壤有机质、全氮和全磷，土地利用组成变量包括林地、灌丛、草地、城镇用地和农业用地面积比例，以及景观格局变量包括斑块密度（patch density，PD）、最大斑块指数（largest patch index，LPI）、边界密度（edge density，ED）、景观形状指数（landscape shape index，LSI）、平均斑块面积（AREA-MN）、平均形状指数（SHAPE_MN）、平均周长面积比（PARA_MN）、平均最近邻距离（ENN_MN）、周长面积分维数（perimeter area fractal dimension，PAFRAC）、散布与并列指数（interspersion juxtaposition index，IJI）、聚集度指数（聚合度）（aggregation index，AI）、斑块连通度指数（patch connectivity index，COHESION）、蔓延度（contagion，CONTAG）、香农多样性指数（Shannon diversity index，SHDI）和辛普森多样性指数（Simpson's diversity index，SIDI）在内的 15 个景观指数。

1）形态变量

形态变量中除流域面积外，其余 3 个变量均基于数字高程模型（DEM）计算获取。丹江口库区范围 1:50 000 数字高程模型，数据栅格分辨率为 25 m×25 m，由原国家测绘地理信息局基础地理信息中心提供。借助 ArcGIS 软件的水文模块，在对获取的 DEM 数据进行凹陷区域填充处理，即 DEM 填洼（fill）的基础上，基于无洼地 DEM 计算汇流累积量、水流长度、顺流和逆流后，生成流域河网并通过确定汇水区出水口完成流域边界的提取。通过上述分析获得研究区 9 个水化学监测站点对应的入库支流流域边界及其 DEM 数据，如图 3.4.2 所示。利用提取的流域边界在 ArcGIS 软件中分区统计获得各入库支流的海拔范围：湘河站点流域高程介于 199~1 618 m，凉水河站点流域高程介于 199~1 032 m，陶岔站点流域高程介于 0~1 008 m，坝上站点流域高程介于 0~427 m，浪河站点流域高程介于 193~1 447 m，神定河站点流域高程介于 200~1 080 m，张湾站点流域高程介于 200~1 787 m，白河站点流域高程介于 200~1 826 m，旬阳站点流域高程介于 282~2 305 m。

在上述基础上，利用 ArcGIS 软件分别计算获得各入库支流的流域平均坡度、地形高程差和高程积分。其中地形高程差为流域最高点（H_{max}）和流域出水口（H_{min}）的海拔差值，高程积分的计算公式为

$$HI = \frac{H_{mean} - H_{min}}{H_{max} - H_{min}} \tag{3.4.1}$$

式中：H_{mean} 为流域的平均海拔；H_{min} 为流域出水口的海拔；H_{max} 为流域最高点海拔。

2）气象降雨变量

研究区年平均降雨气象数据来源于国家科技基础条件平台——中国气象科学数据共享

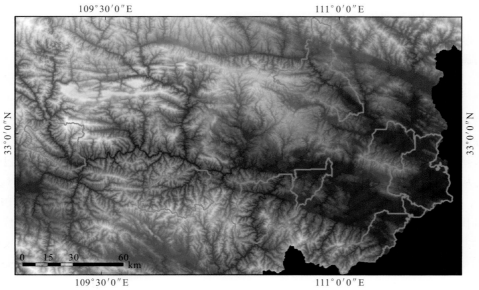

图 3.4.2　入库支流边界及 DEM

服务网的中国地面国际交换站气候资料数据集（2000～2011 年），涵盖研究时段 2005～2009 年，包括全国 194 个台站数据信息。基于 ArcGIS 软件的空间地统计分析功能，对离散的降雨数据站点选择应用最为广泛的普通克里格插值方法（ordinary kriging）利用 ArcGIS 软件地统计分析（geostatistical analyst）模块进行数据空间插值处理，选取的方法为 kriging/CoKriging，克里格类型为 ordinary kriging，输出表面类型为 prediction，选择的经验性半方差模型为指数模型。插值完成后对各流域每年降雨量数据进行分区统计。

　　3）植被覆盖度 NDVI 变量

　　研究区植被覆盖度 NDVI 数据来源于美国地球观测系统（Earth observation system，EOS）中分辨率成像光谱仪 Terra MODIS 遥感影像，从中国科学院对地观测与数字地球科学中心共享平台下载获得，数据时间分辨率为 16 d，空间分辨率为 250 m，研究区范围卫星序号为 h27v05。Terra MODIS 影像通过提取 NDVI 来分析研究区植被覆盖动态变化。

　　利用 ArcGIS 软件栅格计算器（raster caculator）对影像数据进行批量计算处理，计算公式为

$$NDVI = DN \times 0.000\,1 \tag{3.4.2}$$

式中：DN 为像素值。

　　通过栅格转换运算，获得研究区 2005～2009 年共 5 幅年度 NDVI 真值图像，并利用 ArcGIS 软件 Spatial Analyst 工具对各流域每年 NDVI 数值进行分区统计。

　　4）土地利用组成及土壤变量

　　研究区土地利用组成是在野外调查和实地勘测的基础上，采用遥感影像目视解译分类获取。根据研究需要，收集的遥感影像为美国陆地探测卫星系统专题绘图仪 Landsat TM 遥感影像，来自美国陆地卫星档案网站（http://glovis.usgs.gov/），数据时间分辨率为 30 d，空

间分辨率为 30 m。首先对原始的 Landsat TM 遥感影像进行几何校正、大气纠正、辐射增强等预处理后，利用 ERDAS 软件 Mosaic 工具将 4 景影像拼接后再用 DEM 数据提取的研究区流域边界进行裁剪，获得研究区 9 个流域的遥感影像，用于土地覆盖状况分类和土地利用信息提取。根据对丹江口库区土地利用和环境状况的野外调查，参照我国土地利用分类系统标准《土地利用现状分类》(GB/T 21010—2017) 和《全国土地分类》(国土资发〔2001〕255 号)，综合利用 ERDAS IMAGINE 软件和 ArcGIS 软件，采用监督分类、非监督分类及目视解译相结合的方法，将流域土地利用类型划分为林地、灌丛、草地、居民地、耕地、水体和未利用地 7 种，流域土地利用图见图 3.4.3，不同土地利用信息见表 3.4.3。

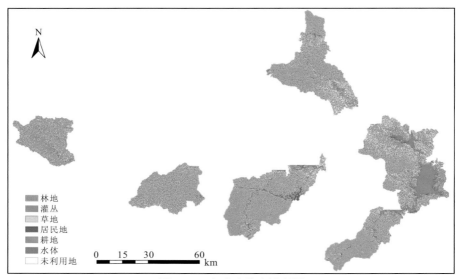

图 3.4.3　入库支流土地利用

表 3.4.3　入库支流土地利用类型统计信息　　　　　　　　　　　　（单位：km²）

入库支流	林地	灌丛	草地	居民地	耕地	水体	未利用地
湘河	640.8	146.4	98.8	29.4	314.6	1.1	57.2
凉水河	99.3	66.3	111.3	17.2	205.2	24.5	29.3
旬阳	179.2	109.6	41.7	10.8	338.8	3.6	15.9
陶岔	211.2	101.4	169.5	31.5	283.8	240.5	28.8
神定河	108.8	45.0	45.1	30.8	84.8	13.9	12.9
坝上	20.0	14.0	11.3	6.4	23.1	19.8	3.3
白河	437.3	156.3	33.8	5.1	194.6	0.8	0.6
张湾	830.4	70.9	20.2	23.0	141.0	17.4	17.9
浪河	521.3	72.4	22.9	23.9	58.3	28.4	11.2

5）景观格局变量

景观指数能够高度浓缩景观格局信息，用于描述景观格局及其变化，并建立景观格局与过程之间联系的定量化研究指标。国内外相关研究中，许多学者选择不同景观指数对景观结构及动态变化进行了分析。由于景观特征或变量在邻近范围内的变化往往表现出对空间位置的依赖关系，很多景观指数之间也不满足相互独立的统计性质，在对景观指数的取舍和景观格局的描述说服力上具有较大差别。

根据研究区实际状况及景观指数的特征意义，选用了 15 个应用广泛、具有典型代表性的景观指数（表 3.4.4），分别为：斑块密度、最大斑块指数、边界密度、景观形状指数、平均斑块面积、平均形状指数、平均周长面积比、平均最近邻距离、周长面积分维数、散布与并列指数、聚集度指数、斑块连通度指数、蔓延度、香农多样性指数及辛普森多样性指数。

表 3.4.4 研究选取的景观指数

中文全称	简称	描述
斑块密度	PD	单位面积（每百公顷）的斑块数目
最大斑块指数	LPI	最大斑块在景观中的百分比
边界密度	ED	每公顷范围内所有斑块边界长度总和
景观形状指数	LSI	分析景观形状的边界总长或边界密度标准化测量
平均斑块面积	AREA_MN	特定土地利用类型斑块的平均面积
平均形状指数	SHAPE_MN	斑块周长与最小周长比值
平均周长面积比	PARA_MN	特定土地利用类型斑块的平均周长与面积比
平均最近邻距离	ENN_MN	斑块到相邻最近相同土地利用类型斑块的距离
周长面积分维数	PAFRAC	反映不同空间尺度斑块形状复杂性
散布与并列指数	IJI	斑块类型间的总体散布与并列状况
聚集度指数	AI	同一斑块类型像素间聚合成斑块的邻接关系
斑块连通度指数	COHESION	某种地物斑块类型的物理连通性
蔓延度	CONTAG	景观中不同斑块类型的聚集程度
香农多样性指数	SHDI	基于信息理论反映景观中的斑块多样性
辛普森多样性指数	SIDI	随机取样的两个个体属于不同种类的概率

3.4.3 数学模型构建

1. 偏最小二乘回归分析

偏最小二乘回归（partial least-squares regression，PLSR）方法是近几十年来根据实际需要产生和发展起来的具有广泛适应性的一种多因变量对多自变量的回归建模方法，被划归为第二代统计分析技术并得到广泛认可。偏最小二乘回归将多种传统多元统计方法的特点相结合，既具备与主成分分析相似的变量空间主成分分解能力，也具有与典型相关分析类似的对解释变量空间与反应变量空间相似关系的解析能力，还拥有与一般最小二乘多元回归建立解释变量与反应变量简明回归关系的建模能力。由于集多种方法功能优势于一体，偏最小二乘回归建模分析的结论更加可靠，且整体性较强。基于多元统计技术的偏最小二乘回归通过明确假设变量之间的依赖性并估算本质上为原始变量线性组合的基本结构来处理高度相关的噪音数据集，可有效避免传统多元回归方法在处理多重共线性和噪声数据问题上的固有缺陷。

从原理上讲，偏最小二乘回归方法用于确定两组变量的关系，为了更好地解释和说明因变量的变异信息，需要从自变量空间中找到某些特定的线性组合。若假设所有的自变量与因变量都有关联，可以用图 3.4.4 表示偏最小二乘回归的基本思想原理。

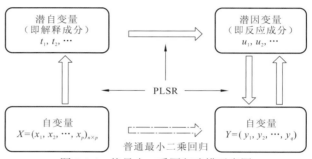

图 3.4.4　偏最小二乘回归建模示意图

如图 3.4.4 所示，为了研究自变量与因变量的统计关系，假设有 p 个自变量和 q 个因变量，取 n 个样本观测点，构成自变量与因变量各自的数据矩阵，不同于一般最小二乘回归方法反映自变量与因变量的线性关系是通过直接建立两者之间的线性回归模型（图 3.4.4 中虚线箭头所示），也不同于主成分回归在自变量与因变量之间寻找方差最大的超平面，偏最小二乘回归方法则是通过将自变量与因变量分别投射到新空间上形成新的成分即潜自变量（解释成分）和潜因变量（反应成分），建立潜自变量关于潜因变量的线性回归模型，然后再进行普通最小二乘回归分析，如此间接反映自变量与因变量两者的相关关系。偏最小二乘回归方法从自变量与因变量中同时提取的两组潜变量分别为自变量与因变量的线性组合，并且均满足两个条件：①两组潜变量分别最大限度地携带其各自数据表中的变异信息；②相互对应的潜自变量（解释成分）与潜因变量（反应成分）的相关程度达到最大。

偏最小二乘回归法的目标函数可以表示为

$$\max\{[\mathrm{Cov}(\boldsymbol{w}^{\mathrm{T}}X,\boldsymbol{c}^{\mathrm{T}}Y)]^2 : \boldsymbol{w}^{\mathrm{T}}w=1, \boldsymbol{c}^{\mathrm{T}}c=1, \boldsymbol{w}^{\mathrm{T}}\boldsymbol{\Sigma}_X W=0\ \boldsymbol{c}^{\mathrm{T}}\boldsymbol{\Sigma}_Y C=0\} \qquad (3.4.3)$$

式中：$\boldsymbol{\Sigma}_X$、$\boldsymbol{\Sigma}_Y$ 分别为 X、Y 的离差矩阵，且 $W=(w_1,w_2,\cdots,w_m)_{p\times m}$，$C=(c_1,c_2,\cdots,c_m)_{q\times m}$。

为进一步明确偏最小二乘回归目标函数的本质内涵，将式（3.4.3）进行如下变换：

$$\begin{aligned}\max\{[\mathrm{Cov}(\boldsymbol{w}^{\mathrm{T}}X,\boldsymbol{c}^{\mathrm{T}}Y)]^2\} &= \max\{[\mathrm{Cov}(t,u)]^2\} \\ &= \max(\sqrt{\mathrm{Var}(t)\mathrm{Var}(u)}\,r(t,u))\end{aligned} \qquad (3.4.4)$$

由式（3.4.4）可知，偏最小二乘回归潜自变量与潜因变量的协方差包含三部分内容：

①解释变量空间潜自变量方差；②反应变量空间潜因变量方差；③解释潜变量与反应潜变量的相关系数。要实现协方差极大化，可将上述三部分极大化折衷，这既符合偏最小二乘回归的基本思想的两个基本条件，也是本研究所用偏最小二乘回归理论和算法的事实基础。根据协方差极大化准则，偏最小二乘回归算法实质上是在分解解释变量数据矩阵 X 的同时，也分解反应变量数据矩阵 Y，并建立相互对应的解释潜变量与反应潜变量的回归关系方程，这与偏最小二乘回归的基本思想充分相符。

2. 人为净氮输入量

Howarth 等（1996）提出了一种评估人类活动产生的活性氮输入模型——人为净氮输入量（net anthropogenic nitrogen input，NANI），模型的经典构成包括四个方面：大气氮沉降、氮肥施用、农作物固氮和食品与饲料氮输入。人为净氮输入量 NANI 计算式为

$$NANI=DEP+FER+ABF+NFFI \tag{3.4.5}$$

式中：DEP 为 NO_y 形态的大气氮沉降量；FER 为氮肥施用量；ABF 为农作物固氮量；NFFI 为研究区食品与饲料的净氮输入量。NANI、DEP、FER、ABF、NFFI 的计量单位一般采用 Gg/a 或 $kg/(km^2 \cdot a)$。

1）大气氮沉降量

大气中的氮包括 NH_y 和 NO_y 两种形式，但在 NANI 模型中仅考虑 NO_y 形态的氮沉降量，这是因为 NH_y 在大气中能存留的时间较短，最多能在大气中停留几个小时到几个星期，一般会重新沉降回到原来排放的区域，迁移距离很短，即在局部地区完成了循环，对于区域来说不属于新加入的氮源。

研究者们对于大气沉降量的估算具有一定争议，估算区域大气氮沉降量需要大量监测站点，由于监测数据不易获取，尤其是在大尺度大时间跨度的情形中。大部分研究采用的方法是模型模拟、邻近区域数据替代或历史数据推算。全球变化的前沿研究中心（Frontier Research Center for Global Change，FRCGC）采用模型和监测相结合的方法估算了整个亚洲近几十年来干湿硝态氮和氨氮的沉降量。目前，可从网站下载得到 1980～2010 年区域 NH_3 和 NO_x 的沉降数据，数据精度为 $0.5° \times 0.5°$，在 GIS 平台进行数据切割可得到各县市的大气沉降数据。对比下载的数据及相关学者报道的监测数据可知，数据整体偏差不大。本小节中 NO_y 大气沉降数据来源于文献，多为前人对我国各省及长江流域人为净氮输入的相关研究。

2）氮肥施用量

氮肥施用量是 NANI 的重要组成部分，由于有机肥主要来源于区域内部环境，有机肥不属于新的氮源输入，NANI 计算中仅考虑化学肥料的氮素输入量。我国农业生产上含氮的化学肥料主要为氮肥和复合肥。肥料的施用数据可通过各地社会经济统计年鉴或农村统计年鉴获得，化学肥料中氮素的输入量等于氮肥折纯量与复合肥中氮肥含量的总和，也有年鉴中会采用化肥折纯施用量进行统计。氮肥施用量计算公式为

$$FER = NF + CF \times r \tag{3.4.6}$$

式中：NF 为氮肥折纯量；CF 为复合肥的施用量；r 为复合肥中氮素的含量。根据我国 2005 年不同配方复合肥消费量折算，折纯的复合肥中氮素质量分数为 32.2%。

3）作物固氮量

农作物通过生物固氮作用将大气中的氮固定在植物体内供自身吸收利用，随着大面积固氮作物的种植，作物固氮成为区域氮源输入项的重要途径之一。农作物固氮量的计算具有多种方法，具体可分为依据产量估算和依据种植面积估算两种方法，其中依据种植面积估算的方法较为常用。基于种植面积的估算需要确定固氮作物种植面积和作物固氮能力两个参数。作物固氮量的计算公式为

$$ABF = \sum_{k=1}^{n}(CA_k \times NF_k) \tag{3.4.7}$$

式中：CA 为作物的播种面积，km^2，数据可由统计年鉴获得，或通过作物产量与单位播种面积产量进行计算；NF 为作物固氮能力，$kg/(km^2 \cdot a)$；k 为固氮作物类型计数。我国主要的共生固氮作物包括豆类（以大豆计）和花生，本小节大豆、花生的固氮能力分别取 9 600 kg/km^2 和 8 000 kg/km^2，水田和旱地可自身固氮，固氮能力分别取 3 000 kg/km^2 和 1 500 kg/km^2（表 3.4.5）。

表 3.4.5　大豆和花生共生固氮及土壤非共生固氮能力

固氮类型	作物/土壤类型	我国不同地区作物的固氮能力/（kg/km²）	本小节中采用的固氮能力/（kg/km²）
共生固氮	大豆	5 690～18 000	9 600
	花生	4 500～10 000	8 000
非共生固氮	水田	3 000～6 200	3 000
	旱地	1 500	1 500

4）食品与饲料净氮输入量

人类和动物的生存需要食品与饲料支持，而食品与饲料来源于当地生产，或由其他地区进口。食品与饲料的跨区转移成为一个流域重要的氮素来源。食品与饲料的进出口促使氮素在不同区域间流动，输入或输出氮素。食品与饲料净氮输入量（net food and feed input，NFFI）是指区域人类和畜禽氮消费量与氮素产品量的差值，这部分的氮会以多种形式参与内部循环，如沿食物链传递、生活污水排放、动物粪便排放等。NFFI 可用来反映区域食品与饲料的氮素供需情况，当 NFFI 为正数时，发生食品与饲料的净输入，说明研究区域以进口食品与饲料为主，即区域食物供不应求；反之，当 NFFI 为负数时，食品与饲料氮含量超过人类与畜禽养殖需求量，说明研究区以出口食品与饲料为主，氮素流出研究区域。NFFI 涉及人类食品氮消费量、畜禽饲料氮消费量、畜禽产品氮产量和农作物产品氮产量 4 个组分，在数值上等于食品氮消费量与畜禽饲料氮消费量之和，再减去畜禽产品氮产量与

作物氮产量之和，NFFI 计算公式为

$$NFFI = HC + AC - (G - GL) - (AP - AL) \quad\quad (3.4.8)$$

式中：HC 和 AC 分别为人类和畜禽氮消费量；G 为作物产品的氮含量；GL 为作物产品中因害虫、损坏、加工而损失的氮含量；AP 为畜禽产品中供人类食用的氮；AL 为畜禽产品中因损坏或不可食用而损失的氮含量。通常 GL 和 AL 分别取 G 值及 AP 值的 10%，即作物产品和畜禽产品均有 10%的部分被损耗。

3.4.4　流域特征与水化学响应

1. 入库支流水化学特征

1）水质特征

对 2005～2009 年丹江口库区典型入库支流水化学特征分析发现，2005 年溶解氧质量浓度最高的 3 个支流为白河、陶岔和旬阳，分别为 9.73 mg/L、9.46 mg/L 和 9.15 mg/L；其次为湘河 8.90 mg/L、浪河 8.88 mg/L、张湾 8.78 mg/L、凉水河 8.74 mg/L、坝上 8.70 mg/L，质量浓度均比较接近；神定河质量浓度最低，仅为 5.63 mg/L。高锰酸盐指数张湾、神定河与其他支流差异显著，张湾最高为 12.39 mg/L，神定河为 7.03 mg/L，而其他支流质量浓度均低于 1.75 mg/L，且较为接近。氨氮质量浓度神定河流域最高，为 5.3 mg/L，而其他支流都较低，剩余支流中张湾和旬阳质量浓度较高，分别为 0.93 mg/L 和 0.66 mg/L，质量浓度低的依次为坝上、凉水河及浪河，氨氮质量浓度均低于 0.1 mg/L。总磷质量浓度除了神定河较高为 0.34 mg/L，张湾为 0.07 mg/L，其他支流质量浓度均介于 0.01～0.02 mg/L。砷的质量浓度差异不明显，最高为湘河 0.007 mg/L，其次为旬阳 0.002 mg/L，剩余支流的砷质量浓度均低于 0.002 mg/L。石油类质量浓度最高的为神定河和湘河，分别为 0.44 mg/L 和 0.13 mg/L；其次为张湾和陶岔，分别为 0.06 mg/L 和 0.02 mg/L，其他支流质量浓度均低于 0.02 mg/L。

经对比发现，2006～2009 年各入库支流水化学特性与 2005 年基本保持一致的变化趋势。2006 年和 2007 年溶解氧质量浓度最高的支流依次均为旬阳、陶岔、白河（都在 9 mg/L 以上），其次为湘河、张湾、浪河、凉水河；2008 年和 2009 年溶解氧质量浓度最高的流域依次为陶岔、白河、湘河，以及白河、旬阳、湘河，其溶解氧质量浓度均大于 9 mg/L；2006～2009 年溶解氧质量浓度神定河最低（5.5 mg/L 以下）。高锰酸盐指数 2006～2009 年最高的均为神定河和张湾，且神定河远高于其他流域，2007 年最高达到 25.7 mg/L，其他流域高锰酸盐指数较为均衡。氨氮质量浓度神定河与其他流域相差显著，最高达到 12.3 mg/L，最低也接近 8 mg/L；而其他流域除张湾在 1 mg/L 以上外，氨氮质量浓度均较低。总磷质量浓度总体较低，最高的为神定河 0.38～0.77 mg/L 和张湾 0.09～0.19 mg/L，其他流域总磷质量浓度均低于 0.03 mg/L。砷质量浓度比较平均，其中湘河相对较高，约 0.007 mg/L，其他流域砷质量浓度接近。石油类质量浓度神定河与其他流域差异较为明显，神定河的石油类质量浓度介于 0.26～0.44 mg/L，其他流域差异不大，基本低于 0.02 mg/L。各入库支流年均水化学特性统计见表 3.4.6。

表 3.4.6　入库支流年均水化学特性统计

入库支流	溶解氧质量浓度/（mg/L）	高锰酸盐指数/（mg/L）	氨氮质量浓度/（mg/L）	总磷质量浓度/（mg/L）	砷质量浓度/（mg/L）	石油类质量浓度/（mg/L）
湘河	9.08	1.70	0.127	0.025	0.007	0.065
凉水河	8.39	2.08	0.347	0.014	0.002	0.029
旬阳	9.46	2.12	0.612	0.020	0.002	0.014
陶岔	9.42	2.18	0.142	0.017	0.003	0.020
神定河	5.01	15.23	8.982	0.566	0.002	0.315
坝上	8.26	1.96	0.109	0.015	0.002	0.014
白河	9.45	2.02	0.124	0.021	0.002	0.016
张湾	8.55	5.46	1.637	0.123	0.003	0.035
浪河	8.52	1.97	0.103	0.015	0.002	0.014

2）NANI 总量特征

基于对人为净氮输入量（NANI）模型的理解，分别计算研究区涉及的 15 个行政区县 2005～2009 年的大气沉降、化肥施用、作物固氮及食品/饲料净氮输入量中氮的含量。按照面积比值加权的方法，计算得到 9 个入库支流流域的人为净氮输入量，统计结果如表 3.4.7 所示。

表 3.4.7　研究区各流域人为净氮输入量　　　［单位：kg/（km²·a）］

编号	流域	2005 年	2006 年	2007 年	2008 年	2009 年	平均值	标准差
1	湘河	43 752.06	43 368.47	40 730.36	33 606.74	39 946.84	40 280.89	4 075.54
2	凉水河	28 868.59	29 125.89	27 340.58	21 261.41	26 303.14	26 579.92	3 188.327
3	陶岔	58 619.00	59 726.32	44 835.49	32 844.17	52 799.62	49 764.92	11 151.73
4	坝上	17 449.99	17 122.41	15 653.24	18 668.41	20 196.64	17 818.13	1 709.28
5	浪河	19 286.83	18 924.77	17 300.94	20 633.51	22 322.60	19 693.73	1 889.21
6	神定河	26 171.70	25 651.40	24 184.73	26 187.54	26 796.96	25 798.46	989.122 5
7	张湾	37 365.83	37 504.26	33 166.01	39 570.09	40 905.14	37 702.36	2 935.686
8	白河	23 720.88	24 030.83	18 544.67	21 307.10	25 451.92	22 611.08	2 718.167
9	旬阳	20 291.12	20 881.62	19 909.47	20 683.60	22 182.56	20 789.67	863.591 4
	平均值	30 614.00	30 704.00	26 851.77	26 084.73	30 767.27		
	标准差	13 598.00	13 872.38	10 581.40	7 434.59	11 129.34		

结果表明，9 个入库支流流域 2005～2009 年的平均 NANI 值分别为 30 614.00 kg/km²、30 704.00 kg/km²、26 851.77 kg/km²、26 084.73 kg/km² 和 30 767.27 kg/km²，5 年间未有较大波动。从各流域每年的 NANI 值可知，陶岔流域的人为净氮输入量最高，5 年平均值为 49 764.92 kg/km²，该流域位于南水北调中线渠首；坝上流域的人为净氮输入量最低，平均

值为 17818.13 kg/km^2。与全球 NANI 水平相比，美国东北部[560~4 500 kg/（km$^2\cdot$a）]、美国东南部[2 700~4 900 kg/(km$^2\cdot$a)]、波罗的海[300~8 800 kg/(km$^2\cdot$a)]、欧洲[1 000~20 000 kg/（km$^2\cdot$a）]，研究区人为净氮输入量水平相对来说是一个非常高的值，这与流域上游人类生活方式密切相关，同时人为的高水平投入量也给水环境污染带来了隐患。

2. 不同景观特征对水质影响分析

表 3.4.8 列出了利用偏最小二乘回归方法为溶解氧和高锰酸盐指数构建的最优模型参数。溶解氧偏最小二乘回归模型提取了与景观特征变量相关的三个偏最小二乘回归成分，其中第一成分对溶解氧变异解释率达到 43.8%，第二成分和第三成分对溶解氧变异解释率分别为 32.3%和 12.3%，而增加更多成分到溶解氧偏最小二乘回归模型中也未能提高对溶解氧变异的解释率。

表 3.4.8　溶解氧和高锰酸盐指数的 PLSR 模型参数

因变量 Y	R^2	Q^2	成分	Y 变异性解释率	Y 变异性解释的累积百分比	Q^2_{cum}
溶解氧	0.88	0.84	第一成分	43.8	43.8	0.398
	0.88	0.84	第二成分	32.3	76.1	0.722
	0.88	0.84	第三成分	12.3	88.4	0.842
高锰酸盐指数	0.75	0.60	第一成分	26.6	26.6	0.194
	0.75	0.60	第二成分	32.6	59.2	0.478
	0.75	0.60	第三成分	10.0	69.2	0.568
	0.75	0.60	第四成分	5.6	74.8	0.600

注：R^2 为复相关系数；Q^2 为交互验证系数；Q^2_{cum} 为累积预测率

表 3.4.9 显示了溶解氧和高锰酸盐指数偏最小二乘回归模型景观特征变量的重要性参数。第一成分主要由具有正权重的流域面积、高程积分、高程差和景观形状指数，以及具有负权重的城镇面积比和散布与并列指数主导；模型第二成分主要由具有正权重的高程积分和农地面积比，以及具有负权重的城镇面积比、土壤有机质和土壤总氮主导。流域景观特征变量的变量投影重要性（variable importance in the projection），VIP 值及回归系数 RCs 用于描述变量的相对重要性。溶解氧回归模型中 VIP 值最高的为城镇面积比，其 VIP 值为 1.962，回归系数 RCs 值为-0.34；然后依次为高程积分，VIP 值为 1.816，回归系数 RCs 为 0.358；土壤有机质，VIP 值为 1.289，回归系数 RCs 为-0.211；景观形状指数（LSI），VIP 值为 1.220，回归系数 RCs 为 0.045。VIP 值最低的为灌丛面积比，VIP 值为 0.583，回归系数 RCs 为 0.040；土壤总磷含量，VIP 值为 0.407，回归系数 RCs 为-0.191；降雨量，VIP 值为 0.300，回归系数 RCs 为 0.001；周长面积分维数（PAFRAC），VIP 值为 0.287，回归系数 RCs 为 0.044。当变量对应的相关指数为负值时，表明变量值增大则溶解氧浓度呈降低趋势，反之溶解氧浓度升高。此外，由于 VIP 值大于 1，本小节选取的 4 个形态变量及城镇面积比、土壤有机质和总氮、景观形状指数（LSI）、斑块连通度指数（COHESION）和散布与并列指数（IJI）对溶解氧浓度变化的贡献性较大。

表 3.4.9 溶解氧和高锰酸盐指数 PLSR 模型景观特征变量重要性参数

特征变量	溶解氧					高锰酸盐指数					
	RCs	VIP	W*[1]	W*[2]	W*[3]	RCs	VIP	W*[1]	W*[2]	W*[3]	W*[4]
降雨量	0.001	0.300	-0.030	-0.056	0.102	0.080	0.545	0.124	0.199	-0.022	0.001
植被覆盖	-0.091	0.821	-0.128	-0.271	0.043	-0.037	0.718	0.072	0.156	-0.222	-0.191
流域面积	0.102	1.145	0.291	0.179	-0.069	0.048	1.084	-0.243	-0.122	0.220	0.326
平均坡度	0.049	1.000	0.235	0.100	-0.155	0.101	0.791	-0.158	-0.018	0.190	0.049
高程差	0.039	1.125	0.253	0.099	-0.218	0.083	0.976	-0.154	0.027	0.306	0.180
高程积分	0.358	1.186	0.272	0.602	0.609	-0.376	2.012	-0.379	-0.779	-0.526	0.089
林地面积比	-0.049	0.895	0.052	-0.227	-0.021	0.078	0.934	-0.055	0.194	-0.015	0.130
灌丛面积比	0.040	0.583	0.033	0.178	-0.058	-0.098	0.598	0.006	-0.110	0.034	-0.257
草地面积比	-0.036	0.721	-0.148	0.030	-0.030	-0.102	0.885	0.125	-0.041	-0.033	-0.387
城镇面积比	-0.340	1.962	-0.484	-0.553	-0.350	0.5223	1.919	0.534	0.677	0.353	0.516
农地面积比	0.057	0.892	0.086	0.265	-0.138	-0.135	0.903	-0.040	-0.192	0.129	-0.331
土壤有机质含量	-0.211	1.289	-0.108	-0.445	-0.316	0.193	1.395	0.164	0.510	0.199	-0.084
土壤总氮含量	-0.191	1.182	-0.118	-0.419	-0.242	0.138	1.227	0.150	0.443	0.099	-0.135
土壤总磷含量	0.048	0.407	-0.016	0.026	0.202	-0.003	0.781	-0.069	-0.193	-0.368	-0.293
斑块密度	-0.107	0.904	-0.222	-0.082	-0.136	0.134	0.820	0.223	0.106	0.094	0.134

续表

特征变量	溶解氧					高锰酸盐指数					
	RCs	VIP	W*[1]	W*[2]	W*[3]	RCs	VIP	W*[1]	W*[2]	W*[3]	W*[4]
边界密度	-0.060	0.772	-0.119	0.054	-0.191	0.060	0.747	0.153	0.017	0.169	-0.033
最大斑块指数	0.110	0.839	0.154	0.031	**0.283**	-0.247	0.946	-0.184	-0.107	**-0.348**	**-0.389**
景观形状指数	0.045	1.220	**0.250**	0.197	**-0.297**	0.044	0.997	-0.149	-0.054	**0.388**	0.065
平均斑块面积	0.110	0.868	0.204	0.070	0.183	-0.106	0.779	-0.214	-0.106	-0.123	-0.022
平均形状指数	0.061	0.868	-0.039	0.233	0.051	-0.069	0.875	0.054	-0.185	-0.013	-0.087
平均周长面积比	0.002	0.883	0.116	-0.143	0.039	-0.223	0.890	-0.136	0.081	-0.078	-0.005
平均最近邻距离	-0.002	0.614	0.021	-0.136	0.121	-0.055	0.563	-0.067	0.048	-0.151	-0.090
周长面积分维数	0.044	0.287	0.069	0.040	0.073	0.426	0.345	-0.037	0.013	-0.022	0.176
斑块连通度指数	0.071	1.043	0.136	-0.119	**-0.334**	0.066	1.158	-0.042	0.236	**0.321**	-0.178
蔓延度	0.071	0.973	0.209	-0.011	0.096	-0.079	0.930	-0.215	-0.032	-0.101	-0.015
散布与并列指数	-0.067	1.097	**-0.263**	-0.140	0.152	-0.019	0.873	0.183	0.048	-0.220	-0.109
聚集度指数	0.060	0.770	0.113	-0.056	0.202	-0.061	0.744	-0.151	0.027	**0.306**	0.180
香农多样性指数	-0.049	0.928	-0.194	0.030	-0.036	0.081	0.884	0.192	0.006	0.073	0.084
辛普森多样性指数	-0.026	0.885	-0.138	0.105	-0.080	0.078	0.887	0.158	-0.036	0.144	0.095

注：W*[1]为第一成分，W*[2]为第二成分，W*[3]为第三成分，W*[4]为第四成分；表中粗字体数值表示 PLSR 模型成分对应的主导景观特征变量

如表 3.4.8 所示，高锰酸盐指数偏最小二乘回归模型中 Q^2_{cum} 最大值对应了 4 个主成分，其中第一成分和第二成分对高锰酸盐指数变异解释率分别为 26.6% 和 32.6%，而另外两个成分对高锰酸盐指数变异解释累积百分比为 15.6%。增加更多成分同样未能提高对变量变异的贡献率。如表 3.4.9 所示，具有偏最小二乘回归正权重的城镇面积比对 4 个成分均起到主导作用，具有偏最小二乘回归负权重的高程积分则主导模型前三个成分。土壤总磷和最大斑块指数（LSI）主导模型第三成分、第四成分且均为偏最小二乘回归负权重变量。高锰酸盐指数偏最小二乘回归模型中，VIP 值最高的 3 个变量分别为高程积分 VIP 值为 2.012，回归系数 RCs 为-0.376；城镇面积比 VIP 值为 1.919，回归系数 RCs 值 0.522；土壤有机质 VIP 值为 1.395，回归系数 RCs 为 0.193。VIP 值最低的依次为灌丛面积比、平均最近邻距离（ENN_MN）、降雨和周长面积分维数（PAFRAC），其 VIP 值分别为 0.598、0.563、0.545、0.345，回归系数 RCs 分别为-0.098、-0.055、0.080、0.426。高锰酸盐指数偏最小二乘回归模型中的高程积分、城镇面积比、土壤有机质和总氮、斑块连通度指数（COHESION）和流域面积对高锰酸盐指数含量变化贡献性较大（VIP 值大于 1）。溶解氧和高锰酸盐指数偏最小二乘回归模型所有成分可解释的因变量方差比 Q^2_{cum} 分别为 0.842 和 0.600，说明建立的两个偏最小二乘回归模型均具有良好的稳健性。

表 3.4.10 和表 3.4.11 分别为氨氮和总磷两个偏最小二乘回归模型的总体概述以及 VIP 值和偏最小二乘回归权重参数。如表 3.4.10 所示，氨氮回归模型中提取了与景观特征变量相关的 4 个偏最小二乘回归成分，模型第一成分、第二成分对氨氮变异解释累积百分比达到 69.9%，第三成分、第四成分对氨氮变异解释的百分比分别为 9.5% 和 7.9%。如表 3.4.11 所示，氨氮回归模型 4 个成分均由具有正权重的城镇面积比主导，而前三个成分均由具有负权重的高程积分主导；模型第二成分的主导变量还包括具有正权重的土壤有机质含量和总氮含量；具有负权重的最大斑块指数（LPI）还是第三成分、第四成分的主导变量。氨氮回归模型中 VIP 值最高的为高程积分，其 VIP 值为 2.044，回归系数 RCs 值为-0.378；然后依次为城镇面积比，VIP 值为 1.932，回归系数 RCs 为-0.378；土壤有机质，VIP 值为 1.393，回归系数 RCs 为 0.197；土壤总氮含量，VIP 值为 1.234，回归系数 RCs 为 0.14；以及斑块连通度指数（COHESION），VIP 值为 1.160，回归系数 RCs 为 0.037。当变量对应的相关指数为负值时，表明变量值增大则氨氮含量呈降低趋势，反之氨氮含量升高。此外，流域面积、高程积分、城镇面积比、土壤总氮含量、土壤有机质含量和斑块连通度指数（COHESION）的 VIP 值大于 1，这些变量对氨氮含量变化具有较大的贡献性。

表 3.4.10　氨氮和总磷的 PLSR 模型参数

因变量 Y	R^2	Q^2	成分	Y 变异性解释的百分比	Y 变异性解释的累积百分比	Q^2_{cum}
氨氮	0.87	0.80	第一成分	32.4	32.4	0.294
	0.87	0.80	第二成分	37.2	69.6	0.667
	0.87	0.80	第三成分	9.5	79.1	0.756
	0.87	0.80	第四成分	7.9	87.0	0.804

续表

因变量 Y	R^2	Q^2	成分	Y 变异性解释 的百分比	Y 变异性解释的 累积百分比	Q^2_{cum}
	0.85	0.78	第一成分	33.5	33.5	0.299
	0.85	0.78	第二成分	33.2	66.7	0.632
总磷	0.85	0.78	第三成分	10.8	77.5	0.733
	0.85	0.78	第四成分	7.8	85.3	0.779

　　如表 3.4.10 所示，总磷回归模型中 Q^2_{cum} 最大值对应了 4 个主成分，其中第一成分和第二成分对总磷变异解释累积百分比为 66.7%，第三成分、第四成分对总磷变异解释累积百分比为 18.6%，通过增加更多成分不能从本质上提高对变量变异的贡献率。如表 3.4.11 所示，具有正权重的城镇面积比对 4 个成分均起到主导作用，具有负权重的高程积分则对模型前三个成分起到主导作用。此外，具有负权重的最大斑块指数（LSI）主导总磷回归模型的第三成分、第四成分。模型中 VIP 值最高的变量依次为城镇面积比，其 VIP 值为 1.981，回归系数 RCs 为 0.562；高程积分 VIP 值为 1.968，回归系数 RCs 为-0.366；土壤有机质和总氮，VIP 值分别为 1.347 和 1.201，回归系数 RCs 分别为 0.193 和 0.136；以及斑块连通度指数（COHESION）和流域面积，VIP 值分别为 1.126 和 1.095，回归系数 RCs 分别为 0.038 和 0.067。氨氮和总磷偏最小二乘回归模型所有成分可解释的因变量方差比 Q^2_{cum} 分别为 0.804 和 0.779，两个模型均较稳健。

3. 入库支流流域氮输出对氮输入情况的响应

　　入库支流 9 个流域的氮输入情况基于 NANI 模型估算得到（表 3.4.7）。结合各支流出口处水质监测数据，运用径流模拟方法估算支流流域径流量，可以得到入库支流流域 2005～2009 年的各支流氮输出情况。

　　图 3.4.5 反映了各支流流域河流氮输出量与该支流流域氮输入量的比例分布，整体上，由河流输出的氮约占氮输入量的 15%～30%，但个别流域出现特殊情况，这可能是由估算的误差引起的结果异常，或者与流域本身的特征直接相关。如 4 号流域为坝上流域，该流域面积相对其他流域面积较小，而该流域的统计资料基于丹江口市的资料收集，尺度转化带来的数据误差可能影响氮输入量的计算结果；另外，流域本身的地形、土地利用等特征会影响氮素从陆地进入水体的路径与时间，因此在估算过程中是可能存在转出水平低于正常水平的情况。

　　前人研究已证实人类活动氮素输入量与河流氮通量存在线性关系，许多学者在不同流域研究中得到了类似的结论。将 9 个入库支流流域 5 年的氮输入量及输出量作为样本，结果（图 3.4.6）表明，约有 14%的氮输入量由河流输出，剩余的部分氮素被储存在流域中，或者以气体形式重新进入大气中。不同的流域氮的转出比例具有差异，变化范围为 3%～45%，这与流域本身的特征有很大关系。

表 3.4.11 氨氮和总磷 PLSR 模型景观特征变量重要性参数

特征变量	氨氮						总磷					
	RCs	VIP	W*[1]	W*[2]	W*[3]	W*[4]	RCs	VIP	W*[1]	W*[2]	W*[3]	W*[4]
降雨量	0.087	0.390	0.033	0.071	-0.056	0.172	0.102	0.428	0.048	0.090	-0.034	0.198
植被覆盖	-0.066	0.740	0.079	0.164	-0.264	-0.216	-0.056	0.767	0.098	0.181	-0.234	-0.221
流域面积	0.047	1.052	-0.246	-0.126	0.220	0.259	0.067	1.095	-0.233	-0.095	0.226	0.292
平均坡度	0.054	0.780	-0.145	0.002	0.206	0.129	0.034	0.811	-0.152	-0.002	0.199	0.094
高程差	0.140	0.976	-0.139	0.048	0.330	0.251	0.109	0.989	-0.148	0.039	0.310	0.206
高程积分	-0.378	2.044	-0.403	-0.795	-0.489	0.100	-0.366	1.968	-0.407	-0.787	-0.496	0.108
林地面积比	0.080	0.920	-0.050	0.197	-0.034	0.103	0.094	0.900	-0.020	0.233	-0.010	0.113
灌丛面积比	-0.142	0.645	0.0005	-0.139	-0.007	-0.255	-0.140	0.645	-0.018	-0.156	0.004	-0.259
草地面积比	-0.167	0.977	0.119	-0.053	-0.044	-0.436	-0.149	0.926	0.103	-0.073	-0.046	-0.400
城镇面积比	0.576	1.932	0.528	0.664	0.315	0.502	0.562	1.981	0.544	0.677	0.343	0.486
农地面积比	-0.123	0.840	-0.026	-0.171	0.167	-0.246	-0.158	0.903	-0.068	-0.224	0.127	-0.291
土壤有机质含量	0.197	1.393	0.183	0.524	0.158	-0.072	0.193	1.347	0.200	0.536	0.182	-0.089
土壤总氮含量	0.140	1.234	0.169	0.459	0.061	-0.116	0.136	1.201	0.185	0.471	0.086	-0.136
土壤总磷含量	-0.202	0.658	-0.057	-0.160	-0.345	-0.200	-0.212	0.685	-0.057	-0.165	-0.343	-0.236
斑块密度	0.173	0.876	0.232	0.116	0.084	0.171	0.163	0.878	0.227	0.113	0.103	0.148

续表

特征变量	氨氮						总磷					
	RCs	VIP	W*[1]	W*[2]	W*[3]	W*[4]	RCs	VIP	W*[1]	W*[2]	W*[3]	W*[4]
边界密度	0.072	0.751	0.160	0.019	0.152	0.0005	0.063	0.746	0.142	0.004	0.163	-0.183
最大斑块指数	-0.308	0.965	-0.196	-0.130	**-0.361**	**-0.399**	-0.323	1.033	-0.199	-0.149	**-0.387**	**-0.425**
景观形状指数	0.014	0.923	-0.148	-0.065	**0.370**	0.003	0.031	1.001	-0.152	-0.054	**0.380**	0.027
平均斑块面积	-0.126	0.819	-0.224	-0.113	-0.104	-0.050	-0.119	0.827	-0.216	-0.108	-0.124	-0.030
平均形状指数	-0.095	0.901	0.040	-0.212	-0.035	-0.091	-0.100	0.867	0.017	-0.236	-0.037	-0.097
平均周长面积比	-0.015	0.889	-0.126	0.098	-0.063	-0.005	-0.009	0.860	-0.105	0.119	-0.062	-0.0008
平均最近邻距离	-0.072	0.574	-0.069	0.059	-0.130	-0.123	-0.063	0.560	-0.054	0.067	-0.144	-0.104
周长面积分维数	0.050	0.394	-0.045	-0.017	-0.053	0.191	0.035	0.349	-0.044	-0.015	-0.047	0.161
斑块连通度指数	0.037	1.160	-0.030	0.244	**0.307**	-0.207	0.038	1.126	-0.032	0.241	**0.302**	-0.203
蔓延度	-0.073	0.930	-0.208	-0.023	-0.087	-0.0004	-0.072	0.920	-0.195	-0.009	-0.092	-0.005
散布与并列指数	-0.043	0.851	0.177	0.043	-0.023	-0.148	-0.043	0.901	0.177	0.032	-0.227	-0.142
聚集度指数	-0.073	0.745	-0.158	-0.022	-0.163	0.0032	-0.064	0.742	-0.140	-0.007	-0.174	0.022
香农多样性指数	0.074	0.879	0.181	-0.008	0.064	0.054	0.077	0.870	0.170	-0.019	0.066	0.067
辛普森多样性指数	0.066	0.876	0.147	-0.055	0.126	0.060	0.071	0.856	0.132	-0.066	0.131	0.076

注：表中粗字体数值表示 PLSR 模型成分对应的主导景观特征变量

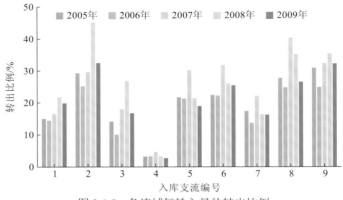

图 3.4.5　各流域氮输入量的转出比例

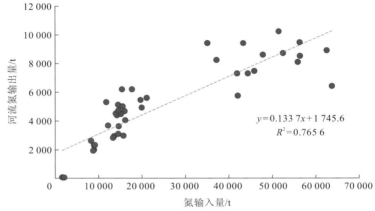

图 3.4.6　研究区 NANI 与河流氮输出的关系

流域氮的输入情况，包括与人、农作物、牲畜相关的各类氮输入，同时土地利用情况通常被认为是与人类活动密切相关且会影响面源污染的主要特征因子。为探究流域与人类活动相关的氮输入对流域氮输出的影响，将计算获得的各流域的大气沉降量、化肥施用量、作物固氮量、食品与饲料净氮输入量及各流域农地面积比、居民地面积比和林地面积比作为自变量，各流域出口的氮输出量作为因变量，运用通径分析的方法，确定各输入因素对氮输出的作用路径。之所以选择通径分析的方法，是因为选取的自变量之间存在相关关系，并且某一自变量不仅可以直接对因变量产生直接作用，也可以通过其他自变量对因变量产生作用。例如，化肥的施用量在一定程度上影响着作物的产量，而作物产量的改变不仅会导致固氮量的改变，还会影响食品与饲料的净氮输入量。

根据通径分析的思想，需要首先计算自变量之间的相关系数及各自变量与因变量之间的相关系数，表 3.4.12 为输入各变量间的相关系数及其与因变量氮输出的相关系数。依据通径分析的算法，计算所有自变量对 Y 的直接通径系数，基于相关系数矩阵在 Excel 中规划求解可计算得到 7 个输入变量对河流氮输出的直接通径系数，结果如表 3.4.13 所示。

表 3.4.12　各因子间的相关系数

变量	X_1	X_2	X_3	X_4	X_5	X_6	X_7	Y
X_1	1	−0.311	0.334	0.232	−0.207	0.168	−0.110	0.166
X_2	−0.311	1	−0.109	−0.056	0.235	−0.372	0.125	0.488
X_3	0.334	−0.109	1	0.334	−0.499	−0.162	0.361	0.462
X_4	0.232	−0.056	0.334	1	−0.504	0.325	−0.202	0.477
X_5	−0.207	0.235	−0.499	−0.504	1	−0.119	−0.345	−0.345
X_6	0.168	−0.372	−0.162	0.325	−0.119	1	−0.747	−0.001
X_7	−0.110	0.125	0.361	−0.202	−0.345	−0.747	1	0.236
Y	0.166	0.488	0.462	0.477	−0.345	−0.001	0.236	1

注：X_1 为大气沉降量；X_2 为氮肥施用量；X_3 为作物固氮量；X_4 为食品与饲料净输入量；X_5 为农地面积比；X_6 为居民地面积比；X_7 为林地面积比；Y 为氮输出量

表 3.4.13　各变量对河流氮输出量的直接通径系数

项目	路径						
	$X_1 \rightarrow Y$	$X_2 \rightarrow Y$	$X_3 \rightarrow Y$	$X_4 \rightarrow Y$	$X_5 \rightarrow Y$	$X_6 \rightarrow Y$	$X_7 \rightarrow Y$
直接通径系数	0.253	0.676	0.429	0.850	1.304	1.445	1.725

由表 3.4.13 可知，结果中农地面积比（X_5）、居民地面积比（X_6）、林地面积比（X_7）对河流氮输出量（Y）的直接通径系数大于 1，表明农地面积比、居民地面积比、林地面积比对因变量氮输出量的主导作用就是直接作用，间接作用几乎可以忽略，即土地利用组成不会通过其他输入变量发挥出对氮输出的作用。这可能与研究尺度为流域尺度有关，在该尺度上，土地利用对于其他氮输入变量的影响未能体现出来。因此，在考量流域输入特征对河流氮输出的直接或间接作用时，可剔除土地利用组分的因子，仅考虑大气沉降、化肥施用、生物固氮、食品与饲料净氮输入 4 个组分的氮输入量对流域氮输出的贡献。

氮的输入量 4 个组分之间存在相关关系（表 3.4.12），基于通径分析的计算得到氮输入各组分对河流氮输出的直接通径指数，如表 3.4.14 所示，大气沉降、化肥施用、作物固氮、食品与饲料净输入对河流氮输出的直接通径系数分别为 0.148、0.593、0.358 和 0.357。

表 3.4.14　氮输入各组分对河流氮输出的直接通径指数

项目	路径			
	$X_1 \rightarrow Y$	$X_2 \rightarrow Y$	$X_3 \rightarrow Y$	$X_4 \rightarrow Y$
直接通径系数	0.148	0.593	0.358	0.357

在计算得到各输入组分对氮输出的直接通径指数的基础上，自变量 X_i 与 X_j 的相关系数与对应的 X_j 与 Y 的直接通径指数的乘积，即为自变量 X_i 通过 X_j 对因变量的间接影响。表 3.4.15 反映的是氮输入的各组分对氮输出的直接和间接作用，表中将各种输入量对氮输

出的贡献分为直接路径与间接路径。例如，化肥施用对流域氮输出的直接作用为 0.593，通过大气沉降、作物固氮、食品与饲料净氮输入对流域氮输出的间接作用分别为-0.184、-0.064 和-0.033，因此，化肥施用量对流域氮输出的总作用为 0.488。

表 3.4.15　氮输入各组分对河流氮输出的贡献

自变量	直接作用	间接作用	总作用
X_1	0.148	-0.046（通过 X_2） 0.049（通过 X_3） 0.034（通过 X_4）	0.166
X_2	0.593	-0.184（通过 X_1） -0.064（通过 X_3） -0.033（通过 X_4）	0.488
X_3	0.358	0.120（通过 X_1） -0.039（通过 X_2） 0.120（通过 X_4）	0.462
X_4	0.357	0.083（通过 X_1） -0.020（通过 X_2） 0.357（通过 X_3）	0.477

参 考 文 献

陈利群, 刘昌明, 李发东, 2006. 基流研究综述[J]. 地理科学进展, 25(1): 1-15.

程红光, 岳勇, 杨胜天, 等, 2006. 黄河流域非点源污染负荷估算与分析[J]. 环境科学学报, 26(3): 384-391.

方晶晶, 2014. 河北平原邯郸地区地下水硝酸盐污染来源及迁移转化过程的多元素同位素及微生物(E.coli)示踪[D]. 北京: 中国地质大学(北京).

方怒放, 史志华, 李璐, 2011. 基于输出系数模型的丹江口库区非点源污染时空模拟[J]. 水生态学杂志, 32(4): 7-11.

冯安住, 2012. 半无限区域上常系数对流扩散方程的解析解[J]. 邵阳学院学报(自然科学版), 9(1): 19-22.

国家环保局《水和废水监测分析方法》编委会, 1989. 水和废水监测分析方法[M]. 3 版. 北京: 中国环境科学出版社.

胡钰, 王业耀, 滕彦国, 等, 2015. 阿什河流域非点源氮污染的 $\delta^{15}N$ 源解析研究[J]. 农业环境科学学报, 34(12): 2327-2335.

焦鹏程, 杨素更, 赵荣翠, 等, 1992. 地下水中氮同位素组成及其应用研究[R]. 石家庄: 中国地质科学院水文地质环境地质研究所.

李崇明, 黄真理, 2005. 三峡水库入库污染负荷研究: (I)蓄水前污染负荷现状[J]. 长江流域资源与环境, 14(5): 610-622.

刘耘, 2015. 非传统稳定同位素分馏理论及计算[J]. 地学前缘, 22(5): 1-28.

闵涛, 周孝德, 张世梅, 等, 2004. 对流−扩散方程源项识别反问题的遗传算法[J]. 水动力学研究与进展(A 辑), 4(19): 520-523.

倪雅茜, 张文华, 郭生练, 2005. 流量过程线分割方法的分析与探讨[J]. 水文, 25(3): 10-19.

乔卫芳, 牛海鹏, 赵同谦, 2013. 基于 SWAT 模型的丹江口水库流域农业非点源污染的时空分布特征[J]. 长江流域资源与环境, 22(2): 219-224.

邵益生, 纪杉, 1992. 应用氮同位素方法研究污灌对地下水氮污染的影响[J]. 工程勘察(4): 37-41.

佟文会, 2008. 基于 AnnAGNPS 模型的丹江口库区黑庙沟流域非点源污染研究[D]. 武汉: 华中农业大学.

王东升, 1997. 氮同位素比(^{15}N/^{14}N)在地下水氮污染研究中的应用基础[J]. 地球学报, 18(2): 220-223.

辛小康, 肖洋, 朱晓丹, 等, 2009. 基于 DGA 的 BP 神经网络及其在一维河网模拟中的应用[J]. 水利水电科技进展, 29(32): 9-13.

张俊萍, 宋晓梅, 2014. 稳定同位素追踪水体中的氮来源的研究现状[J]. 环境科技, 27(6): 71-75.

张丽娟, 巨晓棠, 2010. 北方设施蔬菜种植区地下水硝酸盐来源分析: 以山东省惠民县为例[J]. 中国农业科学, 43(21): 4427-4436.

郑丙辉, 王丽婧, 龚斌, 2009. 三峡水库上游河流入库面源污染负荷研究[J]. 环境科学研究, 22(2): 125-131.

周爱国, 蔡鹤生, 刘存富, 2001. 硝酸盐中 δ^{15}N 和 δ^{18}O 的测试新技术及其在地下水氮污染防治研究中的进展[J]. 地质科技情报, 20(4): 94-98.

HEATON T H E, 1986. Isotopic studies of nitrogen pollution in the hydrosphere and atmosphere: A review[J]. Chemical Geology, 59: 87-102.

HOLLAND J H, 1975. Adaption in natural and artificial systems[M]. Ann Arbor: University of Michigan Press.

HOWARTH R W, BILLEN G, SWANEY D, et al., 1996. Regional nitrogen budgets and riverine N&P fluxes for the drainages to the North Atlantic Ocean: Natural and human influences[J]. Biogeochemistry, 35 (1): 75-139.

KREITLER C W, 1979. Nitrogen-isotope ratio studies of soils and groundwater nitrate from alluvial fan aquifers in Texas[J]. Journal of Hydrology, 42 (1): 147-170.

KUMAR A, KUMAR N, KUMAR J D, 2010. Analytical solutions to one-dimensional advection-diffusion equation with variable coefficients in semi-infinite media[J]. Journal of Hydrology, 380(3): 330-337.

LEE K S, BONG Y S, 2008. Tracing the sources of nitrate in the Han River Watershed in Korea, using ^{15}N and ^{18}O values[J]. Science of Total Environment, 39(5): 117-124.

LI J, FENG Z P, TSUKAMOTO H, 2004. Hydrodynamic optimization design of low solidity vaned diffuser for a centrifugal pump using Genetic Algorithm[J]. Journal of Hydrodynamics, Ser.B, 16(2): 186-193.

NATHAN R J, MCMAHON T A, 1990. Evaluation of automated techniques for base flow and recession analysis[J]. Water Resource Research, 26(7): 1465-1473.

PENNOCK J R, VELINSKY D J, LUDLAM J M, et al., 1996. Isotopic fractionation of ammonium and nitrate during uptake by Skeletonema costaum: Implications for δ^{15}N dynamics under bloom conditions[J]. Limnology and Oceanography, 41(3): 451-459.

SRINIVAS M, PATNAIK L M, 1994. Adaptive probabilities of crossover and mutation in genetic algorithm[J]. IEEE Trans on Systems, Man and Cybernetics, 24(4): 656-667.

TANG H W, XIN X K, DAI W H, et al., 2010. Parameter identification for modeling river network using a Genetic Algorithm[J]. Journal of Hydrodynamics, Ser. B, 22(2): 246-253.

WASER N A D, HARRISON P J, NIELSEN B, et al., 1998. Nitrogen isotope fractionation during the uptake and assimilation of nitrate, nitrite, ammonium, and urea by a marine diatom[J]. Limnology and Oceanography, 43(2): 215-224.

YU H, FAN Z, DU H D, 2013. The optimal retrieval of ocean color constituent concentrations based on the variational method[J]. Journal of Hydrodynamics, Ser. B, 25(1): 62-71.

第 4 章
库湾富营养化风险防控

　　丹江口水库库岸线曲折，库湾大量分布。由于库湾水体水动力不足，水体流动性较差，水体富营养化风险较高。课题组围绕库湾的富营养化问题开展了持续调查监测，并对富营养风险进行了系统评价。库岸生态工程是防控库湾富营养化风险的重要手段。丹江口水库分布有陡坡和缓坡两种库岸类型，陡坡库岸地势起伏较大，库湾深窄。重点探索了库湾水循环系统构建方法，利用风能将库湾水抽提至库岸，在库滨带构建相关净化措施，异位削减水体营养负荷，并促进库湾水体流动，降低富营养化风险。缓坡库滨带地势开阔，库湾宽浅，适合从传输途径上开展径流污染负荷阻控。利用生态沟渠、前置库、生态塘、人工湿地等生态工程构建生态水系统，能够对库周径流实现多级净化，削减入库营养负荷。

4.1 库湾富营养化状况和变化趋势

4.1.1 富营养化评价方法

目前我国湖泊富营养化评价的基本方法有富营养化指数（eutrophication index，EI）方法（Chen et al.，2016；富国，2005）、卡尔森营养状态指数（Carlson trophic status index，TSI）方法（崔扬 等，2014；Carlson et al.，1977）、修正的营养状态指数（modified trophic state index，TSIM）方法（王瑜 等，2011）、综合营养状态指数［TLI(∑)］方法（Liu et al.，2011；王阳阳 等，2011）、有机污染指数（organic pollution index，OPI）方法（邓睿 等，2018；蓝文陆，2011）等，2001 年由中国环境监测总站制定的《湖泊（水库）富营养化评价方法及分级技术规定》中推荐采用综合营养状态指数方法。综合营养状态指数方法选择有代表性、能够反映水库藻类数量多寡的综合指标——叶绿素 a 作为主导评价参数，选择与叶绿素（Chl-a）有显著相关关系的总氮（TN）、总磷（TP）、高锰酸盐指数（COD$_{Mn}$）、透明度（SD）4 个指标，作为水体富营养化评价的基本因子。综合营养状态指数计算公式为

$$\mathrm{TLI}(\Sigma) = \sum_{j=1}^{m} W_j \times \mathrm{TLI}(j) \tag{4.1.1}$$

式中：TLI(∑) 为综合营养状态指数；W_j 为第 j 种参数的营养状态指数的相关权重；TLI(j) 代表第 j 种参数的营养状态指数。

以 Chl-a 为参考参数，计算第 j 种参数的归一化相关权重为

$$W_j = \frac{R_{ij}^2}{\sum_{j=1}^{m} R_{ij}^2} \tag{4.1.2}$$

式中：R_{ij} 为 Chl-a 与参数 j 之间的相关系数；m 为参数的个数。我国湖泊（水库）的 Chl-a 与其他参数的相关系数和权重如表 4.1.1 所示。

表 4.1.1　Chl-a 与其他参数的相关系数和权重

参数	Chl-a	TP	TN	SD	COD$_{Mn}$
R_{ij}	1	0.84	0.82	−0.83	0.83
R_{ij}^2	1	0.705 6	0.672 4	0.688 9	0.688 9
W_j	0.266 3	0.187 9	0.179 0	0.183 4	0.183 4

根据不同库区 Chl-a、TN、TP、SD、COD$_{Mn}$ 营养状态评价标准值，分别计算单一营养状态指数：

$$\mathrm{TLI}(\mathrm{Chl\text{-}a}) = 10(2.5 + 1.086\ln\mathrm{Chl\text{-}a}) \tag{4.1.3}$$

$$\mathrm{TLI}(\mathrm{TP}) = 10(9.436 + 1.624\ln\mathrm{TP}) \tag{4.1.4}$$

$$TLI(TN) = 10(5.453 + 1.694 \ln TN) \tag{4.1.5}$$
$$TLI(SD) = 10(5.118 - 1.94 \ln SD) \tag{4.1.6}$$
$$TLI(COD_{Mn}) = 10(0.109 + 2.66 \ln COD_{Mn}) \tag{4.1.7}$$

式中：TLI(Chl-a)为叶绿素 a 营养指数；TLI(SD)为透明度营养指数；TLI(TP)为总磷营养指数；TLI(TN)为总氮营养指数；TLI(COD$_{Mn}$)为高锰酸盐指数；透明度 SD 单位为 m，Chl-a 单位为 μg/L，其他指标单位都为 mg/L。

湖泊（水库）的营养状态分级及水质定性评价如表 4.1.2 所示。在相同的营养状态下，综合营养状态指数值越高，富营养化程度越严重。

表 4.1.2　湖泊（水库）营养状态分级及水质定性评价

营养状态分级	TLI(∑)范围	定性评价
贫营养	TLI(∑)<30	优
中营养	30≤TLI(∑)≤50	良
富营养	TLI(∑)>50	污染
轻度富营养	50≤TLI(∑)≤60	轻度污染
中度富营养	60<TLI(∑)≤70	中度污染
重度富营养	TLI(∑)>70	重度污染

4.1.2　典型库湾富营养化评价

1. 样品采集

采样时间：2017 年 5 月（春季）、2017 年 7 月（夏季）、2017 年 10 月（秋季）和 2018 年 1 月（冬季）。

采样点位和测量指标：丹库有 5 个库湾，分别为老城乡库湾、盛湾乡库湾、马蹬库湾、仓房库湾、九重镇库湾；汉库有 6 个库湾，分别为安阳龙门库湾、习家店库湾、泗河库湾、浪河库湾、凉水河库湾和柳陂镇库湾。典型库湾位置及编号见表 4.1.3。水质指标包括 Chl-a、TN、TP、SD、COD$_{Mn}$，四季的水质指标浓度见表 4.1.4～表 4.1.7。

表 4.1.3　2017 年 5 月～2018 年 1 月采样的 11 个典型库湾位置及编号

编号	库湾	纬度	经度
S1	老城乡库湾	111°22′34.34″	32°59′53.25″
S2	盛湾乡库湾	111°26′25.54″	32°56′34.28″
S3	马蹬库湾	111°33′34.86″	32°52′58.93″
S4	仓房库湾	111°29′27.80″	32°45′17.53″
S5	九重镇库湾	111°40′48.31″	32°39′30.27″

编号	库湾	纬度	经度
S6	安阳龙门库湾	110°59′59.75″	32°49′14.50″
S7	习家店库湾	111°08′53.11″	32°43′37.83″
S8	泗河库湾	110°56′41.60″	32°43′19.61″
S9	浪河库湾	111°17′43.54″	32°34′03.96″
S10	凉水河库湾	111°27′17.89″	32°41′43.39″
S11	柳陂镇库湾	110°48′19.25″	32°48′15.51″

表 4.1.4　2017 年 5 月（春季）水样水质指标浓度

编号	TN 浓度/（mg/L）	TP 浓度/（mg/L）	Chl-a 浓度/（μg/L）	COD$_{Mn}$ 浓度/（mg/L）	SD/m
S1	2.38	0.01	8.35	1.93	1.60
S2	2.62	0.01	20.16	2.33	1.40
S3	1.88	0.01	5.20	2.25	2.60
S4	1.01	0.01	1.53	1.92	7.20
S5	0.76	0.01	2.64	1.61	2.00
S6	1.29	0.02	46.02	1.97	1.30
S7	1.61	0.03	35.09	1.57	2.70
S8	1.70	0.07	86.04	2.22	1.50
S9	1.47	0.01	5.64	1.74	7.00
S10	1.30	0.01	6.55	1.69	5.00
S11	1.62	0.01	1.36	1.72	0.70

表 4.1.5　2017 年 7 月（夏季）水样水质指标浓度

编号	TN 浓度/（mg/L）	TP 浓度/（mg/L）	Chl-a 浓度/（μg/L）	COD$_{Mn}$ 浓度/（mg/L）	SD/m
S1	1.08	0.005	6.60	2.61	1.50
S2	1.19	0.005	12.70	3.45	1.50
S3	1.09	0.005	6.70	2.74	2.00
S4	1.18	0.005	1.00	1.53	3.00
S5	1.08	0.005	1.10	1.66	2.00
S6	0.89	0.005	117.10	2.28	1.50
S7	1.07	0.005	6.80	1.99	2.30
S8	0.88	0.005	18.00	2.03	1.20
S9	1.16	0.005	4.50	1.91	3.50
S10	1.27	0.005	3.70	1.94	3.00
S11	1.23	0.005	9.20	1.70	0.50

表 4.1.6　2017 年 10 月（秋季）水样水质指标浓度

编号	TN 浓度/(mg/L)	TP 浓度/(mg/L)	Chl-a 浓度/(μg/L)	COD$_{Mn}$ 浓度/(mg/L)	SD/m
S1	2.40	0.07	3.00	2.97	1.20
S2	2.25	0.05	3.20	2.56	1.50
S3	2.47	0.05	2.70	3.00	1.10
S4	1.37	0.01	2.70	1.56	2.50
S5	1.42	0.01	2.70	1.34	4.20
S6	1.52	0.08	2.30	2.00	0.80
S7	—	—	—	—	—
S8	2.16	0.06	4.50	3.40	0.90
S9	1.86	0.03	2.30	1.93	1.60
S10	1.60	0.04	0.90	1.74	1.40
S11	1.53	0.09	1.80	1.88	0.50

表 4.1.7　2018 年 1 月（冬季）水样水质指标浓度

编号	TN 浓度/(mg/L)	TP 浓度/(mg/L)	Chl-a 浓度/(μg/L)	COD$_{Mn}$ 浓度（mg/L）	SD/m
S1	1.50	0.02	3.22	2.63	2.70
S2	1.48	0.01	32.77	3.81	2.50
S3	1.54	0.01	2.75	2.39	2.40
S4	1.60	0.01	2.31	2.40	2.50
S5	1.07	0.01	1.39	1.81	2.50
S6	1.03	0.02	1.59	2.58	2.40
S7	0.91	0.01	2.04	2.24	2.30
S8	1.31	0.01	1.39	3.27	2.60
S9	1.56	0.01	1.80	2.43	2.00
S10	1.26	0.01	1.80	2.26	2.20
S11	1.56	0.02	3.43	2.16	1.20

2. 富营养化水平评价

采用综合营养状态指数法对丹江口水库 11 个典型库湾进行评价，结果见表 4.1.8 和图 4.1.1。典型库湾四季综合营养状态指数平均值为 37.58，各库湾季节平均综合营养状态指数值均在 28～45，表明库湾水体整体水质较好，丹库水质优于汉库水质。从季节变化上看，所有库湾四季的综合营养状态指数平均值分别为 37.66（春季）、34.95（夏季）、40.97（秋季）和 37.20（冬季），整体呈现中营养状态；除了春季 S8 库湾和冬季 S1 库湾呈现轻度富营养状态，其余库湾在四季的综合营养状态指数均小于 50，呈现中营养状态，富营养化水平整体趋势为秋季＞春季＞冬季＞夏季。

表 4.1.8　典型库湾综合营养状态指数 TLI(∑)计算结果

编号	春季	夏季	秋季	冬季	平均值
S1	37.88	36.5	46.12	59.13	44.91
S2	42.09	40.05	43.56	44.99	42.67
S3	37.72	35.78	45.23	35.82	38.64
S4	24.97	26.24	32.42	32.42	29.01
S5	29.42	28.08	29.94	28.36	28.95
S6	45.97	43.57	43.88	34.76	42.05
S7	43.72	33.71	—	30.33	35.92
S8	52.68	38.35	48.18	35.17	43.60
S9	32.58	31.07	38.86	34.67	34.30
S10	33.36	31.4	36.54	33.33	33.66
S11	33.82	39.67	44.92	40.19	39.65
平均值	37.66	34.95	40.97	37.20	37.58

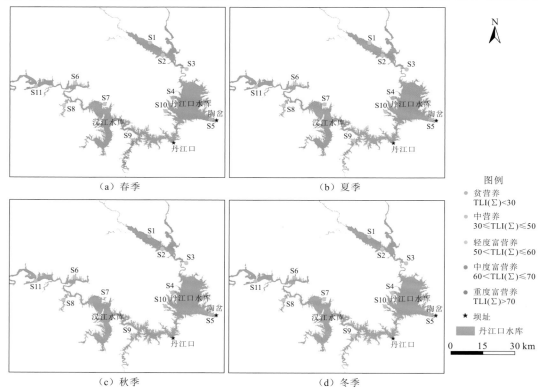

图 4.1.1　典型库湾富营养化定性评价结果

3. TLI(Chl-a)与 TLI(∑)线性拟合关系

Chl-a 浓度的高低与该水体中藻类的种类、数量等密切相关，也与水环境质量有关。因此，通过测定水体中 Chl-a 浓度能够在一定程度上反映水质状况。近年来，叶绿素在水体富营养化评价中也正发挥着越来越显著的作用，有研究表明，叶绿素浓度越高，水质状况越差、富营养化程度越严重，且综合营养状态指数法的基准参数为 Chl-a，其他监测指标营养指数权重均是根据其与 Chl-a 的相关系数而得出的，故 Chl-a 对水体富营养化评价非常重要。

图 4.1.2 为不同季节 TLI(Chl-a)与 TLI($\sum$)的线性相关关系。从图中点线的拟合程度与线性关系式可以看出，TLI(Chl-a）与 TLI($\sum$)的相关关系均在 0.75 以上，相关性较好，且相关关系随季节的变化趋势为春季＞夏季＞冬季＞秋季，其中，春季两者相关关系达到最高为 0.87，秋季相对较低为 0.65。因此，通过测定水体中叶绿素 a 含量能够在一定程度上反映水质状况，在缺乏其他环境指标的情况下，可以用叶绿素 a 营养指数来推求综合营养状态指数 TLI($\sum$)。四季中 TLI(Chl-a)与 TLI($\sum$)的线性关系式为

$$\begin{cases} \text{春季：} \text{TLI}(\sum)=0.496 \times \text{TLI(Chl-a)}+13.559 \\ \text{夏季：} \text{TLI}(\sum)=0.35 \times \text{TLI(Chl-a)}+18.81 \\ \text{秋季：} \text{TLI}(\sum)=0.60 \times \text{TLI(Chl-a)}+22.81 \\ \text{冬季：} \text{TLI}(\sum)=0.39 \times \text{TLI(Chl-a)}+21.27 \end{cases} \quad (4.1.8)$$

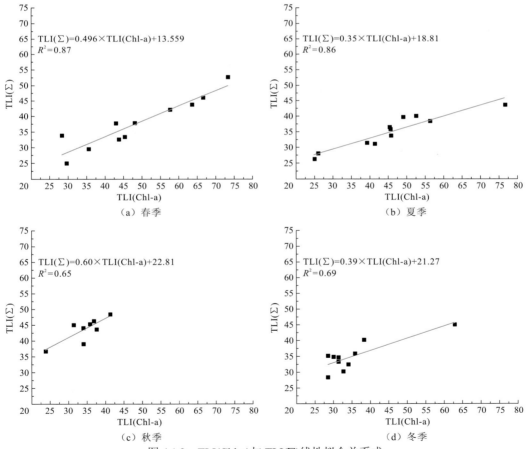

图 4.1.2　TLI(Chl-a)与 TLI($\sum$)线性拟合关系式

4.1.3　2016～2018 年春季水库富营养化变化趋势

1. 样品采集

采样时间：2016 年 5 月（春季）、2017 年 5 月（春季）和 2018 年 5 月（春季）。

采样点位和测量指标：选择 58 个典型库湾进行分析，典型库湾位置及编号见表 4.1.9 和图 4.1.3。测量指标为 Chl-a，其浓度见表 4.1.9。

表 4.1.9　2016～2018 年三次采样位置及 Chl-a 浓度

编号	经度	纬度	Chl-a 浓度/（μg/L）		
			2016 年	2017 年	2018 年
S12	32°42′54.8″	111°29′4.6″	0.67	5.86	1.95
S13	32°43′39″	111°28′36″	0.83	10.47	4.56
S14	32°49′43.6″	111°36′49.3″	16.59	11.81	3.86
S15	32°54′46.2″	111°28′57″	1.76	4.77	7.10
S16	32°54′42.7″	111°29′37.7″	1.21	3.99	7.04
S17	32°52′49.6″	111°33′38.1″	9.82	12.67	5.19
S18	32°58′32.7″	111°26′0.9″	24.27	9.27	9.21
S19	32°53′40.2″	111°30′19.8″	1.28	2.31	7.82
S20	32°49′31.6″	111°31′11.8″	1.11	1.28	4.64
S21	32°49′55.9″	111°35′24.9″	0.64	18.98	7.75
S22	32°43′55.7″	111°39′49.9″	3.48	9.71	6.81
S23	32°46′37.0″	111°40′7.2″	6.56	10.17	3.92
S24	32°48′03.5″	111°39′1.1″	1.39	4.76	2.40
S25	33°00′21.7″	111°27′35.3″	26.09	16.21	6.58
S26	32°52′13.3″	111°31′57.8″	0.46	6.50	3.17
S27	32°51′53.9″	111°32′44.9″	0.47	1.38	2.78
S28	32°53′53.3″	111°32′32.7″	2.24	8.66	5.27
S29	33°00′24.9″	111°19′42.5″	0.52	1.44	22.83
S30	32°59′32.2″	111°22′20.2″	40.12	56.69	12.30
S31	32°56′25.7″	111°25′5.8″	8.17	4.78	6.95
S32	32°57′25.6″	111°31′12.1″	10.10	16.51	13.13
S33	32°56′40.1″	111°31′32.8″	47.61	31.80	15.90
S34	32°42′34.6″	111°39′19.6″	2.68	8.37	7.19
S35	32°40′33.8″	111°39′44.10″	2.70	3.74	6.19

编号	经度	纬度	Chl-a 浓度/（μg/L）		
			2016 年	2017 年	2018 年
S36	32°40′9.4″	111°40′52.1″	6.56	17.30	5.14
S37	32°39′0.2″	111°41′21″	0.64	1.19	2.26
S38	32°45′32.5″	111°38′35.1″	6.78	8.12	2.67
S39	32°45′29.2″	111°28′58.9″	6.21	6.33	6.14
S40	32°48′36.9″	111°38′08.3″	1.80	6.16	4.49
S41	32°56′14.2″	111°26′32.1″	12.39	4.76	7.37
S42	32°41′40.2″	111°27′21.7″	7.14	9.24	3.97
S43	32°40′43.5″	111°28′30.9″	3.13	2.41	2.46
S44	32°40′36″	111°28′50.6″	3.32	1.14	2.98
S45	32°33′40.0″	111°31′14.1″	4.16	0.53	3.56
S46	32°31′50.47″	111°25′29.54″	3.62	2.71	2.46
S47	32°32′31.4″	111°22′20.6″	1.56	0.82	1.02
S48	32°38′9.5″	111°7′59.8″	28.52	9.01	3.43
S49	32°44′9.9″	111°10′53.9″	0.09	5.91	2.43
S50	32°36′20.5″	111°15′46.2″	15.11	3.97	6.53
S51	32°48′0.0″	110°46′25.4″	10.98	6.84	96.11
S52	32°45′55.4″	110°51′2.5″	12.73	25.28	9.12
S53	32°48′3.4″	110°52′58.2″	92.34	63.40	33.00
S54	32°50′5.1″	111°0′23.1″	5.87	2.39	6.59
S55	32°43′50.7″	110°57′24.9″	1.80	1.16	2.77
S56	32°43′6.6″	110°56′51.6″	5.54	6.86	4.86
S57	32°34′55.1″	111°17′48.1″	3.39	1.04	0.80
S58	32°30′5.5″	111°14′8.1″	4.30	15.56	2.36
S59	32°32′50.3″	111°25′50.6″	15.56	1.08	1.80
S60	32°36′48.8″	111°7′9.0″	28.88	5.57	4.23
S61	32°43′57.1″	111°8′58.1″	14.81	4.59	11.89
S62	32°39′32.3″	111°6′41.7″	14.23	5.20	27.40
S63	32°39′27.6″	111°16′16.5″	5.04	1.78	1.48
S64	32°37′20.5″	111°25′49.1″	37.94	4.26	3.80
S65	32°49′20.2″	111°33′34.4″	1.12	1.12	2.94
S66	32°46′39.4″	111°31′19.3″	1.02	7.56	3.92
S67	32°58′42.3″	111°20′58.5″	2.54	13.44	6.94

续表

编号	经度	纬度	Chl-a 浓度/（μg/L）		
			2016 年	2017 年	2018 年
S68	32°55′58.1″	111°30′12.1″	4.86	4.73	9.12
S69	32°39′2.3″	111°35′15.9″	2.33	8.18	2.18
S52	32°45′55.4″	110°51′2.5″	12.73	25.28	9.12
S53	32°48′3.4″	110°52′58.2″	92.34	63.40	33.00
S54	32°50′5.1″	111°0′23.1″	5.87	2.39	6.59
S55	32°43′50.7″	110°57′24.9″	1.80	1.16	2.77
S56	32°43′6.6″	110°56′51.6″	5.54	6.86	4.86
S57	32°34′55.1″	111°17′48.1″	3.39	1.04	0.80
S58	32°30′5.5″	111°14′8.1″	4.30	15.56	2.36
S59	32°32′50.3″	111°25′50.6″	15.56	1.08	1.80
S60	32°36′48.8″	111°7′9.0″	28.88	5.57	4.23
S61	32°43′57.1″	111°8′58.1″	14.81	4.59	11.89
S62	32°39′32.3″	111°6′41.7″	14.23	5.20	27.40
S63	32°39′27.6″	111°16′16.5″	5.04	1.78	1.48
S64	32°37′20.5″	111°25′49.1″	37.94	4.26	3.80
S65	32°49′20.2″	111°33′34.4″	1.12	1.12	2.94
S66	32°46′39.4″	111°31′19.3″	1.02	7.56	3.92
S67	32°58′42.3″	111°20′58.5″	2.54	13.44	6.94
S68	32°55′58.1″	111°30′12.1″	4.86	4.73	9.12
S69	32°39′2.3″	111°35′15.9″	2.33	8.18	2.18

2. 典型库湾富营养化评价及变化趋势

根据式（4.1.8）中春季 TLI(∑)与 TLI(Chl-a)的表达式和 Chl-a 的浓度，反推出 2016～2018 年春季的丹江口水库典型库湾综合营养状态指数 TLI(∑)（表 4.1.10），2016～2018 年春季营养状态评价结果见图 4.1.3～图 4.1.5。为分析春季丹江口水库水质在 2016～2018 年的变化，将 2016～2018 年不同营养状态级别的库湾个数进行对比，如图 4.1.6 所示。

58 个典型库湾 2016～2018 年春季整体综合营养状态系数分别为 33.69、34.93 及 34.69，均处于中营养状态，水质较好。轻度富营养状态的库湾数在 2016 年和 2018 年均为 1 个，2017 年没有库湾达到富营养化水平，说明丹江口水库水质较好，整体处于中营养化状态。但从 2016 年到 2018 年，贫营养的库湾个数从 18 个下降至 5 个，中营养的库湾个数从 39 个上升至 52 个，说明丹江口水库库湾水质正在从贫营养状态向中营养状态过渡。

表 4.1.10　2016～2018 年三次采样 TLI(Chl-a)和 TLI(∑)

编号	TLI(Chl-a)			TLI(∑)		
	2016 年	2017 年	2018 年	2016 年	2017 年	2018 年
S12	20.60	44.19	32.25	23.77	35.46	29.54
S13	23.02	50.50	41.48	24.97	38.59	34.12
S14	55.50	51.81	39.66	41.07	39.24	33.21
S15	31.11	41.96	46.28	28.98	34.35	36.50
S16	27.08	40.02	46.20	26.98	33.40	36.46
S17	49.81	52.57	42.88	38.25	39.61	34.81
S18	59.63	49.18	49.11	43.11	37.93	37.90
S19	27.66	34.10	47.34	27.27	30.46	37.02
S20	26.14	27.66	41.68	26.52	27.27	34.21
S21	20.23	56.96	47.24	23.58	41.79	36.97
S22	38.54	49.69	45.83	32.66	38.18	36.27
S23	45.42	50.19	39.82	36.07	38.43	33.30
S24	28.57	41.93	34.50	27.72	34.34	30.66
S25	60.42	55.25	45.45	43.50	40.94	36.09
S26	16.46	45.33	37.52	21.72	36.02	32.15
S27	16.72	28.48	36.09	21.85	27.67	31.45
S28	33.78	48.44	43.06	30.30	37.56	34.90
S29	17.94	28.99	58.97	22.45	27.93	42.78
S30	65.09	68.85	52.26	45.82	47.68	39.46
S31	47.81	41.98	46.06	37.25	34.37	36.39
S32	50.11	55.45	52.97	38.39	41.04	39.81
S33	66.95	62.57	55.04	46.74	44.57	40.84
S34	35.70	48.07	46.42	31.25	37.38	36.56
S35	35.79	39.34	44.80	31.29	33.05	35.76
S36	45.42	55.96	42.79	36.07	41.29	34.76
S37	20.23	26.88	33.87	23.58	26.88	30.34
S38	45.78	47.75	35.68	36.25	37.22	31.24
S39	44.83	45.05	44.71	35.78	35.88	35.72
S40	31.38	44.74	41.32	29.11	35.73	34.03

编号	TLI(Chl-a)			TLI(∑)		
	2016 年	2017 年	2018 年	2016 年	2017 年	2018 年
S41	52.33	41.93	46.69	39.49	34.34	36.70
S42	46.35	49.15	39.98	36.53	37.92	33.37
S43	37.40	34.56	34.79	32.10	30.69	30.80
S44	38.04	26.47	36.84	32.41	26.68	31.82
S45	40.47	18.06	38.78	33.62	22.51	32.78
S46	38.98	35.83	34.76	32.88	31.32	30.78
S47	29.80	22.87	25.24	28.33	24.90	26.07
S48	61.39	48.88	38.40	43.98	37.78	32.59
S49	-1.29	44.30	34.66	12.92	35.51	30.74
S50	54.49	39.96	45.38	40.56	33.37	36.05
S51	51.02	45.89	74.58	38.84	36.30	50.52
S52	52.63	60.08	49.01	39.64	43.33	37.85
S53	74.15	70.06	62.97	50.31	48.28	44.77
S54	44.21	34.46	45.48	35.47	30.64	36.10
S55	31.38	26.57	36.05	29.11	26.73	31.43
S56	43.60	45.91	42.16	35.17	36.31	34.45
S57	38.25	25.47	22.58	32.52	26.18	24.75
S58	40.84	54.80	34.30	33.80	40.72	30.56
S59	54.80	25.81	31.38	40.72	26.35	29.11
S60	61.52	43.64	40.67	44.05	35.19	33.72
S61	54.27	41.55	51.89	40.46	34.15	39.27
S62	53.84	42.90	60.95	40.24	34.82	43.77
S63	42.57	31.25	29.24	34.66	29.05	28.05
S64	64.49	40.73	39.50	45.52	33.74	33.13
S65	26.25	26.25	36.71	26.57	26.57	31.75
S66	25.24	46.96	39.84	26.07	36.83	33.30
S67	35.14	53.22	46.04	30.98	39.93	36.38
S68	42.16	41.88	49.01	34.45	34.32	37.85
S69	34.20	47.82	33.48	30.51	37.26	30.15
平均值	—	—	—	33.69	34.93	34.69

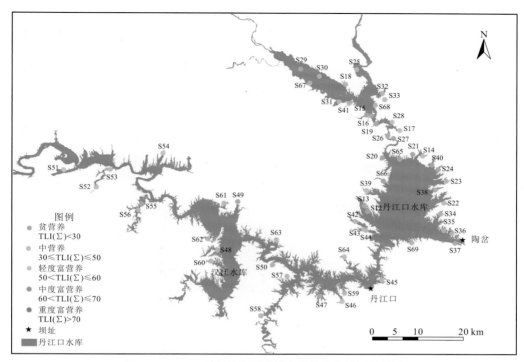

图 4.1.3　2016 年春季典型库湾富营养化定性评价结果

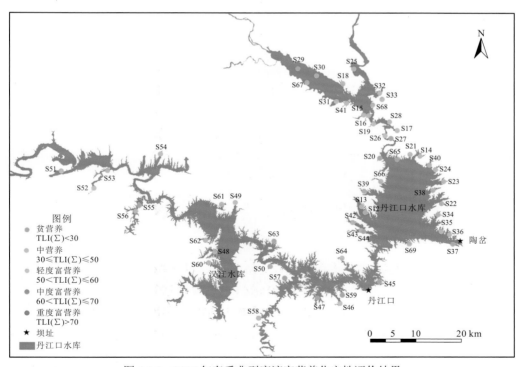

图 4.1.4　2017 年春季典型库湾富营养化定性评价结果

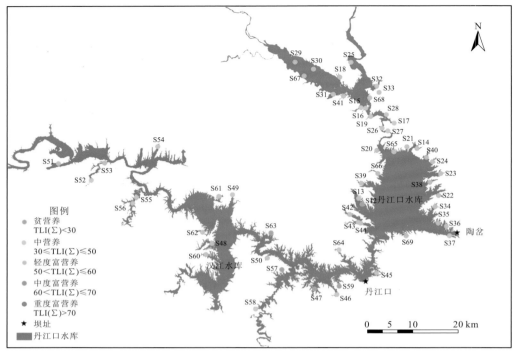

图 4.1.5 2018 年春季典型库湾富营养化定性评价结果

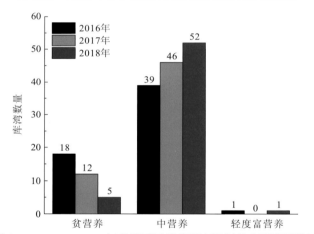

图 4.1.6 2016～2018 年春季不同营养程度级别的典型库湾数量

4.2 深窄型库湾富营养化风险防控

4.2.1 技术思路

库湾富营养化防控的核心在于减少库岸面源输入。陡坡库岸地势起伏较大，库湾深窄，坡面地形不利于建设前置库、生态塘、缓冲湿地等面源净化措施。库湾水循环系统针对深窄型库湾的地形特征，基本思路是将库湾水抽提至库岸较高处，在库岸构建相关净化措施，削减水体营养负荷。库湾水净化后重新回到库湾，形成水循环。

　　库湾水循环系统构建关键点之一在于让库湾水体循环流动。水体循环的实现要解决循环动力、储水系统及泄水系统三方面问题，其中循环动力是库滨带水系统构建的根本，储水及泄水系统是库滨带水系统稳定运行的保障。循环动力需要满足低能低耗，运行稳定，保证运行维护的方便和运行成本的有效控制；同时循环动力应产生足够的提升能力，以适应陡坡库岸的起伏地形及丹江口水库水位调控下较大的水位落差。储水系统应能够起到较强的缓冲能力，在水循环工程中能够起到稳定水文条件的效果。泄水系统需要适应陡坡库岸地形，在水体重新返回库湾的过程中不至于产生水土流失。

　　库湾水循环系统构建关键点之二在于让水体在循环过程中实现负荷的削减。污染负荷的削减效果取决于净化机制和水力条件，其中净化过程包括植物吸收、微生物降解、物理吸附等，水力条件包括进水水量、水质、停留时间等。水循环系统构建首先应构建具有植物吸收、微生物降解或者物理吸附能力的净化措施，这些措施一方面要与储水系统和泄水系统能够有机结合，另一方面还要具有较低的运行维护成本和简单的维护方式。在净化措施的基础上，水循环系统还要能够实现水力条件的调节，如延长停留时间、提高进水均匀性等，以满足净化措施对进水条件的要求。

4.2.2　技术方案

1. 工艺流程

　　库湾水循环系统构建采用提水风车-生态塘-生态透水坝的基本模式，其中提水风车为水循环的动力系统，生态塘为水循环的储水系统，生态透水坝为水循环的泄水系统，污染负荷通过生态塘和生态透水坝净化，具体流程见图 4.2.1。

库湾水体 → 提水风车 → 生态塘 → 生态透水坝 → 库湾水体

图 4.2.1　库滨带水系统工艺流程示意图

2. 提水风车

　　提水风车是库湾水循环系统的动力设施，其主要能量来源为风能，但考虑库区风力资源具有持续性不强、时间分布不均的特点，也可将电能作为提水风车的补充能源。根据风车取水位置与库湾水体循环效率的关系，结合库湾实际情况，确定取水的最佳位置。库湾水体经过风车抽提后，首先进入储水池，然后进入布水管线。提水风车工作系统结构如图 4.2.2 所示。

　　该技术采用的低风速启动风车具有两个基本特征。①启动风速要求低，提水动力强。在 1.6～2.0 m/s 的风速下即可启动，这是大部分地区大部分时间的风力情况。风车将自然风能高效率地转化成抽水机械能，让风车在微风状态下也能正常使用，极大地提高了风车

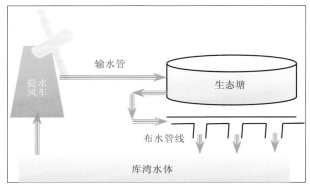

图 4.2.2　提水风车工作系统示意图

的功效和实用性。叶轮直径为 1.2～6.0 m 的风车可以提供足够的动力将水从距地表 40 m 深的地方抽出并可以在世界上任何一个有风和水的地方运行。②使用寿命长，维护工作简单。水泵采用 304 不锈钢和热镀锌材料制成，这种结构保证了水泵强度高和很高的防腐蚀性能，且使用寿命长。风车采用踏脚设计安装和 L 形预埋件，具有风暴自动保护功能，同时用螺栓将铁塔紧固于塔脚，铁塔倾斜度可灵活调节，使其在任何天气条件下都可以使用，在正常使用和维护下，其使用寿命长达 50 年。在维护状况良好情况下，可工作到 70 年以上，每年仅需为齿轮箱更换一次润滑油。

提水风车的以上基本特征能够较好地解决库湾水资源保护过程中的持久运行和管理维护的问题。从风车的启动风速可以看到，在多数条件下提水风车能够正常运行，加上电能动力的补充，提水风车基本可以保证持久的循环动力，即使在库湾水体富营养化问题突发的情况下，也能够及时通过水循环实现水体营养负荷削减，满足水源地水资源保护的需求。提水风车的维护特性也为水循环系统的构建和可持续运行提供了保障。风车的维护简单利于降低库滨带水系统的运行成本，提高技术的适用性和推广价值。风车的使用寿命较长，避免了频繁建设对库岸土壤植被的影响，有利于库岸的保护。

3. 生态塘

生态塘在水循环系统中起到水力条件调节和污染负荷削减的重要作用。风车将库湾水体提升至库岸坡顶，首先进入生态塘系统的调节池。调节池能够调节进出水量，保证生态塘中稳定的水力条件。调节池水体进入第一级生态塘，通过湖心岛再进入第二级生态塘，最后完成净化过程流出。生态塘的串联个数可设置为两个或者两个以上，如果地形条件不允许，也可以设置单个生态塘。生态塘中生态系统可以自由演化，也可以人工干预，最终形成具有较强净化能力的动植物和微生物系统。当存在多个生态塘单元时，湖心岛的作用为连接不同的生态塘单元，湖心岛为砾石和土壤堆砌，具有较好的过滤效果。前面的生态塘可以起到初步沉降和预处理的效果，后面的生态塘则起到深度净化的效果。生态塘工艺流程见图 4.2.3。

图 4.2.3　生态塘工艺流程示意图

生态塘主要通过生物作用实现水体营养和其他污染负荷削减,对净化过程起主要作用的生物有细菌、藻类、微型动物、水生植物及其他水生动物。其中,分解有机污染物的细菌在该处理系统中具有关键的作用。在氧化塘内对溶解性有机污染物起降解作用的是异养菌。细菌在新陈代谢过程中将溶解性的有机碳转化为无机碳,又通过合成作用使细菌本身得到增殖;藻类的光合作用吸收无机碳,无光照时又通过呼吸作用释放无机碳。在氮的循环方面,氧化塘系统内部主要通过氨化作用、硝化作用、反硝化作用、挥发作用、吸收作用及分解作用实现。

4. 生态透水坝

生态透水坝在水循环中起到泄水系统的作用。生态塘出水首先进入坡顶的布水装置,水体通过坡面下泄,依次通过多道透水坝,最后进入库湾。透水坝能够对下泄水体起到消能的作用。在水量不大时,水体通过坝体形成渗流,对土壤侵蚀程度较小;当降雨产生,水量增大时,部分水体通过溢流的方式下泄,但在多级拦截和溢流后,水体势能大幅削减,对岸坡植被及土壤侵蚀的影响不大。透水坝的设置较好解决了水循环系统中的泄水问题,一方面最大程度降低了泄水过程对岸坡的土壤侵蚀和植被破坏,另一方面多级透水坝形成的连续跌水或者渗流具有较强的层次感,坝前区域植被也将形成独特的群落结构,提升了整个水系统的景观效果。生态透水坝工艺流程见图 4.2.4。

图 4.2.4　生态透水坝工艺流程示意图

生态透水坝不仅是水循环体系的泄水系统,对于水体净化也能起到一定的效果。径流下泄过程中,首先在坡面土壤形成渗流,土壤的物理吸附会对水体的营养负荷起到一定的削减作用。透水坝主要由砾石和填料组成,水体通过透水坝过程中,颗粒物质得到较好的过滤。透水坝填料在长时间过水条件下形成稳定的生物膜,能够起到较好的分解有机质和脱氮的效果。另外,坝前区域长期处于滞留状态,水分条件较好,植被生长速度快,形成小型的湿地系统。水体在坝前滞留过程中与植物根系充分接触,氮磷负荷及其他污染物质都能够得到较好地去除。在生态塘的净化基础上,营养负荷过高的库湾水体通过透水坝的进一步削减,水体富营养化问题基本能够得到解决。

4.2.3　羊山库湾示范建设

项目组选择坝前的羊山库湾作为深窄型库湾的典型代表,开展了库湾水循环系统构建工程示范。羊山库湾位于坝前,交通和基础设施相对完善,示范工程建设点位于该区域一处"人字形"库湾(图 4.2.5)。依照高程分布,划定库湾两侧的山脊线,并将山脊线以内的区域作为示范工程建设范围,面积约 25 万 m^2。

1. 工程区概况

1)地质地貌

工程所在区域地形的主要特点是高差大、坡度陡、切割深。总的地势是南低北高,径

图 4.2.5 示范工程建设总体设计

流由北向南汇入库区。地貌类型以丘陵、岗地为主，有少量的低山，属于构造侵蚀低山区丘陵地形。

2）气象水文

工程所在区域属北亚热带半湿润季风气候，冬夏温差大。多年平均气温 16.1 ℃，年均降水量 797.6 mm，降雨主要集中在汛期，强度大、集中、径流汇集时间短，4～10 月降水量占全年降水量的 84.5%。

3）土壤植被

区域土层较薄，土壤容重在 1.12～1.8 t/m³，平均值为 1.42 t/m³，土壤 pH 在 7.3～8.0。土质黏重，土壤有机质含量低，全氮含量大多在 0.075% 以下，土壤速效磷含量严重缺乏，速效钾含量高低不等，大部分土壤酸碱度为微酸性至中性，小部分为微碱性。由于工程所在区域土壤主要是由石灰岩发育而成，石灰土壤中 $CaCO_3$ 淋溶作用强烈。工程所在区域用材林主要以柏树为主，灌木林主要有杨类、刺槐、紫穗槐等。

2. 工程设计和建设

1）总体设计

示范工程建设总体设计如图 4.2.5 所示。工程主体为提水风车、生态塘和透水坝构成的库湾水体循环系统。提水风车为库湾水循环系统的动力来源，位于码头南部高地。输水管线沿山脊分布，使风车提起来的库湾水能够输送到生态塘和透水坝。生态塘在坡顶构建，透水坝依山谷而建，按照高程分布形成梯级，共有三级。植被缓冲带为按照高程人工构建，工程建设过程中对已有植被系统充分利用。

采用"两塘三坝一溪沟"布局，库湾原水经过生态塘中植物根系吸收及过滤作用对来水进行初步处理后，通过导流槽将处理过后的原水布至山谷溪沟。通过山谷溪沟后，最后进入库湾。当水量增多，或降雨径流量增大时，分散的网状微型坑洼群和三道拦水石坝能对径流起到较好的拦蓄净化及缓冲能力。在山谷溪沟沿程设置多级透水坝，除辅助净化过程，亦可形成一定景观效应。该工程工艺流程如图 4.2.6 所示。

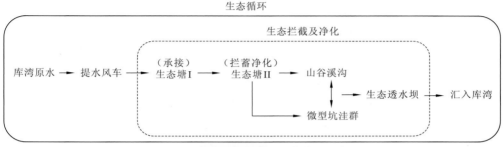

图 4.2.6　库湾生态水循环工艺流程示意图

提水风车将库湾原水提升至库湾顶部 193 m 进入生态塘。来水自流进入生态塘 I，生态塘 I 对来水起到承接及初步处理的作用。生态塘 II 与生态塘 I 通过湖心岛连接，水体进入生态塘 II 以达到拦蓄与净化效果。通过生态塘净化后的水体，自流进入山谷溪沟与微型坑洼群，进一步净化。其中山谷溪沟上构筑了三道透水坝对来水进行拦蓄与净化作用，水体最终汇入库湾。

示范工程主要构筑物包括进水格栅、提水风车、植被滤沟、生态塘、山谷溪沟、微型坑洼群及生态透水坝。其中格栅及进水管主要为管道铺设；植被滤沟、生态塘、微型坑洼群及生态透水坝为人工开挖构筑；山谷溪沟为在原有沟谷的基础上进行人工疏挖，并不做复杂修饰。其具体尺寸如表 4.2.1 所示。

表 4.2.1　各构筑物尺寸

构筑物	规格及尺寸	备注
提水风车	风轮直径 6.2 m，高度 20 m	
生态塘 I	20.0 m×10.0 m×2.0 m	
生态塘 II	16.0 m×10.0 m×2.0 m	
山谷溪沟	165 m	自然疏挖
微型坑洼群	（上口 0.8 m，下口 0.6 m，深度 0.5 m）单坑洼	约 30 个
生态透水坝	三座坝，分别长 15 m、10 m、5 m；高 1.0 m；宽 1.0 m	

2）提水风车

根据对羊山库湾的现场查勘，综合考虑风车性能、施工可行性等方面的因素，选址在库湾出口左岸，即在码头的对面高程 173 m 处作为风车的建设地址。

由于库湾规模较大，要想实现水体的循环效应，需要选择直径较大，提水能力较强的风车。该工程选择的风车直径为 6.2 m，按照风车的参数配置及需要提升的高度，同时综合考虑风力分布情况，风车的设计提水规模约为 60 m³/d。

提水风车工程：风车铁塔 1 套，高度为 20 m；低风速（二级风）启动风轮 1 套，直径为 6.2 m；齿轮传动及支撑 1 套，泵杆支撑及管道 1 套。配套设施为 4″PE 管道 300 m、蓄水箱 40 m³。提水风车建设实景如图 4.2.7 所示。

图 4.2.7 提水风车建设实景

左上图为风车基座；右上图为风车风轮；左下图为抽水管；右下图为抽水管

3）生态塘

根据对现场和地形的高程分析，生态塘选择在高程 192～193 m 进行开挖。生态塘设置边坡，坡度为 1∶1，顶部、中部、底部底面积分别为 360 m²、200 m²、130 m²，水位一半时蓄水量为 165 m³，总挖方量约为 445 m³。在建设过程中为施工方便避免砍伐过多的树木，根据现场地形将生态塘改为等面积的两塘，中间由湖心岛连接。

生态塘Ⅰ、生态塘Ⅱ均为形状不规则的塘系统，既能够增加塘系统边缘的曲折度，又能尽量避开大树，减少乔木的砍伐量。生态塘Ⅰ、生态塘Ⅱ边坡及湖底为 0.1 m 黏土防渗层。

湖心岛为生态塘Ⅰ和生态塘Ⅱ的连接部分，采用土壤堆砌而成，中间出水堰部分添加砾石或卵石，宽度为 1.5 m，等距离间隔为出水堰。

生态塘Ⅰ挖深为 2.0 m，面积为 200 m²。塘内水深为 1.5～1.8 m，起到承接汇水及初步净化水质作用。给予生态塘 0.2 m 超高，则尺寸为 20 m×10 m×2.0 m。

生态塘Ⅱ挖深为 2.0 m，面积为 160 m²。塘内水深为 1.5～1.8 m，对库湾原水进行进一步处理。给予生态塘 0.2 m 超高，则尺寸为 16 m×10 m×2.0 m。

生态塘内根据当地植被类型种植一定量植物，挺水植物选择芦苇、香蒲、菖蒲、黄花鸢尾等，沉水植物可选择菹草、金鱼藻、狐尾藻、苦草、川蔓藻、篦齿眼子菜等，浮叶植物选择睡莲。

溢流口以下采用生态混凝土护坡，生态混凝土采用正六边形，尺寸以模具为主，生态混凝土上撒种（狗牙根）；以上部分采用自然护坡。池顶至池顶以下 0.5 m 处以间距 0.8 m 种植美人蕉、黄花鸢尾，兼撒草籽。沿塘四周种植低矮景观灌木——杜鹃（高 0.7～0.8 m，间距 1.0 m），底部点缀一层鹅卵石（直径 10～20 cm）。

生态塘坡面采用生态混凝土护坡，既可保持坡面稳定，防止因降雨、长期浸泡导致的坡面松垮；又可在生态混凝土护坡上种植水生植被，形成景观及辅助净化功能。生态混凝土护坡安装位置为生态塘顶部 0.5 m 以下至塘底，紧贴生态塘坡面铺设，现场夯实以保障坡面稳固。自然堆土护坡（塘顶以下 0.5 m）和生态混凝土护坡均种植挺水植物，如芦苇、香蒲、菖蒲、黄花鸢尾等。生态混凝土护坡设计厚度为 150 mm，现场固定安装。生态塘建设实景如图 4.2.8 所示。

图 4.2.8　生态塘建设实景

4）生态透水坝

生态透水坝工程为合金钢网兜装填垒砌的小型石坝，共 3 座。前坝顶长 15 m，中坝顶长 10 m，后坝顶长 5 m，坝高 0.5 m，顶部宽 1 m，分别构筑于高程 185 m、175 m、170 m，总石方量约为 30 m³。石坝迎水端以 1∶2 边坡抛筑，背水段以木桩深插护脚结构进行防护。此外在距背水段 1～2 m 范围内应适度夯实并铺设约 10 cm 厚的砾石，以确保石坝不发生位移和偏滑。生态透水坝建设实景如图 4.2.9 所示。

图 4.2.9　生态透水坝建设实景

5）山谷溪沟

山谷溪沟主要在自然沟谷形态结构基础上做些疏挖，整理或适当改道，成为一个半自然半人工型湿地，实现水质净化功能。在示范区沟谷地形基础上进行人工疏挖，从高程 193 m 疏挖至高程 160 m 处，水平疏挖长度约 160 m。根据地形计算，总的疏挖量约为 165 m³。

以局部布水为主要设计方案，补充添加水道右岸扇形面的穿孔管布水。在生态塘出水口连接三通阀后接上穿孔管，配水主管长 4 m，布水管沿三通阀对称布置，PVC-U 主管尺寸 DN100（内径 101.6 mm，壁厚 4.2 mm），直管每隔 0.5 m 开孔 ϕ10 mm，开孔沿水平轴线呈 45º 开孔，交错分布。

山谷溪沟分段设计如下：

（1）顶部至中坝，在自然流水形成的水道上，布设生态混凝土，现场浇筑生态混凝土；

（2）整理树坑，清理已有的杂物（含垃圾、树枝），树坑里布设小卵石；

（3）中坝后所形成的约 1 m 宽平台布设 10 cm 厚鹅卵石；

（4）中坝至后坝水道，不再进行过多的人工修饰，以向库湾纯自然形态过渡为构型依据，水道内以粒径较大的卵石、条石为主。

山谷溪沟建设实景如图 4.2.10 所示。

图 4.2.10　山谷溪沟建设实景

6）微型坑洼群

利用库湾坡面将已有的小型坑洼适当改造为多级串/并联小型坑塘，数目约为 30 个，满水状态时，蓄水量约为 8.7 m³，总开挖方数约为 5.6 m³。微型坑洼群位于山谷溪沟集水区内，起到补充净化及提高系统缓冲能力的作用。

3. 工程运行和监测

示范工程于 2014 年建设完成，由于丹江口水库蓄水高度不及预期，水面始终没有达到提水风车的最低提水高度，因此在工程试运行阶段，采取人工配水的方式，对三级透水坝的净化效果进行初步测试。监测工作由中国科学院生态环境研究中心负责开展，详细监测方案和效果分析见宋志鑫等（2019）。沟谷拦截阻滞措施对水体中总磷、总氮、氨氮和硝态氮负荷平均削减率分别为 48.3%、46.8%、56.9% 和 52.1%。丹江口水库水位逐步抬升后，库湾水循环系统运行正常，对羊山库湾富营养风险起到了较好的防控作用。

4.3 宽浅型库湾富营养化风险防控

4.3.1 技术思路

缓坡库滨带地势开阔，库湾宽浅，适合布设生态沟渠、前置库、生态塘、近自然湿地等生态工程措施，形成库岸面源生态阻控系统，对降雨径流或者上游来水进行阻滞和净化，减少库湾氮磷负荷输入。阻控系统构建过程中，应充分利用库湾汇水区的沟道及坑塘微地形，如对零散分布的坑塘进行简单改造，形成生态塘；对与沟道连通的坑塘进行人工修整，形成前置库；在高程较低、面积较大的坑塘适当提升湿地植物密度，形成近自然湿地等。

按照丹江口水库水位调度运行方案，水库调度在每年 5 月至 6 月 21 日，库水位逐渐降低到夏季防洪限制水位 160 m；到 8 月 21 日，库水位允许逐渐抬高到秋季防洪限制水位 163.5 m；10 月 1 日以后，可逐渐充蓄到正常蓄水位 170 m。面源阻控生态水系统的构建应根据丹江口水库水位调度方案合理进行措施布局，确保在不同的水文情景下，生态水系统均能够发挥阻控作用，库周面源得到有效削减。

4.3.2 技术方案

1. 工艺流程

库岸面源生态阻控系统将控制库滨带周边流域水土流失和面源污染作为重点目标，对流域内已有的沟渠、坑塘进行简单改造，形成"塘-湿地"水系统，对上游来水污染物[总悬浮物（total suspended solids，TSS）、氮磷]负荷拦滤和去除。基本的工艺流程包括三个部分：上游来水或者降雨径流首先在生态塘或者前置库中进行预处理，颗粒物得到沉降，负荷初步削减；水体接下来进入近自然湿地进一步净化，或者通过生态透水坝调节水位条件；最后进入溪流廊道，进一步强化水体净化作用，保证入库水体质量。三大部分在不同水文情景的应对上也有所考虑：当丹江口水库水位处于 160 m 时，整个系统能够充分发挥阻控净化效果；当水位抬升至 163.5 m 时，虽然溪流廊道不能发挥效果，系统的其他部分仍然可以正常运行，实现水体净化；当水位抬升至 170 m 时，系统仍然能够依靠生态塘和前置库进行污染拦截，保证基本的净化效果。库岸面源生态阻控系统工艺流程见图 4.3.1。

2. 阻控单元介绍

前置库是指利用水库存在的从上游到下游的水质浓度变化梯度特点，将塘体分为一个或者若干个子库与主库相连，通过延长水力停留时间，促进水中泥沙及营养盐的沉降，同时利用子库中大型水生植物、藻类等进一步吸收、吸附、拦截营养盐，从而降低进入下一级子库或者主库水中的营养盐浓度，抑制主库中藻类过度繁殖，减缓富营养化进程，改善水质。

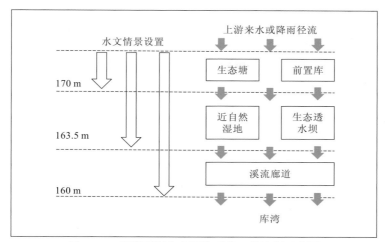

图 4.3.1　库岸面源生态阻控系统工艺流程示意图

生态塘是天然的或加以人工修整的池塘，水体在塘内缓慢流动，停留时间较长，有机物通过水中的微生物的代谢活动而降解，溶解氧则由塘内生长的水生植物通过光合作用和水面复氧作用而提供，净化过程同天然水体的自净过程很相近。生态塘是对湿地处理后的出水进行深度处理，可确保河流入库的水质优良。塘中可种植芦苇、茭白等水生植物，以提高污水处理能力，还可以作为景观。

近自然湿地系统成熟后，植物根系将由于大量微生物的生长而形成生物膜使得大量的悬浮物（suspend solid，SS）被植物根系阻挡截留，而有机污染物通过生物膜的吸收、同化及异化作用而被去除。湿地系统中因植物根系对氧的传递释放，使其周围的环境中依次出现好氧、缺氧、厌氧状态，保证了污水中的氮磷不仅能作为营养物被植物和微生物吸收，而且可以通过硝化、反硝化作用将其去除。

生态透水坝主要有三个作用：①抬高水位，使后续的处理单元处于自流状态，尽量减少能耗；②调控渗流量，在保证设计流量和容积的基础上，尽量增加在生态处理系统中的停留时间，从而提高整个系统的处理效果；③利用植物根系和微生物的共同作用，部分去除径流中的营养物质。生态透水坝与生态塘、前置库、近自然湿地等处理单元，构成了完整的生态处理系统，能够去除面源污染中大部分悬浮物和氮磷等营养物质，从而改善入库水质。

溪流廊道是具有浓密植被的河流廊道，可控制来自河流上游的溶解物质，为河流提供足够的生境和通道，并能减少来自周围环境的径流污染。不间断的河岸植被廊道能维持诸如水温低、含氧高的水生条件，有利于鱼类的生存。沿河两岸植被的覆盖，可以减缓雨水影响，并为水生食物链提供有机质，为其他物种提供生境。

3. 阻控系统构建

阻控系统由前置库、生态塘、近自然湿地、溪流廊道等单元组成，这些阻控单元的构建要充分利用缓坡库滨带的地形条件。库岸面源生态阻控系统构建过程中，首先要对库岸地形进行系统勘察，根据现场坑塘沟道分布情况，对阻控单元进行总体布局。前置库和生态塘利用已有的坑塘结构进行改造，其中与汇水沟道相连的坑塘改造为前置库，独立分布的坑塘改造为生态塘。对汇水沟道下游的积水洼地进行适当改造，形成近自然湿地。最后，将已有的汇水沟道进行疏通整治，增加植物措施，形成溪流廊道。

阻控单元的规模根据不同类型污染负荷的削减目标确定。对上游来水或者降雨径流的污染负荷进行初步估算，结合库湾水体水质要求，明确需要削减的负荷量。结合阻控单元的处理能力，在保障负荷削减目标的前提下，合理设置阻控单元规模。

阻控单元的组合和布局应重点考虑各个阻控单元的性能特点。生态塘和前置库置于前段，利用其沉淀作用对来水进行初步净化。近自然湿地位于中段，承接生态塘或前置库出水，利用植物的吸收作用对水体溶解性物质进行净化。生态透水坝位于中段，对上游来水进行颗粒物拦截，并调节水文条件。溪流廊道位于末段，也可分布于整个区域，对各个单元起到连通的作用。在现场地形的基础上，各阻控单元的布局和配置尽量在结构和功能上互补，使系统整体阻控能力最大化。

4. 阻控单元设计

1）前置库

前置库尽量设置在汇水沟道上游，与沟道直接相连。前置库通常由沉降带、强化净化系统、导流与回用系统三个部分组成。沉降带可利用现有的沟渠加以适当改造，并种植水生植物对径流中的污染物进行拦截与沉降处理。强化净化系统分为浅水净化区和深水净化区，其中浅水净化区类似于砾石床的人工湿地。

2）生态塘

生态塘可以是独立分布的坑塘，起到滞留储水的作用（周艳文，2015），水塘容量应根据来水量估算，包括集水区内雨水地表径流、灌溉排水量及塘面降水量。生态塘位置选定以后，测定塘的集水区面积，并根据区域降雨特征计算塘的多年平均来水量。由于降雨径流在全年是一次次单独发生，生态塘的来水量也是逐次累积，塘的蓄水量处于一个不断消涨的变化过程，所以塘坝的有效容量可以小于多年平均来水量。

3）近自然湿地

近自然湿地位于消落带下部，保障湿地的水分条件。近自然湿地设计要素如湿地形状、基质、湿地植物组成等应根据地形、气候及水文条件作相应的考虑。湿地系统中水流直接影响污染物的迁移，因此要合理设计湿地构型，优化水力条件。因地制宜地结合原有地形特征，尽量采用不规则形状，避免出现死水区，进水区和出水区应相间一定距离，以防止短流。近自然湿地的湿地植物以本地植被为主，可以选择根系发达、生物量较大的植物，如美人蕉、芦苇、芦竹、灯心草、香蒲、菖蒲等（郑军 等，2012）。

4）生态透水坝

生态透水坝主要用于大型汇水沟道，能够对上游来水起到较好的调节作用。生态透水坝的设计应考虑水力特性和净化效果两部分，选择不同的筑坝材料、坝体结构及栽种植物。筑于缓坡库滨带的生态透水坝,应根据水文气象及地形资料估计设计流量及面源污染状况,勘测现场地形，估算透水坝的几何尺寸及结构。

　　缓坡库滨带地形开阔平坦，适合自然堆砌建筑生态透水坝，生态透水坝剖面一般为梯形结构，坝体一般采用砾石加填料的构建方法。坝体分为控制层、过渡层、溢流层、稳定层 4 个部分，控制层与过渡层主要具有控制渗流的作用，溢流层则可削减过大的水流冲击负荷，稳定层可以稳定坝体结构，防止较小粒径的筑坝材料被冲走；控制层、稳定层及溢流层的表面种植植物，通过植物根系吸收及微生物作用发挥生态透水坝的净水作用（田猛 等，2006）。

　　5）溪流廊道

　　溪流廊道在汇水路径上均可构建，根据现有沟渠的形状，尊重溪沟的自然形态，边坡防护尽量避免浆砌等硬质护砌材料。若溪沟沟道泥沙淤积严重，或存在局部边坡坍塌的现象，应对溪沟进行加固和清淤，扩大其行洪断面，同时注重库滨带植被的恢复和重建。若原有植被覆盖度高，宜依靠地域自然植被进行生态自主修复，尽量减少人为干扰。人工修复可选择干形挺直的落羽杉、池杉、竹柳，极耐水淹的桑树，枝叶优美的色叶树种乌桕及湿地型观花草本植物美人蕉和黄菖蒲等进行搭配种植。

4.3.3　宋岗库湾典型设计

　　针对库岸面源生态阻控系统，项目组选择丹江口水库香花镇的宋岗库湾进行了典型方案设计。河南省淅川县香花镇是丹江口水库缓坡型库岸面积最大的乡镇，同时紧靠南水北调中线工程陶岔取水口。宋岗库湾呈手掌形分布，共有大小不一的五个半岛伸向丹江口水库，五个半岛依次为张寨、刘楼、宋岗、南苇沟和周山等村落（图 4.3.2）。项目区大致范围在张寨以南，周山以北，地理坐标为北纬 32°44′30″～33°45′50″，东经 110°39′40″～110°41′15″，高程在 160～170 m，面积为 2.16 km²。项目区由三个小流域组成，分别为大任沟流域、小任沟流域和陈岗流域。区内主要土地利用类型为农耕用地，伴随着少量的林地、村庄和自然坑塘斑块，是缓坡型库岸的典型代表。

1. 项目区概况

1）自然地理

　　项目区所在的淅川县地处秦岭支脉伏牛山南麓山区，气候类型属于北亚热带季风型大陆性半湿润气候，多年平均无霜期为 230 d，多年平均气温为 15.8℃，年平均降雨量为 800.5 mm，6～9 月降雨量占年均降雨量的 59.8%。淅川县土壤类型有潮土、砂姜黑土、黄棕壤和紫色土 4 个土类，其中黄棕壤占总土壤面积的 90.9%。黄棕壤质地黏重，易干缩形成裂缝、通透性差、表土层疏松浅薄，既不耐旱，又不耐涝，并容易受侵蚀，对降雨冲击的抵抗力弱，经雨水冲刷后极易形成水土流失。坡度小于 20°的低山丘陵地区一般都开垦为耕地，小麦-玉米轮作为该区的主要耕作模式。

图 4.3.2　缓坡库岸面源生态阻控系统建设项目区位置

2）经济社会

淅川县香花镇位于豫西南边陲，全镇土地面积为 362 km^2，其中丹江口水库水域面积 196 km^2。香花镇辖 29 个行政村，312 个村民小组，人口 4.5 万。项目区所在的淅川县经济以农业为主，以建设"辣椒淅川、水上淅川、林果淅川"的特色农业强县为目标。主导产业为林果、水产、畜牧，特色产品有食用菌、大枣、胡桑、烟叶，其中香花镇是着力打造的小辣椒生产基地。粮食作物以小麦、玉米、红薯为主，然后是谷子、大豆、绿豆等；经济作物有烟叶、辣椒、芝麻、花生、油菜等。

2. 库岸面源生态阻控系统方案设计

1）土地利用分析

项目区土地利用如图 4.3.3 所示，主要的土地类型包括农田、村庄、坑塘、林地、河道等，其中农田占 80%以上。结合丹江口水库调度方案，设置三种不同水文情景模式：最高蓄水位 170 m；秋季防洪限制水位 163.5 m；夏季防洪限制水位 160 m。按照不同水文情景，分别统计 160 m 以上、163.5 m 以上及 170 m 以上土地利用面积，结果见表 4.3.1。

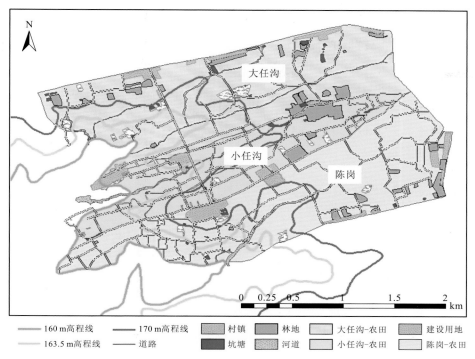

图 4.3.3　项目区土地利用类型

表 4.3.1　不同水文情景下项目区土地利用类型统计

小流域	土地利用类型	情景 1：170 m 以上		情景 2：163.5 m 以上		情景 3：160 m 以上	
		面积/km²	比例/%	面积/km²	比例/%	面积/km²	比例/%
大任沟	村庄	0.046	2	0.055	1.9	0.062	1.8
	林地	0.064	2.8	0.074	2.5	0.076	2.2
	坑塘	0.021	0.9	0.024	0.8	0.028	0.8
	河沟	0.058	2.6	0.113	3.9	0.115	3.4
	道路	0.018	0.8	0.029	1.0	0.042	1.2
	耕地	2.028	89.9	2.577	88.3	2.991	88.2
	草地	0.021	0.9	0.046	1.6	0.078	2.3
	合计	2.255	100	2.918	100	3.393	100
小任沟	村庄	0.024	2.6	0.047	3.4	0.069	3.8
	林地	0.108	11.5	0.108	7.8	0.108	5.9
	坑塘	0.012	1.3	0.012	0.9	0.014	0.8
	河沟	0.007	0.8	0.019	1.4	0.034	1.9
	道路	0.022	2.4	0.031	2.2	0.044	2.4
	耕地	0.737	78.8	1.135	82.2	1.52	82.8
	草地	0.025	2.7	0.03	2.2	0.046	2.5
	合计	0.936	100	1.381	100	1.835	100

小流域	土地利用类型	情景1：170 m以上		情景2：163.5 m以上		情景3：160 m以上	
		面积/km²	比例/%	面积/km²	比例/%	面积/km²	比例/%
陈岗	村庄	0.047	2.4	0.055	2.2	0.059	1.9
	林地	0.002	0.1	0.014	0.6	0.015	0.5
	坑塘	0.009	0.4	0.009	0.4	0.011	0.3
	河沟	0.026	1.3	0.063	2.5	0.073	2.3
	道路	0.029	1.5	0.036	1.4	0.042	1.3
	耕地	1.84	93.2	2.338	92.0	2.938	92.6
	草地	0.021	1.1	0.026	1.0	0.033	1.0
	合计	1.975	100	2.542	100	3.172	100

可以看到，不同水文情景下，农田均为主要土地利用类型，占比多超过80%，其他林地、村庄、坑塘、草地和沟渠等土地利用类型呈零星分布。各小流域自然地形均存在一定面积的河沟、坑塘，可结合地形特点来构造水系统对汇水区的来水负荷进行处理，减少库湾的营养盐输入。

2）面源污染负荷估算

对项目区进行实地勘察发现，该区域几个小流域范围内人口稀少，村庄呈零星分布，没有大规模畜禽养殖，污染主要来自农田降雨径流中TSS、TN和TP等污染物。利用输出系数法来估算面源污染负荷为

$$L_{np} = \sum P \times S \times \gamma \times C_{np} \qquad (4.3.1)$$

式中：L_{np}为区域污染物面源输入负荷；P为年均降雨量；S为各土地利用类型面积；γ为不同土地利用类型相应径流输出系数；C_{np}为径流污染物浓度。

淅川县多年平均降雨量为800.5 mm。根据丹江口水库的调度规程，170 m以上、163.5 m以上、160 m以上三种水文情景大致对应冬春季、秋季、夏季。结合淅川县降雨季节分布特征（王铁军 等，2016），3种水位对应的降雨量占比约为10%、30%、60%。按照该比例分配年均降雨量，则水位170 m以上对应降雨量为80 mm，水位163.5 m以上对应降雨量为240 mm，水位160 m以上对应降雨量为480 mm。不同土地利用类型的径流系数和径流污染物浓度见表4.3.2。基于上述参数和土地类型面积统计结果，对项目区不同水文情景下面源污染负荷估算结果见表4.3.3，可以看出面源污染负荷产生主要集中在163.5 m以上和160 m以上两个水位段。

表4.3.2 不同土地利用类型径流系数与径流污染物浓度

土地利用类型	径流系数	径流污染物浓度/(mg/L)		
		TSS	TN	TP
村庄	0.80	60	6.5	0.4
林地	0.20	150	2.0	0.1

续表

土地利用类型	径流系数	径流污染物浓度/(mg/L)		
		TSS	TN	TP
坑塘	0.00	—	—	—
河沟	0.00	—	—	—
道路	0.90	200	5.5	0.8
耕地	0.30	250	3.0	0.3
草地	0.15	100	1.8	0.2

注：坑塘和河道沟渠因表面为水体，不参与贡献面源污染

数据来源：李怀恩等（2003）；蔡明等（2004）

表 4.3.3　不同水文情景下项目区面源污染负荷情况

小流域	水文情景	面源污染负荷/(t/a)		
		TSS	TN	TP
大任沟	170 m 以上	12.78	0.17	0.02
	163.5 m 以上	53.61	0.72	0.04
	160 m 以上	62.68	0.84	0.05
小任沟	170 m 以上	5.12	0.08	0.01
	163.5 m 以上	45.94	0.62	0.03
	160 m 以上	55.02	0.74	0.04
陈岗	170 m 以上	11.67	0.16	0.02
	163.5m 以上	52.49	0.71	0.04
	160 m 以上	61.56	0.83	0.05
合计	170 m 以上	29.57	0.41	0.04
	163.5 m 以上	152.04	2.05	0.12
	160 m 以上	179.26	2.41	0.14

3）阻控措施布设

缓坡库岸面源生态阻控系统由生态塘、前置库、近自然湿地、生态透水坝等阻控单元组成。在大任沟流域已有坑塘的基础上构建前置库（位于 170 m 以上），对汇水区上游来水进行处理；在 163.5 m 建设近自然湿地，并利用现有的河道、沟渠将两个独立水系统处理单元相连接；在近自然湿地出口后，进行简单的清理，形成自然漫滩直至新的水位淹没线（160 m）。在小任沟流域建设近自然湿地和生态塘，同时利用已有河道沟渠构建溪流廊

道。陈岗流域由于地形原因，仅在沟道坡降最大处（165 m）设置生态透水坝。结合项目区水系汇流情况及坑塘分布现状，共布设 7 处水系统措施，其中大任沟流域生态塘 1 处，前置库 2 处，近自然湿地 1 处；小任沟流域前置库 1 处，近自然湿地 1 处；陈岗流域生态透水坝 1 处。缓坡库岸面源生态阻控系统建设总体布局如图 4.3.4 所示。

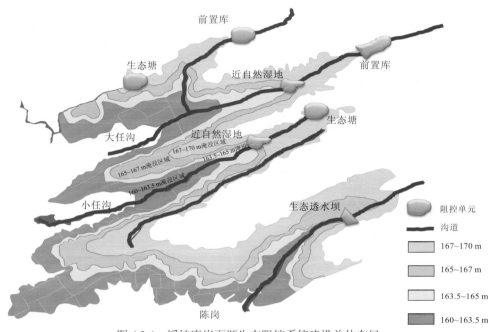

图 4.3.4　缓坡库岸面源生态阻控系统建设总体布局

构建的面源生态阻控系统在不同水文情景下的处理流程如下：最高蓄水位 170 m 时，前置库和生态塘对上游来水进行处理，此时各沟道汇水面积最小，污染负荷最少。秋季防洪限制水位 163.5 m 时，大面积农田裸露出来，面源污染负荷增加。生态塘和前置库对来水进行预处理，出水进入近自然湿地进一步净化。同时生态透水坝起到调蓄和净化作用。夏季防洪限制水位 160 m 时，消落区出露面积最大，面源污染负荷进一步增加，同时发挥作用的阻控单元也最多。沟道来水通过前置库和生态塘进行初步处理和储存，进入近自然湿地后进一步净化，出水进入溪流廊道和自然漫滩再次净化，确保入库水质优良。总体净化流程如图 4.3.5 所示。

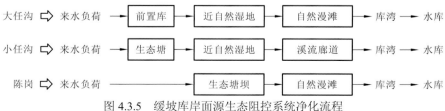

图 4.3.5　缓坡库岸面源生态阻控系统净化流程

4）阻控单元具体设计

（1）生态塘。结合场地地形条件，对原有坑塘进行生态化改造，对排水沟进行疏浚清理，连通生态塘与主沟道。修建底宽30 cm、深40 cm、边坡1:1的土质梯形进水沟渠，保证周边农田径流能够进入生态塘。设置生态塘水深约为1～1.5 m，对边坡进行平整，水面以上部分种植美人蕉，形成缓冲区。生态塘中种植香蒲，种植密度为10～16株/m²。

（2）前置库。结合现场地形条件，对沟道进行疏挖改造。设置小型溢流坝，坝高50 cm；坝前约5 m范围为强化净化区深水区，适当挖深至40 cm，增加水生植物；深水区上游约5 m范围为强化净化区浅水区，铺设砾石，适当种植水生植物。强化净化区上游约10 m为沉降带，主要增加挺水植物和湿生植物。

（3）近自然湿地。依据现场地形条件，对低洼沼泽湿地进行修整，改造主要内容：中间修建土埝，用于导流，延长水力停留时间；导流土埝之间种植水生植物，土埝上植草；湿地浅水区种植挺水植物，深水区种植沉水植物。大任沟近自然湿地面积为2400 m²，小任沟近自然湿地面积为1300 m²，设置水深在0.3～0.4 m。对排水沟进行疏浚清理，保证上游沟道和周边径流能够汇入湿地系统。

（4）生态透水坝。生态透水坝用于缓冲上游来水流速，起到拦截颗粒物、促进氮磷沉降过滤的作用。筑坝溪沟位于田间废弃河道，杂草丛生，淤泥堆积，经清淤整理后堆筑生态透水坝。依据溪沟现状断面，溪沟宽度约为12.7 m，沟深约1.8 m。设计坝底长度为15.6 m，坝前坝后边坡系数均为2.5，坝高2.2 m，渗坝顶长度为4.6 m。生态透水坝分为控制层、溢流层、稳定层和过滤层，分别由不同粒径碎石和砾石构成。

（5）溪流廊道。项目区溪沟现状沟道泥沙淤积严重，部分边坡存在变形，局部边坡坍塌，阻碍溪沟过水。对大任沟和小任沟进行清淤及加固防护，控制沟道侵蚀、减少水土流失。对沟道进行植被强化，结合周边的植被恢复措施，在沟道种植芦苇、香蒲等生物量大、阻控能力强的植物。

3. 面源阻控效果评估

结合文献资料确定各阻控单元的污染去除率，对库岸面源生态阻控系统的负荷削减效果进行评估。生态塘对总氮、总磷、TSS去除率分别为34.7%、34.8%（王晓玲 等，2017）和42.4%（尹澄清 等，2001），近自然湿地对总氮、总磷、TSS去除率分别为62.9%、54.7%、73.5%（万金保 等，2010），生态透水坝对对总磷、TSS去除率分别为19.0%、28.1%（袁淑方 等，2013），溪沟廊道对总氮、总磷、TSS去除率分别53.2%、71.8%、80.2%（刘福兴 等，2019）。各项措施按照串联关系逐级累积，计算得到不同水文情景下的污染负荷去除量，结果如表4.3.4所示。170 m水位时项目区对总氮、总磷、TSS的削减量分别为0.09 t/a、0.01 t/a、7.59 t/a，各污染物去除率在21%～26%；160 m水位时项目区对总氮、总磷、TSS的削减量分别为1.40 t/a、0.09 t/a、131.44 t/a，各污染物去除率在58%～73%。虽然高水位下污染物去除能力较弱，但由于面源产生量较少，对面源负荷削减需求较低，不会造成面源负荷大量输入。

表 4.3.4　香花镇缓坡库岸面源生态阻控系统负荷削减量估算

小流域	水位/m	面源负荷产生量/（t/a）			阻控措施和污染物去除率	面源负荷削减量/（t/a）		
		TSS	TN	TP		TSS	TN	TP
大任沟	170	12.78	0.17	0.02	生态塘	5.42	0.06	0.01
	163.5	53.61	0.72	0.04	生态塘+近自然湿地	45.42	0.54	0.03
	160	62.68	0.84	0.05	生态塘+近自然湿地+溪沟廊道	60.78	0.74	0.05
小任沟	170	5.12	0.08	0.01	生态塘	2.17	0.03	0.00
	163.5	45.94	0.62	0.03	生态塘+近自然湿地	38.93	0.47	0.02
	160	55.02	0.74	0.04	生态塘+近自然湿地+溪沟廊道	53.35	0.66	0.04
陈岗	170	11.67	0.16	0.02	—	0.00	0.00	0.00
	163.5	52.49	0.71	0.04		0.00	0.00	0.00
	160	61.56	0.83	0.05	生态透水坝	17.30	0.00	0.01
合计	170	29.57	0.41	0.04	污染物去除率：TSS 26%；TN 21%；TP 21%	7.59	0.09	0.01
	163.5	152.04	2.05	0.12	污染物去除率：TSS 55%；TN 50%；TP 45%	84.36	1.01	0.06
	160	179.26	2.41	0.14	污染物去除率：TSS 73%；TN 58%；TP 66%	131.44	1.40	0.09

参 考 文 献

蔡明, 李怀恩, 庄咏涛, 等, 2004. 改进的输出系数法在流域非点源污染负荷估算中的应用[J]. 水利学报, 35(7): 40-45.

崔扬, 朱广伟, 张运林, 等, 2014. 湖库富营养化指标的高频监测方法研究[J]. 环境科学学报(5): 103-110.

邓睿, 刘俊峰, 叶深, 等, 2018. 乐清湾海域冬季水环境质量评价[J]. 海洋开发与管理, 35(2): 44-48.

富国, 2005. 湖库富营养化敏感分级指数方法研究[J]. 环境科学研究, 18(6): 85-88.

蓝文陆, 2011. 近20年广西钦州湾有机污染状况变化特征及生态影响[J]. 生态学报(20): 110-116.

李怀恩, 庄咏涛, 2003. 预测非点源营养负荷的输出系数法研究进展与应用[J]. 西安理工大学学报(4): 307-312.

刘福兴, 陈桂发, 付子轼, 等, 2019. 不同构造生态沟渠的农田面源污染物处理能力及实际应用效果[J]. 生态与农村环境学报, 35(6): 787-794.

宋志鑫, 宋刚福, 唐文忠, 等, 2019. 渗透坝对丹江口库湾水体氮磷负荷削减的应用[J]. 环境工程学报, 13(01): 94-100.

田猛, 张永春, 2006. 用于控制太湖流域农村面源污染的透水坝技术试验研究[J]. 环境科学学报, 26(10): 1665-1670.

万金保, 兰新怡, 汤爱萍, 2010. 多级表面流人工湿地在鄱阳湖区农村面源污染控制中的应用[J]. 水土保持通报(5): 121-124, 149.

王铁军, 肖烨, 黄志刚, 等, 2016. 近 40 年南阳市降水量及降水类型分布特征[J]. 南阳师范学院学报, 15(6): 41-45.

王晓玲, 李建生, 李松敏, 等, 2017. 生态塘对稻田降雨径流中氮磷的拦截效应研究[J]. 水利学报(3): 291-298.

王阳阳, 霍元子, 曲宪成, 等, 2011. 贡湖水源地水体营养状态评价及富营养化防治对策[J]. 水利渔业, 32(2): 75-81.

王瑜, 刘录三, 舒俭民, 等, 2011. 白洋淀浮游植物群落结构与水质评价[J]. 湖泊科学(4): 95-100.

尹澄清, 单保庆, 付强, 等, 2001. 多水塘系统: 控制面源磷污染的可持续方法[J]. AMBIO-人类环境杂志(6): 39-45, 52.

袁淑方, 王为东, 董慧峪, 等, 2013. 太湖流域源头南苕溪河口生态工程恢复及其初期水质净化效应[J]. 环境科学学报, 33(5): 1475-1483.

郑军, 陈庆华, 张荣斌, 等, 2012. 植物床-沟壕系统的藻类捕获功能[J]. 环境工程学报(12): 11-15.

周艳文, 2015. 利用天然河浜及沟塘湿地深度净化污水处理厂尾水的研究[J]. 安徽农学通报, 21(23): 68-70.

CARLSON R E, ROBERT E, 1977. A trophic state index for lakes[J]. Limnology and Oceanography, 22(2): 361-369.

CHEN C W, JU Y R, CHEN C F, et al., 2016. Evaluation of organic pollution and eutrophication status of Kaohsiung Harbor, Taiwan[J]. International Biodeterioration & Biodegradation,113: 318-324.

LIU W, LI S, BU H, et al., 2011. Eutrophication in the Yunnan Plateau lakes: The influence of lake morphology, watershed landuse and socioeconomic factors[J]. Environmental Science &Pollution Research, 19: 858-870.

第 5 章
库滨带生态屏障构建

    水源地库滨带具有重要生态屏障功能。消落带是库滨带的重要组成部分,其植被系统的稳定性和缓冲能力对库滨生态屏障功能起到决定性的作用。丹江口水库大坝加高后,调度运行方式改变,高程 160～170 m 的范围成为新的消落带,库岸线长达 4 600 km。新形成的消落带因水文情势改变将进入新一轮植被演替过程,如果不加以人工干预,库滨带生态屏障功能恢复过程漫长且生态效益有限。开展消落带植被恢复,强化库滨带污染缓冲能力,是控制库周面源污染和保障水库水质的有效途径。本章针对丹江口水库特殊的水文和地形条件,基于现场调查和试验研究,筛选适宜的种质资源,优化配置稳定的群落结构,构建高效的植被缓冲带,为丹江口水源地库滨带生态屏障恢复提供依据,也为我国其他库滨带生态建设提供借鉴和参考。

5.1　库滨带植物种质资源调查

丹江口水库大坝于 2013 年完成加高工程，随后水库水位逐渐抬升。丹江口水库库滨带经过近 40 年自然竞争与更新演替，部分库滨带形成了独特的植被类型和稳定的群落系统，可作为新库滨带植被重建的重要依据。考虑水位抬升后原有消落带的植物群落将被永久淹没，项目组在大坝加高蓄水前对初期工程的消落带范围植物种质资源开展系统调查。该项工作作为新库滨带的植被恢复提供重要依据。

5.1.1　调查方法

1. 基础资料准备

收集植物调查所需的背景资料，包括覆盖丹江口库滨带及其邻域范围的图形图像数据、统计数据及观测和监测数据。

（1）地形资料：丹江口库区 1：5 万数字高程模型 DEM 地形图（图 5.1.1），采用 1980 西安坐标系，1985 国家高程基准，6 度分带高斯-克吕格投影，高程等高距平原区为 5 m、山区为 10 m。

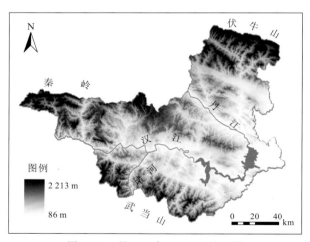

图 5.1.1　丹江口库区 DEM 地形图

（2）遥感数据：丹江口库区 2007 年 ETM+影像及 2006 年高分辨率多光谱融合影像（SPOT5 全色波段与 CBERS-02 融合数据，分辨率为 2.5 m），详见表 5.1.1、表 5.1.2 和图 5.1.2。

表 5.1.1　SPOT5 数据信息表

轨道号	日期（年-月-日）	Revo	HRG	模式	处理级	格式	移动	数量
274/284	2006-06-10	RSGS	2	2.5mP	1A	DIMAP	0	1
274/285	2006-06-10	RSGS	2	2.5mP	1A	DIMAP	40%	1/8
275/284	2006-05-15	RSGS	2	2.5mP	1A	DIMAP	10%	1/4
275/285	2006-05-15	RSGS	2	2.5mP	1A	DIMAP	10%	1/4

表 5.1.2　CBERS-02 数据信息表

轨道号	日期（年-月-日）	有效载荷	分辨率/m	幅宽	处理级	格式	光谱范围	数量
004/063	2005-06-12	CCD	20	113 km×113 km	3 级	Geo-TIFF	0.45～0.52 0.52～0.59 0.63～0.69 0.77～0.89 0.51～0.73	1
004/063	2006-06-11	CCD	20	113 km×113 km	3 级	Geo-TIFF	0.45～0.52 0.52～0.59 0.63～0.69 0.77～0.89 0.51～0.73	1/2

图 5.1.2　丹江口水库库滨带多光谱影像

（3）地理信息：丹江口库区 1∶5 万基础地理信息数据库，包括水系、居民地、铁路、公路、境界、地形、其他要素、辅助要素、坐标网等在内的 14 个数据层。

（4）土壤资料：丹江口库区 1∶100 万土壤图，丹江口市 1∶5 万土壤图及土壤志。

（5）土地利用资料：丹江口库区 1980～2009 年 NDVI 数据（汉库 NDVI 图见图 5.1.3）、前期土地利用调查资料及土地利用现状图（图 5.1.4）。

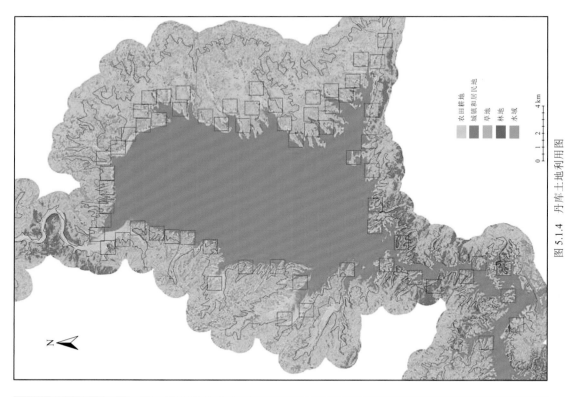

图 5.1.4　丹库土地利用图

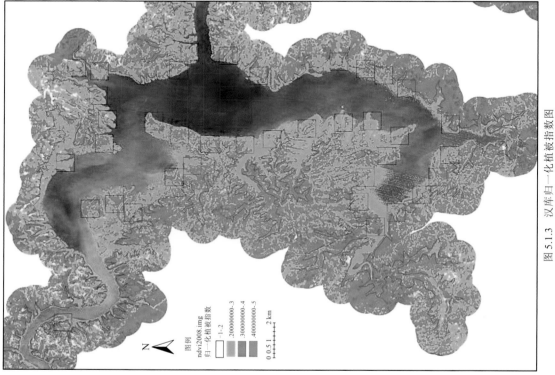

图 5.1.3　汉库归一化植被指数图

（6）水文资料：丹江口库区 1979～2009 年水文及水库调度资料。

（7）气象资料：丹江口库区 1970～2000 年国家气象基准站逐日观测气象数据，包括日降水量、日平均气温、日最大风向风速、日日照时数、日平均气压等 13 个要素项。

（8）统计资料：丹江口库区 1990～2013 年人口、经济、自然灾害等方面的社会经济数据。

2. 调查范围确定

1）丹江口水库水位变化特征

根据收集的丹江口水库 1979～2009 年共计 31 年旬平均水位的数据，统计得到丹江口水库多年月平均水位（图 5.1.5）。

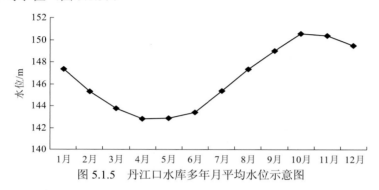

图 5.1.5　丹江口水库多年月平均水位示意图

丹江口水库初期工程正常蓄水 157 m，最低水位为 140 m，多年平均月水位在 142～151 m 之间波动，整体年变化有明显的一低一高两个峰，最低水位在每年的 4～5 月，最高水位则在 10～11 月。多年旬平均最高水位出现在 1983 年 10 月上旬，为 158.07 m，旬平均最低水位是 1979 年 4 月中旬的 131.36 m。防洪是丹江口水利枢纽的首要任务，水库防洪限制水位分别是夏汛的 149 m（6 月 20 日～8 月 20 日）和秋汛的 152.5 m（9 月 1～30 日）。根据月平均水位多年变化统计数据可知，丹江口水库月平均水位涨落过程可分为两个时期。

（1）5～10 月为水位上升期。汉江上游汛期涨水一般始于 5 月，落水始于 10 月，最大洪水出现在 7～8 月，每次洪水都将使水库水位出现短期上涨，但 6～8 月和 9 月必须保证水库水位分别处于夏汛和秋汛防洪限制水位以下，因此 5～9 月水位处于缓慢上升时期，而 9～10 月水位则上升较快。

（2）10 月～次年 5 月为水位下降期。汛期结束后，10 月水位快速上升至 153 m 左右并保持到 11 月，此后由于入库径流锐减和发电用水的消耗，水库水位开始缓慢下降，到次年 4 月、5 月水位降至最低点，以腾空库容满足汛期防洪要求。

2）库滨带范围

根据丹江口水库水位变化特征，查阅相关资料，掌握丹江口水库水文节律的时间变化及其对库滨带的影响，结合数字地形图，通过建立数字高程模型和提取消落带边界，确定现有库滨带、新库滨带及其邻域的空间范围。

（1）利用扫描仪将原始纸质地图进行扫描，生成栅格图像；在原始纸质矢量地图上确定分布相对均匀、并能在栅格图像中准确定位几何地理坐标位置的控制点，通过这些控制点对栅格图像进行地理空间配准和校正；对已配准影像进行数字化输入，同时参照原始纸质矢量地图，对数字矢量图像中各图斑和线划的属性赋值，由此生成研究区等高线矢量图。对等高线进行插值生成 DEM，栅格大小为 5 m×5 m。

（2）利用 ArcGIS 软件空间分析模块提取丹江口水库库滨带高程在 140~157 m 区域和 160~170 m 区域的 DEM 图，由此确定初期工程消落带和大坝加高蓄水后消落带的空间范围，详见图 5.1.6。

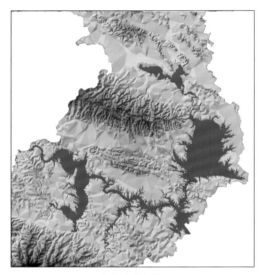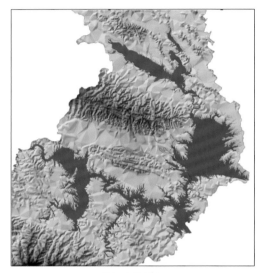

（a）水位157 m　　　　　　　　　　　　　　　（b）水位170 m

图 5.1.6　丹江口水库 157 m 和 170 m 水位对应库滨带范围

3）调查范围

根据库滨带植被现状和生境特点及可达性，调查范围为水面（约海拔 140 m）至海拔 180 m 的范围内。

3. 野外实地调查

结合地形图、遥感影像等基础资料确定库滨带实地调查的技术方案与实施路线，以"路线最短、时间最省、效率最高"为原则，采用线路调查与重点区域详查相结合的方法，确定野外调查区域采用"区域→抽样单元→抽样点"多级抽样调查体系。对一般区域采用线路调查，对人为破坏较少、植被较自然的区域进行详查，并同时进行环境因子和生态群落的调查。具体以高分辨率遥感影像作为底图，以地形图为标准，辅以其他相关的专题信息（包括专题图件、统计资料），以典型区域为单位，以样方地块为基础，对库滨带的植被、立地条件、土地利用等开展全面调查。

1）植被调查

基于 1:1 万数字地形图和遥感影像，在丹江口水库库滨带设置 51 个 1 km×1 km 的调查区域，详见图 5.1.7。每个区域从水平面以上出现植被的地方至海拔 180 m 的范围内，沿海拔梯度布设宽度 50 m 的调查样带。在每条样带的每个植物群落内随机布设样方：草本植物群落样方面积为 2 m×2 m，重复 5 次；灌木群落样方面积为 4 m×4 m，重复 5 次且在每个灌木样方内再随机布设 1 个 2 m×2 m 的草本小样方；乔木群落样方面积为 20 m×20 m，在样方中心和四角分别设置 4 m×4 m 的灌木小样方，每个灌木小样方内再随机设置 1 个 2 m×2 m 的草本小样方。记录调查中出现的所有维管植物种类，根据点测法测定每个物种的盖度，并测定乔木种的株数、高度、胸径，灌木种的株数、高度，以及草本种的高度、多度，草本多度采用布朗-布朗凯（Braun-Blanquet）5 级制记录。依据《中国植物志》《湖北植物志》进行植物种类鉴定。

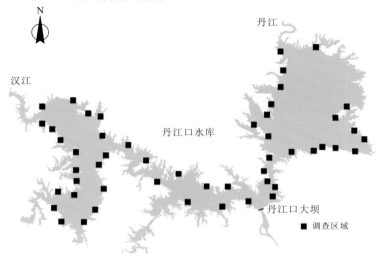

图 5.1.7　库滨带植被调查区域分布图

2）立地条件调查

根据丹江口库区 1:1 万地形图和高分辨率遥感影像，开展与植被调查配套的立地条件及生态环境调查。调查内容包括：气候条件（纬度，经度，多年平均、最高和最低降水量数据，多年平均气温，最高气温和最低气温等）；水文条件（降水量、年径流量、平均水淹时间、水淹频率等）；地形条件（海拔、坡向、坡位、坡度、坡型等）；土壤背景（土壤种类、土层厚度、质地、土壤结构、土壤养分、土壤酸碱度、侵蚀状况、砾石含量等）；人为活动（离村镇远近距离、可能对库滨带植被的干扰等）。

3）土地利用调查

根据丹江口水库库滨带及其周边地区的基本情况，在每个抽样调查单元内，同步调查地质地貌、水文状况、土地利用、水保措施等现状，调查实景见图 5.1.8。制定土地利用类型分类标准，利用遥感影像和地形图进行外业判读调绘，在遥感底图上勾绘图斑，记录调查所获取的数据，填写外业调查原始记录表。地块图斑最小面积不小于 0.5 hm²（实地面积 7.5 亩），小于 0.5 hm² 的地块可并入相邻的地块中，但应单独编写顺序号，填入调查登记表，以便统计到相应地类中；地块图斑最大面积不大于 50 hm²。并且将调查单元的遥感影像特征（色彩、图型、纹理、结构、大小、形状、阴影、分布位置）与实际的土地利用类型、植被覆盖度进行选点比较，确定不同地物的光谱特性。结合调查区的地形图用全球定位系统（global positioning system，GPS）为样点进行精确定位。同时通过农户询问明确调查区域土地利用的变化状况，进行图斑勾绘和补充记录。

图 5.1.8　土地利用调查

5.1.2　库滨带植物群落类型

以植物群落为单位，分乔木层、灌木层和草本层来计算物种的重要值并建立物种-样方矩阵。根据课题组前期研究成果（尹炜 等，2014），使用 TWINSPAN 等级分类法，按照《中国植物志》的分类系统并结合野外实地调查结果和群落的特征，丹江口库滨带 201 个植物群落可分为 7 种植物群落类型，如图 5.1.9 和图 5.1.10 所示。

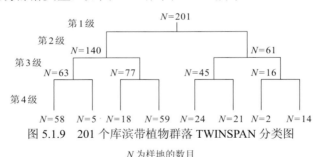

图 5.1.9　201 个库滨带植物群落 TWINSPAN 分类图

N 为样地的数目

类型 1：萹蓄（*Polygonum aviculare*）群落

草本植物群落，包含 58 个植物群落，物种共计 56 个，主要包括萹蓄、狗牙根（*Cynodon dactylon*）、苘麻（*Abutilon theophrasti*）、朝天委陵菜（*Potentilla supina*）和小藜（*Chenopodium ficifolium*），其中萹蓄、狗牙根和苘麻的平均重要值大于 10，是最具优势的物种。伴生种众多，如狗尾草（*Setaria viridis*）、小巢菜（*Vicia hirsuta*）、盾果草（*Thyrocarpus sampsonii*）、红蓼（*Polygonum orientale*）、野老鹳草（*Geranium carolinianum*）等。分布在库滨带下部，地势平坦，水淹影响严重，环境极其湿润。

（a）萹蓄群落　　　　　　　（b）苘麻群落　　　　　　（c）线叶水芹-狗牙根群落

（d）狗牙根群落　　　　　　　　　　　　　（e）响叶杨-狗牙根群落

（f）杜梨-白刺花-狗牙根群落　　　　　　　（g）侧柏-牡荆-三穗薹草群落

图 5.1.10　库滨带植物群落类型

类型 2：苘麻（*Abutilon theophrasti*）群落

草本植物群落，包含 5 个植物群落，物种共计 10 个，苘麻为最具优势的物种。狗牙根和萹蓄在该类型的所有群落中都出现，且在个别群落中也有较大的重要值。伴生种有绵毛酸模叶蓼（*Polygonum lapathifolium* var. *salicifolium*）、稗（*Echinochloa crus-galli*）、打碗花（*Calystegia hederacea*）、朝天委陵菜、线叶水芹（*Oenanthe linearis* var. *stenophylla*）、小巢菜和石龙芮（*Ranunculus sceleratus*）等。主要分布在库滨带下部，地势平缓，水淹影响显著，环境湿润。

类型 3：线叶水芹（*Oenanthe linearis* var. *stenophylla*）-狗牙根（*Cynodon dactylon*）群落

草本植物群落，包含 18 个植物群落，物种共计 60 个，主要包括线叶水芹、狗牙根、茵草（*Beckmannia syzigachne*）、小藜和苘麻，其中线叶水芹和狗牙根的平均重要值大于 10，是最具优势地位的物种。伴生种众多，如泽漆（*Euphorbia helioscopia*）、鹅观草（*Roegneriakamoji*）、四叶葎（*Galium bungei*）、水蓼（*Polygonum hydropiper*）、短叶水蜈蚣（*Kyllinga brevifolia*）等。主要分布在库滨带中下部，地势较平坦，受水淹影响较大，环境湿润。

类型 4：狗牙根（*Cynodon dactylon*）群落

草本植物群落，包含 59 个植物群落，物种共计 72 个。狗牙根是绝对优势物种，平均重要值大于 30。此外，平均重要值大于 3 的物种还有线叶水芹、小藜、朝天委陵菜、打碗花、苘麻和野老鹳草。该类型有大量平均重要值较小的伴生种，如附地菜（Trigonotis peduncularis）、猪殃殃（*Galiumaparine* var. *tenerum*）、水苦荬（*Veronica undulata*）、蚤缀（*Arenaria serpyllifolia*）和虉草（*Phalaris arundinacea*）等。主要分布在库滨带中部，地形稍陡，环境较湿润。

类型 5：响叶杨（*Populus adenopoda*）-狗牙根（*Cynodon dactylon*）群落

乔灌草复合结构，包含 24 个植物群落，物种共计 94 个，乔木层包括响叶杨、柘树（*Cudrania tricuspidata*），其中响叶杨是最优势的物种；灌木层主要包括小果蔷薇（*Rosa cymosa*）、野山楂（*Crataeguscuneata*）和算盘子（*Glochidion puberum*）等，但平均重要值都不高；狗牙根是草本层最重要的物种，主要的伴生种还有线叶水芹、朝天委陵菜、鼠鞠草（*Gnaphalium affine*）和小苜蓿（*Medicago minima*）等。分布在库滨带上部，地形陡峭，受水淹影响小，环境较干燥。

类型 6：杜梨（*Pyrus betulifolia*）-白刺花（*Sophora davidii*）-狗牙根（*Cynodon dactylon*）群落

乔灌草复合结构，包含 21 个植物群落，物种共计 95 个，乔木层主要包括黑松（*Pinus thunbergii*）、杜梨和构树（*Broussonetia papyrifera*），其中杜梨是最优势物种，平均重要值大于 7；灌木层主要包括白刺花（*Sophora davidii*）、牡荆（*Vitex negundo* var. *cannabifolia*）、算盘子等，其中白刺花为最重要物种，平均重要值大于 7。狗牙根、白茅（*Imperata cylindrica*）和野艾蒿（*Artemisia lavandulaefolia*）是草本层优势物种，平均重要值大于 10。大量伴生种如刺儿菜（*Cirsium setosum*）、菅草（*Themeda villosa*）、翻白草（*Potentilla discolor*）、苍耳（*Xanthium sibiricum*）和风轮菜（*Clinopodium chinense*）等。分布在库滨带上部，地形陡峭，水淹影响较小，环境干燥。

类型 7：侧柏（*Platycladus orientalis*）-牡荆（*Vitex negundo* var. *cannabifolia*）-三穗薹草（*Carex tristachya*）群落

乔灌草复合结构，包含 16 个植物群落，物种共计 112 个，是所有群落类型中物种数目最多的。乔木层主要包括侧柏、刺槐（*Robinia pseudoacacia*）、柏木（*Cupressusfunebris*）和乌桕（*Sapium sebiferum*），其中侧柏是最优势物种；灌木层主要由牡荆、小果蔷薇、竹叶椒（*Zanthoxylum planispinum*）等组成，其中牡荆是最重要物种，平均重要值大于 20；三穗薹草是草本层最重要物种。该类型中平均重要值较小但出现频率较高的物种还有构树、千里光（*Senecio scandens*）和野菊（*Dendranthema indicum*）等。主要分布在库滨带上部，地形陡峭，基本不受水淹影响，环境十分干燥。

这 7 种植物群落类型以草本植物群落为主，表明库滨带植被处于明显的初级演替阶段。依据植物群落每一层中平均重要值较大的优势物种对群落进行命名，7 种植物群落类型的主要数量特征和物种组成见表 5.1.3。

表 5.1.3　丹江口水库库滨带植物群落类型的物种组成

群落类型	主要物种	层次	平均重要值	指示种（指示值）
1.萹蓄群落	萹蓄 *Polygonum aviculare*	草本	16.856	广州蔊菜 *Rorippa cantoniensis*（69.7）
	狗牙根 *Cynodon dactylon*	草本	14.450	齿果酸模 *Rumex dentatus*（34.8）
	苘麻 *Abutilon theophrasti*	草本	13.440	朝天委陵菜 *Potentilla supina*（32.9）
	朝天委陵菜 *Potentilla supina*	草本	9.953	短叶水蜈蚣 *Kyllinga brevifolia*（30.9）
	小藜 *Chenopodium ficifolium*	草本	6.440	稗 *Echinochloa crusgalli*（20.3）
	广州蔊菜 *Rorippa cantoniensis*	草本	5.513	
	齿果酸模 *Rumex dentatus*	草本	4.586	
	打碗花 *Calystegia hederacea*	草本	3.823	
	短叶水蜈蚣 *Kyllinga brevifolia*	草本	3.587	
	稗 *Echinochloa crusgalli*	草本	3.185	
2.苘麻群落	苘麻 *Abutilon theophrasti*	草本	65.358	苘麻 *Abutilon theophrasti*（73.1）
	狗牙根 *Cynodon dactylon*	草本	13.632	绵毛酸模叶蓼 *Polygonum lapathifolium* var. *salicifolium*（26.4）
	萹蓄 *Polygonum aviculare*	草本	7.586	
	绵毛酸模叶蓼 *Polygonum lapathifolium* var. *salicifolium*	草本	4.176	
	稗 *Echinochloa crus-galli*	草本	2.818	
	打碗花 *Calystegia hederacea*	草本	2.038	
	朝天委陵菜 *Potentilla supina*	草本	1.868	
	线叶水芹 *Oenanthe linearis* var. *stenophylla*	草本	1.458	
	小巢菜 *Vicia hirsute*	草本	0.534	
	石龙芮 *Ranunculus sceleratus*	草本	0.534	
3.线叶水芹-狗牙根群落	线叶水芹 *Oenanthe linearis* var. *stenophylla*	草本	12.302	菵草 *Beckmannia syzigachne*（69.6）
	狗牙根 *Cynodon dactylon*	草本	11.968	萹蓄 *Polygonum aviculare*（47.2）
	菵草 *Beckmannia syzigachne*	草本	8.782	小藜 *Chenopodium ficifolium*（38.7）
	小藜 *Chenopodium ficifolium*	草本	7.867	水苦荬 *Veronica undulata*（38）
	苘麻 *Abutilon theophrasti*	草本	6.046	日本看麦娘 *Alopecurus japonicus*（37.9）
	萹蓄 *Polygonum aviculare*	草本	5.932	线叶水芹 *Oenanthe linearis* var. *stenophylla*（32.9）
	朝天委陵菜 *Potentilla supina*	草本	5.781	棒头草 *Polypogon fugax*（32.5）
	打碗花 *Calystegia hederacea*	草本	5.505	盾果草 *Thyrocarpus sampsonii*（30.2）
	鼠麴草 *Gnaphalium affine*	草本	2.654	打碗花 *Calystegia hederacea*（26.4）
	虉草 *Phalaris arundinacea*	草本	2.593	看麦娘 *Alopecurus aequalis*（25.7）

群落类型	主要物种	层次	平均重要值	指示种（指示值）
4.狗牙根群落	狗牙根 Cynodon dactylon	草本	34.003	狗牙根 Cynodon dactylon（32.6）
	线叶水芹 Oenanthe linearis var. stenophylla	草本	8.905	野老鹳草 Geranium carolinianum（22.4）
	小藜 Chenopodium ficifolium	草本	4.694	
	朝天委陵菜 Potentilla supine	草本	4.632	
	打碗花 Calystegia hederacea	草本	4.412	
	苘麻 Abutilon theophrasti	草本	4.082	
	野老鹳草 Geranium carolinianum	草本	4.053	
	小巢菜 Vicia hirsuta	草本	3.683	
	小苜蓿 Medicago minima	草本	3.347	
	救荒野豌豆 Vicia sativa	草本	3.050	
5.响叶杨-狗牙根群落	狗牙根 Cynodon dactylon	草本	14.538	泥胡菜 Hemistepta lyrata（59.7）
	响叶杨 Populus adenopoda	乔木	8.333	鼠麴草 Gnaphalium affine（41.7）
	线叶水芹 Oenanthe linearis var. stenophylla	草本	8.290	蚤缀 Arenaria serpyllifolia（32.6）
	柘树 Cudrania tricuspidata	乔木	8.011	救荒野豌豆 Vicia sativa（30.7）
	朝天委陵菜 Potentilla supine	草本	6.295	喜旱莲子草 Alternanthera philoxeroides（29.7）
	鼠麴草 Gnaphalium affine	草本	6.248	小蓬草 Conyza canadensis（29.1）
	小苜蓿 Medicago minima	草本	5.897	附地菜 Trigonotia peduncularis（28.9）
	泥胡菜 Hemistepta lyrata	草本	4.556	小苜蓿 Medicago minima（25.9）
	救荒野豌豆 Vicia sativa	草本	4.225	茴香 Foeniculum vulgare（21.6）
	小蓬草 Conyza canadensis	草本	3.178	天南苜蓿 Medicago lupulina（20.7）
6.杜梨-白刺花-狗牙根群落	狗牙根 Cynodon dactylon	草本	12.042	白茅 Imperata cylindrical（58.9）
	白茅 Imperata cylindrica	草本	11.350	野艾蒿 Artemisia lavandulaefolia（44.8）
	野艾蒿 Artemisia lavandulaefolia	草本	10.342	野胡萝卜 Daucu carota（29.6）
	杜梨 Pyrus betulifolia	乔木	7.616	地肤 Kochia scoparia（29.0）
	白刺花 Sophora davidii	灌木	7.339	刺儿菜 Cirsium setosum（24.6）
	黑松 Pinus thunbergii	乔木	6.470	鹅观草 Roegneria kamoji（23.0）
	小苜蓿 Medicago minima	草本	5.100	鸡眼草 Kummerowia striata（20.0）
	牡荆 Vitex negundo var. cannabifolia	灌木	4.743	菅草 Themeda villosa（19.9）
	地肤 Kochia scoparia	草本	3.859	酢浆草 Oxalis corniculata（17.2）
	小蓬草 Conyza canadensis	草本	3.717	夏枯草 Prunella vulgaris（14.3）

续表

群落类型	主要物种	层次	平均重要值	指示种（指示值）
7.侧柏-牡荆-三穗薹草群落	侧柏 *Platycladus orientalis*	乔木	20.719	小果蔷薇 *Rosa cymosa*（64.4）
	牡荆 *Vitex negundo* var. *cannabifolia*	灌木	20.199	三穗薹草 *Carex tristachya*（59.2）
	三穗薹草 *Carex tristachya*	草本	15.446	荩草 *Arthraxon hispidus*（57.8）
	刺槐 *Robinia pseudoacacia*	乔木	14.860	构树 *Broussonetia papyrifera*（55.4）
	小果蔷薇 *Rosa cymosa*	灌木	9.861	野菊 *Dendranthema indicum*（45.8）
	柏木 *Cupressus funebris*	乔木	7.875	插田泡 *Rubus coreanus*（45.0）
	乌桕 *Sapium sebiferum*	乔木	7.694	刺槐 *Robinia pseudoacacia*（43.7）
	野菊 *Dendranthema indicum*	草本	7.378	茜草 *Rubia cordifolia*（43.7）
	柘树 *Cudrania tricuspidata*	灌木	5.577	竹叶椒 *Zanthoxylum planispinum*（42.7）
	紫堇 *Corydalis edulis*	草本	5.001	牡荆 *Vitex negundo* var. *cannabifolia*（40.5）

注：各植物群落类型的主要物种包括平均重要值由大到小的前 10 个物种。指示种包括指示值达到显著水平（$p<0.05$）的前 10 个物种

5.1.3　库滨带植物群落的物种多样性

针对丹江口库滨带的植被观测数据，运用 Shannon 多样性指数、Margalef 丰富度指数和 Pielou 均匀度指数分析 7 个不同植物群落的多样性和生态结构。由表 5.1.4 可知，不同群落间物种数、Shannon 多样性指数、Margalef 丰富度指数和 Pielou 均匀度指数都存在显著差异。

表 5.1.4　丹江口水库库滨带植物群落多样性特征

群落类型	物种数	Shannon 多样性指数	Margalef 丰富度指数	Pielou 均匀度指数
1.蒿蓄群落	13±3b	1.25±0.32c	2.45±0.64b	0.51±0.17b
2.苘麻群落	5±2c	0.42±0.15d	0.95±0.17c	0.33±0.09c
3.线叶水芹-狗牙根群落	25±4a	2.22±0.89a	3.41±0.71a	0.69±0.23a
4.狗牙根群落	16±3b	1.57±0.47b	3.01±0.63a	0.57±0.21b
5.响叶杨-狗牙根群落	23±3a	1.62±0.78b	2.77±0.55ab	0.52±0.19b
6.杜梨-白刺花-狗牙根群落	18±3b	1.38±0.67bc	2.17±0.43b	0.48±0.16b
7.侧柏-牡荆-三穗薹草群落	25±4a	1.17±0.24c	2.87±0.59ab	0.36±0.11c

注：数字后不同小写字母表示差异显著

群落 3、4、5 物种数多，Shannon 多样性指数、Margalef 丰富度指数和 Pielou 均匀度指数也较高；群落 2 物种数最少，Margalef 丰富度指数、Shannon 多样性指数和 Pielou 均匀度指数最小；群落 1 和群落 7 Shannon 多样性指数和 Pielou 均匀度指数较小，而 Margalef 丰富度指数较高；群落 6 的各指数都处于中等水平，且相互之间差异不大。

5.1.4 库滨带植物群落空间分布特征

通过总结库滨带 7 种植物群落类型的生境特征，发现植物群落类型沿海拔和水淹影响梯度在物种组成和群落结构上发生了明显变化。植物群落类型从低海拔的草本植物群落（如萹蓄群落、苘麻群落），逐渐过渡到高海拔的乔木群落（如侧柏群落）。

在 7 种植物群落类型中，分布于低海拔的萹蓄群落、苘麻群落、线叶水芹-狗牙根群落、狗牙根群落在物种组成和群落结构上都较简单，物种组成以草本植物为主，基本没有木本植物，群落表现为单一草本层的结构。较高海拔上的响叶杨-狗牙根群落、杜梨-白刺花-狗牙根群落和侧柏-牡荆-三穗薹草群落由多种生活型的物种和复层的群落结构所组成。造成不同生境中植物群落物种组成和群落结构差异的主要原因是库滨带复杂的环境条件。库滨带低海拔生境受较长时间和较高频率水淹影响，土壤较贫瘠，土壤速效氮和土壤有机质含量较低，严酷的生境条件阻碍植物尤其是高大木本植物的生长；而低矮的草本植物具有较强的环境适应性和较宽的生态幅，成为库滨带低海拔优势物种。库滨带高海拔区域极少受到水淹干扰的影响，土壤较肥沃，土壤速效氮和土壤有机质的含量较高，环境条件适宜绝大多数植物的生长。适宜的生境条件会增加物种对光和土壤养分资源的竞争，木本植物具有较大的生物量，竞争能力明显强于低矮的草本植物，因此在库滨带的高海拔区域木本植物占据优势地位。这一现象也表明恶劣的环境条件会造成植物群落结构的简单化。

5.2 库滨带适生植物种质资源筛选

丹江口水库库滨带受水位变化影响极大，在进行植物种类筛选时，重点考虑植物的生态适应性，选择的植物种类既要适应丹江口水库的气候条件，又要适应库滨带的水文节律。植物种类的选择以丹江口库区乡土植物为主，选择既能耐水淹、又能在水位消退后快速返青萌芽的植物。通过从丹江口水库现有库滨带采集优势生长的并已长期适应库滨带生境的乡土植物，同时借鉴经文献报道具有一定耐淹性的华中地区适生的植物种类，在充分分析丹江口水库库滨带水文节律的前提下，参考其基本水位和土壤条件设计试验，分析鉴定植物的耐淹和耐旱能力。筛选耐淹耐旱且繁殖速度较快、覆盖面积较大、生物量较大、固土保水又兼具经济价值的植物，分析其对库滨带上、中、下区的适应性。

同时，针对丹江口库区目前大面积引进的竹柳和香根草，通过实地考察具有淹水经历的种植基地，分析其适应性。

5.2.1 库滨带植物种质资源库构建

对丹江口水库新库滨带进行植被重建和恢复，选择合适的库滨带适生植物最为关键。根据对丹江口水库库滨带植物资源调查结果，结合国内外相关研究成果，选择以下植物种类构建丹江口水库库滨带植物种质资源库。

1. 草本植物

（1）苘麻（*Abutilon theophrasti*），锦葵科苘麻属一年生草本植物，高达 1～2 m，叶宽大，花果期 7～9 月。丹江口水库库滨带广泛分布。春季萌发，秋季丹江口水库水位涨高时已完成其生活史，第二年春季水位退下后又可凭借种子繁殖长出新植株。

（2）萹蓄（*Polygonum aviculare*），蓼科蓼属一年生草本。高 15～50 cm，茎匍匐或斜上。我国各地均有分布，在丹江口水库库滨带分布广泛。春季萌发，花果期 5～8 月。秋季丹江口水库水位涨高时已完成其生活史，第二年春季水位退下后又可迅速凭借种子繁殖长出新植株。

（3）小苜蓿（*Medicago minima*），豆科苜蓿属一年生草本，高 20～40 cm。丹江口水库库滨带有分布。春季萌芽，生活史极短，花果期 3～5 月。在丹江口水库秋季水位涨高时已完成其生活史，第二年春季水位退下后又可凭借种子繁殖长出新植株。

（4）朝天委陵菜（*Potentilla supina*），蔷薇科委陵菜属一年生草本，茎平铺或倾斜伸展，分枝多。我国大部地区均有分布，在丹江口水库库滨带分布广泛。一般春季萌发，花果期 5～10 月。秋季丹江口水库水位涨高时已完成其生活史，第二年春季水位退下后又可凭借种子繁殖长出新植株。

（5）小藜（*Chenopodium ficifolium*），藜科藜属一年生草本植物。种子大量，繁殖力强。全国各地均有分布，在丹江口水库分布广泛。属于嗜盐碱性植物，常生长在水边的盐碱地上。

（6）线叶水芹（*Oenanthe linearis*），伞形科水芹属多年生草本植物。分布于华中和西南地区，丹江口水库库滨带分布广泛。生于山谷、溪旁水边，耐水湿。丹江口水库秋冬水位涨高时正值线叶水芹的冬季休眠期，其地上部死去，待来年水位退下后，宿存根系又能发出新苗。

（7）狗牙根（*Cynodon dactylon*），禾本科狗牙根属多年生草本植物。广泛分布于我国黄河以南各省，在长江及其各级支流均分布广泛。低矮草本，具有发达的根系，根系蔓延力强，是极好的水土保持物种。

（8）垂穗薹草（*Carex dimorpholepis*），莎草科薹草属多年生草本植物，广泛分布于我国大部地区，在丹江口水库分布广泛。根状茎丛生，秆粗壮，繁殖能力强，生长于沟边潮湿处及路边、草地。

（9）虉草（*Phalaris arundinacea*），禾本科虉草属多年生草本植物。分布于我国大部地区，丹江口水库分布广泛。虉草为高大草本植物，高 40～140 cm。再生能力强，耐水湿。

（10）荆门藨草（*Scirpus jingmenensis*），莎草科藨草属多年生草本植物。广泛分布于湖北省各地，丹江口水库亦有野生分布。荆门藨草根状茎短，秆丛生，再生能力强，耐水湿，生于沟溪边潮湿地上。

（11）香附子（*Cyperus rotundus*），莎草科莎草属多年生草本植物。分布于世界各地，生长在山坡草地或者水边潮湿处。长江及其支流分布广泛。植高 15～95 cm，有匍匐根状茎和椭圆形块茎，繁殖能力极强。

（12）短叶水蜈蚣（*Kyllinga brevifolia*），禾本科水蜈蚣属多年生草本植物。广泛分布于我国黄河以南各省，丹江口水库分布广泛。低矮草本，植高 7～20 cm。生长于山坡荒地，水边上。

（13）具槽秆荸荠（*Eleocharis valleculosa*），莎草科荸荠属多年生草本植物。具长匍匐根状茎，繁殖能力强。生于浅水中，耐水湿。

（14）葱莲（*Zephyranthes candida*），石蒜科葱莲属多年生草本植物。鳞茎卵形，耐水湿，在长江流域可保持常绿。

（15）菖蒲（*Acorus calamus*），天南星科菖蒲属多年水生草本植物。根状茎横走，粗壮。分布于我国南北各地，常生于池塘、湖泊岸边和沼泽地中。

（16）百喜草（*Paspalum notatum*），禾本科雀稗属多年生草本，原产美洲。具粗壮木质多节的根状茎，秆密丛生，能耐 60～70 d 的淹水，固土能力极强，目前公认适应性最强、生命力最旺盛、覆盖最完密的多用型水土保持植物。

（17）芦苇（*Phragmites australis*），禾本科芦苇属多年水生或湿生草本，具粗壮根茎，秆高 1～3 m。我国各地均有分布，生长在沟溪边、河堤、沼泽地等。

（18）白茅（*Imperata cylindrica*），禾本科草本植物，适应性强，耐阴、耐瘠薄和干旱，喜湿润疏松土壤，根状茎可长达 2～3 m 以上，断节再生能力强。

（19）野艾蒿（*Artemisia lavandulaefolia*）菊科多年生草本，多生于低或中海拔地区的路旁、林缘、山坡、草地、山谷、灌丛及河湖滨草地等。对气候的适应性强，以阳光充足的湿润环境为佳，耐寒。

（20）香根草（*Vetiveria zizanioides*）禾本科，多年丛生的草本。适应能力强，生长繁殖快，根系发达，耐旱耐瘠，为理想的保持水土植物。

（21）菵草（*Beckmannia syzigachne*），禾本科，多年生草本。喜生于水湿地，河岸湖旁、浅水中，沼泽地，草甸及水田中，属中生草甸种。由于生长迅速，可抑制其他草类的生长。丹江口库区分布较多。

（22）中国芒（*Miscanthus sinensis*），禾本科，多年生草本。根系发达，适应性强，喜酸性土壤。

（23）菅草（*Themeda villosa*）禾本科，多年生草本，高 1～2 m。生于海拔 300～2 500 m 的山坡灌丛、草地或林缘向阳处，丹江口水库库滨带广泛分布。

（24）双穗雀稗（*Paspalum paspaloides*），禾本科，多年生草本。耐盐，耐涝，耐贫瘠，耐旱，喜高温，适应和繁殖能力极强。

（25）狗尾草（*Setaria viridis*），禾本科一年生草本。适生性强，耐旱耐贫瘠，酸性或碱性土壤均可生长，广布于全世界的温带和亚热带地区。

2. 灌木

（1）牡荆（*Vitex negundo* var. *cannabifolia*）马鞭草科落叶灌木或小乔木，喜光，耐阴，耐寒，对土壤要求适应性强。分布在中国中南、华北等地荒山丘陵地带。

（2）白刺花（*Sophora davidii*），豆科槐属植物，生于河谷沙丘和山坡路边的灌木丛中，海拔 2500 m 以下。

（3）算盘子（*Glochidion puberum*），大戟科落叶灌木，生于山坡灌丛中，喜阳也稍耐阴，抗寒，抗旱，丹江口库区广泛分布。

（4）马桑（*Coriaria nepalensis*）马桑科，灌木。喜光，稍耐寒，耐旱，耐瘠薄，稍耐盐碱，喜生于石灰性土壤，速生，根系发达，萌蘖能力强。

（5）中华蚊母树（*Distylium chinense*），金缕梅科蚊母树属常绿灌木，属中国特有植物，分布于长江流域。常生长在江边或溪沟岸边、土壤稀少的乱石丛中或者岩石缝隙中。具有好湿喜荫的特性，极耐水湿，被誉为"两栖植物"。

3. 乔木

（1）杜梨（*Pyrus betulifolia*），蔷薇科梨属落叶小乔木。在我国华北、西北、长江中下游流域均有分布。丹江口水库有野生分布。杜梨生长性极强，耐寒、耐涝、耐旱、耐瘠薄。

（2）乌桕（*Sapium sebiferum*），大戟科乌桕属落叶大乔木。分布于华中、西南和华南地区，在丹江口水库有分布。乌桕喜湿润气候环境且能忍受较长时期的积水。

（3）枫杨（*Pterocarya stenoptera*），胡桃科枫杨树落叶大乔木。广泛分布于华北、华中、西南及华南各地，在长江流域最为常见。具深根性，主、侧根均发达，在河流两岸生长良好，速生性，萌蘖性强。

（4）竹柳（*Salix maizhokung garensis*），杨柳科，落叶乔木。耐涝、耐旱、耐寒、耐盐碱，适应性强。根系发达，可起到良好的固土护岸作用。

（5）刺槐（*Robinia pseudoacacia*），豆科，落叶乔木。适应性强，喜光，抗风，很耐干旱，耐瘠薄，耐微盐碱，不耐水湿，浅根性，侧根发达，生长迅速，根蘖能力强。

（6）落羽杉（*Taxodium distichum*），杉科，落叶大乔木，强阳性树种，适应性强，能耐低温、干旱、涝渍和土壤瘠薄，耐水湿，抗污染，抗台风，且病虫害少，生长快。

（7）垂柳（*Salix babylonica*）杨柳科，高大落叶乔木。喜光，喜温暖湿润气候及潮湿深厚之酸性及中性土壤。较耐寒，特耐水湿，但亦能生于土层深厚之高燥地区。萌芽力强，根系发达，生长迅速。

5.2.2　库滨带植物淹水和干旱胁迫试验

1. 试验方法

库滨带植被调查结果表明，库滨带绝大多数为草本植物，且以多年生草本为主。本次研究的试验材料选用从丹江口水库库滨带采集的 8 种长势良好、生长面积较大的多年生乡土草本植物，分别为狗牙根、垂穗薹草、藕草、荆门薹草、香附子、短叶水蜈蚣、白茅和具槽秆荸荠。此外选择 2 种经文献报道的华中地区耐水淹的多年生草本植物葱莲和百喜草。灌木和乔木分别选择了长势良好的中华蚊母树和枫杨作为水淹、干旱胁迫试验材料。

1）多年生草本植物

将从库滨带采集的材料进行适应性栽培并分株繁殖，试验时间共 106 d。

栽培基质：园土：泥炭土 =4 : 1（质量比），掺入适量细沙。

材料处理：栽于口径 18 cm、高 16 cm 的塑料花盆中，每盆 6 株。

试验设计见表 5.2.1。

表 5.2.1　多年生草本植物耐淹耐旱试验设计

处理组	处理方法
对照组	置于露天平地，每天进行正常管理，土表见干则浇透水，定期除杂草
水淹组	置于露天平地，连盆带土置于长 80 cm、宽 58 cm、高 61 cm 的水箱中，每个水箱放 9 盆；水面在盆土上方 50 cm，材料均没顶。隔 3 d 加一次水使水箱保持水满状态。隔 5 d 换一次水
干旱组	置于下部通风的透明塑膜大棚内，自处理之日起一直不浇水，定期除杂草

2）灌木、乔木幼苗

分别选择生长基本一致的中华蚊母树三年生扦插苗和枫杨幼苗 120 株作为研究对象，试验时间共 100 d，每 25 d 为一个周期，对各项指标连续测定 5 次，每个处理测定 6 个重复。

栽培基质：园土∶泥炭土 =4∶1（质量比），掺入适量细沙。

材料处理：栽于口径 23 cm、高 20 cm 的塑料花盆中，每盆 1 株。

试验设计见表 5.2.2。

表 5.2.2　灌木、乔木耐淹耐旱试验设计

处理组	处理方法
CK（常规水分）	土壤含水量（称重法）分别为田间持水量的70%～80%
T1（轻度干旱）	土壤含水量（称重法）分别为田间持水量的50%～55%
T2（水饱和）	土壤始终处于水分饱和状态
T3（水淹）	淹水至土壤表面以上 5 cm

3）指标测量

（1）存活率的测定：停止淹水/干旱胁迫后，如果植株能产生新的叶片或枝条等组织则认为该植株是存活的，记录该种植物种质存活数量，并计算其占所有试验总量的百分比。

（2）光合作用的测定：叶片光合参数采用 Li-Cor-6400 便携式光合分析系统（Li-Cor-6400，Li-CorInc，USA）测定。在预备试验的基础上，选取健康成熟的功能叶（位置为顶端倒数 2～3 片完全展开复叶的第 2～4 片单叶），先用饱和光进行 30 min 光诱导后，使用 Li-Cor-6400 便携式光合分析系统红蓝光源叶室对植物叶片光合参数进行测定，测定时间选择晴天 9:00～12:00，控制 CO_2 浓度 400 μmol/mol，饱和光强为 1 200 μmol/（$m^2 \cdot s$），叶室温度为 25 ℃。测定指标为叶片净光合速率（P_n）、气孔导度（g_s）和胞间 CO_2 浓度（C_i）等，并用公式计算叶片内在水分利用效率（WUE = P_n/C_i）。

2. 多年生草本植物试验结果

1）植物形态变化

试验期间水淹组的绝大多数植物物种都有植株基部发白和叶片逐渐失绿的现象，如荆门蔗草、葱莲和藕草的植物基部均失绿发白；有的生成不定根，如藕草的茎基部有长短不一的细不定根伸出土表，并且在茎节和植株顶端都有数量和长短不一的不定根出现；而对照组未出现这种现象（图 5.2.1）。

（a）香附子淹水期间发新苗　　　　　（b）葱莲淹水期间基部失绿发白

（c）百喜草淹水基部失绿发白　　　　（d）荆门蔗草淹水基部失绿发白

（e）藕草淹水期间基部生不定根　　　　（f）藕草淹水期间顶部生不定根

（g）藕草淹水期间茎节生不定根

图 5.2.1　淹水期间不同植物形态变化

淹水期间 10 种植物具体的形态变化情况如下：葱莲相比对照组几乎无变化，但没顶淹水组不开花，植株基部发白；百喜草叶片从基部逐渐失绿变白，整个植株基部发白；狗牙根叶片绿度降低；垂穗薹草的部分叶从顶部开始枯黄，或者整个叶片死亡；藕草叶片失绿萎蔫，莲秆下垂，植株基部和莲节处生发不定根；荆门蔍草的秆从基部逐渐失绿变白，少数倒伏，植株基部发白；香附子从淹水第 20 d 起每盆均有发新苗现象（图 5.2.1），但对照组未见新苗；短叶水蜈蚣相比对照组几乎无变化，反而比对照组绿度好、枯黄植株少；白茅相比对照组也基本无变化；具槽秆荸荠的秆略有伸长并从基部逐渐失绿变白，并伴有少数倒伏现象，但比对照组绿度好，对照组有植株枯黄现象。

干旱处理组的 10 种植物在干旱处理后第 4 d 起均出现了莲叶变干、卷缩、萎蔫、植株下垂等现象，其中狗牙根的症状是从植株基部开始枯死，葱莲、具槽秆荸荠从植株顶部开始枯死，而百喜草的症状是叶片干枯向内卷。在干旱处理第 11 d 起，10 种植物相继死亡。

2）叶片单位质量叶绿素含量变化

（1）葱莲。如图 5.2.2 所示，葱莲干旱组叶片单位质量叶绿素含量在处理初期持续上升，第 8 d 时比处理前上升了 36.2%。此后叶片单位质量叶绿素含量开始下降，但下降较慢，干旱对叶绿素含量有所影响但影响较小。葱莲水淹组单位质量叶绿素含量在整个处理期间未发生太大变化，一直在小范围内上下浮动。处理初期 3 d 内持续上升了 18.8%，之后缓慢下降，第 13 d 时已低于处理前的 11.4%，此后又缓慢上升，第 22 d 时上升到高于处理前 10.7%，第 32 d 时比处理前又降低了 19.0%。

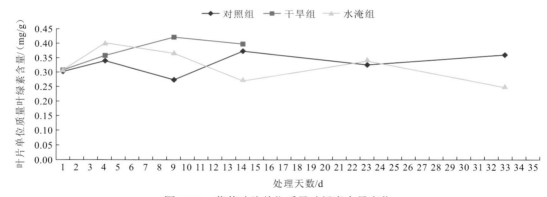

图 5.2.2　葱莲叶片单位质量叶绿素含量变化

（2）百喜草。如图 5.2.3 所示，百喜草干旱组叶片单位质量叶绿素含量在处理 8 d 内一直处于上升状态，第 3 d 时比处理前上升了 12.1%，第 8 d 时比处理前上升了 19.5%，前 3 d 上升速度比后 5 d 稍快。百喜草水淹组叶片单位质量叶绿素含量在处理初期 3 d 内比处理前略微下降了 3.1%，之后快速上升，到第 8 d 时高于处理前 45.5%，但之后 5 d 内又急剧下降，此后持续下降但速度减慢，第 23 d 起又逐渐上升，第 32 d 时高于处理前 12.7%。

（3）狗牙根。如图 5.2.4 所示，狗牙根干旱组叶片单位质量叶绿素含量在处理初期 3 d 内有上升趋势，第 3 d 时比处理前上升了 32.3%，此后逐渐降低，第 8 d 时维持在与处理前几近一致的水平，仅比处理前下降了 6.2%。狗牙根水淹组在处理初期 3 d 内叶片单位质量

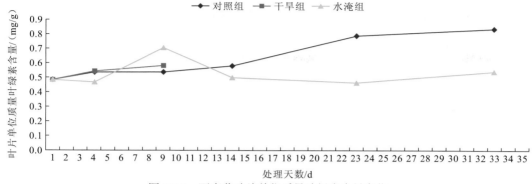

图 5.2.3　百喜草叶片单位质量叶绿素含量变化

叶绿素含量急速上升，第 3 d 时比处理前上升了 104.9%，之后 5 d 内又急速下降，到第 8 d 仅高于处理前 8.0%，之后一直缓慢下降，第 32 d 时比处理前下降了 36.2%。

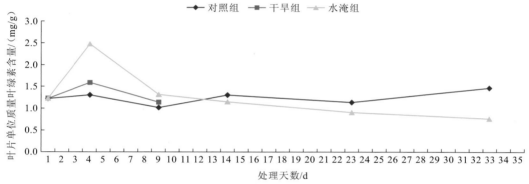

图 5.2.4　狗牙根叶片单位质量叶绿素含量变化

（4）垂穗薹草。如图 5.2.5 所示，垂穗薹草干旱组叶片单位质量叶绿素含量在处理初期 3 d 内比处理前略微上升 3.5%，之后 5 d 内缓慢下降，第 8 d 时比处理前下降了 18.0%，此后快速上升，第 13 d 时高于处理前 29.7%。垂穗薹草水淹组叶片单位质量叶绿素含量在处理初期 3 d 内急速下降 29.2%，之后快速上升，到第 8 d 时高于处理前 34.5%，此后缓慢下降到第 22 d（此时仍高于处理前 6.2%）后逐渐升高，第 32 d 时比处理前高 34.4%。

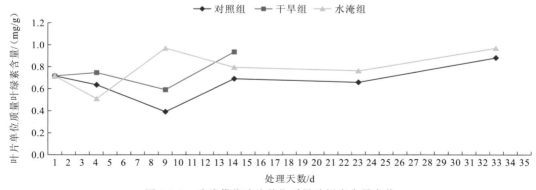

图 5.2.5　垂穗薹草叶片单位质量叶绿素含量变化

（5）蔄草。如图 5.2.6 所示，蔄草干旱组叶片单位质量叶绿素含量在处理初期 3 d 内比处理前略下降了 6.5%，此后缓慢上升到第 8 d 时高于处理前 13.2%。蔄草水淹组在处理初期一直处于下降状态，第 8 d 时比处理前下降了 42.0%，前 3 d 下降速度略大于后 5 d 的速度，之后 24 d 内一直缓慢上升，第 32 d 时比处理前下降了 24.2%。

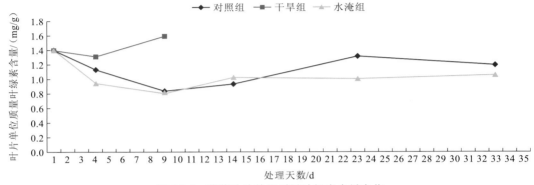

图 5.2.6　蔄草叶片单位质量叶绿素含量变化

（6）荆门蔗草。如图 5.2.7 所示，荆门蔗草干旱组的叶片单位质量叶绿素含量在处理初期前 3 d 比处理前略微下降了 8.2%，之后缓慢上升到第 8 d 时比处理前上升了 0.7%，之后缓慢下降到第 13 d 时比处理前下降了 5.5%。荆门蔗草水淹组与干旱组变化趋势类似。叶片单位质量叶绿素含量在处理初期前 3 d 内下降了 1.0%，之后快速上升到第 8 d 时比处理前上升了 37.4%，之后 14 d 内一直缓慢下降，第 22 d 时比处理前下降了 10.4%，之后逐渐回升，第 32 d 时高于处理前 5.3%。

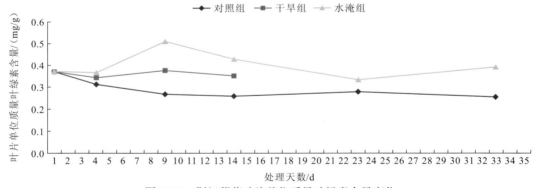

图 5.2.7　荆门蔗草叶片单位质量叶绿素含量变化

（7）香附子。如图 5.2.8 所示，香附子干旱组叶片单位质量叶绿素含量在处理初期前 3 d 比处理前上升了 7.0%，之后缓慢下降到第 8 d 时比处理前高 6.0%。水淹组叶片单位质量叶绿素含量在处理前 3 d 下降了 10.8%，之后急速上升到处理第 8 d 时高于处理前 43.3%，之后快速下降到第 13 d 时比处理前降低 4.0%，之后 9 d 里仍继续下降但下降速度减慢，第 22 d 时比处理前降低 4.7%，之后缓慢上升到第 32 d 时略高于处理前 9.7%。

（8）短叶水蜈蚣。如图 5.2.9 所示，短叶水蜈蚣干旱组的叶片单位质量叶绿素含量在处理初期 8 d 内持续下降 27.9%，前 3 d 比后 5 d 的下降速度稍快。水淹组的叶片单位质量叶

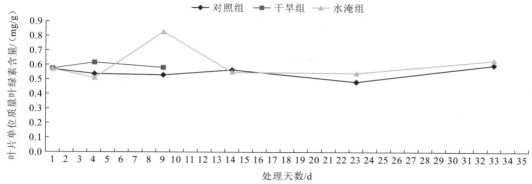

图 5.2.8　香附子叶片单位质量叶绿素含量变化

绿素含量在处理初期 3 d 内略上升了 7.0%，之后缓慢下降到第 8 d 时比处理前略低 5.1%，但之后又快速上升到第 13 d 时比处理前高 41.9%，之后缓慢下降到第 22 d（比处理前高 36.3%）后又略有上升，第 32 d 时比处理前高 47.5%。

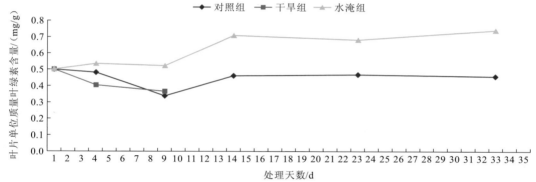

图 5.2.9　短叶水蜈蚣叶片单位质量叶绿素含量变化

（9）白茅。如图 5.2.10 所示，白茅干旱组的叶片单位质量叶绿素含量在处理前期缓慢上升了 9.0%。水淹组叶片单位质量叶绿素含量在处理 3 d 内比处理前略微上升了 9.7%。之后逐渐下降，第 13 d 时比处理前降低 27.2%。此后逐渐上升到第 22 d（比处理前略高 1.3%）后缓慢下降，第 32 d 时低于处理前 8.6%。

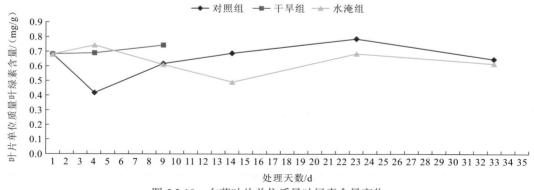

图 5.2.10　白茅叶片单位质量叶绿素含量变化

（10）具槽秆荸荠。如图 5.2.11 所示，具槽秆荸荠干旱组叶片单位质量叶绿素含量在处理初期 8 d 内持续下降 29.6%。水淹组叶片单位质量叶绿素含量在处理初期 3 d 内快速下降了 24.7%，之后快速上升到第 8 d 时高于处理前 17.0%。此后一直处于下降趋势，到第 32 d 时比处理前低 32.2%。

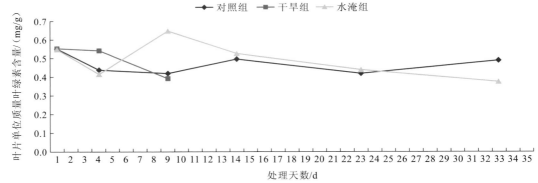

图 5.2.11　具槽秆荸荠叶片单位质量叶绿素含量变化

综上所述，干旱处理下：具槽秆荸荠和短叶水蜈蚣的叶片单位质量叶绿素含量一直处于下降趋势，说明干旱条件不适合具槽秆荸荠和短叶水蜈蚣生长；百喜草和白茅的叶片单位质量叶绿素含量一直处于上升趋势，由此推断干旱使百喜草和白茅失水较严重；葱莲、狗牙根、垂穗薹草和香附子的叶片单位质量叶绿素含量先升后降，说明干旱条件降低其叶片叶绿素含量并引起较严重的失水；藕草和荆门薹草的叶片单位质量叶绿素含量先降后升，说明干旱对其叶片叶绿素含量影响不大。水淹处理下：葱莲、狗牙根、短叶水蜈蚣和白茅的叶片单位质量叶绿素含量先升后降，说明淹水条件会降低其叶绿素含量；百喜草、垂穗薹草、藕草、荆门薹草、香附子和具槽秆荸荠的叶片单位质量叶绿素含量则先降后升，说明淹水对其叶片叶绿素含量影响不大。

3）相对存活率统计

对照组和水淹组植物均未出现死亡现象，但干旱组植物相继死亡，详见图 5.2.12。葱莲在干旱处理第 13 d 开始有整盆植株死亡，死亡 1 盆存活 17 盆，到第 76 d 全部死亡。百喜草在干旱处理第 17 d 开始有整盆植株死亡，死亡 1 盆存活 17 盆，第 18 d 仍存活 17 盆，但第 19 d 所有植株全部死亡。狗牙根在干旱处理第 18 d 开始有整盆植株死亡，死亡 4 盆存活 14 盆，到第 20 d 所有植株全部死亡。垂穗薹草在干旱处理第 17 d 开始有整盆植株死亡，死亡 3 盆存活 15 盆，到第 124 d 全部死亡。藕草在干旱处理第 13 d 开始有整盆植株死亡，死亡 1 盆存活 17 盆，到第 21 d 所有植株全部死亡。荆门薹草在干旱处理第 19 d 开始有整盆植株死亡，死亡 2 盆存活 16 盆，到第 133 d 全部死亡。香附子在干旱处理第 11 d 开始有整盆植株死亡，死亡 4 盆存活 14 盆，到第 14 d 仍存活 12 盆，此后平均每天死亡 3 盆，到第 20 d 全部死亡。短叶水蜈蚣在干旱处理第 19 d 开始有整盆植株死亡，死亡 2 盆存活 16 盆，到第 21 d 全部死亡。白茅在干旱处理前 10 d 均未见死亡现象，到第 11 d 所有植株全部死亡。具槽秆荸荠在干旱处理第 14 d 开始有整盆植株死亡，死亡 2 盆存活 16 盆，到第 43 d 全部死亡。

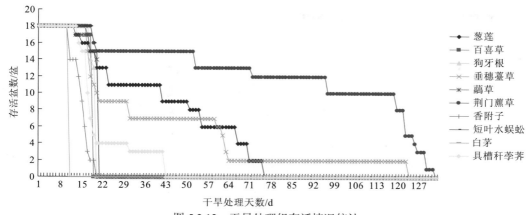

图 5.2.12　干旱处理组存活情况统计

10 种植物在干旱处理中的存活情况见表 5.2.3，其中，荆门蔗草和垂穗薹草存活时间最长，分别在干旱处理后第 133 d 和第 124 d 所有植株才全部死亡。最早全部死亡的是白茅，在干旱处理第 11 d 植株就全部死亡；其次是百喜草，在干旱处理第 19 d 植株全部死亡；其余全部死亡的依次是狗牙根、香附子、蔺草、短叶水蜈蚣、具槽秆荸荠和葱莲。

表 5.2.3　干旱处理组各种存活情况比较

植物种	第 x d 开始死亡	生长至全部死亡所经历天数/d
荆门蔗草	19	133
垂穗薹草	17	124
葱莲	13	76
具槽秆荸荠	14	43
蔺草	13	21
短叶水蜈蚣	19	21
狗牙根	18	20
香附子	11	20
百喜草	17	19
白茅	11	11

植物种间比较发现，较耐旱的植物有荆门蔗草、垂穗薹草、葱莲、具槽秆荸荠、香附子、蔺草，可种植于库滨带较干旱的上部。耐浅水淹的有葱莲、百喜草、狗牙根、荆门蔗草、香附子、短叶水蜈蚣、具槽秆荸荠，可种植于库滨带水淹时间较短和淹水较浅的中上部。耐深水淹的有葱莲、垂穗薹草、香附子，可种植于水淹时间比较长且淹水较深的库滨带中下部。

3. 灌木试验结果

经过 100 d 的水分处理，中华蚊母树 T2 和 T1 组存活率为 100%，而 T3 组存活率为 97.5%。对照组中华蚊母树在整个试验期间长势正常，株型饱满，叶色深绿。T2 组水淹 5～

7 d 开始出现隐约可见的少量皮孔。随着水淹时间的延长，皮孔数量增加，皮孔大小肉眼可见。试验 50 d 后，皮孔数量增量减缓，在茎基部与水面交界处出现明显白色环状。试验结束时 T2 组皮孔数量为水淹 12 d 时皮孔数量的 5.86 倍。此外，T2 组在水淹 25 d 后开始出现掉叶现象，叶色也由深绿变为浅绿，部分植株叶片尖端还出现明显的枯死现象。T1 组水淹 5 d 也开始出现隐约可见的少量皮孔，但在随后的自然失水干旱状态下，皮孔逐渐萎缩、消失。随着处理时间延长，T1 组中华蚊母树叶色略有变浅。T3 组在整个试验期间没有皮孔出现，水淹 25 d 后中华蚊母树叶片开始脱落，叶色逐渐由深变浅。

不同水分处理下中华蚊母树生理特征见表 5.2.4，可以看出，中华蚊母树的净光合速率 P_n 受到不同水分处理的显著影响。中华蚊母树 T2、T1 和 T3 组净光合速率的总平均值分别比 CK 组低 48.9%（$p<0.05$）、40.8%（$p<0.05$）和 62.6%（$p<0.05$）。T2 组在试验第 35 d 净光合速率明显下降，之后趋于平稳，到第 97 d 时再次明显降低，而 T1 和 T3 组净光合速率则先降低之后逐渐平稳，这与 CK 组净光合速率在整个试验期均保持相对稳定的水平明显不同。

表 5.2.4　不同水分处理下中华蚊母树生理特征

特征参数	组别			
	CK	T1	T2	T3
净光合速率 P_n/[μmol/(m²·s)]	8.96±0.14[a]	5.30±0.28[b]	4.58±0.21[b]	3.35±0.22[c]
气孔导度 g_s/[μmol/(m²·s)]	0.19±0.01[b]	0.09±0.01[c]	0.09±0.003[c]	0.25±0.01[a]
胞间 CO_2 浓度 C_i/(μmol/mol)	296.26±2.12[c]	313.05±2.72[b]	333.78±4.38[a]	344.96±4.32[a]
水分利用效率 WUE/(μmol/mol)	3.68±0.07[b]	4.29±0.17[a]	2.56±0.07[c]	1.23±0.08[d]
总叶绿素 Chl-s/(mg/g)	2.89±0.08[a]	2.73±0.07[a]	1.82±0.08[b]	1.48±0.07[c]
类胡萝卜素 Car/(mg/g)	0.39±0.01[ab]	0.41±0.01[a]	0.35±0.01[bc]	0.33±0.01[c]
叶绿素 a/叶绿素 b（Chl-a/Chl-b）	2.45±0.01[a]	2.53±0.04[a]	2.34±0.02[b]	2.32±0.02[b]
叶绿素/类胡萝卜素（Chl-s/Car）	7.43±0.19[a]	6.71±0.13[b]	5.16±0.15[c]	4.44±0.12[d]
根生物量/(g/plant)	4.62±0.02[a]	3.94±0.10[b]	3.44±0.04[c]	3.43±0.04[c]
茎生物量/(g/plant)	4.17±0.14[a]	3.60±0.07[b]	3.27±0.06[c]	3.23±0.08[c]
叶生物量/(g/plant)	4.23±0.19[a]	3.46±0.08[b]	2.59±0.16[c]	2.36±0.19[c]
总生物量/(g/plant)	12.99±0.50[a]	11.00±0.22[b]	9.30±0.17[c]	9.02±0.22[c]
株高/cm	45.69±0.83[b]	42.61±0.49[c]	41.76±0.43[a]	40.70±0.39[c]
地径/mm	6.31±0.09[b]	5.69±0.04[c]	7.63±0.15[a]	5.56±0.04[c]

注：CK、T2、T1 和 T3 的值为该处理组整个实验期 20 个样本的总平均值±标准误差（株高和地径为 40 个样本的总平均值±标准误差）；经 Tukey's 检验，不同字母表示不同处理组之间的差异显著（$p<0.05$）

不同水分处理显著影响中华蚊母树的气孔导度 g_s。T2 和 T1 组的总平均值均比 CK 组低 52.6%（$p<0.05$），而 T3 组却显著高于 CK 组 31.6%（$p<0.05$）。中华蚊母树气孔导度 g_s 在 CK、T2 和 T1 组呈现出先下降后趋于平稳的变化趋势，与 T3 组波动变化趋势有所不同。试验结束时 T2 和 T1 组气孔导度分别比 CK 组下降 55.7%（$p<0.05$）和 63%（$p<0.05$），而 T3 组比 CK 组增加 53%（$p<0.05$）。

不同水分处理显著影响中华蚊母树的胞间 CO_2 浓度 C_i。T2 和 T3 组在整个试验期的胞间 CO_2 浓度始终高于 CK 组，分别显著高出 12.7%（$p < 0.05$）和 16.4%（$p < 0.09$），然而 CK 和 T1 组两者之间的差异却不显著（$p > 0.05$）。T2 和 T3 组胞间 CO_2 浓度在处理期间呈逐渐上升趋势，而 T1 组在处理期间先升高后降低。CK 组胞间 CO_2 浓度在整个试验期间的变化幅度较小。

不同水分处理显著影响中华蚊母树的水分利用效率 WUE。T2 和 T3 组在整个试验期水分利用效率始终低于 CK 组，分别显著降低 30.4% 和 66.6%（$p < 0.05$），T1 组却显著高于 CK 组 16.6%（$p < 0.05$）。T2 和 T3 组水分利用效率在处理期间先降低后趋于平稳，T1 组呈逐渐升高的变化趋势。CK 组水分利用效率在整个试验期间趋于平稳状态。

不同水分处理显著影响中华蚊母树的总叶绿素 Chl-s、类胡萝卜素 Car、叶绿素 a/叶绿素 b（Chl-a/Chl-b）和叶绿素/类胡萝卜素（Chl-s/Car）。整个试验期 T2 和 T3 组总叶绿素始终低于 CK 组，分别显著降低 37.0%（$p < 0.05$）和 49.1%（$p < 0.05$），T1 组与 CK 组无显著性差异。整个试验期 T2 和 T3 组类胡萝卜素低于 CK 组，分别显著降低 10.3%（$p < 0.05$）和 15.4%（$p < 0.05$），T1 组与 CK 组无显著性差异。随着处理时间延长，T2 和 T3 组叶绿素含量和类胡萝卜素含量先降低后趋于平稳，T1 组在处理期间呈先升高后降低的变化趋势。整个试验期间，叶绿素 a 与叶绿素 b 的比值在 2.27~2.74 变动，叶绿素与类胡萝卜素之比在 4.01~8.58 变动。

中华蚊母树株高和地径受到不同水分处理的显著影响。随着处理时间延长，CK、T2、T1 和 T3 组的地径和株高均持续增长。T2、T1 和 T3 组株高在整个试验期的总均值分别低于 CK 组 8.6%（$p < 0.05$）、6.7%（$p < 0.05$）和 10.9%（$p < 0.05$）。T2 组地径在试验期间的总均值分别高于 CK、T1 和 T3 组 20.9%（$p < 0.05$）、34.1%（$p < 0.05$）和 37.2%（$p < 0.05$），但 T1 与 T3 组地径总均值并无显著差异（$p > 0.05$）。T2 组地径在整个试验期均显著高于 CK 组，与 T1 和 T3 组显著低于 CK 组形成鲜明对比。

综上所述，水分胁迫显著影响中华蚊母树的生长和光合生理。试验初期，水淹与干旱胁迫均导致中华蚊母树胞间 CO_2 浓度升高，总叶绿素含量、叶绿素/类胡萝卜素、气孔导度、净光合速率和水分利用效率下降，随着试验时间延长，中华蚊母树净光合速率、气孔导度、水分利用效率、总叶绿素含量及类胡萝卜素含量都逐渐趋于稳定，总生物量持续增加。由此说明，中华蚊母树虽然在一定程度上受到水淹和干旱胁迫的影响，但仍然能够耐受不同的水分胁迫。因此可以将中华蚊母树用于丹江口水库库滨带植被的恢复重建，将其种植于库滨带上部区域。

4. 乔木幼苗试验结果

1）土壤水分含量变化对枫杨幼苗株高和地径的影响

不同水分处理下枫杨幼苗的株高和地径见图 5.2.13，可以看出，T1、T2 和 T3 组株高随时间延长均呈上升趋势，但上升幅度小于 CK 组。T1 和 T3 组株高从第 25 d 起显著低于 CK 组（$p < 0.05$），试验末期分别比 CK 组降低了 26.9% 和 37.0%。T2 组株高从第 50 d 起显著低于 CK 组（$p < 0.05$），在试验末期比 CK 组降低了 25.8%。T1、T2 和 T3 组地径随时间延长亦呈上升趋势，T1 组地径变化最小，试验末期比 CK 组降低了 47.8%。T2 组地径略

小于 CK 组，但差异不显著。T3 组地径在试验末期比 CK 组降低了 32.1%。枫杨幼苗对高湿度土壤的耐受性较高。

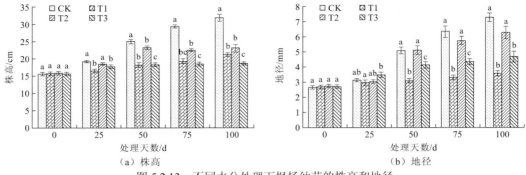

（a）株高　　　　　　　　　　　　（b）地径

图 5.2.13　不同水分处理下枫杨幼苗的株高和地径

2）土壤水分含量变化对枫杨幼苗净光合速率 P_n 的影响

不同水分处理下枫杨幼苗的净光合速率 P_n 见图 5.2.14，可以看出，整个试验期间，枫杨幼苗三个处理组的 P_n 呈现连续下降的趋势：T3 组一直显著低于 CK 组（$p<0.05$），T1 和 T2 组从第 50 d 起与 CK 组出现显著差异（$p<0.05$），试验末期分别比 CK 组降低了 63.7%、74.3% 和 48.4%。CK 组净光合速率随时间延长也出现了小幅度下降，这可能与环境温度、季节等因素有关。处理组的 P_n 下降比例大小为 T1＞T3＞T2。从第 50 d 起，T1、T2、T3 三个组 P_n 均趋于稳定：T1 组第 50 d、第 75 d 和第 100 d 无显著差异，T2 组第 50 d 和第 75 d 差异不显著，T3 组第 25 d、第 75 d 与第 50 d 的均差异不显著。

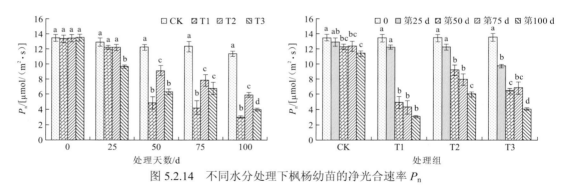

图 5.2.14　不同水分处理下枫杨幼苗的净光合速率 P_n

3）土壤水分含量变化对枫杨幼苗气孔导度 g_s 的影响

不同水分处理下枫杨幼苗的气孔导度 g_s 见图 5.2.15，可以看出，T2 和 T3 组的 g_s 始终与 CK 组无显著差异，T1 组从第 50 d 起显著低于 CK 组（$p<0.05$），试验末期仅为 CK 组的 26.3%。

4）土壤水分含量变化对胞间 CO_2 浓度 C_i 的影响

不同水分处理下枫杨幼苗的胞间 CO_2 浓度见图 5.2.16，可以看出，T1 组的 C_i 从第 50 d 起显著低于对照（$p<0.05$），第 100 d 有所回升，与 CK 组无显著差异。T3 组的 C_i 从第 75 d 起显著高于 CK 组，试验末期比 CK 组高 29.6%，差异显著（$p<0.05$）。

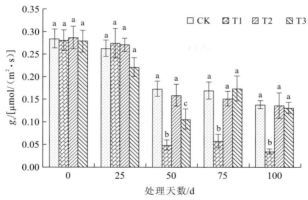

图 5.2.15　不同水分处理下枫杨幼苗的气孔导度 g_s

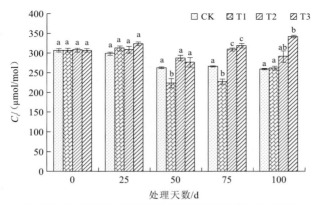

图 5.2.16　不同水分处理下枫杨幼苗的胞间 CO_2 浓度

5）土壤水分含量变化对枫杨幼苗水分利用效率 WUE 的影响

不同水分处理下枫杨幼苗的水分利用效率 WUE 见图 5.2.17，可以看出，T1、T2 和 T3 组的水分利用效率呈先上升后下降的趋势，T1 组 WUE 从第 25 d 开始迅速上升，第 50 d 达到最大值 6.94 μmol/mmol。T2 组（$p < 0.05$）和 T3 组（$p < 0.05$）从第 50 d 起显著低于 CK 组。

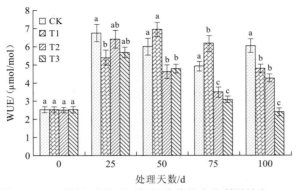

图 5.2.17　不同水分处理下枫杨幼苗的水分利用效率 WUE

6）土壤水分含量变化对枫杨幼苗光合色素含量的影响

不同水分处理下枫杨幼苗的光合色素含量见图 5.2.18，可以看出，总叶绿素含量（Chl-s）与类胡萝卜素（Car）含量变化趋势基本一致。T1 组的总叶绿素含量先升后降，第 50 d 呈最大值 3.97 mg/g，而 T2 和 T3 组则持续下降，试验末期比对照组分别低 65.3%和 66.8%，但整个处理期 T2 和 T3 组无显著差异。

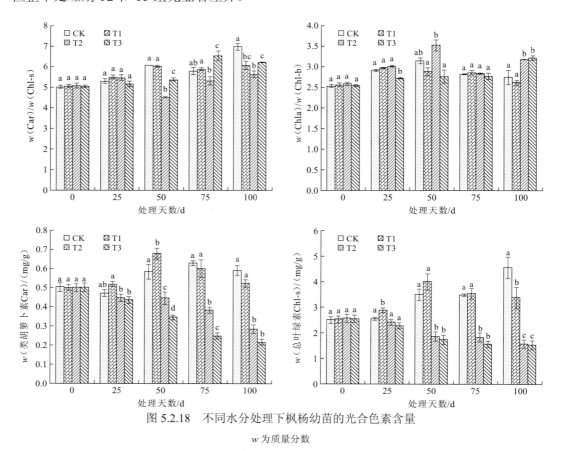

图 5.2.18　不同水分处理下枫杨幼苗的光合色素含量

w 为质量分数

T1 组类胡萝卜素含量也先升后降，在第 50 d 出现最大值 0.69 mg/g，试验末期与对照组无显著差异。T2 和 T3 组的类胡萝卜素含量持续下降，试验末期分别比对照组低 51.3%和 63.5%，差异显著（$p<0.05$）。

叶绿素与类胡萝卜素含量之比在 4.47～6.92 波动。而叶绿素 a 与叶绿素 b 的含量之比在 2.52～3.21 波动。试验末期 T1、T2 和 T3 组的 $w(\text{Chl-s})/w(\text{Car})$ 分别为 6.01、5.60 和 6.16，$w(\text{Chl-a})/w(\text{Chl-b})$ 分别为 2.55、3.14、3.21。

综上所述，枫杨幼苗对土壤水分含量变化有较强的响应和适应能力，不仅表现出耐水淹的特点，同时也具备一定的耐旱能力。因此，可以将枫杨用于丹江口水库库滨带植被的恢复重建，种植在库滨带高程较高的区域。

5.2.3　引进植物淹水经历调查

香根草和竹柳是良好的库滨带生态恢复物种。香根草又名岩兰草，是一种禾本科多年丛生的草本植物。原产于印度等国，现主要分布于东南亚、印度和非洲等（亚）热带地区，具有适应能力强、生长繁殖快、根系发达、耐旱耐瘠等特性，有"世界上具有最长根系的草本植物""神奇牧草"之称。被世界上 100 多个国家和地区列为理想的保持水土植物。竹柳是由美国寒竹与朝鲜柳组合杂交而培育出来的优良杂交品系。该树种兼具柳树与竹子的基因，具有树冠小、喜水耐盐碱、材质好、生长速度快、抗逆性强的特点，是一种优质速生用材树种。竹柳还能产生较大的生态环境效益，它能有效吸收并分解土壤和水中的氮、磷、钾和重金属等有害物质，对库区水质和土壤具有净化和改良作用。

1. 香根草对水库初期蓄水的适应性

1）香根草的特性

香根草属多年生粗壮草本植物。香根草光合能力强，在光照和水肥充足时期生长迅速。可耐 55℃ 的高温，也可抗-15.9℃ 的低温，日均气温超过 8℃ 时香根草就开始萌芽生长。随着气温的升高，它生长逐渐加快，在 6～7 月前后是生长高峰期，最大日均长高 2～3 cm，在均温 20～30℃ 最适宜生长。香根草耐水淹，也耐旱，在潮湿土壤生长最好。对土壤要求不严，在黏土、沙土及缺乏黏粒的沙包土条件下，在酸性土和碱性土及盐碱土条件下，在有机质缺乏，以及在强烈侵蚀的土壤下均能生长。

2）香根草的分布状况

香根草引进种植基地位于马蹬镇杏山山谷，种植高程范围为 170 m 以下。分为周家沟块和小草峪块种植。其中周家沟块 80 亩[①]，小草峪块 320 亩。分布位置及范围见图 5.2.19，生长状况见图 5.2.20。

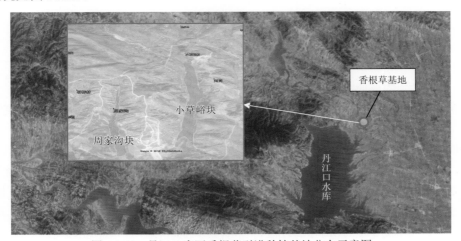

图 5.2.19　丹江口库区香根草引进种植基地分布示意图

---

① 1 亩 =666.67 m^2，后同

图 5.2.20　丹江口库区香根草生长状况

3）对水库初期蓄水适应状况

自 2014 年下半年，南水北调中线丹江口水库开始蓄水，水位一度达到 160.07 m 左右，157 m 以上淹水时间长达半年以上。经过水淹后，根据对马蹬镇杏山山谷香根草的调查结果，长时间淹水的香根草在水位退下后能够很快返青，生长状况良好。在水淹不没顶的条件下，香根草仍然能够正常生长，具有很强的耐淹特性。另外，在距离水位较远的 170 m 高程范围，香根草的生长依然旺盛，说明其也具有较强的耐旱性。经一年的试验来看，香根草是丹江口水库库滨带生态修复的可选物种之一。

2. 竹柳对水库初期蓄水的适应性

1）竹柳的特性

竹柳是经选优选育及驯化出的一个柳树品种。抗寒，抗旱，抗淹等各方面表现远远超过目前国内各种速生树种。竹柳喜光和喜温暖湿润气候，能生长于水边和浅水中，垂直分布从平原到海拔 4 600 m。对土壤适应性强，且根系发达，萌芽力强，扦插极易成活。具备灌溉条件的地区均能正常生长，以沙壤土地生长最优。尤其在江河湖泊滩涂更具优势。在适宜的立地条件下，竹柳的轮伐期均比其他树种短。密植性强，大中径材 110～220 株/亩；小径材 500～600 株/亩，可根据具体情况，适当间伐或轮伐，提高单位土地面积经济效益。竹柳可在年最低气温 -30～-40℃的地区种植。竹柳也较抗盐碱，在 pH 8.0～8.5 和含盐量高达 14 000 mg/kg 的情况下，也能正常生长。竹柳病虫害少，对常见的柳树叶锈病、茎干溃疡病等均有很强的抗性，常规防治病虫害的方法大都适合竹柳。

2）竹柳的分布状况

大石桥乡万亩竹柳基地位于河南省淅川县大石桥乡东南的西岭村至东湾村，距乡政府所在地 3 km。该基地面积为 12 000 亩，是全国最大的竹柳种植基地，地理位置及分布范围见图 5.2.21，生长状况见图 5.2.22。

图 5.2.21　丹江口库区竹柳引进种植基地分布示意图

图 5.2.22　丹江口库区竹柳生长状况

3）对水库初期蓄水适应状况

自 2014 年下半年开始，南水北调中线丹江口水库开始蓄水，水位一度达到 160.72 m 左右，157 m 以上淹水时间长达半年以上。竹柳基地位于大石桥乡西岭村至东湾村之间的消落地，绝大部分区域高程在 165 m 以下。丹江口水库蓄水初期，水位一度攀升至 160 m 以上，对一部分竹柳形成了长时间淹水的效果。现场考察结果显示，淹水区竹柳生长正常，与未淹水区的植株生长并无差异。

5.2.4 库滨带适生植物种质资源筛选

1. 筛选的基本原则

1）适宜当地的土壤和气候条件，优先选择乡土植物

不管是基于观赏性要求还是生态性，适宜当地的土壤和气候条件是最基本的要求，选择生长于当地的有着长期生活历史的乡土植物是最有保障力的选择。

2）有耐长期水淹的能力

丹江口水库 10 月～次年 1 月水位一直维持在正常蓄水位，春季水位才逐渐降低，6 月又逐渐升高，到 10 月升到最高值。消落带下部（160.0～163.5 m）除每年 4～6 月因水退而裸露外，其他时间均被水淹，消落带中部（163.5～165.0 m）4～7 月裸露，8 月～次年 3 月被水淹，消落带上部（165.0～170.0 m）3～8 月裸露，每年 9 月～次年 2 月被水淹，因此，消落带一年至少有长达 6 个月时间是淹水的状态，应选择具有耐长期水淹能力的植物。

3）以多年生草本植物为主

大多数木本植物不耐水淹，更不耐水库的深水淹，即使耐水淹的乔木和灌木，也只适宜种植在消落带的上部。一二年生的草本植物一年之内就完成其生活史并留下种子，但水库长期淹水将会严重影响种子生活力，同时水流会带走大部分种子，因此，一二年生植物不易在消落带存活。大多数多年生的草本植物在冬季由于休眠躲过了水淹的危害，并且能在来年春季水退后及时返青，受水淹的危害程度相对较小。因此，应尽量选择多年生的草本植物。

4）繁殖力较强

丹江口水库消落带一年中仅在 4～7 月因水退而裸露，裸露时间较短，淹水后不利于植物的繁殖。因此植物应在土壤裸露时期，尽可能快速大面积繁殖，以短期达到生物量最高。因此，植物筛选时应选择繁殖力较强的植物种类。

5）根系较深有固土作用

水库消落带由于水位频繁变化，水土流失严重，导致消落带的土层变得越来越薄，局部仅剩裸露的岩石。土层薄可导致植物根系难以固定，同时影响植物根系吸收养分。因此，应选择根系较深且能牢牢抓住土壤甚至裸露岩石的深根性植物。

6）兼具经济价值和景观价值

丹江口库区消落带面积较大，且周边农户较多，选择兼具经济价值的植物可为农户带来经济收益。此外，丹江口库区是旅游佳地，为吸引更多的游人，选择兼具观赏价值的植物以增强库区景观效果，对库区社会经济发展具有重要意义。

此外，为免去大量的人力、物力和财力，最好选择能播种繁殖且种源丰富、易成活和价格较便宜的植物。

2. 适生植物种质资源

根据对丹江口水库库滨带植物资源的野外调查结果，结合国内外的相关研究成果，筛选适生植物种植资源。

1）适于水库库滨带春季水落以后植被恢复的一年生草本植物

选择适于水库库滨带春季水落以后植被恢复的一年生草本植物 5 种：苘麻（*Abutilon theophrasti*），萹蓄（*Polygonum aviculare*），小苜蓿（*Medicago minima*），朝天委陵菜（*Potentilla supina*），小藜（*Chenopodium ficifolium*）。

2）适于水库库滨带的耐水淹多年草本植物

选择适于水库库滨带的耐水淹多年草本植物 15 种：线叶水芹（*Oenanthe linearis*），狗牙根（*Cynodon dactylon*），垂穗薹草（*Carex dimorpholepis*），䕛草（*Phalaris arundinacea*），荆门蔗草（*Scirpus jingmenensis*），香附子（*Cyperus rotundus*），短叶水蜈蚣（*Kyllinga brevifolia*），具槽秆荸荠（*Eleocharis valleculosa*），葱莲（*Zephyranthes candida*），菖蒲（*Acorus calamus*），百喜草（*Paspalum notatum*），芦苇（*Phragmites australis*），香根草（*Vetiveria zizanioides*），茵草（*Beckmannia syzigachne*）和双穗雀稗（*Paspalum paspaloides*）。

3）适于水库库滨带的耐旱多年草本植物

选择适于水库库滨带的耐旱多年草本植物 6 种：白茅（*Imperata cylindrica*），野艾蒿（*Artemisia lavandulaefolia*），香根草（*Vetiveria zizanioides*），中国芒（*Miscanthus sinensis*），菅草（*Themeda villosa*）和狗尾草（*Setaria viridis*）。

4）适于水库库滨带的耐水淹、耐旱灌木

选择适于水库库滨带的耐水淹、耐旱灌木 5 种：牡荆（*Vitex negundo* var. *cannabifolia*），白刺花（*Sophora davidii*），算盘子（*Glochidion puberum*），马桑（*Coriaria nepalensis*）和中华蚊母树（*Distylium chinense*）。

5）适于水库消落带的耐水淹多年乔木

选择适于水库消落带的耐水淹、耐旱多年乔木 6 种：杜梨（*Pyrus betulifolia*），乌桕（*Sapium sebiferum*），枫杨（*Pterocarya stenoptera*），垂柳（*Salix babylonica*），落羽杉（*Taxodium distichum*），榉树（*Zelkova serrata*），竹柳（*Salix maizhokung garensis*）。

6）适于水库消落带的耐旱多年乔木

选择适于水库消落带的耐水淹、耐旱多年乔木 6 种：杜梨（*Pyrus betulifolia*），乌桕（*Sapium sebiferum*），枫杨（*Pterocarya stenoptera*），垂柳（*Salix babylonica*），落羽杉（*Taxodium distichum*），榉树（*Zelkova serrata*），刺槐（*Robinia pseudoacacia*）。

5.3　库滨带适生植物群落配置模式优化

课题组在前期研究中，系统分析了库滨带植被与环境的关系，包括植被物种与环境因子的关系、植物群落与环境因子的关系，以及环境因素对库滨带植被的影响（尹炜 等，2014）。在野外调查的基础上，整理、划分出调查样地的主要植物群落类型，对主要群落类型的生态特征进行分析总结，分析群落内植物的重要值、均匀度指数、多样性指数、丰富度指数；根据植物出现的频度，分析群落演替更新情况；分析库滨带植物群落空间分布特征、分析不同生境对库滨带植物群落分布特征的影响，进行库滨带植物群落演替趋势预测；分析库滨带植被群落与环境因子之间的关系。基于课题组前期研究成果发现，库滨带是典型的生态过渡带，其植物群落受到气候、地形、土壤、水文条件、人为干扰等多重因素影响。在全球或大区域尺度下，地带性气候是决定植被特征与分布的主要因素，而在较小尺度（如丹江口水库）下，地形、土壤等起主导作用。本节在前期工作的基础上，按照立地条件的不同，将库滨带分成不同的区段，根据筛选的植物种类，依据现有群落结构，针对库滨带不同立地类型，构建适于不同区域的植被恢复群落模式，为库滨带的植被恢复提供依据。

5.3.1　植物对区位环境的适应力

在库滨带植物种质资源筛选过程中，发现较耐旱的植物有荆门蔍草、垂穗薹草、葱莲、具槽秆荸荠、香附子、藕草，可种植于库滨带较干旱的上部。耐冬春浅水淹的有葱莲、百喜草、狗牙根、荆门蔍草、香附子、短叶水蜈蚣、具槽秆荸荠，可种植于库滨带水淹时间较短和淹水较浅的中上部。耐夏秋深水淹的有葱莲、垂穗薹草、香附子，可种植于水淹时间比较长且淹水较深的库滨带中下部。其中，短叶水蜈蚣、百喜草、狗牙根等植物生存能力较强，能够在贫瘠的土壤地段生长。

苘麻、萹蓄、小苜蓿、朝天委陵菜、小藜均为一年生草本植物，在丹江口水库分布广泛，一般春季萌发，在秋季水位涨高时完成生活史。其中苘麻、萹蓄、小藜喜好生长在土壤 pH 和土壤速效磷含量较高、但土壤有机质和土壤总氮含量较低的地方，常生长在水边的盐碱地上。

杜梨生长性极强，耐寒、耐涝、耐旱、耐瘠薄；乌桕喜湿润气候环境且能忍受较长时期积水；中华蚊母树能耐受不同水分胁迫，枫杨幼苗对土壤水分含量变化有较强的响应和适应能力，这些乔木和灌木可用于库滨带植被恢复重建，种植在库滨带上部区域。

5.3.2 库滨带植物群落模式配置

1. 库滨带立地条件控制因子

植被立地条件包括光、热、水、土、肥、气等，分别对应气候条件、水文条件、地形条件、土壤背景和人为活动影响。丹江口水库属较小尺度的研究，研究范围内气候条件差异不大。水文条件、地形条件与土壤条件对植物群落的配置影响较大，其中水淹时间、相对高程、水淹频率的影响最强，其次是土壤背景、地形因子。由于高程与水淹时间和水淹频率呈极显著负相关，可将水淹影响与高程合并为一个因子。土壤背景对植被生长的影响主要表现为土壤的肥沃、贫瘠程度。地形因子对植物生长的影响相对于其他因子较小，地形因子影响光、热、水等分配，影响较为复杂，本次植物模式配置暂不考虑。

本次研究选择高程与土壤背景作为库滨带立地条件的控制因子，依据高程库滨带分为低区位（160.0～163.5 m）、中区位（163.5～165.0 m）和高区位（165.0～171.0 m）；依据土壤背景分为肥沃、中等和贫瘠。

2. 库滨带植物群落模式配置

根据库滨带植被调查及植物种质资源筛选的结果，结合库滨带植被与环境的关系，对所筛选的植物种类进行合理搭配，形成适合于不同立地条件控制因子的稳定人工植物群落配置模式，如表 5.3.1 所示。把上述植物群落配置模式在区位上进行组合，形成库滨带植被群落配置模式景观意向图，见图 5.3.1。

表 5.3.1 库滨带适生植物群落配置模式

模式	群落配置	区位	土壤肥力状况
1	杜梨—算盘子—白茅+狗牙根	高	贫瘠
2	乌桕—白刺花—野艾蒿	高	中等
3	枫杨—牡荆—狗牙根	高	贫瘠
4	榉树—算盘子—薳草	高	中等
5	落羽杉+竹柳—牡荆—菅草	高	肥沃
6	刺槐—白刺花—白茅	高	贫瘠
7	乌桕—中华蚊母树—香根草+狗牙根	高	肥沃
8	榉树—牡荆—薳草	高	中等
9	枫杨—算盘子—野艾蒿	高	中等
10	杜梨—白刺花+牡荆—狗牙根	高	贫瘠
11	落羽杉—牡荆—香根草	高	贫瘠
12	乌桕—白刺花—菅草	高	贫瘠
13	白刺花—狗牙根+菅草	中	贫瘠
14	牡荆+马桑—狗牙根	中	肥沃

模式	群落配置	区位	土壤肥力状况
15	中华蚊母树—芦苇+垂穗薹草	中	中等
16	白刺花—香根草+狗牙根	中	中等
17	中华蚊母树—垂穗薹草	中	贫瘠
18	马桑—狗牙根	中	肥沃
19	中华蚊母树+马桑—芦苇	中	肥沃
20	马桑—香根草	中	贫瘠
21	牡荆+白刺花—香根草	中	贫瘠
22	白刺花—垂穗薹草	中	贫瘠
23	算盘子—狗牙根	中	贫瘠
24	中华蚊母树+马桑—中国芒	中	肥沃
25	狗牙根	低	肥沃
26	狗牙根+线叶水芹	低	肥沃
27	线叶水芹+香根草	低	中等
28	藕草+狗牙根	低	肥沃
29	菖蒲+葱莲+荆门蘑草	低	中等
30	短叶水蜈蚣+具槽秆荸荠+香附子	低	中等
31	具槽秆荸荠+荆门蘑草+朝天委陵菜	低	肥沃
32	垂穗薹草+藕草+朝天委陵菜	低	肥沃
33	香附子+小苜蓿	低	肥沃
34	苘麻+萹蓄+藕草	低	贫瘠
35	垂穗薹草+苘麻+萹蓄	低	贫瘠
36	香根草+狗牙根	低	贫瘠

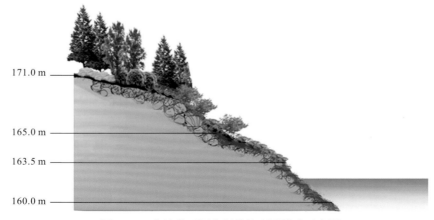

图 5.3.1　库滨带不同高程植物配置模式示意图

160.0～163.5 m 配置模式为一年生耐淹草本植物；163.5～165.0 m 配置多为多年生草本植物，有一定的耐淹耐旱能力；165.0～171.0 m 配置模式为乔灌结合，较为耐旱。

5.4 库滨带生态屏障构建典型案例

5.4.1 陡坡库滨带生态屏障建设示范

丹江口水库由汉江库段（汉库）和丹江库段（丹库）两部分组成。从地形条件看，汉库库滨带以中坡陡坡型（大于 5°）为主，丹库库滨带以缓坡型（小于 5°）为主。陡坡库滨带曲折，立地陡峭，土地类型多为林地和园地。根据课题组前期的调查成果，陡坡库滨带可分为石质和土质两种类型（尹炜 等，2014）。石质库滨带面源污染风险相对较低，土质库滨带在蓄水前进行了淹没线以下的林木清理，库滨带土壤受降雨和波浪的侵蚀影响较大，是生态屏障建设的主要区域。

1. 工程位置

示范工程位于丹江口水库大坝左岸的羊山库湾（松涛山庄），距丹江口市中心 5 km，距丹江口水利枢纽大坝 6 km，由一伸入水库的半岛及由其延伸的十多个更小的半岛组成，占地面积约 150 hm²。除入口外，四面环水，地理位置如图 5.4.1 所示。区域基本概况见4.2.3 小节。

图 5.4.1 示范工程位置示意图

2. 工程设计

1）总体布局

库滨带生态屏障构建重点在于恢复消落植被系统。采取"上下分带，左右分区"的原则，根据不同的高程带的淹水时长，配置相应的群落类型；通过横向的分区，形成多种植物群落的试验比选效果。消落区出露时间主要集中在 5~10 月，植物生长旺盛，同时也是降雨集中、土壤侵蚀强度最大的时期。消落带植被恢复时，一方面考虑草本植物对氮磷污染物的拦截效果，另一方面考虑消落带受水位波动影响，容易出现库岸不稳的情况。因此植被恢复尽可能采用乔、灌和草相结合的复合缓冲带。

示范工程设计范围为松涛山庄码头两侧库滨带，高程 160.0~170.0 m 的区域（图 5.4.2）。示范工程范围分为 6 个区域，每个片区对应 1 种植被群落配置模式，总面积为 20 630 m²，各分区面积统计见表 5.4.1。

图 5.4.2　羊山库湾库滨生态屏障建设总体布局示意图

表 5.4.1　各片区不同高程范围的面积统计　　　　　　　（单位：m²）

高程/m	A 区	B 区	C 区	D 区	E 区	F 区	总计
160.0~163.5	711	1 248	1 912	858	726	1 040	6 495
163.5~165.0	417	732	1 122	554	468	671	3 964
165.0~170.0	1 133	1 989	3 046	1 309	1 108	1 586	10 171
合计	2 261	3 969	6 080	2 721	2 302	3 297	20 630

2）适宜植物群落配置模式

基于物种筛选和群落优化配置结果，确定在高程 165.0~170.0 m 范围种植的植物群落配置模式：①竹柳＋垂柳—狗牙根；②乌桕—中华蚊母—葱莲；③枫杨—白刺花—葱莲；④竹柳—中华蚊母树—白茅；⑤榉树—白刺花—野古草；⑥枫杨—中华蚊母—葱莲＋野古草；⑦竹柳—中华蚊母树—白茅。确定在高程 163.5～165.0 m 范围种植的植物群落配置模式有：①落羽杉—香根草，②竹柳—香附子，③垂柳—茵草，④竹柳—桑—茵草。确定在高程 160.0～163.5 m 范围种植的植物群落配置模式有：①香根草+香附子；②香根草＋狗牙根；③香根草＋双穗雀稗；④香根草＋野艾蒿；⑤香根草＋茵草；⑥香根草＋白茅；⑦艾蒿；⑧狗牙根＋双穗雀稗。

根据现场勘查，南水北调中线工程开展库底清理时，码头左岸高程 165.0 m 以上未进行清理。165.0 m 以上林地生态保持完好，为马尾松林，林木年龄为 40 年。为避免破坏生态环境，造成水土流失，同时考虑左岸与右岸能够形成天然对比，因此植被恢复过程中对码头左岸 165.0 m 以上未进行清理的林木保持原样。C 区各高程带均保持原状，与其他分区形成对照。各片区的植物群落配置如表 5.4.2 所示。

表 5.4.2　羊山库湾消落带植被恢复群落设计

分区	高程/m		
	160～163.5	163.5～165	165～170
A 区	香根草+狗牙根	中华蚊母树—狗牙根+葱莲	竹柳+垂柳—狗牙根
B 区	香根草+香附子；香根草+狗牙根	落羽杉—狗牙根；落羽杉—茵草	保持原状
C 区	保持原状	保持原状	保持原状
D 区	香根草+双穗雀稗	垂柳—茵草+狗牙根	保持原状
E 区	香根草+野艾蒿	垂柳—茵草	保持原状
F 区	香根草+野艾蒿；香根草+茵草；香根草+白茅；艾蒿	竹柳+马桑—茵草	保持原状

3. 工程建设和效果

示范工程建设施工过程包括场地平整、坑穴开挖、补植树种、播撒草种和无纺布覆盖等，图 5.4.3 为工程建设前后示范区的植被变化情况。

（a）建设前　　　　　　　　　　　　　（b）建设后

图 5.4.3　工程建设前和建设后植被变化情况

由于林木清理，示范区 160～170 m 消落区植被覆盖率在 30% 以下。根据水利部《土壤侵蚀分类分级标准》（SL 190—2007），区域坡面水力侵蚀强度为中度，平均侵蚀模数为 2 500～5 000 t/(km²·a)。按照平均侵蚀模数 3 750 t/(km²·a) 计算，示范区土壤侵蚀量为 124 t/a。汉江流域土壤侵蚀的氮输出强度约为 1.23 t/(km²·a)，磷输出强度约为 0.57 t/(km²·a)（史志华 等，2002），由此估算示范区氮产生量为 41 kg/a，磷产生量为 19 kg/a。研究表明，植被缓冲带对泥沙颗粒物、总氮和总磷的平均去除率分别为 90.4%、16.9% 和 55.3%（段诚，2014）。按照上述去除率，示范区库滨带植被恢复后能够减少泥沙颗粒物输出量 112 t/a，减少总氮输出量 7 kg/a，减少总磷输出量 11 kg/a。

5.4.2　缓坡库滨带生态屏障建设示范

缓坡库滨带是丹江口水库库滨带的重要类型。据统计，丹江口水库库滨带高程 160～170 m 的土地面积为 243.99 km²，其中丹库 121.21 km²，5° 以下的缓坡占 76%；汉库 122.78 km²，5° 以上的中坡陡坡占 70%。缓坡库滨带土壤肥沃、水分充足，农业耕种比较普遍。根据各库周各区县统计资料，大坝加高前消落区（160～170 m）耕种面积为 3.85 万亩，占消落区总面积的 10.52%，主要分布在淅川、丹江口、郧阳 3 区县，其中淅川县 2.16 万亩，丹江口市 0.75 万亩，郧阳区 0.94 万亩。

缓坡库滨带地势平缓，大坝加高前一直都是库周群众重要的土地资源（张元教 等，2011）。根据 2010 年 5 月国务院南水北调办公室批准的《南水北调中线一期工程丹江口水库初步设计阶段建设征地移民安置规划设计报告》，丹江口水库淹没涉及的区域应全部实施征地移民。2013 年，水库移民征地工作全部完成，并完成了库底清理工作，为水库蓄水奠定了良好基础。丹江口大坝加高蓄水后，大量农田耕地将被淹没，但近年来水位抬升较慢，最高水位仅达到 167 m 左右，始终没有达到 170 m 的水位目标。由于库周土地资源紧张，加上消落带管理机制尚不完善，消落带无序耕种现象依然时有发生（拜振英 等，2015）。

由于农业生产强度较大，植被覆盖度低，缓坡库滨带面源输出强度较高。此外，新淹没区域土壤的氮磷释放（王剑 等，2015）、库周土壤侵蚀（方怒放 等，2011），以及周边农村生活污染（付静尘 等，2010）等面源污染都成为威胁库区水质的重要因素。开展库滨带生态建设，恢复库滨带植被系统和屏障功能，成为丹江口水质保障工作的重要内容。基于这一背景，课题组根据丹江口水库消落带植被恢复的相关成果，选择典型区域进行示范建设，探索缓坡库滨带生态屏障建设的方法和途径。

1. 工程位置

项目区位于河南省淅川县香花镇，紧邻丹江口水库，同时该区域紧靠南水北调中线工程陶岔取水口。香花镇分布有大面积的缓坡型淹没区，大致范围在张寨以南，周山以北。整个区域呈手掌形分布，共有大小不一的五个半岛伸向丹江口水库，五个半岛依次为张寨、刘楼、宋岗、南苇沟和周山等村落（图 5.4.4）。项目区处于张寨附近，高程范围在 160～170 m，面积为 2.16 km²。项目区由 3 个小流域组成，分别为大任沟流域、小任沟流域和陈岗流域。区内主要土地利用类型为农耕用地，伴随着少量的林地、村庄和自然坑塘斑块，是缓坡库滨带的典型代表。区域概况见 4.3.3 小节。

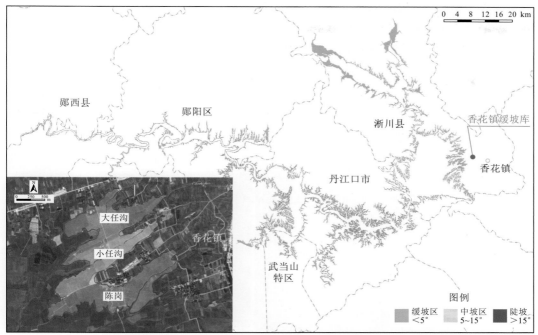

图 5.4.4　丹江口水库库滨带坡度分布（高程 170 m 以下范围）和项目区位置

2. 工程设计

1）基本思路

　　缓坡库滨带生态屏障建设既要考虑消落带植物物种筛选和群落优化配置，也要协调好库周群众生产生活与水质保护的关系。植被群落的优选配置过程中，要筛选适于消落带生境的物种资源；从污染物吸收效率、径流拦截能力、根系固土能力等多个方面进行综合评价，提出适应于库滨带地形地质条件的群落类型。植被带布局要以水库调度方式为依据，按照淹水时间的长短，在不同高程布设具有不同耐淹能力的植物群落，对草本、灌丛、乔木等不同植物群落类型进行合理搭配和种植。针对消落带存在的无序利用问题，要建立合理的保护利用模式，有效引导库周群众积极参与，保障消落带生态建设可持续开展。

　　基于上述考虑，植被恢复过程中，将消落带划分为拦滤净化带、固岸缓冲带、保土持水带和适度利用带。拦滤净化带位于高程 160～163.5 m 范围内，淹水时间最长，以生长速度快、养分吸收能力强的草本植物为主。该区域的主要作用是拦截上游来水中夹带的枯枝落叶及碎屑颗粒物，同时通过根系的吸收净化水体中的营养负荷。固岸缓冲带位于高程163.5～165 m，淹水时间减少，植物群落以乔草群落为主。该区域位于拦滤净化带和保土持水带之间，具有较强的缓冲作用；同时乔木的发达根系能够抵抗风浪，对库岸能够起到良好的固定作用。保土持水带位于高程 165～167 m 范围内，淹水时间较短，植物群落为乔灌草群落。乔灌草群落层次分明，对降雨缓冲作用明显，能够减少降雨对土壤的侵蚀，起到保土持水的作用。适度利用带位于高程 167～170 m 范围内，淹水时间最短，植物群落为经济物种与灌草植物的混合群落。该区域淹水时间最短，植物群落在保土持水的同时，还能够实现一定的经济效益。该区带严格实施管护制度，禁止使用化肥农药及可能发生污染土壤和水体的行为。

2）总体布局

选择乔木物种 17 种，分别为落羽杉、池杉、竹柳、旱柳、枫杨、乌桕、大叶女贞、梨树、五角枫、油松、广玉兰、楝树、柿树、白蜡、罗汉松、樟树、杨树；灌木物种 6 种，分别为桑、紫穗槐、石榴、紫薇、紫荆、夹竹桃；草本物种 4 种，分别为狗牙根、香根草、芦苇、芦竹。植被恢复共涉及 113 个图斑，32 种群落配置模式（图 5.4.5）。其中 160～163.5 m 淹没区图斑 17 个，总面积约 71.80 hm^2（1 077 亩）；163.5～165 m 淹没区图斑 32 个，总面积约 29.92 hm^2（448.8 亩）；165～167 m 淹没区图斑 30 个，总面积约 43.46 hm^2（651.9 亩）；167～170 m 淹没区图斑 34 个总面积约 72.34 hm^2（1 085.1 亩）。

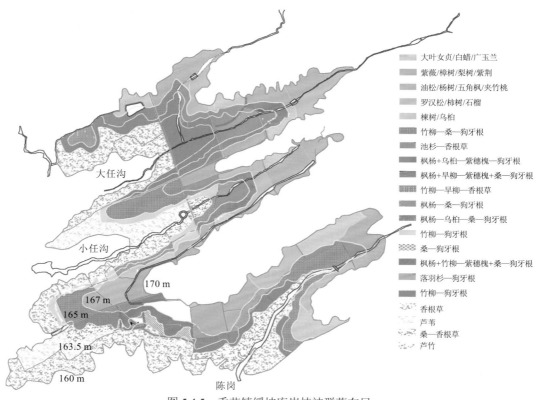

图 5.4.5　香花镇缓坡库岸植被群落布局

（1）160～163.5 m 拦滤净化带植物群落模式。香根草、芦苇、芦竹为主要种植物种，分别布置在不同的库湾，既可以满足生态截污及净化作用，又便于对三种耐水湿草本植物的水体净化效果进行对比研究。

（2）163.5～165 m 固岸缓冲带植物群落模式。竹柳、旱柳、落羽杉、池杉、桑、狗牙根、香根草作为主要建群物种，分别营造以竹柳—香根草、竹柳—狗牙根、旱柳—香根草、旱柳—狗牙根、落羽杉—香根草、落羽杉—狗牙根、池杉—香根草、池杉—狗牙根、桑—

香根草、桑—狗牙根为主的 10 种不同群落类型。

（3）165～167 m 保土持水带植物群落模式。落羽杉、池杉、竹柳、旱柳、枫杨、乌桕、桑、紫穗槐、香根草、狗牙根作为主要建群物种。主要营造竹柳—桑—香根草、竹柳—桑—狗牙根、旱柳—桑—香根草、旱柳—桑—狗牙根、竹柳+旱柳—香根草、竹柳+旱柳—狗牙根、枫杨—桑—狗牙根、枫杨+乌桕—紫穗槐—狗牙根+美人蕉+黄菖蒲、旱柳+乌桕—紫穗槐+桑—狗牙根+黄菖蒲、枫杨+旱柳—紫穗槐+桑—狗牙根、枫杨+旱柳+乌桕—桑+紫穗槐—狗牙根、枫杨+竹柳—紫穗槐+桑—狗牙根等群落配置模式。

（4）167～170 m 适度利用带植物群落模式。以罗汉松、油松、樟树、大叶女贞、梨树、五角枫、广玉兰、楝树、柿树、白蜡、杨树、石榴、紫薇、紫荆、夹竹桃作为主要选育物种。同时结合场地现状条件，部分图斑搭配种植枫杨、乌桕、旱柳、桑、紫穗槐等营造示范区特色景观林。

3. 工程建设和效果

缓坡库滨带生态屏障示范工程建设于 2015 年，涉及消落带的生态修复、植物物种的筛选、消落带的可持续利用模式等多个方面。示范基地在 155～170 m 高程范围消落带开展植被恢复 1 000 余亩，经过多次淹水，筛选出竹柳、香根草等适合缓坡消落带生态修复的物种类型。基于示范项目成果，淅川县开展了香花镇环库生态绿化带建设，规划修复消落带 5 000 余亩。目前生态绿化带已经建设 2 500 余亩，取得了良好的效果（图 5.4.6）。

图 5.4.6　缓坡库滨带生态屏障建设效果

参 考 文 献

拜振英, 齐锡蕊, 2015. 丹江口水库河南库区移民土地整合调查分析[J]. 人民长江, 46(1): 101-104.

段诚, 2014. 典型库岸植被缓冲带对陆源污染物阻控能力研究[D]. 武汉: 华中农业大学.

方怒放, 史志华, 李璐, 2011. 基于输出系数模型的丹江口库区非点源污染时空模拟[J]. 水生态学杂志, 32(4): 7-12.

付静尘, 韩烈保, 2010. 丹江口库区农户对面源污染的认知度及生产行为分析[J]. 中国人口·资源与环境(5): 74-78.

史志华, 蔡崇法, 丁树文, 等, 2002. 基于 GIS 的汉江中下游农业面源氮磷负荷研究[J]. 环境科学学报, 22(4): 473-477.

王剑, 尹炜, 赵晓琳, 等, 2015. 丹江口水库新增淹没区农田土壤潜在风险评估[J]. 中国环境科学, 35(1): 157-164.

尹炜, 陈龙清, 朱惇 等, 2014. 丹江口水库库滨带生态环境特征与保护对策[M]. 武汉: 长江出版社.

张元教, 李慧娟, 2011. 南水北调工程丹江口水库消落区保护与利用管理研究[J]. 水利经济(1): 43-46, 79.

第 6 章
面源污染生态阻控

　　我国高度重视农业和农村面源污染问题，从"十五"开始陆续投入大量资金进行技术研发和工程治理，对重点流域面源负荷的削减起到了积极作用。由于来源多，分布广，产生过程随机，农村和农业面源污染控制依然是流域水环境治理的重要内容。小流域是水源区农村和农业面源输出的基本单元，面源污染产生、输移和汇集过程与小流域的产流、汇流和径流过程紧密相关。小流域面源污染生态阻控就是以小流域为整体，通过汇水流域−汇水沟道−塘洼节点的措施耦合，达到减少面源污染的一种系统性方法。面源污染生态阻控措施包括生态塘、生态沟渠、自然湿地、人工湿地等，课题组针对这些技术措施开展了大量研究工作，很多已经在丹江口库区面源控制中得到应用，取得了较好的效果。本章针对丹江口库区的农村生产生活方式相对落后，农村面源污染突出的问题，以小流域为单元，探索生态阻控措施体系构建的技术方法，为库区面源污染治理提供参考。

6.1 面源污染生态阻控总体思路和技术框架

6.1.1 面源污染生态阻控理念

农村和农业面源污染主要来源于农田化肥、农药的过量施用，以及畜禽粪便、水产养殖、农作物废弃秸秆、农业废弃塑料薄膜、农村生活垃圾和污水等（杨林章 等，2013）。据统计，我国化肥年施用量达到 350 kg/hm^2（栾江 等，2013），而肥料利用率仅为 30%~50%（张福锁 等，2008），未被植物吸收的氮磷成分残留于土壤中，随降雨径流和灌溉退水进入水体（张青松 等，2010）；农田使用的农药一般只有 10%~20%附着在作物上，80%~90%都流失到土壤、空气和水体中。另外，农田土壤颗粒流失、秸秆腐解产生的有机质等都可能形成面源污染负荷输出。

面源在源头形成，通过降雨过程发生，再经过沟渠、毛细河道输移，最后从流域汇水区向水库汇集。由于雨水与土壤溶质的混合，使固态化学物得到溶解，土壤颗粒、植物残茬及侵蚀泥沙所吸附的营养物质得到解吸，并向地表径流迁移（施卫明 等，2013）。向径流迁移的污染物随着产汇流、农田退水口向沟渠、毛细河道转移和汇集，最后进入河流、湖泊等地表水体（冯晓娜 等，2017）。面源污染生态阻控，就是针对面源污染产生、输移和汇集特点，以水的产流、汇流和径流过程为重点，以微地形调整和沟塘水系生态化改造为主要手段，使养分在流域内得到逐级削减和滞留，达到减少面源污染的一种系统性方法。图 6.1.1 是某典型面源污染生态阻控系统，现状条件下降雨径流和村镇排水直接进入河流，虽然河流传输过程能够产生一定自净效果，但入库的总氮和总磷浓度依然较高。通过生态阻控组合技术应用，污染物在源头削减，并通过塘系统、生态水廊道系统、湿地系统等多重净化，氮磷污染物浓度逐级降低，最后入库水质能够达到 II 类标准。

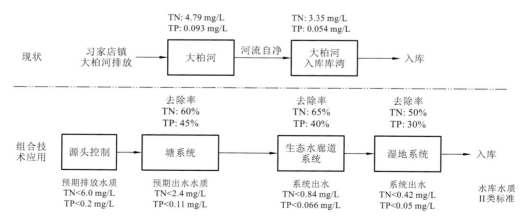

图 6.1.1 丹江口水库大柏河面源污染生态阻控示意图

6.1.2　面源污染生态阻控总体思路

以小流域为单元，山坡土壤侵蚀，林地水土流失，农田径流输出，以及村落分散污水是小流域面源污染的主要来源。针对丹江口库区的小流域面源污染阻控措施分为水土保持措施和面源控制措施，小流域面源阻控体系能够高效发挥系统阻控效应的关键在于水土流失防治措施和面源污染生态阻控措施的有机结合。通常情况下，小流域水土流失防治和面源污染生态阻控措施在集水区、汇水沟道、塘洼节点三个尺度上高度耦合。在集水区域，通过荒坡植被定向恢复、坡耕地生态护坎改造等水土保持技术减少土壤侵蚀和颗粒物输出；在汇水沟道，通过沟渠生态化改造、岸边生态缓冲带构建等面源阻控技术拦截集水区的径流污染输出；在塘洼节点，通过湿地构建、塘堰生态化改造等面源阻控技术深度净化汇水沟道的污染径流。因此，小流域面源污染阻控体系构建是以小流域为整体，通过集水区-汇水沟道-塘洼节点的措施耦合，实现小流域水土流失和面源污染的综合防治。

"十一五"至"十三五"期间，为落实国务院批复的《丹江口库区及上游水污染防治与水土保持规划》，湖北、陕西等省份先后实施了三期丹江口库区水土保持治理工程（"丹治"工程），库区小流域形成了较好的水土保持工程基础（刘震，2014）。在集水区，很多小流域开展了土坎梯田，保土耕作，简易坡面水系，退耕还经果林、水保林，封禁治理等措施，形成了相对完善的水土流失防治体系。但在小流域汇水沟道和塘洼节点，农田面源污染产生的氮磷营养盐和村落分散污水雨水径流尚无有效的拦截措施，坡面径流也缺少进一步缓冲过渡和强化净化。因此，丹江口库区小流域面源生态阻控技术方案制订过程中，要充分结合已有水土保持措施，重点针对汇水沟道和塘洼节点，构建形成塘-沟渠-湿地等阻控措施形成面源污染生态阻控体系。

6.1.3　面源污染生态阻控技术措施

面源阻控对象主要为农田耕地农药化肥使用产生的面源污染，以及村落生活和畜禽养殖产生的面源污染。农田坡改梯、植物护坎和生态排水沟渠能够在源头有效阻截面源负荷输出，村落排水沟渠整治和村落污水的生态处理则能够在源头有效控制面源污染输出。生态沟渠、生态塘、多水塘、近自然湿地等技术措施在面源污染输移过程中能够起到逐级阻滞和净化的效果（汪涛 等，2019；于江华 等，2015；朱惇 等，2015；贾海燕 等，2015）。

1. 农田坡改梯和植物护坎

梯田与坡耕地相比，明显提高土壤含水量和土层贮水量，提高保水效果；另外坡耕地改造成梯田后土壤入渗性能改善，土壤抗蚀性增强，可以有效地改善水环境质量，提高土壤抗旱能力和土壤肥力（刘宝元 等，2013）。沿坡面一定距离沿等高线修筑土梗，在土埂外侧种植固土植物。在坡耕地实施生物护坎，可以降低径流的流速，延长地表径流的下渗时间，将水和肥料控制在一定范围内流动，维持梯田台面稳定，防止泥沙冲刷，增强土壤入渗。

2. 农田和村落生态排水沟渠

农田生态排水沟渠是阻控农田径流面源的重要措施。通过修整农田排水渠，在农田排水渠道内植草，增大渠道糙率，能够使泥沙沉淀，滞留和降解水流中的有机污染物，有效去除农田退水和雨水径流中的悬浮颗粒氮磷负荷，减少泥沙及氮磷流失（林根满 等，2014）。针对农村排水管道设施不健全，降雨期间雨污水漫流的现象，在硬化道路或泥结碎石路面的两侧，设置排水沟渠，既承担村落的排水任务，也为村落污水集中有效处理提供了条件。

3. 人工湿地和生态塘

人工湿地和生态塘多用于净化村落排水。农村生活污水散排直排现象比较普遍，是影响农村水环境质量的重要因素。农村水环境治理过程中，通常采取以村落或居民点为单位小规模集中的模式，采用"生物+生态"组合的方式对农村生活污水进行处理。小型人工湿地或者生态塘污水处理技术，主要适用于流域内村庄周边有闲置荒地、坑塘可以利用的村庄污水分散与集中处理（景金星 等，2004）。

生态塘是利用自然生物净化污水的天然或人工池塘。由于塘具有储水功能，污水在塘内的水力停留时间较长，塘内微生物的代谢功能和动植物食物链的物质转移和能量传递能使污水得以净化（张自杰 等，1996）。生态塘系统的食物链由微生物、动植物构成，不同食物链的不同营养级会有交织，形成复杂的食物网，故具有稳定的生态结构，可有效净化污染物（王宝贞 等，2000）。农村荒废的塘堰、沟渠一般较多，生态塘可因地制宜，由废弃的湿地、塘沟等改造而成，用于净化村落排水和面源污染径流。生态塘不仅可以种植莲藕、香蒲等水生植物，而且可以养殖鱼、虾等水产品。

用于农村生活污水处理的人工湿地通常为小型人工湿地，基本特点是低投资、低能耗或者"零动力"，同时操作管理方便、运行费用低。常用的处理工艺为潜流湿地和表流湿地，潜流湿地对温度和地形适应范围更广，适合庭院建设。表流人工湿地可直接由水稻田改造而成，利用水稻田良好的犁底层，避免污染物垂直渗漏。湿地植物可分级分段，将挺水植物、沉水植物合理配置，如上游段可配置梭鱼草等生物量大的挺水植物，缓冲进水水质；下游段可配置狐尾藻等生物量大、生长周期长的沉水植物，深度净化水质（李红芳 等，2015）。

4. 多水塘和近自然湿地

多水塘系统是指在农田板块中镶嵌的小型湖泊或堰塘，在降雨径流过程中借助其蓄水容量，有效截留降雨径流，通过沉降、氧化还原、植物吸收、微生物分解等作用削减营养盐，避免初期农田径流污水直接汇入河道或水库型饮用水水源地。作为农村景观组分的多水塘系统具有调节旱涝、拦截暴雨径流、净化水质、保护生物多样性等多种生态功能（涂安国 等，2009；姜翠玲 等，2004；毛战坡 等，2004）。孙璞（1998）通过巢湖六岔河流域不同降雨量时多水塘对氮磷截留率研究发现，当降雨量少于 30 mm 时，多水塘系统对降雨和氮磷的截留率均达到了 100%；当降雨量为 114 mm 时，多水塘系统对氮磷的截留率均为97.4%。李玉凤等（2018）在降雨前后江苏省邵伯湖流域多水塘系统对氮截留效果研究中发现，水塘数量多的流域氮截留量明显高于水塘数量少的流域，多水塘系统对总氮的截留率能达到 54.82%、对氨氮的截留率能达到 76.58%。

近自然湿地建设的基本思想是湿地系统的生态恢复。湿地生态恢复是指对退化或丧失生态功能的湿地通过生态技术或生态工程进行修复或重建，使其发挥原有的或预设的生态服务功能（陆健健 等，2007）。湿地的生态功能包括维持生物多样性、净化水质、调蓄水流等，面源污染生态阻控过程中，近自然湿地建设重点恢复的是净化水质的功能，通过对自然湿地系统进行适当改造，强化水质净化效果。常用的改造措施包括改变微地形结构，如建设沟垄系统、建设导流设施等，以增加水力停留时间；改善植被系统，如优化湿地植物群落结构，提高生物量密度等，以提升植物净化效果等。国内开展了一些大型近自然湿地的建设工作，如山东南四湖（靖玉明，2008）、嘉兴石臼漾湿地（汪仲琼 等，2012）、天津七里海（吕绍生，2003），都取得了较好的效果。这些工程实践能够为小流域的面源污染生态阻控措施设计提供良好的参考。

与人工湿地和生态塘相比，多水塘和近自然湿地系统具有造价低廉，管理运行简便等优点（李丹 等，2019）。广大农村地区天然塘堰和坑洼沼泽较多，多水塘和近自然湿地系统在面源污染生态阻控中具有非常广阔的应用前景。

5. 植被缓冲带和生物过滤带

植被缓冲带和生物过滤带都是重要的面源污染生态阻控措施。植被缓冲带指的是河湖岸边由林草植被组成，防止地表径流或地下径流带来的养分、泥沙、有机质等污染物进入水体的缓冲区域（邓红兵 等，2001）。近年来，国内外在河岸植被缓冲带结构与功能、规划设计、物种选择及其管理方面开展了许多工作。研究发现，在农田与沟道之间设置植被缓冲带，能够减少 73%的颗粒物进入沟道，农田排水中的沉积物的聚集率也明显减少（Sheridan et al.，1999）。早在 1991 年，美国农业部林务局（United States Department of Agriculture-Forest Service，USDA-FS）就制定了"河岸植被缓冲带区划标准"，如规定的植被缓冲区净化水质的效应标准：移除 50%以上的氮和农药、60%的磷及 75%的泥沙。由于植被缓冲带对面源污染的有效作用，其在美国已被推荐为最佳管理措施（Lowrance et al.，2000）。

生物过滤带的含义更加广泛，可以是布设于地表，由林草植被构成，对地表径流具有拦滤功能的带状区域，也可以是埋设于地下，由填料组成，对浅层渗流和地下水具有过滤功能的墙体结构。反硝化墙是一种典型的生物过滤措施，通过添加有机质强化反硝化作用达到脱氮效果，常用于农田、畜禽养殖点、养殖场周边，主要处理氮浓度较高的排水（孔繁鑫 等，2008a）。反硝化墙是将土壤或砂子和具有多孔性质的固体有机碳源（如木屑、刨花、麦秸秆等）均匀混合，以垂直硝酸盐污染水流的方式埋入地下，其埋深多在 1～2 m，通过有机质供应强化土壤反硝化过程，加快氮素去除（孔繁鑫 等，2008b）。另外，植物篱、植物护坎、植被缓冲带等也都可以称为生物过滤带，在农业面源生态阻控中有广泛的应用。

6. 生态沟道

生态沟道是指由工程和植物两部分组成的生态拦截型沟道系统，能减缓水速，促进流水携带的颗粒物沉淀，吸收和拦截沟壁、水体和沟底中溢出的养分，同时水生植物的存在可以加速氮、磷界面交换和传递，从而使污水中氮、磷的浓度快速减小，具有良好的净化效果（侯静文 等，2014）。在沟道内种植吸收能力强的挺水植物和沉水植物，农田地表径流汇入生态沟道后，径流中的颗粒物、泥沙等被沟道拦截、沉淀。沟道沉积物（底泥）可以吸附水体中的氮、磷等污染物。水生植物可以通过其网络状的根系直接吸收大量污染物。

沟道底泥和植物根系存在的大量微生物也可以分解和转化氮、磷污染物。在沟道的放宽段，地势的低洼地带人工开挖沉淀池，对沟道中的泥沙、氮、磷负荷能够进一步滞留和削减。沉淀池中水深增加，流速减缓，颗粒态污染物得到有效沉降。同时沉淀池中具有反硝化微生物生长繁殖的条件，可以强化反硝化过程。

6.2 小流域面源污染生态阻控技术实施流程

基于以上总体思路和技术框架，丹江口库区小流域面源生态阻控技术方案的编制应针对地形地貌和环境特征，明确小流域面源污染基本特征和主要问题；在充分调查水土保持措施体系的基础上，因地制宜提出生态阻控措施的布局方式，重点给出沟塘水体等微地形结构的生态化改造方案；最后提出面源阻控系统的运行、监测和维护方法。具体来说，技术方案的编制包括小流域本底调查和问题识别，工程措施总体布局和详细设计，工程建设和运行监测方案编制等内容，如图 6.2.1 所示。

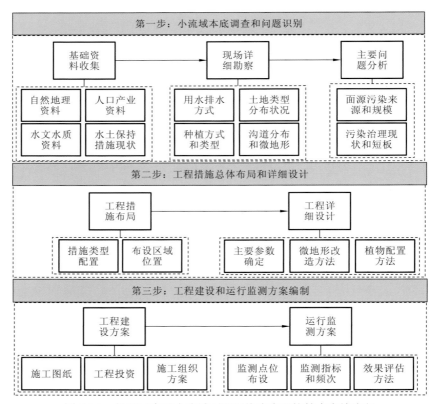

图 6.2.1　丹江口库区小流域面源污染生态阻控技术实施流程

（1）小流域本底调查和问题识别。调查小流域社会经济、自然地理等基本特征，总结人口分布、种植结构、土地利用方式、地形结构等因子对水土流失和面源污染的影响。重点了解小流域的水土保持措施现状，总结已开展的小流域治理工作取得的成效和不足，明确面源污染阻控的短板所在。开展小流域现场勘察，详细调查村落用水排水方式，农田作物类型和种植方式，地块类型分布情况等与面源污染密切相关的因素。重点勘察小流域沟塘水系等微地形结构，为面源阻控措施的布局和设计提供依据。通过小流域基础资料分析整理，明确面源污染主要来源、输移过程及输出规模，识别小流域面源污染控制存在问题。

（2）工程措施总体布局和详细设计。结合小流域地形条件，开展面源污染生态阻控工程措施布局。措施布局重点考虑原则：村落区域以小型人工湿地处理设施为主，就近布局坑塘系统，对村落污水深度净化；农田区域在已有的土石坎梯田、保土耕作等水保措施基础上，布局植物护坎、植被缓冲带和生物过滤带等措施，强化农田径流阻控；山林区域以传统的生态修复、坡改梯、疏林补植、封育治理等水保措施为主；坑塘沟道区域以近自然湿地、生态塘、河道湿地和生态沟渠为主，强化坑塘沟道的面源污染阻控净化。各项生态阻控措施的建设以微地形改造为主。通过水文水力计算，确定停留时间、水力负荷等主要参数；结合现场地形现状，给出微地形改造方法和植物措施优化配置方案。

（3）工程建设和运行监测方案编制。与地方相关部门沟通协作，将面源污染生态阻控体系建设与地方小流域治理对接融合，依托小流域综合治理规划推进实施。制订监测方案，在主要支沟和主沟的出口设置监测点位，在主要工程节点的进水口和出水口设置监测点位。监测颗粒物、总氮、总磷等面源污染典型指标，评估面源污染的生态阻控效果。

6.3　胡家山小流域面源污染生态阻控系统

6.3.1　小流域概况

胡家山小流域位于湖北省丹江口市习家店镇和嵩坪镇，面积 23.93 km²，包括三条主要支流，分别是左侧的板桥支流、中部的五龙池支流及右侧的王家岭支流。胡家山支流属于汉江二级小支流，由北向南汇入丹江口水库。

流域属于北亚热带半湿润季风气候，冬夏温差较大。多年平均气温为 16.1℃，无霜期为 250 d，相对湿度为 75%，蒸发量在 1600 mm 左右，年均降水量为 797.6 mm，多年最大降雨量为 1360.6 mm，最小降雨量为 503.5 mm，且主要集中在 5～10 月的丰水期。丰水期降雨量占全年降雨量的 80%以上，并且降雨集中且强度大、径流汇集时间短。

小流域属于丹江口市习家店镇青塘管理区，辖 5 个行政村，总人口 4385 人，其中农业人口 2885 人，农业劳动力 1192 人，人口自然增长率为 2.58%。粮食作物主要有玉米、水稻等；主要牲畜种类有牛、猪等，以圈养或散养方式饲养。丹郧公路从流域境内穿过，基本实现"村村通"工程，交通条件较好。

对胡家山小流域内各个支流进行过水质调查表明，水体中氮、磷污染物浓度的显著特点是高氮低磷，三条支流中，氨氮和磷的浓度多为 II 类标准，但总氮和硝态氮的浓度大多超过 V 类地表水环境质量标准。其中中部五龙池支流监测点最为严重，超出 V 类水质标准两倍以上。2007 年，对胡家山流域施肥折纯量进行计算，其值为 650 kg/（hm²·a），其中，氮肥占 70%、磷肥占 19%。而农药使用量为农药 18 kg/（hm²·a），主要以甲胺磷等为主。

居民点面源污染物主要为生活污水和生活垃圾，以及由于养殖畜禽产生的粪尿等。

6.3.2　阻控系统建设

结合示范区五龙池小流域的地形特征和基本问题，阻控体系分为三个部分：针对小流域水土流失加剧、森林植被的涵养水源与净化水质能力差的问题，开展土地利用空间结构的优化配置，提高水源涵养功能，主要措施包括生态沟渠整治、村落道路半硬化等；针对小流域水土流失及面源污染严重，农业效率低下的问题，开展以坡面水土调控为基础、以沟塘水系利用为纽带、以岸带生态系统为屏障的立体生态控制，主要措施包括坡改梯工程、生态塘整治、村落排水沟渠建设等；针对植被群落结构退化，生态系统功能丧失的问题，开展适于不同立地条件的植物群落结构恢复，主要措施包括植物护坎、农业种植结构调整等。面源污染生态阻控系统布局和阻控流程见图6.3.1。

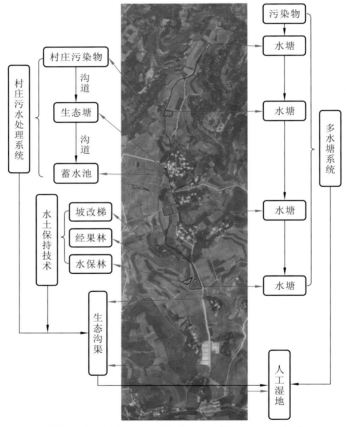

图6.3.1　胡家山面源污染生态阻控系统布局和阻控流程

坡改梯工程面积为500亩，并配合开展植物护坎，工程长度为4500 m。建设村落排水沟渠150 m，建设模式为砖混明渠。村落道路半硬化工程规模为1200 m，建设模式为碎石铺垫。建设沼气池10口，生物塘整治工程规模为5000 m²。生态沟渠整治工程规模为650 m，服务面积达到 50 000 m²。汇处理构筑湿地规模为 200 m²，包括过水坝、截污网、调节池、复合流构筑湿地等单元，处理能力为平均 100 m³/d。农业种植结构调整规模为 300 亩，主要将传统作物种植调整为烟叶种植。

通过上述措施的实施，建立了位于丹江口市习家店镇面积为 190 hm² 的五龙池小流域核心示范区。示范区对水源地水土流失与面源污染生态阻控技术进行了示范应用，主要处理对象为示范区水土流失、面源污染、植被群落退化等问题，治理措施包括坡改梯工程、植物护坎、村落排水沟渠建设、村落道路半硬化、沼气池、生态塘整治、生态沟渠整治、汇处理构筑湿地、农业种植结构调整等（图 6.3.2）。示范区从建设完成至今，在水土流失防治、面源污染负荷削减方面都取得了较好的效果。

（a）村落排水沟渠

（b）小型人工湿地

（c）生态沟渠

（d）生态塘

图 6.3.2　胡家山面源污染生态阻控主要措施

6.3.3　实施效果

1. 农田坡改梯阻控效果

1）观测内容

为了试验不同耕种模式下面源污染负荷的产生情况，建设了径流试验小区开展监测试验分析。径流小区位于五龙池，包括 5°坡耕地（玉米）、8°坡耕地（黄豆）、土坎梯田（枇杷）、土坎梯田（玉米）、石坎梯田（芝麻）、15°坡耕地（枇杷）和 15°坡耕地（柏树）7 个径流小区，分别标定为 1#～7#点位。按照标准，每个小区长为 20 m，宽为 5 m，小区尾部设置集水池进行采样，样点分布见图 6.3.3。

图 6.3.3　径流小区采样点位置图

（1）观测信息：以坡耕地小区为对照，在小区出口处布设点位，观测降雨过程中泥沙、水质变化特征，对比坡耕地小区，分析泥沙和水质削减效果。

（2）观测指标：土壤侵蚀与地表径流观测（地表径流产生量、土壤侵蚀量）；水质观测（总氮、总磷等）。

（3）观测方法：采用次降雨观测方法，全年开展 1~2 次代表性降雨过程观测。

（4）观测时间：2016 年 8 月 8 日，2016 年 9 月 27 日。

（5）径流小区描述：五龙池径流小区包括 5°坡耕地（玉米）、8°坡耕地（黄豆）、土坎梯田（枇杷）、土坎梯田（玉米）、石坎梯田（芝麻）、15°坡耕地（枇杷）和 15°坡耕地（柏树）7 个径流小区。径流小区按照标准修建，观测前在原有基础上做了进一步修整。

2）观测结果与分析

根据流域降雨情况，全年对径流小区进行了 2 次有效的降雨观测和分析工作，根据径流小区已有条件，分别对 7 个径流小区进行布点监测，观测污染物浓度变化特征。

I. 污染物浓度变化特征

从图 6.3.4 可以看出，8 月 8 日 7 个径流小区总氮浓度分别为 3.68 mg/L、4.37 mg/L、0.81 mg/L、2.33 mg/L、1.32 mg/L、0.55 mg/L 和 0.91 mg/L。通过不同类型的小区总氮浓度分析可以发现，8°坡耕地总氮浓度高于 5°坡耕地，土坎梯田（玉米）总氮浓度高于土坎梯田（枇杷）。总磷浓度分别为 0.17 mg/L、0.55 mg/L、0.13 mg/L、0.29 mg/L、0.12 mg/L、0.07 mg/L 和 0.04 mg/L。与总氮浓度变化特征类似，8°坡耕地总磷浓度高于 5°坡耕地，土坎梯田（玉米）总磷浓度高于土坎梯田（枇杷）。泥沙含量分别为 2.38 kg/m³、2.45 kg/m³、1.03 kg/m³、1.13 kg/m³、1.28 kg/m³、5.18 kg/m³、5.64 kg/m³。其中，8°坡耕地泥沙含量高于 5°坡耕地，土坎梯田（玉米）泥沙含量高于土坎梯田（枇杷），而 15°坡耕地泥沙含量最高。

根据图 6.3.5 的 9 月 27 日污染物浓度变化特征可以看出，7 个径流小区总氮浓度分别为 4.25 mg/L、4.79 mg/L、0.90 mg/L、2.71 mg/L、1.16 mg/L、0.54 mg/L 和 0.61 mg/L。通过不同类型的小区总氮浓度分析可以发现，与 8 月 8 日观测规律类似，8°坡耕地总氮浓度

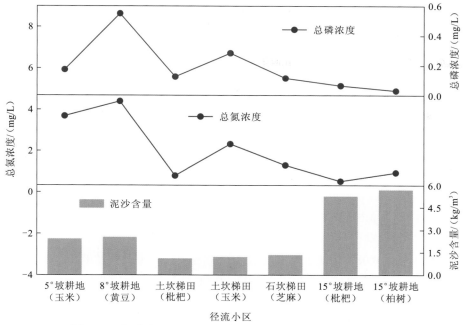

图 6.3.4　径流小区 8 月 8 日总氮、总磷和泥沙含量变化特征图

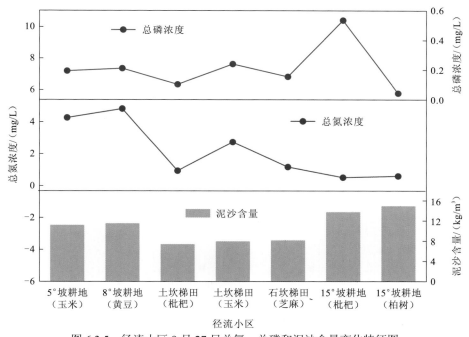

图 6.3.5　径流小区 9 月 27 日总氮、总磷和泥沙含量变化特征图

高于 5°坡耕地，土坎梯田（玉米）总氮浓度高于土坎梯田（枇杷）。总磷浓度分别为 0.20 mg/L、0.21 mg/L、0.10 mg/L、0.24 mg/L、0.15 mg/L、0.53 mg/L 和 0.05 mg/L。与总氮浓度变化特征类似，8°坡耕地总磷浓度高于 5°坡耕地，土坎梯田（玉米）总磷浓度高于

土坎梯田（枇杷）。泥沙含量分别为 11.07 kg/m³、11.37 kg/m³、7.31 kg/m³、7.75 kg/m³、8.02 kg/m³、13.56 kg/m³、14.85 kg/m³。其中，8°坡耕地泥沙含量高于 5°坡耕地，土坎梯田（玉米）泥沙含量高于土坎梯田（枇杷），而 15°坡耕地泥沙含量最高。

II. 污染物负荷变化特征

从图 6.3.6 可以看出，8 月 8 日 7 个径流小区总氮负荷四次观测结果范围：5°坡耕地（玉米）为 2.61～4.05 g/h，总负荷为 13.87 g；8°坡耕地（黄豆）为 3.28～5.03 g/h，总负荷为 17.13 g；土坎梯田（枇杷）为 0.49～0.65 g/h，总负荷为 2.25 g；土坎梯田（玉米）为 1.52～2.12 g/h，总负荷为 7.37 g；石坎梯田（芝麻）为 0.86～1.26 g/h，总负荷为 4.18 g；15°坡耕地（枇杷）为 0.44～0.63 g/h，总负荷为 2.21 g；15°坡耕地（柏树）为 0.78～1.05 g/h，总负荷为 3.75 g。总磷负荷四次观测结果范围：5°坡耕地（玉米）为 0.12～0.19 g/h，总负荷为 0.65 g；8°坡耕地（黄豆）为 0.41～0.64 g/h，总负荷为 2.17 g；土坎梯田（枇杷）为 0.08～0.10 g/h，总负荷为 0.36 g；土坎梯田（玉米）为 0.19～0.26 g/h，总负荷为 0.91 g；石坎梯田（芝麻）为 0.08～0.11 g/h，总负荷为 0.38 g；15°坡耕地（枇杷）为 0.56～0.08 g/h，总负荷为 0.28 g；15°坡耕地（柏树）为 0.03～0.04 g/h，总负荷为 0.15 g。通过对比分析可以看出，8°坡耕地总氮和总磷输出负荷明显高于 5°坡耕地；石坎梯田氮磷输出负荷小于土坎梯田；种植玉米的土坎梯田氮磷输出负荷高于种植枇杷的土坎梯田；种植枇杷和柏树的 15°坡耕地氮磷输出负荷低于 5°种植玉米和 8°种植黄豆的坡耕地。

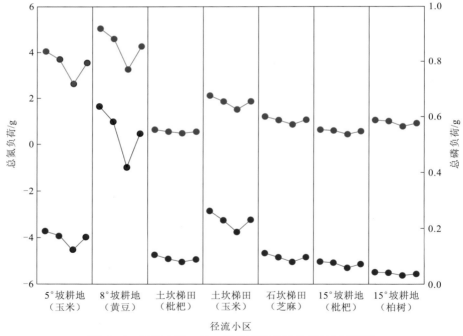

图 6.3.6　径流小区 8 月 8 日总氮和总磷负荷变化特征图

根据图 6.3.7 对 9 月 27 日各小区氮磷输出负荷的分析结果可以看出，7 个径流小区总氮负荷五次观测结果范围：5°坡耕地（玉米）为 2.38～7.65 g/h，总负荷为 22.60 g；8°坡耕地（黄豆）为 2.68～8.62 g/h，总负荷为 25.92 g；土坎梯田（枇杷）为 0.41～1.51 g/h，总负荷为 4.39 g；土坎梯田（玉米）为 1.22～4.56 g/h，总负荷为 13.52；石坎梯田（芝麻）为 0.52～1.94 g/h，总负荷为 5.76 g；15°坡耕地（枇杷）为 0.35～0.99 g/h，总负荷为 3.06 g；15°坡耕地（柏树）为 0.40～1.14 g/h，总负荷为 3.51 g。总磷负荷四次观测结果范围：5°坡耕地（玉米）为 0.11～0.35 g/h，总负荷为 1.04 g；8°坡耕地（黄豆）为 0.12～0.38 g/h，总负荷为 1.14 g；土坎梯田（枇杷）为 0.05～0.17 g/h，总负荷为 0.51 g；土坎梯田（玉米）为 0.11～0.40 g/h，总负荷为 1.20 g；石坎梯田（芝麻）为 0.07～0.26 g/h，总负荷为 0.76 g；15°坡耕地（枇杷）为 0.35～0.98 g/h，总负荷为 3.03 g；15°坡耕地（柏树）为 0.03～0.09 g/h，总负荷为 0.26 g。通过对比分析可以看出，9 月 27 日观测结果与 8 月 8 日观测结果类似。

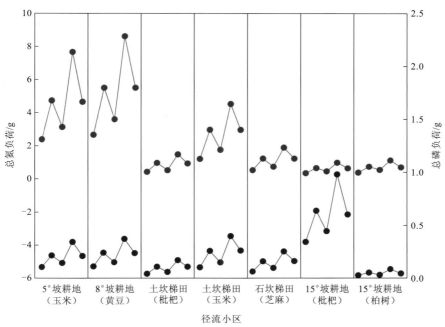

图 6.3.7　径流小区 9 月 27 日总氮和总磷负荷变化特征图

通过对 8 月 8 日和 9 月 27 日两次降雨泥沙输出观测可以发现（图 6.3.8），8 月 8 日 5°坡耕地（玉米）、8°坡耕地（黄豆）、土坎梯田（枇杷）、土坎梯田（玉米）、石坎梯田（芝麻）、15°坡耕地（枇杷）和 15°坡耕地（柏树）7 个径流小区泥沙输出负荷分别为 9.55 kg、10.21 kg、3.04 kg、3.77 kg、4.26 kg、21.70 kg 和 23.67 kg；9 月 27 日泥沙输出负荷分别为 75.45 kg、78.81 kg、46.58 kg、50.31 kg、51.96 kg、95.41 kg 和 103.60 kg。通过两次降雨泥沙输出负荷对比可以看出，9 月 27 日泥沙输出量明显高于 8 月 8 日；实施坡改梯工程后的小区，泥沙输出负荷明显低于其他径流小区；8°坡耕地泥沙输出负荷高于 5°坡耕地；种植玉米的土坎梯田泥沙输出负荷高于种植枇杷的土坎梯田；种植枇杷和柏树的 15°坡耕地泥沙输出负荷高于 5°种植玉米和 8°种植黄豆的坡耕地。

III. 影响因素特征

（1）坡度影响。通过对不同径流小区污染物输出特征分析，坡度越大，总氮、总磷和泥沙等污染物输出越高。由于坡度的影响，泥沙等在降雨过程中通过径流作用进入下游，导致营养物质的大量输出。坡度越大，越利于径流的产生和营养物质的输出。

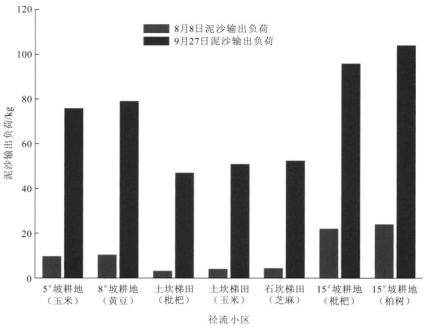

图 6.3.8　径流小区 8 月 8 日和 9 月 27 日泥沙输出负荷变化特征图

（2）坡改梯影响。通过对坡改石坎梯田和坡改土坎梯田进行分析，与坡耕地相比，坡改梯工程实施后对总氮和总磷，尤其是对泥沙输出具有很好的控制作用，这主要是由于实施坡改梯后，增加了污染物的输送距离，使很多污染物被阻拦和吸收。而坡改石坎梯田对泥沙的控制作用好于坡改土坎梯田，主要是因为土坎梯田在降雨径流作用下控沙效果不稳定，土坎容易被侵蚀。

（3）植被影响。将水保林（柏树）、经果林（枇杷）和耕地（玉米、黄豆、芝麻）对总氮、总磷和泥沙的输出效果进行对比可以发现，水保林和经果林对于总氮和总磷的控制作用好于耕地，这可能与径流小区中林地不施肥有关。而在泥沙流失控制上，水保林和经果林的控制作用小于耕地，可能主要与后期的整地和坡度有关，另外，观测次数的限制也会使分析出现相应误差。

（4）降雨径流影响。通过对泥沙输出负荷分析结果可以明显看出，降雨量越大，泥沙输出负荷越高。对总氮和总磷的影响则不明显，主要与径流小区土壤内氮磷含量有关。

（5）施肥影响。通过对 4 个耕地的径流小区进行对比分析发现，4 个耕地总氮和总磷输出差异较大，与降雨期是否施肥及施肥量有很大相关性。

3）小结

在 20 m×5 m 的径流小区中，同一场降雨，相同土地利用的耕地，实施坡耕地改石坎梯田与 5°坡耕地相比，总氮负荷削减 3.51～5.03 g/d，总磷负荷削减 −0.09～0.16 g/d，高锰酸盐指数削减 4.93～29.85 g/d，泥沙负荷削减 14.82～30.61 g/d；实施坡改土坎与 8°坡耕地相比，总氮负荷削减 3.20～5.18 g/d，总磷负荷削减 −0.17～0.20 g/d，高锰酸盐指数削减 23.23～25.76 g/d，泥沙负荷削减 13.84～38.25 g/d。

实施坡改梯工程和退耕还林等工程意义重大。坡耕地中坡度越大，营养物质输出负荷越高；实施坡改梯后，营养物质输出负荷减少；发展经果林和水保林利于对污染物的削减和控制。

2. 胡家山生态塘链面源污染阻控效果监测

对典型小流域内 3 个天然水塘系统开展了现场原位试验观测。从上至下编号依次为 1#、2# 和 3#。其中，1# 水塘位于流域最上游（北纬 32°46′04.79″，东经 111°13′58.45″）。紧邻水塘的东面和北面为旱地，主要种植油菜、花生和玉米等；南面为灌溉水渠，主要用于农田灌溉；西面为道路，主要用于机耕和人行。1# 水塘面积较小，约 15 m²（长 5 m，宽 3 m，深 2.5 m），塘内有多种水生植物，水塘边缘无加固措施，污染主要来自耕地的化肥、农药等；2# 水塘位于村庄上游（北纬 32°45′50.14″，东经 111°13′48.47″）。水塘东面、南面和北面都紧邻旱地，主要种植芝麻、玉米等，西面为依山小路，供人行走。2# 水塘面积较大，约 940 m²（长 47 m，宽 20 m，深 1.6 m），塘中以菖蒲等植物为主，水塘周边无加固措施，污染来源主要为耕地的化肥、农药等；3# 水塘位于流域中下游（北纬 32°45′13.18″，东经 111°13′55.09″），东面为流域主干道路，南面为机耕道路，西面为荒地，北面为旱地，主要种植玉米等。水塘中植物茂盛，主要以菖蒲等为主，水塘面积较大，约为 5293 m²（梯形：上底 16 m，下底 63 m，高 67 m，深 2.5 m），水塘周边人为加固与修整，污染主要来源于耕地的化肥、农药和上游来水等。

1）观测内容

（1）试验方法。定期每天对各水塘水样采集，主要采用常规和降雨采样，常规观测根据水塘水体滞留时间，采取每两天采集一次的频率。每次每点取样 1000 mL 装入聚乙烯瓶，密封保存带到实验室进行实验分析。

（2）测定指标与方法。水样测定指标主要包括总氮、硝态氮、氨氮、总磷、高锰酸盐指数和悬浮物。水质检测方法依据《水环境监测规范》（SL 219—2013），总氮浓度的测定采用过硫酸钾氧化—紫外分光光度法，硝态氮浓度采用紫外分光光度法测定，铵态氮浓度采用纳氏试剂比色法测定，总磷浓度采用钼酸盐分光光度法测定，高锰酸盐指数采用酸性法测定，悬浮物采用重量法测定。

（3）评价方法。根据每次监测多水塘系统进水口、出水口中总氮、铵态氮、硝态氮、总磷、高锰酸盐指数和悬浮物的浓度和流量计算得出各物质的总负荷，相应污染物的去除率为（水塘进水口负荷-水塘出水口负荷）/水塘进水口负荷×100%。

2）观测结果与分析

分别对流域内上下游衔接的 3 个水塘进行连续观测，其观测结果如图 6.3.9 所示。2017年 7 月 15 日至 11 月 15 日，共对多水塘进行了 15 次原型观测，包括常规的连续观测、设计实验后的观测、以及降雨过程的观测等。

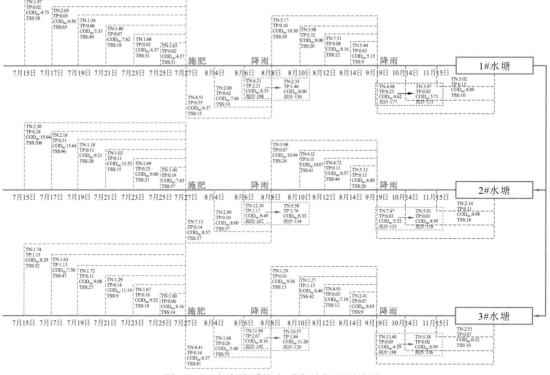

图 6.3.9　多水塘系统水质全过程观测结果

（1）背景观测结果分析。背景观测日期为 7 月 15～27 日，根据水体滞留时间，每两天采集观测一次，具体数据见表 6.3.1。根据 1#水塘的水体容积，计算得出 7 月 15 日总氮负荷为 199 g/d，7 月 27 日总氮负荷为 152 g/d，1#水塘对总氮的处理效率为 23.51%；同理得出 1#水塘对总磷、高锰酸盐指数和悬浮物的去除率分别为 31.88%、14.87% 和 50.79%。总体而言，1#、2# 和 3#水塘对营养物质均有明显的去除效果。对总氮的去除率分别为 23.51%、53.67% 和 16.77%；对总磷的去除率分别为 31.88%、39.34% 和 95.03%；对高锰酸盐指数去除率分别为 14.87%、62.87% 和 10.49%；对悬浮物的去除率分别为 50.79%、78.95% 和 75.54%。

表 6.3.1　背景观测中多水塘对营养物质去除效果参数

水塘编号	观测指标	7 月 15 日		7 月 27 日		去除率 /%
		浓度/（mg/L）	负荷/（g/d）	浓度/（mg/L）	负荷/（g/d）	
1#	总氮	1.97	199	1.63	152	23.51
	总磷	0.024	2.4	0.018	1.6	31.88
	高锰酸盐指数	4.73	477	4.37	406	14.87
	悬浮物	58	5 858	31	2 883	50.79

续表

水塘编号	观测指标	7月15日		7月27日		去除率 /%
		浓度/(mg/L)	负荷/(g/d)	浓度/(mg/L)	负荷/(g/d)	
2#	总氮	2.30	158	1.40	73	53.67
	总磷	0.243	16.8	0.194	10.2	39.34
	高锰酸盐指数	15.64	1 079	7.63	401	62.87
	悬浮物	206	14 214	57	2 993	78.95
3#	总氮	1.74	280	1.60	233	16.77
	总磷	1.130	181.9	0.062	9	95.03
	高锰酸盐指数	8.29	1 334	8.16	1 194	10.49
	悬浮物	52	8 372	14	2 048	75.54

（2）施肥后观测结果分析。7月27日分别对3个水塘进行人工施肥，施肥后使水塘主要污染物初始浓度明显升高，具体浓度值见表6.3.2。7月27日～8月4日为塘系统的稳定期（或者称为水力停留时间），8月4～6日对水塘对营养物质的去除效果进行试验观测，然后根据水塘的水体容积计算污染负荷及其去除率：1#水塘中，8月4日总氮负荷为361 g，8月6日总氮负荷为152 g，1#水塘对总氮的去除率为57.89%，对总磷去除率为-6.82%，对高锰酸盐指数的去除率为21.03%；对悬浮物的去除率为36.67%（表6.3.3）。总体来说，1#、2#和3#水塘对营养物质基本都能达到去除的效果。其中，对总氮负荷的去除率分别为 57.89%、65.41%和 67.13%；对总磷负荷的去除率分别为-6.82%、50.00%和-42.86%；对高锰酸盐指数去除率分别为21.03%、20.23%和26.87%；对悬浮物的去除率分别为36.67%、14.63%和20.13%。水塘对总氮去除效果好于其他水质指标。监测结果表明1#和3#水塘没有对总磷起到消化吸收的作用，总磷浓度和负荷反而升高（表6.3.3）。

表 6.3.2　施肥试验观测中各水塘污染物初始浓度

水塘编号	主要污染物初始浓度/(mg/L)			
	总氮	总磷	高锰酸盐指数	悬浮物
1#	5.77	0.18	7.92	20
2#	9.86	0.24	9.31	27
3#	7.26	0.32	8.75	97

表 6.3.3 施肥实验观测中多水塘对营养物质去除效果参数

水塘编号	观测指标	8月4日		8月6日		去除率/%
		浓度/(mg/L)	负荷/(g/d)	浓度/(mg/L)	负荷/(g/d)	
1#	总氮	4.51	361	2.00	152	57.89
	总磷	0.55	44	0.62	47	−6.82
	高锰酸盐指数	6.37	737	7.66	582	21.03
	悬浮物	15	1 200	10	760	36.67
2#	总氮	7.13	292	2.89	101	65.41
	总磷	0.14	6	0.10	3	50.00
	高锰酸盐指数	8.57	351	8.00	280	20.23
	悬浮物	37	1 517	37	1 295	14.63
3#	总氮	4.41	575	1.68	189	67.13
	总磷	0.16	21	0.26	30	−42.86
	高锰酸盐指数	6.37	830	5.40	607	26.87
	悬浮物	81	10 554	75	8 430	20.13

3）小结

多水塘系统对污染物去除作用差异较大。总氮、高锰酸盐指数和悬浮物去除作用较好，其中总氮去除率为 16.77%～67.13%，高锰酸盐指数的去除率为 14.87%～62.87%，悬浮物去除率为 14.63%～78.95%。总磷的去除效果不稳定，去除率为−42.86%～95.03%，波动较大。

水塘大小、进出口布局、水生物含量等是影响多水塘系统处理效果的重要因素。多水塘技术实际是由多个水塘通过串联形成的组合系统，每个水塘的特征将影响整个系统对水体污染物的处理效果。在建设多水塘系统时，水塘的体积是首要考虑的因素，而水塘的进出口布局、水体生物量多少及水量控制等因素也直接影响其对污染物的处理效果。建议在水塘建设过程中，根据流域自身情况将水塘的体积增大，进出口交错布局，定时清理水塘内淤积物，增加水塘内植物数量，以及增加串联沟渠内植被的数量，减缓水体行进速度，使系统达到较好的处理效果。

6.4 余家湾小流域面源污染生态阻控系统

6.4.1 小流域概况

余家湾小流域位于丹江口市蒿坪镇，地处北纬 32°44′45″～32°50′16″、东经 111°15′00″～111°17′06″。水系发源于海拔 1 000 m 以上的丘陵山地，系汉江的一级小支流，从北向南汇入丹江口水库，呈树枝状水系，主要支沟有东沟、黑沟、皮条沟等。境内最高海拔在 909 m，最低为 327 m，相对高差 582 m。流域内山高谷低，切割深，地形复杂，总面积 2 669.45 hm²，涉及蒿坪镇的寺沟、余家湾、王家岭和蒿坪镇 4 个行政村。余家湾示范区位于余家湾村，全村有 6 个村民小组、429 户、1 517 人，区域面积 11 km²。以生态农业、畜禽养殖为主，2010 年农村经济总收入 686 万元，农民人均纯收入 3 167 元。

示范区沟道长度约 1 km，汇水区范围内主要污染来源为养猪场和周边居民生活排水。养猪场养殖规模为 260 头，配备了专门的沼气池进行排泄废物处置，基本能够实现粪尿资源化利用。养猪场主要污染来源为猪场冲洗废水，污染物浓度较高。居民 15 户，村落生活污水一般散排，没有污水处理设施，污染负荷通过沟道向下游输出。另外，项目区玉米种植面积较大，降雨径流和农田退水也会携带氮磷负荷进入沟道。

6.4.2　阻控系统建设

根据示范区现场地形，利用区域本身的沟道结构和塘堰系统，建设了以沉淀池-溢流堰-生态沟道-串联湿地塘（四级荷花池）为主体的面源污染生态阻控系统。其中葫芦形沉淀池对养猪场的冲洗废水进行初步净化，高浓度悬浮物得到降低；溢流堰通过跌水作用曝气复氧，强化自净过程；溢流堰下游为布设水生植被的生态沟道，强化植物吸收和净化；村落排水通过沟渠汇集至串联湿地塘入口，与沟道来水一同进入荷花池，逐级净化后进入流域主沟道。阻控系统的结构布局和建设效果见图 6.4.1。

图 6.4.1　习家店镇余家湾村面源污染生态阻控系统结构和效果及监测采样点分布

右上图为生态沟道；右下图为串联荷花塘；黄色图标为监测采样点

6.4.3 实施效果

1. 观测内容

在降雨过程中，对进入系统前后的水体进行监测，观测污染浓度削减程度，分析人工沟塘系统的水质净化效果。监测点位见图6.4.1。

（1）观测指标：总氮、总磷和泥沙等污染物指标。

（2）观测方法：采用次降雨观测方法，2016年开展4次代表性降雨过程观测。

（3）观测时间：2016年7月22日，2016年7月31日，2016年8月8日，2016年9月27日。

2. 观测结果与分析

分别在4次降雨过程中对沟塘生态系统各单元进行水质监测和分析工作，根据湿地污染来源和沟道布设情况，分别在进水口、出水口、沉淀池、湿地处理单元出口布设监测点位，观测污染物浓度变化及人工湿地的处理效果（图6.4.2）。

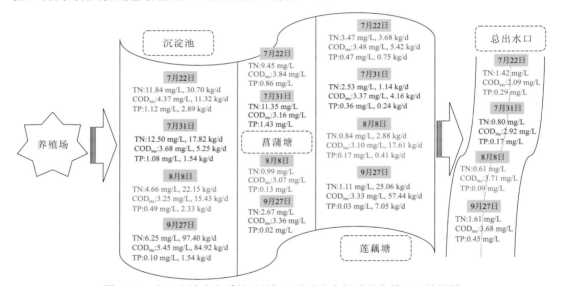

图6.4.2　人工沟塘生态系统对总氮、总磷和高锰酸盐指数处理效果图

1）污染物浓度变化特征

由图6.4.2可以看出，污水进入沉淀池，通过菖蒲塘和莲藕塘，最后进入河流的总氮浓度：7月22日为11.84 mg/L、9.45 mg/L、3.47 mg/L和1.42 mg/L；7月31日为12.50 mg/L、11.35 mg/L、2.53 mg/L 和 0.80 mg/L；8 月 8 日为 4.66 mg/L、0.99 mg/L、0.84 mg/L 和 0.61 mg/L；9 月 27 日为6.25 mg/L、2.67 mg/L、1.11 mg/L 和1.61 mg/L。根据浓度变化特征可以看出，沟塘生态系统对来自养殖场污水中总氮浓度具有很好的处理效果，进入沉淀池前水质为劣 V 类，最后总出水口处水质基本维持在 III～IV 类标准。

污水在沉淀池、菖蒲塘、莲藕塘和总出水口处的总磷浓度：7月22日为 1.12 mg/L、

0.86 mg/L、0.47 mg/L 和 0.29 mg/L；7 月 31 日为 1.08 mg/L、1.43 mg/L、0.36 mg/L 和 0.17 mg/L；8 月 8 日为 0.49 mg/L、0.13 mg/L、0.17 mg/L 和 0.09 mg/L；9 月 27 日为 0.10 mg/L、0.02 mg/L、0.03 mg/L 和 0.45 mg/L。根据沟塘生态系统的总磷浓度变化特征可以看出，与总氮类似，系统对来自养殖场污水中总磷的处理效果较好，水质从进入沉淀池前的劣 V 类，在出水口处基本维持在 III～IV 类标准。

污水在沉淀池、菖蒲塘、莲藕塘和总出水口处的高锰酸盐指数：7 月 22 日为 4.37 mg/L、3.84 mg/L、3.48 mg/L 和 2.09 mg/L；7 月 31 日为 3.68 mg/L、3.16 mg/L、3.37 mg/L 和 2.92 mg/L；8 月 8 日为 3.25 mg/L、3.07 mg/L、3.10 mg/L 和 3.71 mg/L；9 月 27 日为 5.45 mg/L、3.36 mg/L、3.33 mg/L 和 3.68 mg/L。根据沟塘生态系统的高锰酸盐指数变化特征可以看出，经过系统处理后，污水中高锰酸盐指数都不同程度地降低，达到了一定的处理效果。

2）污染物负荷变化特征

在每次观测过程中测定养殖场排水和湿地出水口流量，计算沟塘生态系统的污染物负荷，得出人工湿地对总氮负荷的处理效果。通过分析可以发现，4 次观测中养殖场排出的总氮负荷分别为 30.70 kg/d、17.82 kg/d、22.15 kg/d、97.40 kg/d，经过沟塘生态系统处理后，最终排入河流的总氮含量分别为 3.68 kg/d、1.14 kg/d、2.88 kg/d、25.06 kg/d，系统对总氮的去除率达到 70%以上。4 次观测中养殖场的总磷负荷分别为 2.89 kg/d、1.54 kg/d、2.33 kg/d、1.54 kg/d，经过系统处理后，最终排入河流的总磷分别为 0.75 kg/d、0.24 kg/d、0.41 kg/d、7.05 kg/d，系统对总磷的去除率达到 70%以上。4 次观测中养殖场的高锰酸盐指数负荷分别为 11.32 kg/d、5.25 kg/d、15.43 kg/d、84.92 kg/d，经过系统处理后，最终排入河流的高锰酸盐指数负荷分别为 5.42 kg/d、4.16 kg/d、17.61 kg/d、57.44 kg/d，可以看出生态系统对高锰酸盐指数的去除率在 20%～55%。

3. 小结

人工沟塘生态系统对总氮和总磷具有很好的去除作用，对高锰酸盐指数去除率稍低。沟塘生态系统对总氮和总磷去除率都超过 70%以上，对高锰酸盐指数去除率在 20%～55%，均具有一定的处理效果，但对总氮和总磷的处理效果好于高锰酸盐指数。

降雨情况、流量大小、微生物和植物数量等对沟塘生态系统的处理效果具有重要影响。降雨导致径流量增加直接影响沟塘生态系统中植物和微生物对水体污染物处理效果。另外，沟塘系统中微生物和植物的数量等也对污染物处理起到重要作用，建议在沟渠和稳定塘中进行合理的植物搭配，控制进出生态沟渠和稳定塘的流量，使沟塘系统达到良好的处理效果。

6.5　张沟小流域面源污染生态阻控系统

6.5.1　小流域概况

张沟小流域位于丹江口市蒿坪镇北部，包括卢嘴、观音庙、新店 3 个行政村。小流域北高南低，平均比降为 0.005，属侵蚀剥蚀、局部侵蚀堆积低山地貌。张沟示范区位于卢嘴村，面积约 13 km²。流域内支沟密布，从黄莺水库以下开始计算，主沟道东侧有大小支沟 7 条，西侧有大小支沟 5 条，其中主沟道下游有一条相对独立的支沟，与主沟平行，在沟道出口与主沟相汇。

张沟小流域水土流失问题比较突出，其中 25%为强烈和极强烈流失。土壤侵蚀类型以水力侵蚀为主，其中面蚀分布广泛，部分地区存在沟蚀。大量的水土流失是由坡耕地和疏幼林地造成的。根据遥感数据解译结果，张沟小流域土地利用类型中农田面积约为 400 hm²，占流域总面积的 14%左右，其中水田面积约为 80 hm²，旱地面积约为 300 hm²。据统计，小流域所在的卢嘴村化肥施用量约为 800 t/a，其中氮肥约 600 t/a、磷肥约 150 t/a，主要种植水稻、玉米、核桃、烟叶等。示范区面源污染主要来源于水土流失、农田化肥农药施用、村落生活污水、畜禽养殖等。

6.5.2　阻控系统建设

结合张沟小流域基本条件和主要面源污染问题，将小流域划分为生态修复区、综合治理区、生态缓冲区，3 个区域分别布置面源污染生态阻控工程。生态修复区位于水库上游及周边山区，林地覆盖程度高，水源涵养功能非常重要。综合治理区位于水库以下的主沟道中段，两侧农田分布广泛，村落较为密集，污染来源比较复杂，需要重点布置生态工程。生态缓冲区位于主沟道下游段，小型丘陵较多，农田村落零散分布，有比较大的天然湿地塘，需要重点强化生态缓冲效应。阻控系统总体布局如图 6.5.1 所示。以下对湿地-塘系统、生态河道、支沟阻滞区三类阻控措施进行重点介绍。

1. 湿地-塘系统

湿地-塘系统位于张沟小流域出口处，距离沟口 220 m。工程区紧靠一处水产养殖场。其中近自然湿地长 55 m，宽 45 m，面积为 2475 m²。生态塘长 17 m，宽 15 m，面积为 255 m²。

原有湿地系统为灌溉沟渠和农田退水在低洼处汇集而成，岸边平缓，天然湿地植物较多。水塘为小型农田水利工程修建过程中建设的缓冲池，四周有浆砌石硬化，垂直挡墙，水泥抹面。湿地通过涵管水塘相通，湿地上游水体首先通过灌溉沟渠进入湿地，然后通过涵管进入水塘西侧养殖场院墙之间的小型围隔区，围隔区域和水塘通过浆砌石挡墙的开孔连通。水体进入水塘后从水塘南侧的灌溉渠道流出。

根据原有的地形特征，对湿地-塘系统进行生态改造。湿地塘生态改造过程中，要充分利用原有的湿地资源，发挥湿地塘的缓冲和净化功能，做好围隔区的改造和水流路径的引导。

近自然湿地改造的基本设想是将原有的浅水洼地修整改造成湿地。原有地形由灌渠冲击形成浅水洼地，高程落差较大，湿地植物生长较多，周边均为农田台地。近自然湿地地势偏低，周边农田径流由高向低汇入近自然湿地，农田径流氮营养盐浓度较高，在周边农田与近自然湿地连接处设置反硝化过滤墙，填充专用木屑填料，对农田径流高浓度的氮素负荷进行初步处理。由农田径流流入近自然湿地，对近自然湿地进行生态改造，依次种植草本植物、湿生植物、挺水植物和沉水植物，对污染物的"传输途径"和"汇"进行空间调节，构建多重拦截与消纳的农业面源污染综合控制技术体系与模式，使其成为生态缓冲区的重要组成部分。湿地-塘系统平面布局和剖面结构见图 6.5.2。

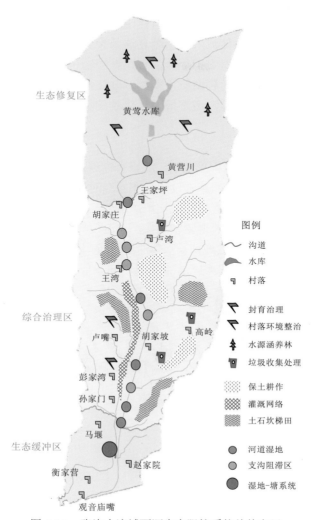

图 6.5.1　张沟小流域面源生态阻控系统总体布局

图例

沟道	
水库	
村落	
封育治理	
村落环境整治	
水源涵养林	
垃圾收集处理	
保土耕作	
灌溉网络	
土石坎梯田	
河道湿地	
支沟阻滞区	
湿地-塘系统	

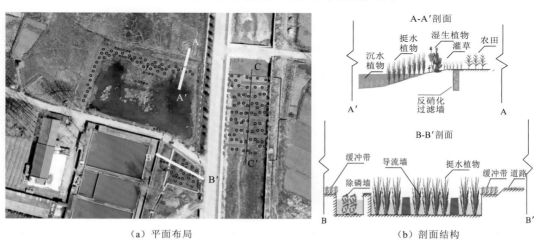

（a）平面布局　　　　　　　　　（b）剖面结构

图 6.5.2　湿地-塘系统平面布局和剖面结构

生态塘通过涵管与近自然湿地相通，近自然湿地水体通过涵管进入生态塘。在生态塘上游及周边建造缓冲带，涵管水体流入生态塘之前，设置除磷墙，前后两端建造砖砌透水墙，中间采用石灰石填料填充，对农田径流的含磷颗粒物进行初步处理。生态塘建造的基本思想是对塘内进行生态化改造，种植挺水植物，强化水质净化能力和景观效果，并设置导流墙，延长水体滞留时间，增强河道湿地对污染物的拦截和净化效果。

2. 生态沟道

生态沟道的平面布局和剖面结构见图 6.5.3。原有河道地形平缓，两岸河堤高度为 2.2 m，周边均为农田台地。河道湿地建造的基本设想是在原有河道的基础上，对主沟道进行生态化改造。具体是在河道溢流堰下游位置建造沉淀池，用来沉淀水体中的悬浮颗粒物。多级导流埂建造在溢流堰的上游，末端与溢流堰紧密连接，导流埂与导流埂之间形成导流槽，交叉种植不同种类的湿生植物，既能够有效地延长水体滞留时间，增强河道湿地对污染物的拦截和净化效果，又利用不同植物对不同污染物的拦截效果不同，全面增强对各种污染物的拦截效果。

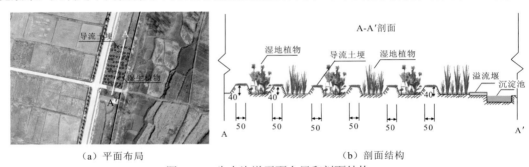

（a）平面布局 （b）剖面结构

图 6.5.3 生态沟道平面布局和剖面结构

导流埂采用梯形断面设计，顶部宽 1 m，底部宽 1.5 m，高 0.4 m，横跨在宽 22 m 的河道上，一端与河道连接，另一端与河道间距为 4 m，导流埂顶部种植狗牙根，密度为 50 株/m²，具有美化景观、固土护坡的作用，导流埂的间距为 2 m，各导流埂中间挖深，形成导流槽，各级导流埂与河道间距呈左右交叉分布，上游来水顺着导流槽弯曲地流动，起到缓流的作用。

在河道湿地的多级导流槽中，交叉种植两类湿生植物，分别为美人蕉和香蒲，美人蕉的种植密度为 18 株/m²，香蒲的种植密度为 10 株/m²。

3. 支沟阻滞区

支沟阻滞区建造的基本设想是在原支沟与主沟道连接处，对该连接处进行生态化改造。考虑该支沟汇入水体主要为农田径流，含氮营养盐较多，需对氮素负荷进行初步处理，具体是在支沟水体汇入主沟道的连接处依次建造植被区、透水墙、植被区和反硝化墙（图 6.5.4）。其中，透水墙能初步拦截支沟水体中的颗粒物，反硝化墙对农田径流高浓度的氮素负荷进行初步处理，植被区可以强化水质净化能力和增加景观效果。

透水墙建造在相邻两植被区中间，长 8 m，宽 6 m，采用干砌石堆砌而成，透水墙体高 50 cm，宽 30 cm。反硝化墙长 15 m，宽 10 m，两侧为无砂大孔混凝土构筑的填料槽，填料槽宽 80 cm，深 150 cm，其中 100 cm 位于地面以下，50 cm 位于地面以上。混凝土槽壁宽 10 cm。填料槽地面以上填料为木屑和土壤的混合物，1 份木屑与 2 份土壤混合均匀。植被区共有两处，均种植香根草，种植密度为 10 丛/m²，每丛 4 株。

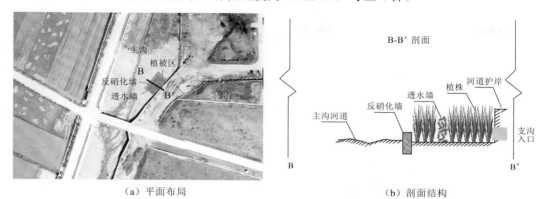

（a）平面布局　　　　　　　　　　　　（b）剖面结构

图 6.5.4　支沟阻滞区平面布局和剖面结构

4. 工程建设情况

张沟小流域面源污染生态阻控系统建设依托小流域综合治理工程开展。小流域综合治理工程于 2015 年开展，完成植物护坎 3 000 m，修建土石坎梯田 42 hm²，实施封禁治理 120 hm²，保土耕作 170 hm²，村落环境整治 100 余户，形成了比较好的水土保持措施基础。面源污染生态阻控系统 2018 年 4 月完成，建设植被缓冲带 100 m，生物过滤带 120 m，生态沟道 150 m，生态塘 400 m²，近自然湿地 2 000 m²。近自然湿地、生态塘、生态沟道、支沟阻滞区建设效果如图 6.5.5 所示。

（a）近自然湿地

（b）生态塘

（c）生态沟道

（d）支沟阻滞区

图6.5.5　张沟小流域生态阻控措施建设效果

6.5.3　实施效果

1. 观测内容

对张沟小流域的生态阻控系统实施效果进行布点监测，监测点位于张沟小流域出口，采样监测频次为每月一次，采样时间为2017年12月～2019年10月。主要测定水体的总氮（TN）、总磷（TP）、高锰酸盐指数（COD$_{Mn}$）、总悬浮物（TSS）等污染物浓度。

张沟小流域面源阻控系统于2018年4月建设，2017年12月～2018年4月可视为建设前的背景监测。考虑生态工程植物需要经历半年左右的生长和稳定，因此将2018年5～10月视为稳定阶段，2018年11月～2019年10月视为稳定后阶段。

2. 观测结果与分析

监测结果显示，面源阻控系统建设前张沟小流域输出的总氮浓度在3～4 mg/L，高于地表水Ⅴ类水质标准（2 mg/L）。阻控系统建设后，总氮浓度在稳定期初期出现升高趋势，最高达到5 mg/L，但随后很快下降，到2019年10月已经下降到2 mg/L以下，达到了Ⅳ类水质标准。阻控系统稳定后总氮浓度虽然出现一定程度的波动，但基本都在2 mg/L以内（图6.5.6）。

沟道出口的总磷在阻控系统建设前波动较大，基本处于0.02～0.10 mg/L。阻控系统稳定初期，总磷浓度明显升高，达到0.23 mg/L，但很快下降，2018年7月之后基本稳定在0.02 mg/L以下，优于Ⅰ类水质标准限值。阻控系统稳定后，总磷浓度在2019年5月出现上升趋势，但始终在0.1 mg/L以下，满足Ⅱ类水质标准（图6.5.7）。

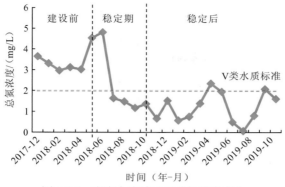

图 6.5.6 张沟小流域出口总氮浓度变化

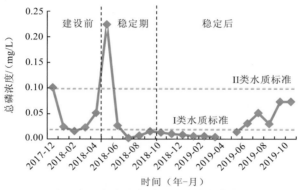

图 6.5.7 张沟小流域出口总磷浓度变化

高锰酸盐指数（COD_{Mn}）在阻控系统建设前波动较大，最高达到 5 mg/L，最低不到 2 mg/L。阻控系统稳定期，高锰酸盐指数在 2～4 mg/L 持续波动，超过 I 类水质标准，但优于 II 类水质标准。阻控系统稳定后，高锰酸盐指数明显降低，2018 年 12 月之后基本处于 2 mg/L 以下，满足 I 类水质标准（图 6.5.8）。

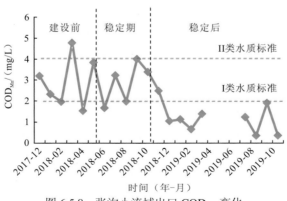

图 6.5.8 张沟小流域出口 COD_{Mn} 变化

沟道出口的总悬浮物（TSS）变化趋势不明显，不论是阻控系统建设前、稳定期还是稳定后，各阶段的总悬浮物浓度均处于波动状态，但浓度均处于较低水平，多在 10～

70 mg/L（图 6.5.9）。这可能是因为小流域水土保持措施基础较好，土壤侵蚀和颗粒物流失在面源阻控系统建设前就得到了较好控制。

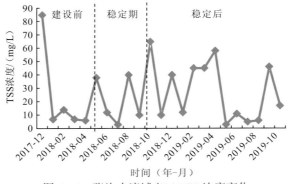

图 6.5.9　张沟小流域出口 TSS 浓度变化

3. 小结

从监测结果可以看到，与阻控系统建设前相比，沟道出口的总氮浓度由劣 V 类提升到 V 类；总磷由不稳定 II 类提升到稳定 II 类，部分时段甚至达到 I 类水质标准限值；高锰酸盐指数由 II 类提升到 I 类。可见张沟示范区的面源污染生态阻控系统取得了明显的效果，主要污染物基本能够提高 1 个水质类别。

6.6　肖河小流域面源污染生态阻控系统

6.6.1　小流域概况

肖河小流域位于丹江口市浪河镇，涉及浪河镇的黄龙、青莫及钱湾 3 个行政村。流域内山高谷低，切割深，地形复杂，水系从南向北直接汇入丹江口水库。项目区位于钱湾村钱家沟，是肖河小流域的典型支沟。项目区居民规模 80 户，土地利用类型以林地为主，分布有较大面积的水田；区域内已经开展了一些水土保持措施，包括坡改果梯、等高植物篱、退耕还经济林等。

钱家沟沟道为一狭长的 U 形山谷，主沟紧贴南侧山脚，最上游为浪河镇友谊水库，沿途陆续有小型支沟汇入（图 6.6.1）。将南侧山坡水库以下第一条支沟设为上游和中游的分界，南侧山坡水库以下最后一条支沟设为中游和下游的分界。南侧山坡小型支沟直接汇入主沟，沟头多分布有蓄水塘，旱季支沟基本无水。北侧山坡分布着三条主要支沟，沟头同样分布着蓄水塘，其中上游支沟直接汇入支沟，中游和下游两条支沟汇入谷底农田，通过农田沟道进入主沟。农田区沟道以灌溉沟渠为主，大量毛细沟纵横交错，同时分布着若干水塘和干塘。

图 6.6.1 钱家沟地形和沟道结构

面源污染生态阻控体系建设前，示范区面临以下主要问题。

（1）现有措施阻控能力有限。示范区现有的水土保持措施对坡面产生的水土流失能够起到一定的阻控作用，但工程措施覆盖范围有限，同时部分措施实施效果不佳，坡面径流仍然会携带一定规模的土壤颗粒物进入沟道。对于这一部分负荷来源，一方面要优化现有措施结构，减少源头输出，另一方面要完善沟道阻控体系，增加沟道阻控能力。因此，亟须结合现状条件，对坡面水土保持措施查漏补缺，同时根据沟道现状开展生态设计，形成污染阻控体系。

（2）农田径流控制力度不足。示范区土地资源非常有限，农田在山谷坪地密集分布，耕作强度高。由于化肥流失和土壤颗粒流失，农田径流携带高负荷的氮磷营养盐污染。虽然现有的自然坑塘、沟道拦沙坝和沉沙池都具有一定的沉降和滞流功能，但这些地形结构和设施生态设计明显不足，对于营养盐的吸收净化能力非常有限。亟须根据示范区的地形特征，进行系统设计，全面提升沟渠坑塘及农田自身对农田径流的控制净化效果。

（3）村落污染没有控制措施。现场调查显示，示范区村落生活污水和院落径流基本通过排水管和简易沟道直接进入农田沟渠，最后汇入主沟道，没有任何缓冲和净化过程。虽然已经建设有若干处沼气池处理人畜排泄物，但对散排的生活污水及村落径流等村落污染的重要来源，基本没有采取控制措施。因此，亟须根据示范区村落分布和排水特征，设计相应处理净化措施，减少村落的污染负荷输出。

6.6.2 阻控系统建设

结合钱家沟现状条件和主要问题，将项目区划分为坡面生态保护区、村落污染控制区、农田面源阻滞区。坡面生态保护区以保护管理为主，部分区域实施经果林补植恢复工程措施；农田面源阻滞区主要实施植物护坎、生态沟渠、反硝化过滤墙、生态塘、近自然湿地等措施；村落污染控制区主要实施小型无动力人工湿地、村落排水管网建设等措施。生态阻控系统总体布局如图 6.6.2 所示，以下对近自然湿地、生态塘、生态沟道等阻控措施的设计进行详细介绍。

图 6.6.2　钱家沟面源生态阻控系统总体布局

1. 近自然湿地

1#近自然湿地原有地形主沟道冲击形成的浅水洼地，高程落差较大，湿地植物生长较多，周边均为农田台地。近自然湿地改造的基本设想是将原有的浅水洼地改造成梯级跌水湿地。对浅水洼地进行修整和梯级改造，形成梯级湿地。各级湿地之间采用砾石构建挡墙。各级湿地中间挖深，起到缓流沉淀的作用。湿地种植芦苇、菖蒲等水生植物，湿地周边设置反硝化过滤墙，填充木屑填料，对农田径流高浓度的氮素负荷进行初步处理。反硝化过滤墙上部铺设条石行道。具体设计方案见图 6.6.3。

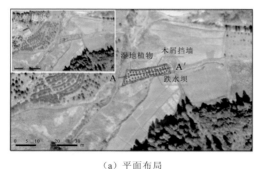

（a）平面布局　　　　　　　　　　　（b）剖面结构

图 6.6.3　1#近自然湿地平面布局和剖面结构

2#近自然湿地分为两部分，北侧宽约 25 m，长约 50 m，南侧长约 18 m，宽约 16 m。原始地貌为浅水沼泽地，上游农田灌渠排水在北侧部分汇集，前端建有挡墙，水深 1 m 左右，中间深两边浅。挡墙以上水深逐渐变浅，挡墙上游 10 m 以上基本无水。现状植被生长杂乱，水体有部分水生植物。近自然湿地建设将依据现场地形条件，对沼泽湿地进行修整，提高污染净化和阻控能力。湿地外部为碎石行道；中间修建土埂，用于导流，延长水力停留时间；导流土埂之间种植水生植物，土埂上植草；湿地前端浅水区种植挺水植物，深水区种植沉水植物；修整原有挡墙，设置出水口与外部灌渠连接。工程设计方案见图 6.6.4。

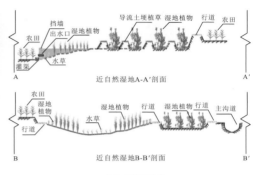

（a）平面布局　　　　　　　　　　　　（b）剖面结构

图 6.6.4　2#近自然湿地平面布局和剖面结构

3#近自然湿地原始地貌为荒废洼地，工程设计方案以土埂和湿地植物为主。湿地外部为条石行道；中间修建土埂，用于导流，延长水力停留时间；导流土埂之间种植水生植物，土埂上植草，具体设计方案详见图 6.6.5。导流埂采用梯形断面设计，顶部宽 30 cm，底部宽 50 cm，高 30 cm。导流埂间距 50 cm。湿地导流埂之间种植美人蕉和香蒲，两者交叉间隔种植。美人蕉种植密度为 3~8 株/m²，菖蒲种植密度为 10~16 株/m²。

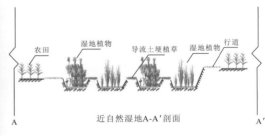

（a）平面布局　　　　　　　　　　　　（b）剖面结构

图 6.6.5　3#近自然湿地平面布局和剖面结构

2. 生态塘

1#生态塘的原始水塘水深 1 m 以上，塘中无水生植物，岸边植被稀疏，周边为苗圃和耕地。水塘同时具备蓄水灌溉和周边村民的用水功能。对水塘岸带进行整治，设置碎石行道和生态隔离带，生态隔离带以灌草群落为主；在水塘一侧建设取水台阶，方便村民取水；

对水塘岸坡进行整理，加强固岸效果；水塘内种植荷花等水生植物，强化水质净化能力和景观效果。生态塘改造设计方案见图6.6.6。

 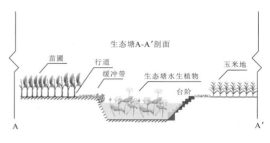

（a）平面布局　　　　　　　　　　　　　　（b）剖面结构

图6.6.6　1#生态塘典型断面结构

2#生态塘水浅，塘底杂草较多，沼泽化严重。完善周边汇水沟道系统，水塘周边铺设条石行道，水塘坡面设置植被缓冲，水塘内部种植水生植物。

3#生态塘现状为浆砌石护岸，周边为农田菜地，塘内无植物。生态化改造方案为塘周边种植美人蕉，形成隔离带，塘内种植沉水植物和浮叶植物，强化自净能力。沉水植物种植狐尾藻，种植密度为20丛/m²。浮叶植物种植睡莲，种植密度为2株/m²。

3. 生态沟道

生态沟道是对原有排水沟道进行生态化，在沟道的线路和规模上不做改变，仅对沟道形状、关键节点、植被、护坡等进行改造。典型生态沟道改造方案如图6.6.7所示。该段渠道长度为20 m，道路和沟道并行，道路靠近山体，为机耕路，沟道靠近农田。沟道上游有田间道路跨过沟道与机耕路连通，沟道通过涵管穿过道路。沟道下游有一水坑，机耕路于

图6.6.7　典型生态沟道改造方案示意图

水坑以下与沟道相交，相交处为乱石，水流穿过乱石进入下游沟道。沟渠整治方案主要为道路修整、沟道整理和坑塘改造。道路修整主要对原有机耕路进行土方夯实和道路修筑，修筑宽度为 1.5 m。坑塘下游沟道与机耕路交汇处铺设涵管（DN600，2 m），保持机耕路连通。沟道整理主要清除沟道杂草，整理边坡，在沟渠边坡和渠道底部种植水生、湿生植物。坑塘改造主要在水坑周边堆砌大型块石，在水坑种植菖蒲，种植密度为 5～18 株/m²。

4. 反硝化过滤墙

反硝化过滤墙位于地面以下，填埋碎木屑和土壤的混合物，地表覆盖植被以降低水土流失。其典型设计见图 6.6.8。在反硝化过滤墙的上游和下游分别垂直布设棕榈包裹的有孔PVC 管各一排，从中抽取水样，分析对硝态氮的去除效果。根据现场地形，1#反硝化过滤墙位于四号支沟与主沟交汇处，平行于主沟，长 6 m，前后铺设采样管；2#反硝化过滤墙位于六号支沟与主沟交汇处的拦沙坝上游，平行于拦沙坝修建，长 9 m，前后铺设采样管；3#反硝化过滤墙位于七号支沟与道路交汇处，七号支沟在居民自留地中分两股汇入路面以下的涵管排入农田沟道，反硝化过滤墙在两股水流汇入口修建，呈直角分布，长 5 m，前后铺设采样管。

（a）剖面结构　　　　　　　　　　　　　　　　（b）平面布置

图 6.6.8　反硝化过滤墙典型设计示意图

目前尚没有成熟的计算公式确定反硝化过滤墙的宽度和深度，根据相关文献研究和经验值（孔繁鑫 等，2008a），结合现场地形条件，确定反硝化过滤墙的宽度为 1 m，深度在1.5～1.7 m。填料类型与反硝化过滤墙的脱氮效率、使用寿命和水力传导系数相关。常用的填料类型有木屑、小麦秸秆、玉米芯等，其中小麦秸秆脱氮效率高，但是使用寿命仅为半年左右，且容易造成有机质泄露；玉米芯尺寸过大，容易造成水力传导系数过高，减低水力停留时间。研究和经验表明，木屑至少能够使用 8 年以上，并保持比较稳定的脱氮效率，因此本方案选择碎木屑作为反硝化过滤墙填料。木屑选用当地常用木材，木屑直径在5 cm 以下，或者采用锯末。

5. 小型人工湿地

小型人工湿地结构如图 6.6.9 所示。湿地类型为水平潜流人工湿地，湿地床采用三层结构，从下到上依次为砾石层、粉砂层和土壤层，湿地床种植湿地植物。完善村落排水收集管网，将分散生活污水集中收集。在湿地北侧沿坡面修建高位配水池，利用自然地形形成水位高差，污水进入湿地床砾石层，经过处理后从上层排出。

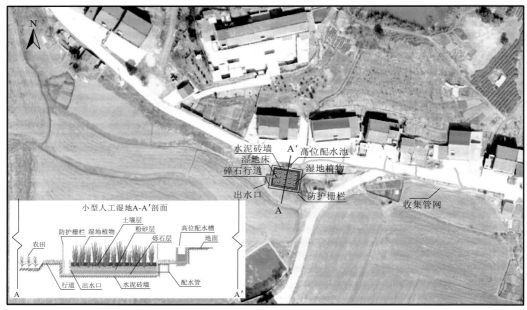

图 6.6.9　小型人工湿地设计示意图

　　根据工程现场情况，小型人工湿地服务范围内有村民 8 户，人口数量按照 30 人计，人均生活用水定额按照 200 L/d 计算。基于以上参数，计算得到湿地进水量为 6 m³/d。湿地植物选择美人蕉、鸢尾，种植密度为 5～16 株/m²。

6. 工程建设情况

　　肖河小流域面源生态阻控系统建设依托小流域综合治理工程开展。肖河小流域综合治理工程于 2015 年完工，在该项目区钱家沟退耕还经济林 38 hm²，生态林建设 50 hm²，等高植物篱 80 hm²，形成了较好的水土保持措施基础。面源生态阻控系统于 2018 年 4 月建设完成，建设近自然湿地 2 000 m²，生态塘 600 m²，生物过滤带 100 m，生态沟道 200 m，小型人工湿地 80 m²，并形成村落排水管网。生态沟道、近自然湿地、生态塘、小型人工湿地等面源阻控措施的建设效果如图 6.6.10 和图 6.6.11 所示。

（a）1#近自然湿地

（b）2#近自然湿地

（c）2#近自然湿地　　　　（d）3#近自然湿地

（e）1#生态塘　　　　（f）小型人工湿地

图 6.6.10　钱家沟面源生态阻控措施建设效果

图 6.6.11　钱家沟面源生态阻控系统关键节点建设效果

6.6.3　实施效果

1. 观测内容

对钱家沟的生态阻控系统实施效果进行布点监测，监测点位于钱家沟出口，采样监测频次为每月一次，采样时间为 2017 年 12 月~2019 年 10 月。主要测定水体的总氮（TN）、总磷（TP）、高锰酸盐指数（COD_{Mn}）、总悬浮物（TSS）等污染物浓度。

钱家沟面源阻控系统于 018 年 4 月建设，2017 年 12 月~2018 年 4 月可视为建设前的背景监测。考虑生态工程植物措施需要经历半年左右的生长和稳定，因此将 2018 年 5~10 月视为稳定阶段，2018 年 11 月~2019 年 10 月视为稳定后阶段。

2. 观测结果与分析

监测结果显示，阻控系统建设前，钱家沟出口总氮浓度基本在 2~4 mg/L 波动，属于劣 V 类水质水平。阻控系统稳定期，总氮浓度波动依然较大，但浓度低值有所下降，最低降至 1 mg/L 左右，部分时段能够达到 V 类水质标准限值。阻控系统稳定后，总氮浓度的波动明显减小，2018 年 10 月开始总氮浓度均在 2 mg/L 以下，满足 V 类水质标准，且呈现明显的下降趋势（图 6.6.12）。

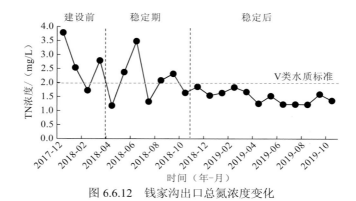

图 6.6.12　钱家沟出口总氮浓度变化

阻控系统建设前，总磷浓度处于 II 类水质水平，在 0.02~0.06 mg/L 波动。阻控系统稳定初期，总磷浓度升高到 0.11 mg/L，但随后迅速下降，到 2018 年 6 月下降至 0.02 mg/L，随后小幅上升，始终处于 I 类水质标准限值（0.02 mg/L）之上。阻控系统稳定后，总磷浓度仍然波动较大，最高达到 0.06 mg/L 左右，但低值明显降低，最低降至 0.01 mg/L 以下。总体上阻控系统稳定后总磷浓度在 I 类水质标准限值附近波动（图 6.6.13）。

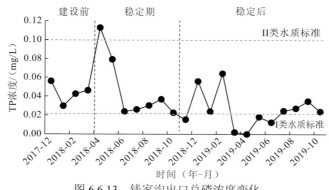

图 6.6.13　钱家沟出口总磷浓度变化

高锰酸盐指数在阻控系统建设前波动较大，最高为 3.9 mg/L，最低为 1.2 mg/L。阻控系统稳定期，高锰酸盐指数波动幅度依然较大，波动范围在 2～4 mg/L。阻控系统稳定后，高锰酸盐指数明显下降，从 2018 年 10 月的 3.5 mg/L 下降到 2019 年 2 月的 1.0 mg/L，随后在 I 类水质标准限值附近波动，高值不超过 2.0 mg/L（图 6.6.14）。

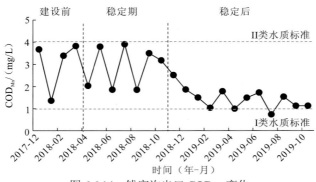

图 6.6.14　钱家沟出口 COD$_{Mn}$ 变化

阻控系统建设对钱家沟出口总悬浮物浓度变化的影响相对较小。阻控系统建设前，总悬浮物浓度最高约为 90 mg/L，但多低于 30 mg/L。阻控系统稳定期基本在 30 mg/L 以下，阻控体系稳定后总悬浮物浓度反而有所升高，最高达到 65 mg/L，后期逐步下降至 20 mg/L 左右（图 6.6.15）。

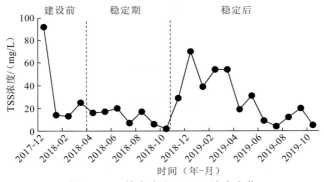

图 6.6.15　钱家沟出口 TSS 浓度变化

3. 小结

从钱家沟出口的监测结果可以看到，面源污染生态阻控系统的建设对小流域的污染物输出浓度起到显著的削减效果。阻控系统建设前，总氮浓度为劣 V 类，总磷浓度和高锰酸盐指数为 II 类；阻控系统建设后，总氮浓度达到 V 类，总磷浓度部分时段能达到 I 类，高锰酸盐指数靠近 I 类上限。总悬浮物浓度下降不明显，可能是因为区域水土保持措施基础较好，土壤侵蚀和颗粒物流失已经得到较好的控制。总体上，钱家沟面源污染阻控系统的建设使沟道出口主要污染物浓度提升半个至一个水质类别，水质改善效应非常明显。

参 考 文 献

邓红兵, 王青春, 王庆礼, 等, 2001. 河岸植被缓冲带与河岸带管理[J]. 应用生态学报, 12(6): 951-954.

冯晓娜, 张刚, 王咏, 2017. 农业面源污染防治措施进展研究[J]. 环境科学与管理, 42(8): 89-93.

侯静文, 崔远来, 赵树君, 等, 2014. 生态沟对农业面源污染物的净化效果研究[J]. 灌溉排水学报, 33(3): 7-11.

贾海燕, 徐建锋, 尹炜, 2015. 丹江口库区生态清洁小流域建设思路探讨[C]// 中国水土保持学会水土保持规划设计专业委员会 2015 年年会论文集.

姜翠玲, 崔广柏, 范晓秋, 等, 2004. 沟渠湿地对农业非点源污染物的净化能力研究[J]. 环境科学(2): 125-128.

景金星, 王幸福, 2004. 村落径流污水的生态处置方法沟塘系统技术介绍[J]. 海河水利(5):46-48.

靖玉明, 2008. 近自然湿地处理污染河水的工艺特性研究[D]. 济南: 山东大学.

孔繁鑫, 陈洪斌, 2008a. 原位生物修复脱氮墙去除地下水硝酸盐的进展[J]. 安徽农业科学, 36(29): 12879-12881.

孔繁鑫, 朱端卫, 范修远, 等, 2008b. 脱氮沟对农业面源污染中地下水硝酸盐的去除效果[J]. 农业环境科学学报, 27(4): 1519-1524.

李丹, 储昭升, 刘琰, 等, 2019. 洱海流域生态塘湿地氮截留特征及其影响因素[J]. 环境科学研究, 32(2): 212-218.

李红芳, 刘锋, 黎慧娟, 等, 2015. 生物滤池/人工湿地/稳定塘工艺处理农村分散污水[J]. 中国给水排水(2): 94-97.

李玉凤, 刘红玉, 刘军志, 等, 2018. 农村多水塘系统景观结构对非点源污染中氮截留效应的影响[J]. 环境科学, 39(11): 4999-5006.

林根满, 唐浩, 吴健, 等, 2014. 生态排水沟渠农田径流污染物的净化效果及示范[J]. 人民长江(19): 72-76.

刘宝元, 刘瑛娜, 张科利, 等, 2013. 中国水土保持措施分类[J]. 水土保持学报, 27(2): 80-84.

刘震, 2014. 总结经验再接再厉全力推进"丹治"工程建设[J]. 中国水土保持(12): 6-8.

陆健健, 王伟, 2007. 湿地生态恢复[J]. 湿地科学与管理, 3(1): 34-35.

栾江, 仇焕广, 井月, 等, 2013. 我国化肥施用量持续增长的原因分解及趋势预测[J]. 自然资源学报, 28(11): 1869-1878.

吕绍生, 2003. 七里海湿地的生态修复[J]. 城市环境与城市生态(5): 48-50.

毛战坡, 彭文启, 尹澄清, 等, 2004. 非点源污染物在多水塘系统中的流失特征研究[J]. 农业环境科学学报(3): 530-535.

施卫明, 薛利红, 王建国, 等, 2013. 农村面源污染治理的"4R"理论与工程实践: 生态拦截技术[J]. 农业环境科学学报, 32(9): 1697-1704.

孙璞, 1998. 农村水塘对地块氮磷流失的截留作用研究[J]. 水资源保护(1): 1-4, 12.

涂安国, 尹炜, 陈德强, 等, 2009. 多水塘系统调控农业非点源污染研究综述[J]. 人民长江, 40(21): 71-73.

汪涛, 夏伟, 雷俊山, 等, 2019. 生态塘链对农村畜禽养殖尾水的深度净化效果[J]. 湖北农业科学(10): 62-67.

汪仲琼, 张荣斌, 陈庆华, 等, 2012. 人工湿地植物床-沟壕系统水质净化效果[J]. 环境科学(11): 122-129.

王宝贞, 王琳, 祁佩时, 2000. 生态塘系统分析及生物种属合理组成的设想[J]. 污染防治技术(2): 74-76.

杨林章, 施卫明, 薛利红, 等, 2013. 农村面源污染治理的"4R"理论与工程实践: 总体思路与"4R"治理技术[J]. 农业环境科学学报, 32(1): 1-8.

于江华, 徐礼强, 高永霞, 等, 2015. 面源污染管理中不同类型工程设施的性能比较[J]. 环境工程学报(8): 112-120.

张福锁, 王激清, 张卫峰, 等, 2008. 中国主要粮食作物肥料利用率现状与提高途径[J]. 土壤学报(5): 915-924.

张青松, 刘飞, 辉建春, 等, 2010. 农业化肥面源污染现状及对策[J]. 亚热带水土保持(2): 44-45.

张自杰, 林荣忱, 金儒霖, 1996. 排水工程[M]. 北京: 中国建筑工业出版社.

朱惇, 尹炜, 徐建锋, 2015. 丹江口典型小流域面源污染控制措施优化配置研究[C]// 中国水土保持学会水土保持规划设计专业委员会 2015 年年会论文集.

LOWRANCE R R, ALTIER L S, WILLIAMS R G, et al., 2000. The riparian ecosystem management model[J]. Journal of Soil and Water Conservation, 55(1): 27-34.

SHERIDAN J M, LOWRANCE R, BOSCH D D, 1999. Management effects on runoff and sediment transport in riparian forest buffers[J]. Transactions of the ASABE, 42(1): 55-64.

第 7 章
水源涵养林定向恢复

　　丹江口水源区荒山和石漠化区域水土流失严重，对库区水源水质构成威胁。建设水源涵养林是提高水源保障能力、保护水源区水质安全的重要途径，对改善整个库区生态环境和保护库区生物多样性意义重大。为了减少水土流失，需对现有低效林进行改造，选择适宜的树种和混交配置方案，可起到事半功倍的效果。水源涵养林定向恢复的关键在于优化树种结构和布局，使选择的树种特性和林地立地条件相适应，最大限度发挥水源涵养林的生态和社会效益。按照不同区域、不同经营类型，水源涵养林可划分为纯生态型水源涵养林、经济生态兼顾型水源涵养林、经济为主型水源涵养林等。开展丹江口水源区水源涵养林定向恢复，不仅可保证南水北调中线工程持续供水、供优质水，还能促进库区农业结构调整和脱贫致富。

7.1　水源区森林植被动态变化

研究采用的基础数据包括：水源区 1980 年、1990 年、2000 年三期 LANDSAT MSS/TM/ETM+影像，1∶25 万的数字线化图（digital line graphic，DLG）、植被分布图、行政区划图、气象数据、部分县市土地利用图、社会经济数据及相关文献资料等。此外，以遥感影像作为选点、选线的主要依据之一，利用手持 GPS、地形图及其他参考资料进行定位、导航开展野外调查工作，以了解水源区土地利用和植被分布规律。

应用 ERDAS 和 ArcGIS 对基础数据进行预处理，统一投影坐标和数据格式，建立水源区空间背景数据库。利用遥感数据采用分类后比较法进行森林覆盖变化测量，结合野外调查信息，采用非监督分类与监督分类相结合的方法，将水源区 1980 年、1990 年、2000 年三期遥感影像分为三类，林地、非林地、水体，并利用 kappa 系数（Aspinall et al.，2000）对分类结果进行精度检验。森林覆盖动态的林地面积变化分析采用具有明确生态学意义的复利率方程（compound-interest-rate formula）计算其年均变化率；在遥感影像分类的基础上，运用 ArcGIS 对不同时期的森林覆盖图进行空间叠加运算，求出各时期林地变化转移矩阵，对水源区林地动态变化过程进行分析。结合已有研究资料（丁圣彦 等，2007；邱扬 等，2003），选择海拔、坡度、坡向、年均气温、降雨量、人口、GDP 7 个环境变量作为影响森林覆盖变化的因子，采用典范对应分析（canonical correspondence analysis，CCA）（Terbraak，1986）研究林地分布和森林覆盖变化的主要影响因子。

7.1.1　森林覆盖变化的动态特征

图 7.1.1 显示了水源区 1980 年、1990 年和 2000 年林地分布的空间格局，经检验，三期的 kappa 系数分别为 0.87、0.89 和 0.91，能够满足研究要求。水源区森林覆盖变化见图 7.1.2，不同土地利用类型面积及其转移情况统计于表 7.1.1。水体面积主要为丹江口水库，约占水源区面积的 1%，鉴于研究重点是分析林地变化及林地、非林地之间相互转化，水体转化不再分析。由表 7.1.1 可见，水源区 1980 年林地面积 67 631 km²，占总面积的71.45%，1990 年林地面积 61 634 km²，占总面积的 65.11%，2000 年林地面积 65 050 km²，占总面积的 68.72%。1980～1990 年，14 893 km² 林地转化为非林地，而非林地转化为林地的面积为 8 952 km²，林地面积减少了 5 996 km²，年均减少约 600 km²，相应复利率计算的年变化率为 −0.93%。1990～2000 年，林地转化为非林地的面积为 9 433 km²，同时又有12 785 km² 的非林地转化为林地，林地面积增加了 3 416 km²，年均增加约 342 km²，年变化率为 0.54%。

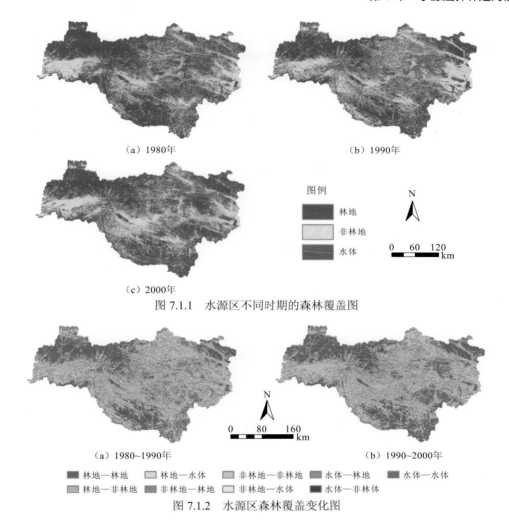

（a）1980年　　　　　　　　　　　　　（b）1990年

图例

■ 林地
□ 非林地
▨ 水体

N

0　60　120
km

（c）2000年

图 7.1.1　水源区不同时期的森林覆盖图

N

0　80　160
km

（a）1980~1990年　　　　　　　　　　　　（b）1990~2000年

■ 林地—林地　　□ 林地—水体　　▨ 非林地—非林地　　■ 水体—林地　　▨ 水体—水体
▨ 林地—非林地　　▨ 非林地—林地　　□ 非林地—水体　　■ 水体—非林地

图 7.1.2　水源区森林覆盖变化图

表 7.1.1　　水源区土地利用类型面积及其转移情况　　　　　　（单位：km²）

年份	覆盖类型	林地	非林地	水体	总计
1980~1990 年	林地	52 647	14 893	91	67 631
	非林地	8 952	17 117	265	26 334
	水体	36	43	614	693
	总计	61 635	32 053	970	
1990~2000 年	林地	52 160	9 433	41	61 634
	非林地	12 785	19 207	61	32 053
	水体	105	258	607	970
	总计	65 050	28 898	709	

　　根据景观生态学理论，运用 Fragstats3.3 软件对森林空间结构基本描述参数（斑块数、斑块平均面积、斑块密度及景观形状指数）计算，确定三个时期森林空间格局变化特征和

规律。森林在三个时期的景观指数变化如表 7.1.2 所示。

表 7.1.2　不同年份林地的空间景观特征

参数	1980 年	1990 年	2000 年
斑块数/个	41 790	71 276	69 632
斑块平均面积/km²	1.62	0.86	0.93
斑块密度/（个/km²）	0.25	0.42	0.41
景观形状指数	345.24	454.97	426.90

由表 7.1.2 可见，1990 年的林地斑块数最多，有 71 276 个，斑块平均面积最小，仅为 0.86 km²；1980 年林地斑块数最少，为 41 790 个，斑块平均面积最大，为 1.62 km²；1990～2000 年斑块数呈先增加后减少趋势，1980～1990 年的变化程度大于 1990～2000 年的变化。从斑块密度来看，1980 年、1990 年、2000 年分别为 0.25 个/km²、0.42 个/km²、0.41 个/km²，总体趋势是先升高后降低，与斑块数量变化一致。而景观形状指数则是先升高后降低，升高原因可能在于人类对林地的开垦导致不同林地斑块之间的距离加大，加大了破碎化，降低的原因在于林地景观类型的内部均一化趋势明显，林地与非林地相隔离。这 20 年斑块的面积呈缩小的趋势，斑块数整体上升，呈破碎化趋势。

总体而言，1980～2000 年水源区林地面积呈先降低后升高的趋势。归其原因，20 世纪 80 年代初期，实行田地承包到户以后，农民受经济利益驱使对公有林地进行乱砍滥伐，同时部分地方政府由于经济发展需要，对森林进行大规模开发，但由于对木材的采伐缺乏计划性，以及对再生林的培养缺乏更新性，森林资源面积越来越小。而自 1989 年启动长江中上游防护林体系建设工程以来，水源地的保护工作日渐加强，大力开展人工造林、封山育林、退耕还林等生态工程，加强对现有森林植被的管理与保护，使林地面积逐步增加（李璐 等，2009）。

7.1.2　林地分布的主要影响因子

CCA 对水源区林地分布的分析结果显示：前 4 个排序轴的特征值总和为 0.204，前 2 个排序轴的特征值较大，累计占到解释量的 99.7%，表明这两轴集中了全部排序轴所反映的林地分布—环境格局的绝大部分信息，显示出重要的生态意义，故采用前两轴作样方和环境的二维排序图。基于林地特征指标构成（SPX1，SPX2）和各环境因子（ENX1，ENX2）的前 2 个排序轴对应相关（图 7.1.3），CCA 排序的第 1 轴与海拔、人口相关，其中与海拔的相关性最大，第 2 轴与降雨量、坡向相关。在所选择环境因子中，年均气温随海拔升高而降低，与海拔相关系数较大；人口与 GDP 显著相关，但两者与其他因子无明显相关性。可见影响林地分布的环境因子有些是相关的，有些是独立的。

图 7.1.3 是 7 个环境因子在 CCA 排序的第 1、2 轴平面上的格局，在 CCA 排序图中箭头表示环境因子，箭头所处象限表示环境因子与排序轴之间的正负相关性，箭头连线长度代表某个环境因子与研究对象分布相关程度的高低，连线越长，代表该环境因子对研究对

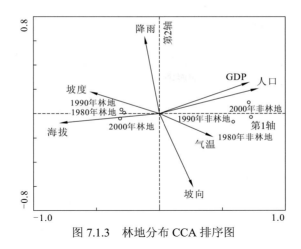

图 7.1.3　林地分布 CCA 排序图

象的分布影响越大，箭头连线与排序轴的夹角代表这个环境因子与排序轴的相关性高低，夹角越小，相关性越高。由表 7.1.3 可见，CCA 第 1 轴分别与人口密度、GDP、气温呈正相关，一般人口密集的区域，GDP 较大，人口密度、GDP、气温对林地分布具有相同作用，第 1 轴与海拔、坡度呈负相关，海拔较高的区域多为山区，坡度较陡，海拔、坡度对林地分布具有相同作用；CCA 第 2 轴与降雨呈正相关、与坡向呈负相关，即降雨增加和坡面向阳程度对林地分布具有相反的作用。海拔、降雨、坡度是林地分布的主要影响因素，对林地的空间分布有着明显的约束作用，其次为人口和 GDP。林地主要分布在海拔较高、降雨充沛、温度较低、坡度较陡、偏向阴面的地区；非林地分布则与此相反，主要分布在海拔较低、地势平坦且人口密集的地区。尽管第 1 轴与第 2 轴的相关系数较小（图 7.1.3），但 CCA 排序的总体显著性（$p<0.01$）与第 1 轴显著性（$p<0.01$）均通过了蒙特卡罗置换检验。

表 7.1.3　林地分布排序前 2 轴与各环境因子的相关系数

环境因子	SPX1	SPX2	ENX1	ENX2
海拔	−0.452	−0.008	−0.793	−0.077
坡度	−0.315	0.019	−0.553	0.183
坡向	0.153	−0.061	0.268	−0.601
年均气温	0.242	−0.019	0.424	−0.190
降雨量	−0.066	0.066	−0.116	0.641
人口密度	0.446	0.021	0.782	0.206
GDP	0.410	0.026	0.718	0.259

注：SPX1、SPX2 和 ENX1、ENX2 分别表示第 1 轴、第 2 轴的林地分布信息和环境信息

7.1.3　林地变化的影响因子

1980～1990 年、1990～2000 年 CCA 排序结果的前 4 个排序轴的特征值总和分别为 0.279、0.289，前 2 个排序轴的特征值累计占到解释量分别达到 99.0% 和 98.9%，同样采用

前 2 轴做样方和环境的二维排序图。林地变化 CCA 排序前 2 轴与各环境因子的相关系数如表 7.1.4 所示。可见，CCA 排序的第 1 轴与海拔、人口相关，其中与海拔的相关性最大，第 2 轴与降雨量相关，这与林地分布的 CCA 排序结果类似。

表 7.1.4　林地变化排序前 2 轴与各环境因子的相关系数

环境因子	1980～1990 年		1990～2000 年	
	Axis1	Axis2	Axis1	Axis2
海拔	-0.408	0.014	-0.416	-0.001
坡度	-0.293	-0.028	-0.287	0.015
坡向	0.165	-0.025	0.120	-0.054
年均气温	0.223	-0.027	0.224	-0.033
降雨量	-0.080	-0.048	-0.058	0.068
平均人口	0.395	0.016	0.419	0.017
GDP	0.361	0.004	0.384	0.021

各环境因子不仅对林地的空间分布有着较显著的影响，对于林地变化同样也有着制约作用（图 7.1.4）。由图 7.1.4 可见，CCA 第 1 轴分别与人口密度、GDP、气温、坡向呈正相关，表明这几个因子对林地分布具有相同作用，第 1 轴与海拔、坡度、降雨呈负相关，这些因子对林地分布具有相同方向的作用。1980～1990 年和 1990～2000 年，林地和非林地不变的区域与上述林地分布排序一致，而主要林地变化过程——非林地向林地转化、林地向非林地转化存在一定差异。1980～1990 年、1990～2000 年林地面积增加的流入过程，即从非林地转化为林地的变化过程，主要发生在中等海拔、缓坡位且偏向阳坡，而林地面积减少的流出过程，即从林地转化为非林地的变化过程，主要发生在海拔较低、人口密集的缓坡位附近。两个时期林地变化的差异在于：1980～1990 年林地增加部分与林地减少部分相比，所处海拔较低，但两者坡位比较一致，1990～2000 年，林地增加部分倾向分布于中坡位，而林地减少部分主要分布于缓坡位，且林地增加部分与林地减少部分相比，所处海拔较高。1990～2000 年林地减少部分与 1980～1990 年相比，更加接近人口密集、经济发达区域。典范排序的总体显著性（$p<0.01$）与第 1 轴显著性（$p<0.01$）都通过了蒙特卡罗置换检验。

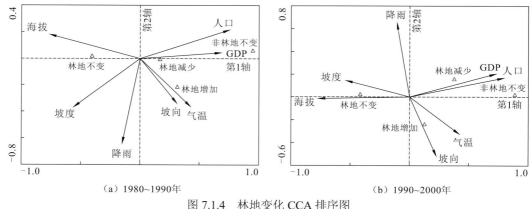

（a）1980~1990 年　　　　　　　　（b）1990~2000 年

图 7.1.4　林地变化 CCA 排序图

7.2　水源涵养植物筛选及群落模式构建

7.2.1　水源涵养植物及群落模式筛选

在对库区植物普查时记录的植物生境和生长状态进行综合分析的基础上，从水源区的物种组成中筛选了数十种耐干旱与瘠薄、固土护坡能力强的水土保持植物，这些植物都可以用于水源区的植被重建和恢复（王辉源 等，2020；高成德 等，2000），具体如下。

乔木类：柏木（*Cupressus funebris*）、侧柏（*Platycladus orientalis*）、杜梨（*Pyrus betulifolia*）、刺槐（*Robinia pseudoacacia*）、臭椿（*Ailanthus altissima*）、铜钱树（*Paliurus hemsleyanus*）、黄连木（*Pistacia chinensis*）、山槐（*Albizia kalkora*）、化香树（*Platycarya strobilacea*）、乌桕（*Sapium sebiferum*）、黄栌（*Cotinus coggygria*）、盐肤木（*Rhus chinensis*）和黄檀（*Dalbergia hupeana*）。

灌木类：白刺花（*Sophora davidii*）、酸枣（*Ziziphus jujuba* var. *spinosa*）、湖北算盘子（*Glochidion wilsonii*）、烟管荚蒾（*Viburnum utile*）、牡荆（*Vitex negundo* var. *cannabifolia*）、马桑（*Coriaria nepalensis*）、柘树（*Cudrania tricuspidata*）、插田泡（*Rubus coreanus*）、假奓包叶（*Discocleidion rufescens*）、中华胡枝子（*Lespedeza chinensis*）、达呼里胡枝子（*Lespedeza davurica*）、白檀（*Symplocos paniculata*）、野山楂（*Crataegus cuneata*）、茅莓（*Rubus parvifolius*）、绣球绣线菊（*Spiraea blumei*）、云实（*Caesalpinia decapetala*）、贯叶连翘（*Hypericum perforatum*）、多花勾儿茶（*Berchemia floribunda*）、白马骨（*Serissa serissoides*）、蜡莲绣球（*Hydrangea strigosa*）、山麻杆（*Alchornea davidii*）、紫穗槐（*Amorpha fruticosa*）和杭子梢（*Campylotropis macrocarpa*）。

藤本类：小果蔷薇（*Rosa cymosa*）、葛（*Pueraria lobata*）、苦皮藤（*Celastrus angulatus*）、花叶地锦（*Parthenocissus henryana*）、络石（*Trachelospermum jasminoides*）、铁线莲（*Clematis florida*）、威灵仙（*Clematis chinensis*）、三叶木通（*Akebia trifoliata*）、牛皮消（*Cynanchum auriculatum*）、秦岭藤（*Biondia chinensis*）、鸡矢藤（*Paederia scandens*）、木防己（*Cocculus orbiculatus*）和盾叶薯蓣（*Dioscorea zingiberensis*）。

草本类：龙芽草（*Agrimonia pilosa*）、蛇含委陵菜（*Potentilla kleiniana*）、委陵菜（*Potentilla chinensis*）、菱叶鹿藿（*Rhynchosia dielsii*）、长柄山蚂蝗（*Desmodium podocarpum*）、球果堇菜（*Viola collina*）、紫花地丁（*Viola philippica*）、马兰（*Kalimeris indica*）、地构叶（*Speranskia tuberculata*）、打破碗花花（*Anemone hupehensis*）、红蓼（*Polygonum orientale*）、反枝苋（*Amaranthus retroflexus*）、矮桃（*Lysimachia clethroides*）、荩草（*Arthraxon hispidus*）、求米草（*Oplismenus undulatifolius*）、拟金茅（*Eulaliopsis binata*）、金茅（*Eulalia speciosa*）、白茅（*Imperata cylindrica*）、狗牙根（*Cynodon dactylon*）和仙台薹草（*Carex sendaica*）。

部分乡土物种如图 7.2.1 所示。

根据库区自然条件和植被演替规律，制定了水源涵养林基本物种的选择原则：一是选择树冠较厚、成林后郁闭度大、根系发达、萌蘖力强、遮拦雨量能力强、生长稳定并能形成富于吸水性落叶层的乡土树种；二是丹江口库区的立地条件。在此基础上，确定了近期重点发展的水源涵养植物，具体见表 7.2.1。

（a）花叶地锦　（b）鸡矢藤　（c）委陵菜　（d）拟金茅（龙须草）

（e）黄栌　（f）烟管荚蒾　（g）柘树　（h）湖北算盘子

（i）酸枣　（j）白刺花　（k）铜钱树　（l）小花花椒

（m）野慈姑　（n）芦竹　（o）薰草　（p）泽泻

图 7.2.1　部分乡土物种

表 7.2.1　库区近期重点发展的水源涵养植物

树种名称	生物学特性	分布地区及地势条件	造林方法	用途
侧柏	常绿乔木，适应性强，稍耐阴，抗风，耐寒、耐旱、耐湿、耐瘠薄，喜生于中性及微碱性土壤，微酸性土壤也能生长，深根性，生长缓慢	华北、西北、华中等地，海拔 1 500 m 以下的黄土丘陵及土石山区，半阴坡、阳坡	直播育苗	护坡；建筑、车船、矿柱、家具和雕刻用材
刺槐	乔木，适应性强，喜光，抗风，很耐干旱，耐瘠薄，耐微盐碱，不耐水湿，对土壤要求不严，喜生于中性、石灰性土壤，浅根性，侧根发达，生长迅速，根蘖能力强	华北、西北、东北、西南，海拔 1 200 m 以下的平地、沙地、山麓和黄土丘陵、低山、阳坡	直播育苗	护坡固沙，改良土壤；车辆枕木、矿柱及小农具、家具用材、薪炭材；叶可做肥料、饲料，花为良好蜜源
柏木	常绿乔木，喜光，土壤适应性广，能在干旱瘠薄的土壤上生长良好	分布广，华中、华东、西北等地山地、丘陵和坡麓	扦插育苗	保持水土，建筑、造船和家具用木材

续表

树种名称	生物学特性	分布地区及地势条件	造林方法	用途
栓皮栎	落叶乔木，喜光，在微酸性和湿润土壤上生长良好，但也耐旱耐瘠薄	辽宁、河北、陕西、湖北、四川和贵州等省，生长于海拔 800 m 以下阳坡	播种育苗	软木工业原料，亦可供建筑使用
麻栎	落叶乔木，喜光，深根性，抗风能力强，在湿润微酸性土壤生长良好，亦耐旱耐瘠薄	分布广，西北、华中和西南地区的山地	播种育苗	可做木材，也可做饲料
短柄枹栎	落叶乔木，喜光，在湿润微酸性土壤生长良好，亦耐旱耐瘠薄	山东、江苏、陕西等及长江流域各省	播种育苗	护土固坡，亦可做木材
马尾松	常绿乔木，强阳性树种，喜光，喜微酸性土壤	分布广，遍布华中华南各地，长江流域一般分布在海拔 600～700 m 以下	播种育苗	重要的荒山造林先锋树种，亦可做木材使用
女贞	常绿乔木，喜光耐阴，深根性树种，生长快	山东、浙江、湖南、四川和湖北等省	播种和扦插育苗	适应性强，观赏价值高
盐肤木	落叶乔木，对土壤要求不严，耐瘠薄，根系发达	分布极广	播种育苗和压根繁殖	护土固坡，药用和做肥料
白刺花	落叶灌木，喜光，耐旱耐瘠薄耐盐碱，深根性，生长迅速	华北、西北、华中等地的河谷沙丘和山坡边，海拔 2 500 m 以下	播种育苗	著名的水土保持植物，亦可做蜜源、饲料和肥料
马桑	灌木，喜光，稍耐寒，耐旱，耐瘠薄，稍耐盐碱，喜生于石灰性土壤，速生，根系发达，萌蘖能力强	西南、华中及西北部分地区海拔 2 000 m 以下的丘陵山地	扦插埋条直播育苗	护坡，枝叶可做饲料、肥料、薪材
中华胡枝子	灌木，极耐寒，耐旱，耐瘠薄，耐轻度盐碱，速生，根系发达，生有根瘤菌，萌芽力强	华北和东北南部、华中、华东及西北部分地区的土石山区，海拔 2 000 m 以下的沟谷、河岸、丘陵、低山、阴坡	直播育苗分根	护坡固坎，改良土壤，叶和嫩枝可做饲料、肥料，枝条可编织，花为良好蜜源

树种名称	生物学特性	分布地区及地势条件	造林方法	用途
牡荆	灌木，喜光，稍耐寒，耐旱，耐瘠薄，对土壤要求不严，萌芽力强	华北、东北南部及西北、华东、华中、西南部分地区的干燥、瘠薄的山野、路旁、沟边、河岸和岩缝	植苗分根	护坡固沟；叶子和嫩枝可压绿肥，枝条可编筐篓，花为蜜源，叶和果实可供药用
柘树	落叶灌木，喜光亦耐阴，耐寒，喜钙质土，耐干旱瘠薄，根系发达	华东、华中、华北和西南各省的山坡、丘陵和路边等	播种育苗	水土保持植物，固坡保水，优良木材
酸枣	落叶灌木，喜光，耐寒耐旱耐盐碱，适应干燥的砂石土壤	华北、西北等地区的山坡和路旁等	播种育苗或分株	水土保持植物，蜜源植物，枣树的砧木及果树
·湖北算盘子	灌木，喜光，耐干旱耐瘠薄	安徽、湖北、四川和贵州等省的山地	播种育苗	水土保持植物
野山楂	落叶灌木，耐干旱，耐贫瘠土壤，喜光	我国北部、中部至南部各省的向阳山坡和山地	播种育苗	水土保持植物，果实可食用，并可药用
拟金茅	草本，生长旺盛，适应气候和土壤的能力强	陕西、四川、贵州、湖北等省的向阳山坡草地	播种	水土保持植物

库区水源涵养林典型群落模式见图 7.2.2。通过对研究区域所实行的小流域治理、退耕还林和水源涵养林体系的调研，分析、筛选了不同立地条件下的乔灌草水源涵养林群落空间配置模式及其适用条件和范围。

（1）常绿针叶落叶阔叶混交林：刺槐+侧柏—白刺花—薹草；适于干旱瘠薄偏碱的土壤。

（2）常绿针叶落叶阔叶混交林：刺槐+侧柏—牡荆—苨草；适于干旱瘠薄偏碱的土壤。

（3）常绿针叶落叶阔叶混交林：刺槐+侧柏—白刺花+牡荆—苨草+薹草；适于干旱瘠薄偏碱的土壤。

（4）常绿针叶林：侧柏—白刺花+酸枣—仙台薹草+苨草；适于干旱瘠薄偏碱的土壤。

（5）常绿针叶林：侧柏—黄栌+烟管荚蒾—薹草+苨草；适于干旱瘠薄偏碱的土壤。

（6）常绿针叶林：柏木—马桑—薹草+苨草；适于干旱瘠薄偏碱的土壤。

（7）常绿针叶林：侧柏—白刺花—仙台薹草；适于干旱瘠薄偏碱的土壤。

（8）落叶阔叶混交林：栓麻栎—盐肤木—薹草+茅草；适于水分条件比较好的立地条件，中偏酸性土壤。

（9）落叶阔叶混交林：栓皮栎+短柄枹栎—白刺花+牡荆—薹草+苨草；适于水分条件比较好的立地条件，中偏酸性土壤。

（10）常绿针叶林：马尾松—中华胡枝子—茅草等；适于干旱瘠薄的酸性土壤。

（11）常绿针阔混交林：侧柏+女贞—拟金茅；适于干旱瘠薄偏碱的土壤。

图 7.2.2　库区水源涵养林典型群落模式

7.2.2　径流小区恢复模式设计

结合 2007 年对胡家山流域实地普查和对各种适合物种的抗性研究，依自然地理条件建立 6 个典型径流小区，分别提出 6 种合理的水源涵养型的恢复模式。

径流场 1 号，改造前的群落模式为侧柏—白刺花—仙台薹草+荩草，各层的盖度太低，应适当补充其他树种组成针阔混交林，灌木中白刺花盖度及重要值均为 0.5 左右，还没形成绝对优势，可适当补充其他物种，而草本中仙台薹草和荩草两种物种占据绝对的竞争优势，所以不加入其他竞争物种，只需适当地补充仙台薹草和荩草，最后选择的营造模式为刺槐+侧柏—白刺花+小酸枣—仙台薹草+荩草。

径流场 2 号，改造前的群落为侧柏—白刺花—仙台薹草+野菊，各层盖度为 0.17、0.67 和 0.76。乔木层的侧柏盖度和密度都太低，需要补充其他树种，也还是选择阔叶树种；灌木中白刺花的盖度及重要值均大于 0.6，具有很大的优势，所以不引进其他物种，只需适当地补植白刺花；草本中仙台薹草和野菊具有一定优势，但不明显，其中荩草也具有竞争能力，所以可以适当地补植荩草，增加草本层的多样性及盖度，最后选择的营造模式为侧柏+盐肤木—白刺花—仙台薹草+野菊+荩草。

径流场 3 号，改造前的群落模式为侧柏—白刺花—仙台薹草，各层盖度为 0.1、0.69 和 0.79，其乔木层的侧柏盖度和密度是所有 6 个小区中最低的，所以选择其他树种为主、侧柏为辅的群落模式；灌木中还是以白刺花为主，但是胡枝子类也具有一定竞争性，所以应当适当补植；草本除仙台薹草外无其他有潜在优势的物种，所以以补植仙台薹草为主。最后设计的模式为化香树（或刺槐）+侧柏—白刺花—仙台薹草。

径流场 4 号，改造前的群落模式为侧柏—白刺花—仙台薹草+荩草，各层的盖度为 0.42、0.71 和 0.59，其侧柏的盖度接近一半，所以只需要适当地补植侧柏即可；灌木除白刺花外只有插田泡具有一定的竞争性，所以适当补植；草本除仙台薹草和荩草外还有金茅具有竞争性，也可以适当补植，最后设计的模式为侧柏—白刺花+插田泡—仙台薹草+荩草+金茅。

径流场 5 号，改造前的群落模式为侧柏—白刺花—仙台薹草+金茅，各层盖度为 0.45、0.75 和 0.88，各层盖度和多样性均为 6 个小区中最高和最好的，所以在恢复时，可以在各层补植相应的物种，最后选择的营造模式为侧柏—白刺花—仙台薹草+金茅。

径流场 6 号，改造前的模式为侧柏—白刺花—仙台薹草+荩草，各层盖度为 0.35、0.55 和 0.8，侧柏郁闭度和分布还可以，适当补植即可；灌木中除白刺花外小酸枣也具有一定的生长潜力，所以也可以适当补植；草本除仙台薹草和荩草外无其他有竞争潜力的物种，所以补植仙台薹草和荩草即可，最终选择的营造模式为侧柏—白刺花+小酸枣—仙台薹草+荩草。

径流场内水源涵养林的建设是关系以后整个区域水源涵养林成功与否的关键因素之一，所以在建设过程中必须有合理的理论和实践基础，随时做好相应的各项记录工作，当发现有不合理的地方时要及时进行改正，从而保证水源涵养林的成功恢复。

7.2.3　水源涵养林模式建设

天然林的树种组成是经过自然选择的结果，所以尽可能模拟丹江口的天然林的树种组成，构建由多个树种组成、稳定性强、生态功能良好的、近自然的针叶和针阔混交林。经过反复认真挑选，选择以上几种模式。

在丹江口胡家山流域，湿润林地不是很多，土壤厚度也不是很厚，因此本小节选择 8 种种植模式（表 7.2.2），其中大部分为乡土树种，但经研究表明黑松和紫穗槐适合此地气候条件且水源涵养能力强，因而加入这 2 种植物并测试其实际效果，如果成功则可引入栽植。

表 7.2.2 湿润土地水源涵养林种植模式

样地号	坡向	土壤厚度/cm	pH	乔木层	灌木层	草本层
1	阴坡和半阴坡	>50	7<	柏木纯林	马桑、盐肤木	薹草、莐草、仙台薹草
2	半阴坡和半阳破	>50	6.5<	栓皮栎为主，茅栗和枹栎为辅	绣球绣线菊和马棘	茅草加薹草
3	半阴坡和半阳破	>40	6<	短柄枹栎为主，麻栎和栓皮栎为辅	白檀、湖北算盘子和荀子	山蚂蝗、莐草、蒿类
4	山顶和阳坡	>30	7<	黑松为主，响叶杨为辅	湖北算盘子、白刺花和牡荆	莐草、薹草和蕨类
5	半阴坡和阴坡	>40	7.2	油松和刺槐混交	紫穗槐、牡荆和烟管荚蒾	薹草、莐草和蒿类
6	半阳坡和半阴坡	<40	>7	侧柏纯林	黄栌、马桑和绣球绣线菊	金茅和莐草
7	阳坡和山	<20	>7	无	白刺花和牡荆	薹草、茅草和蕨类
8	脊阴坡	>40	6<	马尾松和栎类	湖北算盘子和胡枝子	麦冬和薹草

干瘠石质山地特点是降水量少，干旱频繁，土壤瘠薄，石头多，地形复杂，植被稀少，为此根据山地特点及已有的成功种植例子得出以下种植模式。

（1）以石质沟头水土保持功能为主的水源涵养林营造模式，此模式主要目的是通过人工造林，降低进入沟头的水流速度，加强淤淀作用，以保护进水沟不受破坏，阻止侵蚀沟向分水岭伸展。

在沟头溯源侵蚀正在剧烈发展的时期，必须配合沟头拦水埂营造以沟头水土保持功能为主的水源涵养林；在侵蚀发展已经放缓或基本停止的侵蚀沟，则可直接在进水处造林。此地区可选用杨树、柳树、牡荆、侧柏等树种。在与拦水埂配合时，埂上和埂间都应栽树，直接造林时，应正对水流方向排列成行。根据沟头前进速度和林木开始产生效益的年限，应与沟头保持适当的距离，造林密度也要适当加大。

（2）坡面生态公益林模式，此模式主要是在土层厚度 25 cm 以下的立地条件实行。主要目的是建立水流调节林带，通过树木根系和地被物覆盖，吸收和分散地表径流，防止侵蚀沟形成，控制进一步的水土流失。当林分郁闭后，结合抚育措施，获取一定数量的薪炭材或饲料。可以用白刺花、牡荆和紫穗槐等树种。据已成功的例子，5 m 宽的紫穗槐水流调节林带，平均能减少 39%的地表径流、67.1%的冲刷。

（3）以侵蚀沟道水土保持功能为主的水源涵养林模式，此模式是在侵蚀沟内造林，目的在于通过树木根系的生长，固定沟坡，防止流泻滑塌，并能获得一定数量的木材和干果等产品，对一些主沟沟道，地势开阔、纵坡平缓、山地坡脚土层较厚时，可进行农业和经济林利用。而在一些一级支沟或二级支沟，山坡陡峻、沟道纵坡较大、沟谷狭窄时，沟底要修筑沟道工程，以防止或减少山洪泥石流爆发时的损失及其破坏规模。行之有效的方法是在沟底修筑一定数量的谷坊，尤其是在沟道拐弯转折处，注意设置密集谷坊群。修筑谷坊群，一般是就地取材，采用干砌石谷坊。谷坊群建设的目的是巩固和提高侵蚀基准，拦截沟底泥沙。当泥沙淤积到一定厚度时，营造杨树或侧柏林。当沟底工程和防护林工程相结合，并为强大的林木生物群所占据时，即可达到控制水土流失的目的。

在沟道下游或接近沟道出口处，沟谷渐趋开阔，在沟道水路两侧修筑成梯田或坝地。在埂坎边坡，可栽植枸杞、苹果、梨、酸枣等经济林树种或栽植杨树、黑松、栎属等用材林树种。

（4）山地经济林模式，此模式适用于土层较厚的立地类型，主要目的是栽植优良经济林树种，在保证控制水土流失的同时，获得良好的经济效益，提高农民的生活水平。但需要注意的问题是每个经济林面积不应太大，而且不同类型经济林最好交错分布，提高多样性。不然面积过大，一旦病虫害或其他灾害发生则将难以控制。

（5）农林复合经营模式，此模式适用于土层厚度不是很厚的坡地，目的在于充分利用土地资源，在控制水土流失、保护生态环境的同时，农林牧协调共同发展，以满足人们生活的各种需要。一般都呈带状，一带为树木，一带为果树或药材、牧草、农作物。带宽视具体情况而定。此种植模式包括林果、林药、林草、林农4种模式。在此山区林果模式有黑松、油松、杨树、酸枣和枸杞、山杏、梨等；林药模式即在林分之中种植药材，如桔梗、党参等等；林草模式即在林分之中种植牧草；林农模式即林分与农作物间作。

（6）以坡地生产建筑用材为主的水源涵养林模式，此模式适用于土层深厚、山下腹、水分条件好的立地类型。目的是利用良好的土壤条件生产工业用材。干瘠石质山地主要用材林树种有黑松、油松、马尾松、杨树、栎属林等。用材林一般为纯林，且每个树种纯林面积不能太小。最好为4个以上树种呈斑块状混交，形成斑块镶嵌体结构，这种配置可以防止病虫害发生和蔓延。具体的如表7.2.3所示。

表 7.2.3　干瘠石质林地水源涵养模式

样地号	坡向	pH	土壤厚度/cm	乔木	灌木	草本
1	半阳坡和半阴坡	>7	>30	侧柏纯林	黄栌和烟管荚蒾	薹草、苫草和蒿类
2	阴坡和半阴坡	6～7	>30	黑松和杨树	白刺花和湖北算盘子	苫草、金茅和三穗薹草
3	半阳坡和半阴坡	>7.5	<25	侧柏和圆柏	白刺花、牡荆和紫穗槐	金茅、仙台薹草和蕨类
4	阳坡和半阳坡	>7	<25	侧柏、化香树和栎类	烟管荚蒾、马桑和绣线菊	三穗薹草、茜草和蒿类
5	阴坡和半阴坡	6～8	>45	梨或南酸枣或石榴	枸杞和沙棘	薹草和茅草
6	半阳坡和半阴坡	>7.5	<25	盐肤木和乌桕	苦皮藤和紫穗槐	薹草、茅草和莎草
7	阳坡和半阳坡	>7	>30	侧柏和刺槐	白刺花和马棘	薹草和茅草
8	阴坡和半阴坡	<6.5	>30	栓皮栎、刺槐和茅栗	绣线菊和湖北算盘子	麦冬和薹草
9	阴坡和半阴坡	7	>40	黑松和油松	枸杞和桔梗和牡荆	苫草、薹草和茅草
10	阳坡	>7.5	<25	无	白刺花和牡荆	薹草、苫草和蒿类
11	阳坡	>7.5	<25	无	紫穗槐和柘树	薹草、茅草和蒿类
12	阳坡和山脊	>7.5	<25	无	无	拟金茅为主,苫草和薹草为辅

除此之外还应接受一个观点，即灌木林也是森林植被，特别是在干瘠石质山地造林更应重视灌木的作用，灌木林应充当主角，其比例应达到一半以上。有些地方在干旱阳坡上大部分是栽植侧柏，侧柏耐干旱瘠薄，但生长慢，常长成灌木状。而灌木成活容易，生长快，根系发达，天然更新能力强。从保持水土角度来看，栽植灌木往往比栽乔木效果更好。所以在阳坡应大力栽植灌木。许多地方的阴坡土层不厚，并不适宜乔木树种生长。因此，在干瘠石质山地水源涵养林建设中，大力发展灌木林，充分发挥灌木林的作用，是适地适树思想的真正体现。

最后应该注意的是植树应顺应自然条件和环境，植树造林应与每年造林区域的实际情况相适应，降雨量多或土壤墒情好的年份，应尽可能多栽植；降雨量少的干旱年份或土壤墒情不好的年份或季节，应尽量少栽或不栽植。

7.3　植物群落多样性及生态结构

7.3.1　调查方法

植物调查：在丹江口库区采用线路法和样地法采集植物标本和拍摄照片，并对典型群落类型和群落结构进行分析；植物鉴定根据《中国植物志》《高等植物图鉴》《湖北植物志》确定；植物区系根据《中国种子植物属的分布区类型名录》确定。

样地设计：在库区选择 19 块典型调查样地，样地大小为 30 m×20 m，每个样地内共设置 5 个 2 m×2 m 的灌木样方，5 个 1 m×1 m 的草本样方，调查物种种类、盖度、郁闭度、频度及乔木树高、胸径等指标；灌木丛的样地设置则采用最小面积法确定取样面积大小。

数据统计分析：数据统计包括相对多度、相对密度、相对盖度、相对频度、重要值及 α 多样性指数。

7.3.2　种子植物区系

丹江口库区植被调查结果显示，地域内共有森林植被物种 581 种。其中，种子植物 560 种，包含 107 科 326 属。种子植物中，裸子植物和被子植物分别有 14 属和 312 属，分别占地域内总属数的 4.13% 和 92.04%，被子植物占绝对优势。其中，禾本科（20 属，26 种）、蔷薇科（17 属，36 种）、菊科（33 属，52 种）和蝶形花科（18 属，26 种）在属和种数量上有着明显的优势，显示了这些大科在该区系组成中占据了主要地位，见表 7.3.1。

表 7.3.1　丹江口森林植被物种组成

植物类型	科数	比例/%	属数	比例/%	种数	比例/%
蕨类植物	9	7.76	13	3.83	21	3.61
裸子植物	7	6.03	14	4.13	20	3.44
被子植物	100	86.21	312	92.04	540	92.95
合计	116	100	339	100	581	100

根据《中国种子植物属的分布区类型名录》（吴征镒，1991），可以把库区种子植物的326属划分为14个类型及11个变型（表7.3.2）。

表 7.3.2　丹江口种子植物属的地理分布区类型

序号	分布区类型及其变型	单种属	少种属	多种属	合计	占比/%
一	1.世界分布	18	28	2	48	14.72
	泛热带分布及其变型				59	20.85
二	2.泛热带	30	26	1	57	20.14
	2-1.热带亚洲、大洋洲、南美洲（墨西哥）间断	2	0	0	2	0.71
三	热带亚洲和热带美洲间断分布	6	1	0	7	2.47
四	旧世界热带分布	6	5	0	11	3.89
五	热带亚洲至热带大洋洲分布	8	0	0	8	2.53
六	热带亚洲至热带非洲分布	8	1	0	9	3.53
七	热带亚洲分布及其变型	9	4	0	13	4.60
	7.热带亚洲（印度—马来西亚）	8	4	0	12	4.25
	7-1.爪哇、喜马拉雅和华南、西南星散	1	0	0	1	0.30
八	北温带分布及其变型	38	28	4	70	24.79
	8.北温带	30	23	4	57	20.25
	8-4.北温带和南温带（全温带）间断	6	4	0	10	3.53
	8-5.欧亚和南美洲温带间断	1	1	0	2	0.71
	8-6.地中海区、东亚、新西兰和墨西哥到智利间断	1	0	0	1	0.35
九	东亚和北美洲间断分布	13	10	1	24	8.48
十	旧世界温带分布及其变型	17	7	0	24	8.48
	10.旧世界温带	8	5	0	13	4.60
	10-1.地中海区、西亚和东亚间断	8	2	0	10	3.53
	10-2.欧亚和南非洲（有时也在大洋洲）间断	1	0	0	1	0.35
十一	11.温带亚洲分布	4	1	0	5	1.77
十二	地中海区、西亚至中亚分布及其变型	3	0	0	3	1.06
	12.地中海区、西亚至中亚分布	2	0	0	2	0.71
	12-3.地中海区至温带、热带亚洲，大洋洲和南美洲间断	1	0	0	1	0.35
十三	东亚分布及其变型	27	11	0	38	13.43
	13.东亚（东喜马拉雅—日本）	12	7	0	19	6.71
	13-1.中国—喜马拉雅（SH）	4	0	0	4	1.43
	13-2.中国—日本（SJ）	11	4	0	15	5.30
十四	14.中国特有分布	7	0	0	7	2.47
	总计	322	198	13	326	100

（1）世界分布属。丹江口库区有该类型 48 属，其中单种属 18 属，少种属 28 属，多种属 2 属，占库区种子植物总属数的 14.72%。大多数是草本或灌木，在我国普遍分布，如悬钩子属（*Rubus*）、早熟禾属（*Poa*）、鼠李属（*Rhamnus*）、银莲花属（*Anemone*）、商陆属（*Phytolacca*）等，它们常常是亚热带至寒温带的林下植物或高山草甸的重要组成部分。这与植物世界分布的特性要求相符合，进化的草本由于适应能力比较强，往往在世界分布属里占主要地位。

（2）泛热带分布属及其变型。该类型在库区有 59 属，占库区种子植物总属数的 20.85%，在各属分布中居于第 2 位。分别有冬青属（*Ilex*）、花椒属（*Zanthoxylum*）、山矾属（*Symplocos*）、乌桕属（*Sapium*）等。

（3）热带亚洲和热带美洲间断分布属。该分布类型仅有 7 属，其中少种属 1 属，其余均为单种属，主要有雀梅藤属（*Sageretia*）和百日草属（*Zinnia*）。该分布型一般起源于古南大陆。

（4）旧世界热带分布属。该类型在库区共有 11 属，主要以木本属为主，例如合欢属（*Albizia*）、八角枫属（*Alangium*）、海桐花属（*Pittosporum*）、扁担杆属（*Grewia*）、楝属（*Melia*），草本属有拟金茅属（*Eulaliopsis*）和金茅属（*Eulalia*）。

（5）热带亚洲至热带大洋洲分布属。该类型在库区有 8 属，均为单种属，主要有樟属（*Cinnamomum*）、雀舌木属（*Leptopus*）和臭椿属（*Ailanthus*）。

（6）热带亚洲至热带非洲分布属。该类型在库区共有 9 属，主要为单种属，有大豆属（*Glycine*）、山黑豆属（*Dumasia*）、常春藤属（*Hedera*）、铁仔属（*Myrsine*）、杠柳属（*Periploca*）、水团花属（*Adina*）、荩草属（*Arthraxon*）和菅属（*Themeda*）。

（7）热带亚洲分布属及其变型。库区有该类型共 13 属，主要是葛属（*Pueraria*）、山胡椒属（*Lindera*）、鸡矢藤属（*Paederia*）和油桐属（*Vernicia*）等。第 1 变型属有 1 属，为天门冬属（*Asparagus*）。

（8）北温带分布属及其变型。丹江口库区有该类型 70 属，其中单种属 38 属，少种属 28 属，多种属 4 属，占库区种子植物总属数的 24.79%，在所有分布类型中居第 1 位。该类型木本植物比较突出，几乎包含了我国甚至整个北温带分布的所有典型的木本植物，如裸子植物中的圆柏属（*Sabina*），被子植物中的杨属（*Populus*）、柳属（*Salix*）、花楸属（*Sorbus*）、槭属（*Acer*）等，其中，桦木属（*Betula*）、苹果属（*Malus*）和花楸属（*Sorbus*）等，均普遍分布于我国西南至东北的整个森林地区，是构成我国温带落叶阔叶林、针叶林及亚热带和热带山地森林的主要树种。该类型的 3 个变型为北温带和南温带（全温带）间断，欧亚和南美洲温带间断，地中海区、东亚、新西兰和墨西哥到智利间断，分别含有 10 属、2 属、1 属。

（9）东亚和北美洲间断分布属。该类型有 25 属，占库区种子植物总属数的 8.48%，有石楠属（*Photinia*）、紫穗槐属（*Amorpha*）、胡枝子属（*Lespedeza*）、绣球属（*Hydrangea*）、勾儿茶属（*Berchemia*）、络石属（*Panax*）和向日葵属（*Helianthus*）等。该分布类型中还有一些具有古老残遗性质的属，如木兰属、五味子属（*Schisandra*）等。

（10）旧世界温带分布属及其变型。该类型有 24 属，占总属数的 8.48%，主要有梨属（*Pyrus*）、草木樨属（*Melilotus*）、瑞香属（*Daphne*）、天名精属（*Carpesium*）、旋复花属（*Inula*）

和隐子草属（*Cleistogenes*）等。该类型的 2 个变型为地中海区、西亚和东亚间断及欧亚和南非洲（有时也在大洋洲）间断，分别含有 10 属和 1 属。

（11）温带亚洲分布属。该类型在库区有 5 属，包括杏属（*Armeniaca*）、杭子梢属（*Campylotropis*）、防风属（*Saposhnikovia*）、刺儿菜属（*Cephalanoplos*）和马兰属（*Kalimeris*）。

（12）地中海区、西亚至中亚分布属及其变型。该类型在库区仅有 2 属，含有 1 变型，亦仅有黄连木属（*Pistacia*）。

（13）东亚分布属及其变型。库区有该类型 38 属，占总属数的 13.43%为第 4 大分布。主要有木瓜属（*Chaenomeles*）、溲疏属（*Deutzia*）、栾树属（*Koelreuteria*）、地黄属（*Rehmannia*）和沿阶草属（*Ophiopogon*）等。该类型有两个变型：中国—喜马拉雅变型（*SH*）共有 4 属，全部为单种属，包括侧柏属（*Platycladus*）、梧桐属（*Firmiana*）、兔儿伞属（*Ayneilesis*）和阴行草属（*Siphonostegia*）；中国—日本变型（*SJ*）共有 15 属，主要有鸡眼草属（*Kummerowia*）、刺楸属（*Kalopanax*）、化香树属（*Platycarya*）、枫杨属（*Pterocarya*）、假蒡包叶属（*Discocleidion*）、萝藦属（*Metaplexis*）、白马骨属（*Serissa*）、木通属（*Akebia*）等。

（14）中国特有分布属。库区有该类型 7 属，主要有山拐枣属（*Poliothyrsis*）、地构叶属（*Speranskia*）、秦岭藤属（*Biondia*）和香果树属（*Emmenopterys*）等。

通过上述分析可知，丹江口库区植物区系具有明显的温带性质，并含有较丰富的热带成分，这是由丹江口库区位于我国中部中心地带，加上一些地理热带小环境造成的。丹江口库区热带成分分布属共 107 属，占总属数的 32.82%，温带成分的属有 148 属，占总属数的 45.4%，可以明显看出，库区的植物以温带类型植物占优势。这与库区所处的地理位置是一致的。同时单种属和少种属众多，少有多种属。库区种子植物有单种属 196 属，少种属 122 属，多种属 8 属。这可能主要与 20 世纪 50～60 年代的森林大砍伐造成物种在该区域的减少有关。植物组成以耐干旱瘠薄的类型为主。这与库区植被的破坏密切相关，水土流失和土壤石漠化日益严重，导致大量物种从库区消失，仅有适应性强、耐干旱瘠薄的植物保留了下来。这也是库区植物种类相比邻近地区物种相对单薄的原因。

丹江口库区群落类型分析中，采用《中国植被》（吴征镒，1995）提出的植物群落—生态学分类原则和分类系统，以植物群落本身特征作为分类的依据，采用植物型（vegetation type）、群系（formation）、群丛（community）三级基本单位的分类系统，对群落类型的划分和描述单位到群丛这一级。根据群落分层和各层优势种情况，并结合实际调查的结果对调查的 19 个典型群落进行分类，共划分为 3 种植被型组 6 种植被型 8 种群系和 18 种群丛。

研究区土壤厚度 3～70 cm 不等，但从大体上来说次生林的土壤厚度远大于灌丛林的厚度，而一般情况下落叶阔叶林＞常绿落叶针阔混交林＞针叶林。具体来说，侧柏群落或以侧柏为主的混交林（如侧柏＋化香树）和以白刺花、牡荆、拟金茅和荩草为主的灌丛和灌草丛在土壤厚度很薄的地方可以正常生长，而马尾松、黑松和柏木等其他针叶树种则在厚度大于 40 cm 的土壤上可以生长良好，而以壳斗科植物为主的落叶阔叶树种如栓皮栎、短柄枹栎、茅栗或它们组成的混交林（如短柄枹栎＋茅栗或马尾松＋短柄枹栎）在厚度大于 30 cm 的土壤生长良好。

19 个样地中，2 个样地土壤为强酸性的，3 个样地土壤为酸性的，3 个样地土壤为中性的，8 个样地土壤为碱性的，3 个样地土壤为强碱性的。这说明研究区土壤是以中碱性为主的，特别在水土涵养试点区域的山体土壤基本上是碱性或强碱性的，这是选择合适的树种种植时所需考虑的非常重要的一点。

18 种群丛的地理分布、海拔高度、生境状况与群落结构详见表 7.3.3。

表 7.3.3　丹江口库区群落类型表

植被型组	植被型	群系	群丛	平均海拔/m	坡度/(°)	坡向	群落起源
阔叶林	落叶阔叶林	栓皮栎林	栓皮栎—盐肤木—薹草	209	24	NE	天然林
			栓皮栎—白檀+黄连木	260	25	SE	天然林
			栓皮栎+化香树—白马骨—仙台薹草	692	26	N	天然林
		短柄枹栎林	短柄枹栎+茅栗—短柄枹栎—薹草+山蚂蟥	313	23	NW	天然林
针叶林	暖性常绿针叶林	马尾松林	马尾松+短柄枹栎—湖北算盘子—茅草+薹草	730	18	E	天然林
	温性针叶林	侧柏林	化香树+侧柏—黄栌+烟管荚蒾—薹草	291	30	N	人工林
			侧柏—黄栌+烟管荚蒾—薹草	256	35	WS	天然林
			侧柏—苦皮藤—荩草	460	20	N	人工林
			侧柏—白刺花+烟管荚蒾—薹草+荩草	301	25	N	天然林
			侧柏—白刺花+牡荆—荩草	342	17	W	人工林
			侧柏—白刺花+柘树—金茅+荩草	268	30	NW	天然林
			侧柏—白刺花+牡荆—仙台薹草	357	31	SE	人工林
			侧柏—白刺花—茅草+仙台薹草	309	15	W	人工林
		黑松林	黑松—中华胡枝子+白刺花—荩草	407	35	N	人工林
	暖性针叶林	柏木林	柏木—马桑—薹草	394	30	N	天然林
灌丛和灌草丛	落叶阔叶灌丛	白刺花灌丛	白刺花+酸枣灌丛	454	0	—	天然林
			白刺花+牡荆罐丛	394	20	E	天然林
	灌草丛	拟金茅、荩草灌草丛	拟金茅+荩草灌丛	215	25	E	天然林

1. 落叶阔叶林

库区流域为北亚热带向暖温带过渡地带，落叶阔叶林的乔木物种主要为栓皮栎（*Quercus variabilis* Blume），其次为短柄枹栎（*Quercus glandulifera* var. *brevipetiolata* Nakai）、

黄连木（*Pistacia chinensis*）、化香树（*Platycarya strobilacea*）、茅栗（*Castanea seguinii*）、刺槐（*Robinia pseudoacacia*）等。在落叶阔叶林中，乔木种的更新情况不是很理想，尤其对优势种来说，林下幼苗数量不多，从而影响该种的更新演替。经调查在丹江口库区流域存在 2 种此植被型群系。

（1）栓皮栎林（*Form.Quercus variabilis*）。在库区流域栓皮栎林主要有 3 种群丛，除优势种为栓皮栎外还常常伴有短柄抱栎，马尾松（*Pinus massoniana*）和化香树等，枝干通直高大，郁闭度较高，枝下高长。因而林下稀松，没有出现比较明显的灌木层，各种灌木种分布也比较均匀，平均盖度 0.4，主要有盐肤木（*Rhus chinensis*）、白檀、黄连木、白马骨、牡荆等，草本层和灌木层比较类似，没有明显优势种，散落的分布，平均盖度 0.1，主要是以薹草类为主。此处栓皮栎林海拔在 200～700 m，坡度比较平均在 25°左右，郁闭度为 0.9，都是次生林林。经测试库区栓皮栎林的分布主要是以暗棕的酸性土壤为主，在盐碱地未发现。

（2）短柄抱栎林（*Form.Quercus glandulifera* var. *brevipetiolata*）。短柄抱栎林在调查区域的分布和栓皮栎林非常类似，但是只有一种群丛，海拔在 300 m 左右、坡度为 23°、郁闭度为 0.89，为次生林。都是接近纯林，零星的伴生其他栎类树种、山槐、猕猴桃（*Actinidia chinensis*）等，但数量很少，灌木层基本以短柄抱栎幼苗为主，盖度 0.24，草本也是由薹草类为主，盖度 0.37，分布散落，因而显得林下较开阔。主要分布于库区的酸性土壤地，且土层较厚。

2. 暖性常绿针叶林

丹江口库区只发现一种此植被型群系，即马尾松林（*Form.Pinus massoniana*）。此处马尾松林是人工林，海拔 730 m，为所有调查群落中最高的，坡度 18°，郁闭度 0.89。乔木层伴生有短柄抱栎、盐肤木、山槐、香椿（*Toona sinensis*）、枞木、圆柏等；总体来说种类丰富，郁闭度较高，分布区域为酸性土壤地。由于乔木层丰富，生境条件较好，林下灌木和草本层也比较丰富。灌木层盖度 0.62，主要有湖北算盘子（*Glochidion puberum*）、烟管荚蒾（*Viburnum utile*）、盐肤木、蔷薇类、马桑（*Coriaria sinica*）、胡枝子类、马棘（*Indigofera pseudotinctoria*）、卫矛（*Euonymus alatus*）等，还有马尾松、栎类及山槐的幼苗。草本层盖度 0.31，较低，主要物种有茅草、薹草、麦冬、堇菜。

3. 温性针叶林

此植被型有 2 种群系分布于库区流域。

（1）侧柏林 （*Form.Platycladus orientalis*）。在此次调查区域，侧柏林群系是最主要的山地群落类型，共有 8 种群丛类型。既有人工林也有次生林，既有纯林也有共建林。分布于 200～500 m 的山体中部和山顶，陡缓部都有分布，坡度 15°～35° 不等。主要是纯林，但少数也会伴生有化香树、圆柏（*Sabina chinensis*）、山槐等，但数量明显偏少。由于侧柏林郁闭度低，分布稀疏，所以灌草层种类比较丰富，且在群落内分布广泛均匀，灌木层平均盖度 0.66 左右，主要有白刺花、牡荆、柘树（*Cudrania tricuspidata*）、黄栌、烟管荚蒾、苦皮藤（*Celastrus angulatus*）等；草本层平均盖度 0.4 左右，比较低，主要草本有薹草类、茅草类，也拌生有其他禾本科草。侧柏林在此地的土壤分布主要位于石灰岩和裸露的冲积岩地，pH 也基本大于 7.0 的碱性土壤。

（2）黑松林（*Form.Pinus thunbergii*）。在库区流域只有一种此群系群丛，为黑松（*Pinus thunbergii*）的纯林，郁闭度为 0.6 左右。林下的灌木层有湖北算盘子、白刺花、烟管荚蒾、马棘、菝葜（*Smilax china*）、黄连木、蔷薇类和胡枝子类等，盖度 0.17，可以说很低；草本层有薹草、相思草、野菊（*Dendranthema indicum*）、菅草（*Themeda minor*）、委陵菜和茅草类等，盖度 0.25，也同样比较低。黑松林位于海拔 400 m 左右、35° 的山顶陡坡处，土壤为 pH 大于 7.0 的黑棕土。

4. 暖性针叶林

柏木林（*Form.Cupressus funebris*）。库区流域柏木林为纯林，郁闭度 0.6 左右。林下的灌木层有马桑、菝葜、烟管荚蒾、白刺花、湖北算盘子、铁仔、胡枝子类及蔷薇类等，盖度 0.42；草本层有薹草、茜草（*Radix R*）、荩草、蜈蚣草（*Ladder brake*）、地榆（*Sanguisorba officinalis*）和茅草等，盖度 0.84。物种组成较丰富，盖度高。

柏木林在此地分布于海拔 394 m、30° 较陡的半山中，土壤为 pH 大于 7.0 的碱性黑棕土，且土壤厚度较深。

5. 落叶阔叶灌丛

白刺花灌丛（*Form.Sophora davidii*）。白刺花灌丛分布比较广泛，不同地区的种类组成亦有差异。白刺花灌丛主要由于森林遭到严重破坏后，长久不能恢复，致使环境日益干旱，从而形成比较稳定的群落，库区流域白刺花灌丛主要分布于裸露的石灰岩地和山顶由冲积而形成的沙土地，碎石较多，平均海拔 400 m 左右，坡度 0°～20° 不等，平均盖度达到 0.85，pH 在 7.0 以上，一般伴生灌木为酸枣和牡荆、小果蔷薇（*Rosa cymosa*）、马棘和胡枝子类；草本层种类较少，主要是荩草、薹草和茅草类，平均盖度 0.76。

6. 灌草丛

拟金茅、荩草灌草丛（*Form.Eulaliopsis binata, Arthraxon hispidus*）。此地灌草丛生长于低海拔的半山上及断崖等比较陡峭的地带，伴生灌木主要是以散生的盐肤木为主，生长地土壤瘠薄，只有 10 cm 厚，且碎石多，海拔 215 m，坡度 25°，盖度为 0.5，土壤以中碱性为主。

从总体上看，壳斗科的物种例如栓皮栎、短柄枹栎、茅栗和马尾松为建群种的群落可以在偏酸性土壤上生长良好，以化香树、柏木、侧柏、黑松为建群种的群落可以在中性或偏碱性土壤上生长良好，而以侧柏为建群种的群落和以白刺花、小酸枣、牡荆、仙台薹草等为主的灌丛或灌草丛可以在强碱性土壤上正常生长，其中侧柏、小酸枣、牡荆、白刺花等物种适合 pH 的跨度范围大，适应性强，是以后建设水源涵养林的重要考虑对象。

土壤有机质含量与死地植物即腐殖质的分解和生物量有关，土壤有机质含量较高的有马尾松＋短柄枹栎和化香树＋侧柏的针阔混交林，有机质含量居中的分别是栓皮栎、短柄枹栎＋茅栗，黑松和栓皮栎＋化香树的群落，其中黑松群落是由于成林时间较长，腐殖质多而造成的，有机质含量最低的分别为白刺花、牡荆和小酸枣组成的灌丛和以侧柏纯林为主的常绿针叶林。总体趋势为混交林＞落叶林＞常绿针叶林，针阔混交林地的土壤，因为含有更高的有机质，水分易于吸收和渗透，使地表径流转变成地下径流；枯枝落叶转化成腐殖质后，吸水量可提高到自重的 2～4 倍，能更有效地保水。

土壤全氮含量的变化与有机质的变化呈正相关性，这就说明土壤中的氮元素主要来自有机质的矿化作用。同样全氮含量也是混交林＞落叶林＞常绿针叶林，其原因除与生物量有关外，还与根系分解矿化作用有关，根系死亡后不仅留下有机物，还留下氮和灰分元素，并在土壤中富集。

通过有机质和全氮含量的分析可知，侧柏林的落叶物远少于混交林和落叶林，但库区侧柏林的有效磷含量普遍偏高，说明侧柏林土壤中非有效状态的磷元素的有效化比例较高。

7.3.3 植物群落生态结构

对所调查的群落分析，乔、灌、草物种平均数量比约为 1∶2.8∶3.6，基本符合此分布带植物组成比例。总体而言江北地区的群落结构状况较差，尤其是乔木层的物种相对太少，结构单一，多样性偏低，需要进一步改进。江北地区的森林群落主要以常绿针叶林和落叶阔叶林为主，夹带一些针阔混交林。纯粹的常绿阔叶林和常绿落叶阔叶林基本没有出现，有欠合理，因此在构建该区域水源涵养林模式时，除结合现有的已调查群落外，还要考虑合适的常绿阔叶乡土树种。

分析群落更新情况可知，在长时期的砍伐中，丹江口区域的地带性植被破坏严重，所调查的植物群落多为天然次生林。经过一段时间的自然生长，次生林群落大多已经处于自然恢复状态。在所调查的群落中，具有良好更新能力的树种有栓皮栎、短柄枹栎、化香树、侧柏、刺槐、茅栗、盐肤木、山槐，多为壳斗科、松科植物，以这些植物为优势种构成的植物群落结构稳定。研究表明，该区域天然林的更新物种基本是建群种，可见，天然林更新已经基本结束，短期内不会出现新的代替种。而对人工林的物种组成和更新演替研究表明，在自然条件下人工林有向天然林逐渐演替的趋势，其中一些群落的更新演替还在进行中。可见天然林是人工林的重要种源，只要周边地区有稳定充足的种源，加上良好的传播媒介，人工林可以逐渐恢复为天然林。

7.4 水源涵养林建造分区及造林技术完善

7.4.1 水源涵养林建造分区

通过野外调查、径流小区试验和观测，分析坡面不同植被配置结构的径流、土壤水分的时空变化特征，从植被类型和立地尺度上探讨不同条件下的植被类型的适宜性，并结合库区土壤、地貌、气候等条件，将库区水源涵养林区建造分为以下 7 种。

（1）不符合封山育林条件（母树小于 60 株/hm^2 或幼树及萌蘖能力强的乔灌树种小于 300 株/hm^2）、土层厚度小于 20 cm、裸岩较多、人工造林整地困难地块。此类立地的群落覆盖率一般都在 0.3 以下，多经过人类严重干扰，使植被逆向演替，造成水土流失严重，依靠自然界本身的力量，已难以恢复，所以在进行人工造林时必须加上必要的工程措施，造林树种 70%应为乡土树种。

（2）不符合封山育林条件（母树小于 60 株/hm^2 或幼树及萌蘖能力强的乔灌树种小于 300 株/hm^2）、土层厚度在 20～40 cm，人工造林整地容易地块。此类立地与第一种类型相比，土层较厚，可以采用人工或机械整地造林。由于立地类型较差，不适合乔木树种生长，所以造林树种选择应以乡土灌木为主，重点发展薪炭林、饲料林，既控制水土流失，又能产生一定的生态、经济和社会效益。

（3）不符合封山育林条件（母树小于 60 株/hm^2 或幼树及萌蘖能力强的乔灌树种小于 300 株/hm^2）、交通不便的偏远区域。此类立地一般离居民区较远，人工造林难度较大，优点是人为干扰少，利于森林植被的自然恢复，所以应采用撒播造林技术进行森林植被恢复和重建较为适宜。撒播造林选用的树种应多样化，其中乡土树种应占 70%以上，并将针叶和阔叶树种相互搭配混合，使其一次就形成针阔混交林群落。

（4）符合封山育林条件或人工造林困难的高山、陡坡及岩石裸露地，经封育可达到植被恢复效果的区域。此类立地一般都具有一定数量的植被覆盖，适合采用封山育林方法进行水源涵养林的恢复和重建。且此方法成本低，只要严格执行牲畜不能进入的规定，一般几年左右即可郁闭，然后不断地进行有利于近自然化的定向抚育间伐，很快就能形成良好的近自然森林植被群落。

（5）土层厚度在 25～45 cm 的区域。此类立地土层较厚，适合多种树种生长，因此树种选择的范围较广。但由于库区大多地方是经济欠发达，应栽植具有一定经济效益的生态经济林，如山杏、核桃、板栗等干果经济林，既可控制水土流失，又能获得一定的经济效益，从而提高农民生活水平，促进地方经济的发展。另外也可栽植马尾松、栎类、刺槐、侧柏、山杨等用材林树种，发展用材林。

（6）土层厚度大于 45 cm 的区域。此类立地一般具有一定土壤肥力，适合发展多种类型的工业用材林，如黑松、栎类、刺槐等。但每个树种纯林面积不应超过 2 km^2。最好选用 4 个以上树种进行斑块状栽植，形成稳定性强的斑块镶嵌体结构。

（7）土层厚度在 25 cm 以上并已经存在灌木或乔木的低产、低质林地。此种立地类型适合栽植发展的树种很多，本可以获得良好的生态效益，但是由于树种选择不当，或突发事件形成了低质林分，必须进行重点改造。其改造方法可采用近自然的带状或块状皆伐后栽植适宜树种，逐渐调整为稳定性强的针阔混交林群落。

对一般灌木林，可采用"栽针保阔"措施；针叶树纯林，可采用"栽阔保针"措施。对已存在的侧柏、化香树、山杨、黑松、刺槐、栎林等天然林，应进行重点保护，采取人工与天然更新相结合的措施，采用单株定向培育技术，逐渐调整为库区的顶级群落。

7.4.2 水源涵养林造林关键技术

1. 造林整地

造林地的整理是在造林前改善环境条件的一道主要工序。通过整地可以改善造林的立地条件、清除灌木、杂草和采伐剩余物。在造林前后的一段时间里，增加直接投射到地面的透光度；还可以改变小地形，使透光度增加或减少。整地清除了地表植被，增加透光度，因而在白天地表层的温度要比有植被覆盖时上升得快，整地后改变了土壤物理性，使土壤温度状况发生变化。通过整地可以使干旱、半干旱地区造林地墒情改善，使有多余水分的低湿地水分排出。整地还可以使腐殖质及生物残体分解加快，增加土壤养分的转化和积蓄。因而，能提高造林成活率及使幼林的生长情况显著改善。整地还能保持水土、减免土壤侵蚀，同时也有利于造林施工，提高造林质量。

带状整地是呈长条状翻垦造林地土壤的整地方式。带的方向，一般与等高线平行。带的宽度一般为 0.5 m。带长不宜太长，否则易引起地表径流的汇集而造成水土流失。其特点是施工简单，应用比较灵活。主要用于干旱的石质山、土层薄或较薄的中缓草坡或植被茂密、土层较厚的灌木陡坡。

块状整地是呈块状翻垦造林地土壤的整地方法。块状整地比较省工，成本较低，但改善立地条件的作用相对较差。主要可用于地形破碎、水土流失严重的山地。山地块状整地的方法有穴状、块状、鱼鳞坑等。

穴状整地，整地为圆形坑穴，面与原坡面持平或稍向内倾斜，穴径 0.4~0.5 m，深度 25 cm 以上。特点是穴状整地可以根据小地形的变化灵活选定整地位置，有利于充分利用岩石裸露及土层较厚的地方造林。整地投工数量少，成本比较低。主要可用于裸岩较多、植被稀疏或较稀疏、中薄层土壤的缓坡和中缓坡，或灌木茂密、土层较厚的中陡坡。

鱼鳞坑整地，主要为近似半月形的坑穴。坑面低于原坡面，保持水平或向内倾斜。长径和短径随坑的规格大小而不同，一般长径 0.7~1.5 m，短径 0.6~1.0 m，深约 30~50 cm，外侧有土梗，半环状，高 20~25 cm，有时坑内侧有小蓄水沟与坑两角的引水沟相通。特点是鱼鳞坑整地有一定的防水土流失的效能，并可随坡面径流量多少有意识地调节单位面积上的坑数和坑的规格，缺点是其改善立地条件及控制水土流失的作用有限。一般用于容易发生水土流失的石质山地，其中规格较小的鱼鳞坑可用于地形破碎、土层薄的陡坡，而规格较大的鱼鳞坑用于植被茂密、土层深厚的中缓坡。

选择适宜的整地季节，有利于充分发挥整地的作用。提前整地的时间不宜过长或过短，过短，提前整地的目的难以达到，过长，会引起杂草的大量滋生，土壤结构变差，甚至恢复到整地前的水平。在干旱和半干旱地区，整地与造林之间不能有春季相隔，否则整地只会促进土壤水分的丧失。

2. 栽植技术

造林存活率的高低、造林质量的优劣与栽植技术有很大的关系，只有正确掌握栽植技术，才能提高造林成活率，否则将造林失败。最常用的植苗技术：一是栽苗时不窝根，应使根系舒展；二是植苗深度一般要求比原土深 20 cm 左右，过深不利于根系呼吸，过浅则易受旱灾；三是栽植时做到"三埋两踩一提苗"。主要的造林技术有以下几种。

容器育苗造林技术是提高干旱地区和瘠薄石质山区造林成活率的一项重要技术措施，采用该技术育苗造林的成活率一般在 90% 以上。

集水造林技术，以径流利用为前提，以降水资源的时空合理配置为手段，通过科学合理的整地措施，在干旱的气候环境中，为林木生长创造出相对适宜的土壤水环境，提高造林成活率。

地膜衬膜、盖膜造林技术，地膜的主要作用是提高地温、保墒、改善土壤物理化性质，提高苗木的光合效率。如果是既要提高地温又要蓄水保墒，地膜直接铺设在表土，如果以蓄水保墒为主，则适宜把地膜铺设在表土层以下 2～3 cm。

覆草、压石、遮阴造林技术。苗木栽植后立即用灌草或碎石码放在定植穴内。其主要作用是防止阳光直射，减少土壤水分蒸发，增加土壤有机质，保护墒情。

泥浆造林技术。造林时将苗根蘸泥浆后能使根系保持湿润，保持苗木根系的活力，此法简单易行，效果良好。

截干造林技术是抗旱造林的一种有效方式。截干造林适用于萌蘖、萌芽能力较强的树种。苗木截干后，蒸腾量大幅度减少，根茎比大幅度提高，由于逼迫潜伏芽萌发推迟了发芽时间，缓和了土壤水分的供需矛盾，为根系的充分生长发育提供了条件，在放叶前已经有较多的根生长，从而在较干旱的条件下大幅度提高造林成活率。

3. 造林模式

在造林的时候，绝大部分情况下是用混交的造林模式。而制定混交林营造技术措施的关键是如何调节好树种的关系，尽量使主要树种受益而少受害。这种关系调节好了，混交林的效益也就能够得到最大的发挥。目前主要通过混交树种的选择、混交比例和混交方法，以及栽培抚育等技术措施来调节树种种间的关系。

混交树种的选择。选择原则就是利用其所具有的优点促进主要树种的生长，从而实现造林目的，选择时应具体考虑：混交树种必须具有辅佐、护土和改良土壤作用；它与主要树种的矛盾不大，对养分、水分要求低；无共同的病虫害。

混交比例。混交林中各树种所占比例称为混交比例，如果混交林中哪个树种的比例大，则它的竞争能力就强。一般选择混交比例的原则：保证主要树种始终占优势；主要树种竞争能力强的比例可小些，反之可大些；对于综合混交型，立地条件好时，混交树种比例不宜过大，其中伴生树种比例应多于灌木树种，立地条件差时，可不用或少用伴生树种而多用灌木树种，一般伴生树种或灌木树种的比例应在 25%～40%。

混交方法。不同树种在造林地上的配置方式称为混交方法。在同一块造林地上栽植几个不同的树种时，它们在造林地上的配置也会影响种间矛盾出现的早晚、激烈程度，所以为了保证主要树种的正常生长发育，有必要对混交方法进行研究，在水源保护区可采用以下混交方法。

行间混交是不同树种隔行栽植（图 7.4.1）。可用于乔灌木混交或喜光、耐阴树种混交。这种方法矛盾易调节，便于施工。

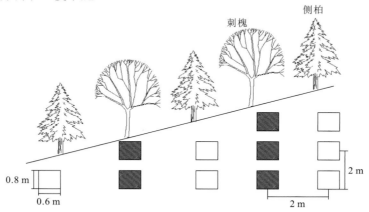

图 7.4.1　行间混交造林

带状混交是参加混交的树种都以 3 行以上的带相隔配置（图 7.4.2）。与行间混交相比，带内种间矛盾出现较晚，边行矛盾基本与行间混交相同。种间矛盾便于调节，施工方便。适合于矛盾激烈的树种混交。有时伴生树种的带可窄一些，甚至可减少到只有 1 行，称为行带状混交，目的是为了保证主要树种的优势。

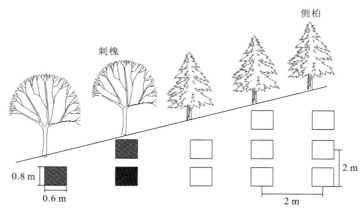

图 7.4.2　带状混交造林

块状混交是同一树种组成规则或不规则的块状与其他树种混交。规则的块状混交，适用于平坦或坡面规整的造林地，不规则块状混交，适用于地形复杂，地块破碎的造林地。块状混交的块面积因地制宜，可大可小，比较适用于水源保护区。块状混交施工方便，较灵活，适用于矛盾较大的主要树种间的混交。

参 考 文 献

丁圣彦, 梁国付, 2007. 地理环境因素对伊洛河流域森林景观的影响[J]. 地理研究, 26(5): 906-914, 1071.

高成德, 余新晓, 2000. 水源涵养林研究综述[J]. 北京林业大学学报, 22(5): 78-82.

李璐, 史志华, 朱惇, 等, 2009. 南水北调中线水源区森林覆盖变化及其影响因子分析[J]. 自然资源学报, 24(6): 1049-1057.

邱扬, 傅伯杰, 王军, 等, 2003. 黄土丘陵小流域土地利用的时空分布及其与地形因子的关系[J]. 自然资源学报, 18(1): 20-29.

王辉源, 宋进喜, 孟清, 2020. 秦岭水源涵养功能解析[J]. 水土保持学报, 34(6): 211-218.

吴征镒, 1991. 中国种子植物属的分布区类型[J]. 云南植物研究, 增刊 IV: 1-139.

吴征镒, 1995. 中国植被[M]. 北京: 科学出版社.

ASPINALL R, PEARSON D, 2000. Integrated geographical assessment of environmental condition in water catchments: Linking landscape ecology, environmental modelling and GIS[J]. Journal of Environmental Management, 59(4): 299-319.

TERBRAAK C, 1986. Canonical corespondence analysis: A new eigenvector technique for multivariate direct gradient analysis[J]. Ecology, 67(5): 1167-1179.

第 8 章
入库河流纳污红线管理

　　纳污红线管理是完善水功能区监督管理制度，建立水功能区水质达标评价体系的重要手段。入库河流是水源地污染负荷的主要输入途径，因此对入库河流进行纳污红线管理是保障水源地水质安全的关键。本章系统介绍入库河流纳污红线管理技术及其在丹江口水源地的应用情况，并选择不同类型的入库支流，给出典型入库河流限制纳污红线管理实施方案。

8.1 河流纳污红线管理技术

南水北调中线水源区内分布有十堰、安康、汉中等多个城市，城镇发展和工农业生产对区内河流水质可能造成较大影响。城镇区河流水质安全保障重点是防控点源污染，主要手段是通过行政管理手段，使区域入河污染物总量小于该水域限制排污总量。限制排污总量是在一定时期和经济社会条件下允许排入水域的污染物量，反映水域的管理属性和社会属性。确定水域限制排污总量首先要核算水域纳污能力，即在设计水文条件和水质目标条件下，水体所能容纳某种污染物的最大数量。

8.1.1 水域纳污能力核算基本单元

水域纳污能力核定的基本单元是水功能区。水功能区是我国水资源开发利用与保护、水污染防治和水环境综合治理的重要依据，是核定水域纳污能力、提出限制排污总量意见、实施水功能区限制纳污红线的基础支撑（彭文启，2012）。水功能区划是根据区划水域的自然属性，结合社会需求，协调整体与局部的关系，确定该水域的功能及功能顺序，为水域的开发利用和保护管理提供科学依据，以实现水资源的可持续利用（邱凉 等，2013；王方清 等，2010）。我国目前的水功能区划方法按照水域使用功能采用 2 级 11 分区制。2 级即一级区划和二级区划。一级功能区分 4 类，二级功能区分 7 类（王超 等，2002）。我国水功能区 2 级 11 分区系统见图 8.1.1。

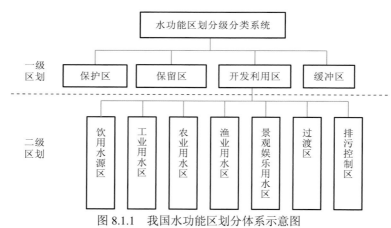

图 8.1.1 我国水功能区划分体系示意图

8.1.2 水域纳污能力核算方法

1. 一般原则

（1）按照计算河段多年平均流量，将计算河段划分为三种类型：①流量 $Q \geqslant 150 \text{ m}^3/\text{s}$

的为大型河段；②15 m³/s＜Q＜150 m³/s 的为中型河段；③Q≤15 m³/s 的为小型河段。不同类型河段选择不同的数学模型计算纳污能力。

（2）按照河段几何形态，可分情况对河道特征和水力条件进行简化：①断面宽深比不小于 20 时，简化为矩形河段；②河段弯曲系数不大于 1.3 时，简化为顺直河段；③河道特征和水力条件有显著变化的河段，应在显著变化处分段。

（3）根据排污口的分布状况、污水排放量及污染负荷量对排污口进行简化。

（4）有较大支流汇入或流出的水域，应以汇入或流出的断面为节点，分段计算水域纳污能力（罗小勇，2016；冯巧 等，2014；陆雨 等，2011）。

2. 计算步骤

1）基本资料调查与收集

数学模型计算河流水域纳污能力的基本资料有水文资料、水质资料、入河排污口资料、旁侧出入流资料及河道地形资料。具体而言：水文资料包括计算河段的流量、流速、比降、水位等，资料条件应能满足设计水文条件及数学模型参数的取值要求；水质资料包括计算河段内各水功能区的水质现状、水质目标等，资料应能反映计算河段的主要污染物，又能满足计算水域纳污能力对水质参数的要求；入河排污口资料包括计算河段内入河排污口分布、排放量、污染物浓度、排放方式、排放规律及入河排污口所对应的污染源等；旁侧出入流资料包括计算河段内旁侧出入流位置、水量、污染物种类及浓度等；河道地形资料包括计算河段的横断面和纵剖面高程，应能反映计算河段河道地形状况。

2）确定计算污染物

在选择纳污能力计算污染物指标时，应坚持原则：①根据流域或区域规划要求，应以规划管理目标所确定的污染物作为计算河段水域纳污能力的污染物；②根据计算河段的污染特性，应以影响水功能区水质的主要污染物作为计算水域纳污能力的污染物；③根据水资源保护管理的要求，应以对相邻水域影响突出的污染物作为计算水域纳污能力的污染物。

3）设计水文条件

计算河流水域纳污能力，一般采用 90%保证率最枯月平均流量或近 10 年最枯月平均流量作为设计流量，但同时需要注意特殊情况：①对于季节性河流、冰封河流，所选取的最小月平均流量样本应不为零；②对于流向不定的河网地区和潮汐河段，宜采用 90%保证率流速为零时的低水位相应水量作为设计水量；③对于有水利工程控制的河段，可采用最小下泄流量或河道内生态基流作为设计流量；④以岸边划分水功能区的河段，计算纳污能力时，应计算岸边水域的设计流量。

4）计算模型选择

I. 河流一维模型

对于流量小于 15～50 m³/s 的小型河流，假设污染物在河流横断面上均匀混合，污染物浓度沿河长分布按衰减公式计算：

$$C_x = C_0 \exp\left(-K\frac{x}{u}\right) \tag{8.1.1}$$

式中：C_0 为起始断面背景浓度；C_x 为流经 x 距离后的污染物浓度；x 为沿河段的纵向距离；u 为设计流量下河道断面的平均流速；K 为污染物综合衰减系数。

相应的水域纳污能力计算式为

$$[M] = (C_s - C_x)(Q + Q_p) \tag{8.1.2}$$

式中：$[M]$ 为水域纳污能力；C_s 为目标水质浓度；Q 为河流流量；Q_p 为排污口流量。当点源对应的入河排污口被集中概化于水功能区中部时，水功能区下断面的污染物浓度计算式为

$$C_x = C_0 \exp\left(-\frac{KL}{u}\right) + \frac{m}{Q}\exp\left(-\frac{KL}{2u}\right) \tag{8.1.3}$$

式中：m 为水功能区污染物入河速率；L 为与起始断面的距离。

II. 河流二维模型

对于规则河段，忽略横向流速梯度分散作用及纵向离散作用（Zhang et al.，2012），污染物入河负荷不随时间变化时，二维传质方程可简化为忽略时间项的对流扩散方程：

$$u\frac{\partial C}{\partial x} = \frac{\partial}{\partial z}\left(E_z \frac{\partial C}{\partial z}\right) - KC \tag{8.1.4}$$

式中：Z 为深度。

式（8.1.5）在连续点源稳态情况时的解析解为

$$C(x,z) = \left[C_0 + \frac{m}{uh\sqrt{\pi E_z x / u}}\exp\left(-\frac{u}{4x}\times\frac{z^2}{E_z}\right)\right]\exp\left(-K\frac{x}{u}\right) \tag{8.1.5}$$

式中：h 为设计流量下污染带起始断面平均水深；E_z 为横向扩散系数。

以岸边浓度作为下游控制断面的控制浓度，即 $z=0$ 时可得

$$C(x,0) = \left(C_0 + \frac{m}{uh\sqrt{\pi E_z x / u}}\right)\exp\left(-K\frac{x}{u}\right) \tag{8.1.6}$$

式中：$C(x,0)$ 为排污口下游控制断面岸边（$z=0$）污染物浓度；u 为设计流量下污染带内纵向平均流速；x 为计算点距排污口的距离。

当入河排污口集中概化至水功能区中部时，水功能区水域纳污能力应为使水功能区下游断面岸边浓度恰好等于目标浓度 C_s 时对应的 m 值，则污染物最大允许排放量计算式为

$$[M] = \left[\frac{C_s - C_0\exp(-KL/u)}{\exp(-KL/2u)}\right]h\sqrt{\pi E_z uL / 2} \tag{8.1.7}$$

水域纳污能力可根据时间单位换算成 t/d 或 t/a。

8.1.3 限制排污总量确定方法

限制排污总量作为水环境管理的"红线"，与水域纳污能力不同，它是以水域纳污能力为依据，结合水功能区当前的水质状况、水功能区水资源用途、水功能区现状入河排污量，再结合流域（区域）水污染防治规划和经济社会发展规划，综合考虑流域（区域）经济社

会发展对水资源开发利用需求，以及水污染治理的技术经济能力，从利于水质改善的角度，对水功能区内入河排污口提出的入河污染物排污总量的限制（彭文启，2012）。水域纳污能力反映水体的自然属性，表明水体的极限承受能力，限制排污总量反映水质的社会属性，表明水体依管理需要所能承担的最大能力，确定污染物限制排污总量应遵循以下具体原则（孟伟 等，2007；袁弘任，2004）。

（1）严格贯彻执行《中华人民共和国水法》《中华人民共和国水污染防治法》等法律法规，实现流域（区域）水功能区水环境保护的总体目标，水质状况不差于现状水质。

（2）入河污染物限制排污总量的主要依据是不同水功能分区的纳污能力和现状入河排污量，另外综合考虑了排污企业水耗产污、工艺水平、行业属性等多个要素，以保证后续总量分配的公平性。

（3）对污染物现状排放量已经超过了纳污能力计算值的河段，要求严格按照纳污能力限制其区域主要污染物的排放总量，但应分阶段逐步减小。

（4）对一般限制区中开发利用程度较高的区域，而且污染物现状排放量尚未超过纳污能力控制目标的，结合功能区水质达标及污水处理设施建设情况，提出主要污染物的限制排污总量。

（5）对水质现状满足水功能区管理目标的区域，可再利用的纳污能力较大的，需要按照国家"一控双达标"的环保规定进行限制排污总量控制。

8.2　纳污红线管理技术在丹江口水源地的应用

8.2.1　水功能区划情况

以直接汇入丹江口水库的 16 条主要河流为研究对象。这 16 条河流的流域面积占水源区总面积的 93.2%，具有较好的代表性。

2003～2004 年，丹江口库区及上游地区陕西省、河南省和湖北省人民政府根据区域经济发展和水资源保护要求，先后颁布实施了各省水功能区划。2011 年，水利部对各省水功能区划成果汇总上报至国务院，当年 12 月，国务院批复了《全国重要江河湖泊水功能区划（2011～2030 年）》。南水北调中线水源地共划分了 46 个水功能一级区，其中保护区 10 个，保留区 21 个，开发利用区 9 个，缓冲 6 个；共划分了 11 个二级水功能区，其中工业用水区 9 个，渔业用水区 1 个，过渡区 1 个。水源区入库河流一、二级水功能区划基本情况分别见表 8.2.1 和表 8.2.2。

16 条主要入库河流中，水功能区划纳入《全国重要江河湖泊水功能区划（2011～2030）》中的有汉江、丹江、堵河、滔河、天河 5 条河流，水功能区划纳入省级水功能区划中的有老灌河和淇河 2 条河流，另外神定河、犟河、泗河、官山河、剑河、浪河、曲远河、淘沟河、将军河 9 条河流未开展水功能区划。

表 8.2.1　南水北调中线水源区一级水功能区划基本情况

序号	地（市）级行政区	一级水功能区名称	河流	范围起始断面	范围终止断面	长度/km	面积/km²	水质目标
1	汉中市	汉江宁强源头水保护区	汉江	源头	金牛驿	34		II
2	汉中市	汉江勉县保留区	汉江	金牛驿	武侯镇	43		II
3	汉中市	汉江勉县开发利用区	汉江	武侯镇	高潮区	15.5		
4	汉中市	汉江勉汉保留区	汉江	高潮区	叶家营	48		II
5	汉中市	汉江汉中开发利用区	汉江	叶家营	圣水镇	25.5		
6	汉中市	汉江汉中保留区	汉江	圣水镇	汶川河口	27.5		II
7	汉中市	汉江城固开发利用区	汉江	汶川河口	三合	15		
8	汉中市	汉江洋县保留区	汉江	三合	党水河口	27		II
9	汉中市	汉江洋县开发利用区	汉江	党水河口	东村	16		
10	安康市	汉江石泉、紫阳保留区	汉江	东村	安康水库大坝	234		II
11	安康市	汉江安康开发利用区	汉江	安康水库大坝	关庙	19		
12	安康市	汉江旬阳、安康保留区	汉江	关庙	菜湾	48		II
13	安康市	汉江旬阳开发利用区	汉江	菜湾	庙岭	10		
14	安康市	汉江旬阳保留区	汉江	庙岭	白河县兰滩镇	53		II
15	安康市、十堰市	汉江陕鄂缓冲区	汉江	旬阳市兰滩镇	郧西县羊尾镇	49		II
16	十堰市、南阳市	汉江丹江口水库调水水源地保护区	汉江	丹江口水库库区			1 050	II
17	安康市、商洛市	旬河源头水保护区	旬河	源头	柴坪水文站	104		II
18	安康市、商洛市	旬河镇安、旬阳保留区	旬河	柴坪水文站	白柳	101		II
19	安康市	旬河旬阳开发利用区	旬河	白柳	入汉江口	13.5		
20	商洛市	乾佑河柞水镇安保留区	乾佑河	河源	入旬河口	140		II
21	十堰市	堵河源头水保护区	堵河	源头	竹溪县鄂坪乡	95		II
22	十堰市	堵河竹溪、竹山保留区	堵河	竹溪县鄂坪乡	竹山水文站	111		II
23	十堰市	黄龙滩水库饮用水保护区	黄龙滩水库	竹山水文站	黄龙滩水库坝前		31.7	II
24	十堰市	堵河十堰、郧阳区保留区	堵河	黄龙滩水库坝前	入汉江口	30		II
25	商洛市	丹江商州保留区	丹江	河源	二龙山水库	64		II
26	商洛市	丹江商州开发利用区	丹江	二龙山水库	张村	21.5		

续表

序号	地（市）级行政区	一级水功能区名称	河流	范围		长度/km	面积/km²	水质目标
				起始断面	终止断面			
27	商洛市	丹江商州、丹凤保留区	丹江	张村	丹凤	51		II
28	商洛市	丹江丹凤开发利用区	丹江	丹凤	月日	7		
29	商洛市	丹江丹凤、商南保留区	丹江	月日	耀岭河口	75		II
30	商洛市、南阳市	丹江陕豫缓冲区	丹江	耀岭河口	荆紫关	33		II
31	南阳市	丹江淅川自然保护区	丹江	荆紫关	丹江口水库入口	51		II
32	商洛市	夹河（金钱河）山阳保留区	金钱河	河源	南宽坪水文站	165		II
33	商洛市、十堰市	夹河（金钱河）陕鄂缓冲区	夹河	南宽坪水文站	郧西县兵营铺	34		II
34	十堰市	夹河郧西保留区	夹河	郧西县兵营铺	郧西夹河镇吕家坡	49.5		II
35	商洛市	天河山阳源头水保护区	天河	源头	西照川	24.8		II
36	商洛市、十堰市	天河陕鄂缓冲区	天河	西照川	郧西白岩	22.7		II
37	十堰市	天河郧西保留区	天河	郧西白岩	天河口	59.9		III
38	商洛市	滔河商南源头水保护区	滔河	源头	赵川	39		II
39	商洛市、十堰市	滔河陕鄂缓冲区	滔河	赵川	郧阳区南化塘	41.2		II
40	十堰市	滔河保留区	滔河	郧阳区南化塘	郧阳区梅家铺	76.5		II
41	达州市、安康市	任河川陕缓冲区	任河	书房咀	毛坝	16.5		III
42	安康市	任河紫阳保留区	任河	毛坝	入汉江口	43.2		II
43*	洛阳市、南阳市	老灌河西峡自然保护区	老灌河	源头	丁河口	197		II
44*	南阳市	老灌河淅川保留区	老灌河	丁河口	丹江口水库入库口	44		III
45*	三门峡市、南阳市	淇河西峡源头水保护区	淇河	源头	西平镇西官庄公路桥	80.5		II
46*	南阳市	淇河西峡保留区	淇河	西平镇西官庄公路桥	入丹江口	66.5		II

注：开发利用区水质目标按二级功能区水质目标执行；

*表示水功能区划依据是省级水功能区划报告，未纳入《全国重要江河湖泊水功能区划（2011—2030 年）》

表 8.2.2　南水北调中线水源区二级水功能区划基本情况表

序号	地（市）级行政区	一级水功能区名称	二级水功能区名称	水系	河流、湖库	范围		长度/km	水质目标	类型
						起始断面	终止断面			
1	汉中市	汉江勉县开发利用区	汉江勉县武侯镇工业、农业用水区	汉江	汉江	武侯镇	高潮区	15.5	III	工业
2	汉中市	汉江汉中开发利用区	汉江汉中汉台区工业、景观用水区	汉江	汉江	叶家营	冷水河口	20.5	III	工业
3	汉中市		汉江汉中汉台区过渡区	汉江	汉江	冷水河口	圣水镇	5.0	III	过渡
4	汉中市	汉江城固开发利用区	汉江城固工业、农业用水区	汉江	汉江	汶川河口	三合	15.0	III	工业
5	汉中市	汉江洋县开发利用区	汉江洋县城关工业、农业用水区	汉江	汉江	党水河口	王家台	6.0	III	工业
6	汉中市		汉江洋县渔业用水区	汉江	汉江	王家台	东村	10.0	III	渔业
7	安康市	汉江安康开发利用区	汉江安康城关工业、农业用水区	汉江	汉江	安康水库大坝	关庙	19.0	III	工业
8	安康市	汉江旬阳开发利用区	汉江旬阳城关工业、农业用水区	汉江	汉江	菜湾	庙岭	10.0	III	工业
9	安康市	旬河旬阳开发利用区	旬河旬阳工业、农业用水区	汉江	旬河	白柳	入汉江口	13.5	III	工业
10	商洛市	丹江商州开发利用区	丹江商州城关工业、农业用水区	汉江	丹江	二龙山水库	张村	21.5	III	工业
11	商洛市	丹江丹凤开发利用区	丹江丹凤工业、农业用水区	汉江	丹江	丹凤	月日	7.0	III	工业

8.2.2　水域纳污能力核定条件

1. 设计流量

　　水域纳污能力计算的设计水文条件，以计算断面的设计流量表示。根据《水域纳污能力计算规程》（GB/T 25173—2010），当前一般采用最近 10 年最枯月平均流量（水量）或 90%保证率最枯月平均流量（水量）作为设计流量（水量）。无水文资料的地区可采用内插法、水量平衡法、类比法等方法推求设计流量（水量）。收集到丹江口水源区老灌河西峡、官山河孤山、天河贾家坊、金钱河（夹河）南宽坪、丹江荆紫关、丹江丹凤、汉江白河 6

条河流 7 个水文站多年逐月平均流量数据，根据水文站多年月均入库流量值，采用皮尔逊 III 型曲线进行经验频率分析和理论频率分析的结果见表 8.2.3。纳污能力计算的设计流量参数选取，以表 8.2.3 中 90%保证率最枯月平均流量作为参考。

表 8.2.3　丹江口水源区部分入库河流水文特征分析

设计频率/%	水文站特征流量值/（m³/s）						
	老灌河 西峡	官山河 孤山	天河 贾家坊	金钱河（夹河） 南宽坪	丹江 荆紫关	丹江 丹凤	汉江 白河
5	48.69	5.01	19.27	52.77	89.14	30.77	1 300.89
10	41.14	4.14	16.59	45.21	75.72	25.43	1 147.6
20	33.09	3.23	13.75	37.01	61.36	19.89	979.67
30	28.01	2.66	11.97	31.72	52.25	16.5	870.23
40	24.13	2.23	10.61	27.61	45.26	13.98	784.22
50	20.87	1.88	9.48	24.09	39.36	11.93	709.89
60	17.96	1.57	8.47	20.87	34.06	10.15	641.25
70	15.2	1.28	7.53	17.75	29.02	8.54	573.9
75	13.82	1.13	7.06	16.17	26.49	7.76	539.24
80	12.42	0.99	6.59	14.51	23.89	6.99	502.79
85	10.93	0.84	6.09	12.72	21.13	6.22	463.07
90	9.29	0.68	5.54	10.69	18.06	5.4	417.18
95	7.29	0.49	4.88	8.09	14.26	4.48	357.14

注：水文资料时段分别为 1965～2013 年，49 年；1973～2013 年，41 年；1959～2013 年，55 年；1984～2013 年，30 年；1965～2013 年，49 年；1984～2013 年，30 年；1950～2008 年，59 年

2. 断面设计流速

有资料的，按下式计算：

$$u = Q/A \tag{8.2.1}$$

式中：u 为设计流速；Q 为设计流量；A 为过水断面面积。

无资料时，采用经验公式计算断面流速。

3. 水功能区边界宽度

水功能区边界宽度是考虑污染带宽度、岸边水域状况、岸边排污可能影响的水域综合确定的。由于污染带的宽度受位置、负荷量、水文条件等因素的影响，控制单元纳污能力计算采用的控制宽度为综合平均情况下的成果。汉江干流白河以上水功能区宽度取 20～30 m。

4. 岸边设计流量及流速

在使用二维模型计算宽度较大河流的控制单元纳污能力时，需采用岸边污染区域（带）

计算的岸边设计流量及岸边平均流速。计算时，根据河段实际情况和岸边污染带宽度，确定岸边水面宽度，并推求岸边设计流量及其相应的流速。由于水源地未开展相关监测，因此根据水位、流量和河道大断面测量资料计算出相应断面平均流速、河段糙率。利用"能坡流量测验模型"，以设计水量和相应断面流速为控制条件，估算左、右岸不同河宽对应起点处的垂线平均流速。

5. 初始浓度 C_0

根据上一个控制单元的水质目标浓度来确定 C_0，即上一个控制单元的水质目标浓度就是下一个控制单元的初始浓度 C_0。

6. 水质目标浓度 C_s

各控制单元水质目标浓度是纳污能力计算的基本依据。水质目标浓度的取值，主要依据水功能区的水质目标类别。水质控制指标采用我国点源污染控制中的必控指标 COD 和氨氮。COD、氨氮的目标值根据水功能区水质目标类别按照《地表水环境质量标准》（GB 3838—2002）获得对应水质类别的上限浓度。

8.2.3 水域纳污能力核定结果

根据纳污能力计算成果统计，丹江口库区 16 条主要入库支流纳污能力 COD 为 272.91 t/d，氨氮为 26.46 t/d，统计结果按支流排序，最大的为汉江，其次是堵河、天河、丹江、滔河、神定河等；统计结果按省排序，最大的为陕西，其次是湖北、河南；按地级市排序，最大的为十堰市，其次是汉中市、安康市、商洛市、南阳市、三门峡市、洛阳市；分别按入库河流、省市县统计南水北调中线水源地影响区纳污能力详见表 8.2.4 和表 8.2.5。

表 8.2.4 南水北调中线水源区水域纳污能力（按入库河流统计）

河流编号	河流	COD 纳污能力/（t/d）	氨氮纳污能力/（t/d）
1	汉江	101.41	10.41
2	天河	23.99	2.35
3	堵河	72.73	4.37
4	神定河	11.25	1.08
5	犟河	4.25	0.29
6	泗河	8.00	0.59
7	官山河	1.64	0.16
8	剑河	0.81	0.08
9	浪河	1.90	0.20
10	丹江	13.90	3.02

河流编号	河流	COD 纳污能力/（t/d）	氨氮纳污能力/（t/d）
11	淇河	5.52	0.73
12	滔河	14.15	0.91
13	老灌河	7.56	1.74
14	曲远河	1.87	0.17
15	淘沟河	1.64	0.15
16	将军河	2.29	0.21
合计		272.91	26.46

表 8.2.5　南水北调中线水源区水域纳污能力（按省市县统计）

省	市	县	COD 纳污能力/（t/d）	氨氮纳污能力/（t/d）
河南	南阳市	西峡县	4.03	0.70
河南	南阳市	淅川县	5.59	0.94
河南	南阳市	邓州市	0.63	0.13
河南	南阳市	内乡县	1.69	0.36
河南	洛阳市	栾川县	1.12	0.14
河南	三门峡市	卢氏县	2.50	0.54
湖北	十堰市	张湾区	11.42	1.00
湖北	十堰市	茅箭区	6.25	0.52
湖北	十堰市	丹江口市	4.35	0.44
湖北	十堰市	郧西县	13.90	1.06
湖北	十堰市	郧阳区	41.12	2.48
湖北	十堰市	竹山县	27.56	1.57
湖北	十堰市	竹溪县	11.11	1.15
湖北	十堰市	房县	3.50	0.23
陕西	汉中市	略阳县	0.25	0.00
陕西	汉中市	宁强县	4.04	0.28
陕西	汉中市	勉县	6.95	0.99
陕西	汉中市	南郑县	5.93	0.43
陕西	汉中市	留坝县	1.32	0.04
陕西	汉中市	汉台区	4.52	0.75
陕西	汉中市	城固县	9.24	1.47

省	市	县	COD纳污能力/（t/d）	氨氮纳污能力/（t/d）
陕西	汉中市	洋县	12.46	1.52
陕西	汉中市	西乡县	6.92	0.96
陕西	汉中市	佛坪县	0.44	0.04
陕西	汉中市	镇巴县	2.38	0.18
陕西	安康市	石泉县	2.81	0.23
陕西	安康市	宁陕县	0.68	0.06
陕西	安康市	紫阳县	4.02	0.28
陕西	安康市	岚皋县	2.68	0.16
陕西	安康市	汉滨区	9.84	1.02
陕西	安康市	汉阴县	2.22	0.24
陕西	安康市	旬阳市	13.59	1.06
陕西	安康市	平利县	3.26	0.22
陕西	安康市	镇坪县	9.46	0.55
陕西	安康市	白河县	3.70	0.20
陕西	商洛市	柞水县	1.68	0.11
陕西	商洛市	镇安县	2.47	0.16
陕西	商洛市	山阳县	10.08	1.29
陕西	商洛市	商州区	8.53	1.16
陕西	商洛市	丹凤县	1.78	0.77
陕西	商洛市	商南县	6.89	1.02
合计			272.91	26.46

8.2.4 限制排污总量方案制订

1. 按照空间分解方案

限制排污总量空间分解对应到每一个水功能区（入库河流），根据水功能区（入库河流）对应的行政区，将限制排污总量进行分解。有以下分解原则。

（1）水功能区（入库河流）对应的陆域范围属于同一行政区的，根据水功能区（入库河流）与行政单元对应关系进行分解，并统计。

（2）水功能区（入库河流）对应的陆域范围属于不同行政区的，原则上按照水功能区（入库河流）所在行政区的长度或面积比例进行分解，或依据不同行政区对水功能区（入库河流）污染贡献程度及经济发展状况，按不同权重进行分解。

2. 按照时间节点分阶段方案

1）2015 年限制排污总量分解方案

按照 2015 年丹江口库区及上游区域水功能区（入库河流）水质达标率 95%的目标要求，根据各水功能区（入库河流）纳污能力计算成果、污染物现状入河量，制定 2015 年丹江口库区及上游区域主要入库支流水功能区（入库河流）限制排污总量分解方案。各省、市、县、区按照 2015 年水质达标率 95%的目标要求，制定其辖区内水功能区（入库河流）限制排污总量分解方案。

2）2020 年限制排污总量方案

按照 2020 年丹江口库区及上游区域水功能区（入库河流）水质达标率 100%的目标要求，根据纳污能力计算成果及 2020 年各水功能区（入库河流）限排控制原则，制定 2020 年丹江口库区及上游区域主要入库支流水功能区（入库河流）限制排污总量分解方案。

3. 限制排污总量分解成果

经分解统计，南水北调中线水源区 16 条主要入库支流 2015 年限排 COD 总量为 172.36 t/d，2020 年限排 COD 总量为 165.56 t/d；12 个 COD 不达标水功能区（入库河流）COD 总量 2015 年需在 2012 年的基础上削减 7.47 t/d，削减率为 13.9%；2020 年在 2015 年基础上再削减 4.04%。2015 年限排氨氮总量为 20.53 t/d，2020 年为 19.70 t/d；6 条氨氮不达标河流氨氮总量 2015 年需在 2012 年的基础上削减 0.6 t/d，削减 16.7%，2020 年在 2015 年基础上再削减 20%。丹江口水源地水功能区（入库河流）限制排污总量方案按入库河流、县级行政区统计汇总成果分别见表 8.2.6 和表 8.2.7。

表 8.2.6　南水北调中线水源区限制排污总量方案（按入库河流统计）

河流	污水量 m³/d	COD/（t/d）				氨氮/（t/d）			
		现状负荷	纳污能力	2015 年限排总量	2020 年限排总量	现状负荷	纳污能力	2015 年限排总量	2020 年限排总量
汉江	516 248	74.96	101.41	74.96	74.96	9.40	10.41	9.40	9.40
天河	72 904	14.44	23.99	14.44	14.44	1.89	2.35	1.89	1.89
堵河	86 485	14.86	72.73	14.86	14.86	1.55	4.37	1.55	1.55
神定河	161 489	17.33	11.25	14.29	11.25	1.66	1.08	1.37	1.08
犟河	66 768	6.24	4.25	5.24	4.25	0.53	0.29	0.41	0.29
泗河	60 238	9.00	8.00	8.50	8.00	0.89	0.59	0.74	0.59
官山河	8 097	2.18	1.64	1.91	1.64	0.19	0.16	0.18	0.16
剑河	7 240	0.99	0.81	0.90	0.81	0.10	0.08	0.09	0.08
浪河	6 720	2.35	1.90	2.13	1.90	0.24	0.20	0.22	0.20

河流	污水量 m³/d	COD/（t/d）				氨氮/（t/d）			
		现状负荷	纳污能力	2015年限排总量	2020年限排总量	现状负荷	纳污能力	2015年限排总量	2020年限排总量
丹江	98 129	13.31	13.90	12.30	11.50	2.09	3.02	2.31	2.09
淇河	14 000	3.70	5.52	3.70	3.70	0.37	0.73	0.37	0.37
滔河	17 400	5.79	14.15	5.79	5.79	0.58	0.91	0.58	0.58
老灌河	70 748	9.77	7.56	8.44	7.56	0.93	1.74	0.93	0.93
曲远河	4 400	1.54	1.87	1.54	1.54	0.15	0.17	0.15	0.15
淘沟河	4 000	1.40	1.64	1.40	1.40	0.14	0.15	0.14	0.14
将军河	5 600	1.96	2.29	1.96	1.96	0.20	0.21	0.20	0.20
合计	1 200 466	179.82	272.91	172.36	165.56	20.91	26.46	20.53	19.70

表 8.2.7　南水北调中线水源区限制排污总量方案（按县级行政区统计）

省	市	县	COD/（t/d）				氨氮/（t/d）			
			现状负荷	纳污能力	2015年限排总量	2020年限排总量	现状负荷	纳污能力	2015年限排总量	2020年限排总量
河南	南阳市	西峡县	3.61	4.03	3.39	3.25	0.36	0.70	0.36	0.36
河南	南阳市	淅川县	4.74	5.59	4.34	4.03	0.51	0.94	0.52	0.51
河南	南阳市	邓州市	0.82	0.63	0.71	0.63	0.08	0.13	0.08	0.08
河南	南阳市	内乡县	2.20	1.69	1.89	1.69	0.22	0.36	0.22	0.22
河南	洛阳	栾川县	1.44	1.12	1.25	1.12	0.06	0.14	0.06	0.06
河南	三门峡市	卢氏县	2.66	2.50	2.40	2.22	0.27	0.54	0.27	0.27
湖北	十堰市	张湾区	17.46	11.42	14.44	11.42	1.56	1.00	1.28	1.00
湖北	十堰市	茅箭区	7.89	6.25	7.07	6.25	0.87	0.52	0.69	0.52
湖北	十堰市	丹江口市	5.53	4.35	4.94	4.35	0.53	0.44	0.49	0.44
湖北	十堰市	郧西县	6.22	13.90	6.23	6.23	0.68	1.06	0.67	0.67
湖北	十堰市	郧阳区	18.81	41.12	18.11	17.42	1.82	2.48	1.71	1.60
湖北	十堰市	竹山县	7.58	27.56	7.58	7.58	0.73	1.57	0.73	0.73
湖北	十堰市	竹溪县	4.02	11.11	4.02	4.02	0.48	1.15	0.48	0.48
湖北	十堰市	房县	1.02	3.50	1.02	1.02	0.11	0.23	0.10	0.10
陕西	汉中市	略阳县	0.04	0.25	0.04	0.04	0.00	0.00	0.00	0.00

续表

省	市	县	COD/（t/d）				氨氮/（t/d）			
			现状负荷	纳污能力	2015 年限排总量	2020 年限排总量	现状负荷	纳污能力	2015 年限排总量	2020 年限排总量
陕西	汉中市	宁强县	1.66	4.04	1.66	1.66	0.18	0.28	0.18	0.18
陕西	汉中市	勉县	5.07	6.95	5.06	5.06	0.89	0.99	0.88	0.88
陕西	汉中市	南郑县	3.70	5.93	3.70	3.70	0.34	0.43	0.35	0.35
陕西	汉中市	留坝县	0.36	1.32	0.36	0.36	0.04	0.04	0.04	0.04
陕西	汉中市	汉台区	3.87	4.52	3.87	3.87	0.72	0.75	0.72	0.72
陕西	汉中市	城固县	8.00	9.24	8.00	8.00	1.39	1.47	1.39	1.39
陕西	汉中市	洋县	9.62	12.46	9.62	9.62	1.36	1.52	1.35	1.35
陕西	汉中市	西乡县	4.78	6.92	4.78	4.78	0.89	0.96	0.89	0.89
陕西	汉中市	佛坪县	0.30	0.44	0.30	0.30	0.04	0.04	0.04	0.04
陕西	汉中市	镇巴县	1.65	2.38	1.65	1.65	0.17	0.18	0.17	0.17
陕西	安康市	石泉县	1.94	2.81	1.94	1.94	0.21	0.23	0.21	0.21
陕西	安康市	宁陕县	0.47	0.68	0.47	0.47	0.05	0.06	0.05	0.05
陕西	安康市	紫阳县	2.77	4.02	2.77	2.77	0.26	0.28	0.26	0.26
陕西	安康市	岚皋县	1.85	2.68	1.85	1.85	0.15	0.16	0.15	0.15
陕西	安康市	汉滨区	8.60	9.84	8.60	8.60	0.95	1.02	0.94	0.94
陕西	安康市	汉阴县	1.94	2.22	1.94	1.94	0.23	0.24	0.23	0.23
陕西	安康市	旬阳市	11.04	13.59	11.04	11.04	0.96	1.06	0.97	0.97
陕西	安康市	平利县	1.59	3.26	1.59	1.59	0.17	0.22	0.17	0.17
陕西	安康市	镇坪县	0.59	9.46	0.59	0.59	0.07	0.55	0.07	0.07
陕西	安康市	白河县	1.84	3.70	1.84	1.84	0.15	0.20	0.15	0.15
陕西	商洛市	柞水县	1.56	1.68	1.56	1.56	0.10	0.11	0.10	0.10
陕西	商洛市	镇安县	2.30	2.47	2.30	2.30	0.16	0.16	0.16	0.16
陕西	商洛市	山阳县	8.21	10.08	8.21	8.21	1.21	1.29	1.21	1.21
陕西	商洛市	商州区	6.97	8.53	6.90	6.90	0.84	1.16	0.84	0.84
陕西	商洛市	丹凤县	2.73	1.78	2.18	1.78	0.40	0.77	0.56	0.40
陕西	商洛市	商南县	2.37	6.89	2.15	1.91	0.70	1.03	0.79	0.74
	合计		179.82	272.91	172.36	165.56	20.91	26.46	20.53	19.70

8.3 典型入库河流限制纳污红线管理技术方案

根据丹江口水库入库河流水质现状评价结果对 16 条代表河流进行分类,神定河、犟河、剑河、泗河为重度污染河流,老灌河、丹江为中度污染河流,堵河、将军河、汉江、浪河、淘沟河、官山河、天河、淇河、曲远河和滔河为轻度污染河流。重度污染河流中,神定河水污染尤为严重,水质达标难度较大。中度污染河流中,老灌河水环境问题相对复杂,且属于跨河南、湖北两省的跨界河流,水环境保护管理具有特殊性。轻度污染河流大多数河流已达到管理目标要求,但官山河由于水质目标要求高,水质达标率偏低。综合上述因素,本节选择神定河为重度污染河流的代表,老灌河为中度污染河流的代表,官山河为轻度污染河流,对纳污红线管理实施方案进行研究和设计。

8.3.1 神定河限制纳污红线管理技术方案

1. 限制纳污红线目标

目前神定河未开展水功能区划,神定河限制纳污红线指标包括水污染防治控制单元水质达标率和限制入河污染物总量。根据《丹江口库区及上游水污染防治和水土保持“十二五”规划》,以及本章核算的限制入河污染物总量方案及入河污染物调查统计分析和水质评价结果,神定河流域限制纳污红线指标目标与现状值见表 8.3.1。

表 8.3.1 神定河流域限制纳污红线指标目标与现状值

指标名称	代表断面/代表水域	目标值	削减量	现状值
水污染防治控制单元水质达标率	神定河子单元（神定河口）	III 类,达标率 100%		劣 V 类,达标率 0
限制排污总量	全河段	2015 年: COD≤5 216 t/a NH$_3$-N ≤500 t/a 2020 年: COD≤4 106 t/a NH$_3$-N≤394.2 t/a	2015 年: COD>1 109 t/a NH$_3$-N>105.9 t/a 2020 年: COD>1 110 t/a NH$_3$-N>105.8 t/a	COD 6 325 t/a NH$_3$-N 605.9 t/a

注：现状指 2012 年研究时的状况,后同

神定河水污染防治控制单元水质目标为 III 类,其达标率要求于 2014 年通水前达到 100%,而 2012 年水质为劣 V 类,主要超标因子有 COD、BOD$_5$、NH$_3$-N、TP、石油类和阴离子表面活性剂等。“十二五规划”要求神定河流域在 2015 年限制排污总量 COD 不超过 5216 t/a,NH$_3$-N 不超过 500 t/a;到 2020 年,限制排污总量进一步降低,COD 不能超过 4 106 t/a,NH$_3$-N 不能超过 394.2 t/a。而 2012 年神定河流域污染物入河量为 COD 6 325 t/a,NH$_3$-N 605.9 t/a。需要通过限制纳污红线制度的实施,进一步减少神定河流域的入河污染物量,改善神定河的水质。至 2015 年末,需要削减 COD 1 109 t/a 和 NH$_3$-N 105.9 t/a;至 2020 年末,需要进一步削减 COD 1 110 t/a 和 NH$_3$-N 105.8 t/a。

2. 污染源结构分析

神定河发源于十堰市茅箭区大川镇，自西南向东北流经十堰市茅箭区和张湾区，其中十堰市主城区河道长 16.5 km，在郧阳区茶店镇进入丹江口水库。流域内共有大小支流 50 条，其中二级支流有百二河、张湾河，三级支流有红卫河、岩洞沟等，百二河与张湾河于东风公司第八中学附近呈"Y"状汇合形成干流神定河。神定河总长 58.1 km，流域面积 227 km^2，自产水年径流量 6700 万 m^3。根据神定河的地理位置和社会经济特征，河流污染物的来源有农业面源、工业点源、城镇生活点源及其他点源污染和内源等。

根据前述 16 条重点入库河流的污染源调查与分析结果，神定河各类污染源的污水量及污染物入河负荷量见表 8.3.2。可以看出，除面源以外，流域内的主要污染源为生活污染源。

表 8.3.2　神定河污染源来源与结构 （单位：t/d）

项目	工业点源	生活源	合计
污水量	16 581	144 908	161 489
COD 入河量	5.18	12.15	17.33
NH$_3$-N 入河量	0.18	1.48	1.66

注：①农业面源未做核算；②生活源包括城镇生活和未收集至城镇污水处理厂的生活源等

3. 限制纳污红线保障措施布局

神定河限制纳污红线保障措施方案拟从污染物源头控制、传输过程控制和末端控制三个方面进行设计。源头控制措施重点是神定河流域范围内的农村面源污染治理，城镇生活水厂提标改造和工业点源及排污口规范化整治；传输过程控制重点是完善十堰市城区的污水收集管网；末端控制包括神定河生态补水，河道生态修复和水体深度净化等工程措施。

神定河流域限制纳污红线保障措施布局与削减量见表 8.3.3。可以看出，2015 年前，通过工程措施可削减 COD 1 015.7 t/a，削减 NH$_3$-N 61.1 t/a；至 2020 年末，通过工程措施可进一步削减 COD 971 t/a，削减 NH$_3$-N 230.9 t/a，基本可满足流域污染物削减量目标。

表 8.3.3　神定河流域限制纳污红线保障措施布局与削减效果分析

项目类别	实施阶段	COD 削减量/（t/a）	NH$_3$-N 削减量/（t/a）
农村面源污染治理	2015 年前	816.0	13.9
工业点源污染治理	2015 年前	72.0	18.0
新建污水处理设施	2015 年前	127.7	29.2
合计		1 015.7	61.1
污水处理设施提标和改造	2020 年前	602.0	180.6
污染物传输控制工程——管网续建	2020 年前	369.0	50.3
面源污染治理与河道生态修复	2020 年前	保障措施	保障措施
合计		971.0	230.9

1）农村面源污染治理

在居民小区建设生活污水收集管网，建设集中式无动力人工湿地，对神定河流域内 29 个行政村的农村面源污染进行治理（表 8.3.4）；对散居的村民建设净化沼气池或庭院式人工湿地，建设农村垃圾收集转运系统等农村环境连片综合整治措施，减少农村面源污染排放。累计可削减 COD 815 t/a，NH$_3$-N 13.8 t/a。

表 8.3.4　神定河流域农村面源污染治理情况统计表

县市区	乡镇	社区或村庄	实施阶段	削减量/(t/a)
张湾区	红卫街办	牛场村、炉子村、曾家村、石桥村（纳入治理的约 28 000 人）	2015 年前	COD: 240 NH$_3$-N: 4.0
	车城路街办	谢家村（纳入治理的约 6 166 人）	2015 年前	COD: 53 NH$_3$-N: 0.9
	汉江街办	七里垭村、熊家湾村、刘家村、李家院村、双楼门村、马家沟村、桐树沟村、凤凰沟村、梁家沟村、八亩地村、龙潭湾村、水堤沟村、柳家河村、茅坪村（纳入治理的约 36 400 人）	2015 年前	COD: 312 NH$_3$-N: 5.3
茅箭区	二堰街办	百二河村（纳入治理的约 5 300 人）	2015 年前	COD: 45 NH$_3$-N: 0.8
	大川镇	大川村（纳入治理的约 4 000 人）	2015 年前	COD: 34 NH$_3$-N: 0.6
郧阳区	茶店镇	曾家沟、大岭山、神定河社区、花庙沟、王家湾、长岭沟村、长坪村、茶店村（纳入治理的约 15 330 人）	2015 年前	COD: 131 NH$_3$-N: 2.2
合计				COD: 815 NH$_3$-N: 13.8

注：①根据郝桂玉等（2004）的研究，无动力生活污水处理技术 COD 的平均去除率为 58.7%，TN 的去除率不足 20%，NH$_3$-N 的去除率约为 10%；②根据原环境保护部《生活源产排污系数手册》，乡村生活人均排放系数 COD 按 40 g/d，NH$_3$-N 按 4 g/d 计算

2）工业点源污染治理和入河排污口整治

工业点源和入河排污口整治是污染物源头控制的重要内容。神定河流域重点工业点源污染治理包括秦岭中地生物科技有限公司污染综合治理、二堰屠宰场废水处理、达克罗涂覆工贸有限公司废水处理三项；排污口治理项目包括十堰市制革厂入河排污口整治、大川镇大川村香满楼农家乐入河排污口整治、百年福山庄入河排污口整治三项（表 8.3.5）。

表 8.3.5　神定河工业点源和排污口治理工程

项目名称	项目内容	实施阶段	削减量/（t/a）
秦岭中地生物科技有限公司污染综合治理	污水处理池，定时处理循环使用	2015 年前	COD: 36 NH₃-N: 9
二堰屠宰场废水处理	日处理屠宰废水处理 500 t	2015 年前	COD: 18 NH₃-N: 4.5
达克罗涂覆工贸有限公司废水处理	工业废水综合处理，日处理 500 t	2015 年前	COD: 18 NH₃-N: 4.5
十堰市制革厂入河排污口整治	排污口整治	2015 年前	0
大川镇大川村香满楼农家乐入河排污口整治	排污口整治	2015 年前	0
大川镇大川村百年福山庄入河排污口整治	排污口整治	2015 年前	0
合计			COD: 72 NH₃-N: 18

注：企业污水排放标准执行《污水综合排放标准》（COD 100 mg/L；NH₃-N 15 mg/L）

3）污水处理设施提标和改造

污水处理设施提标和改造措施包括茅箭区大川镇污水处理厂及配套管网建设，十堰市城区污水处理厂污泥处理，郧阳区茶店镇污水处理厂及配套管网建设，以及神定河污水处理厂提标改造等项目（表 8.3.6）。其中除神定河污水处理厂提标改造项目外，其他项目都纳入了"十二五"规划，神定河污水处理厂提标改造工程是神定河治理的重要补充措施。

表 8.3.6　神定河污水处理提标改造工程

项目名称	项目内容	实施阶段	削减量/（t/a）
茅箭区大川镇污水处理厂及配套管网建设	新建 0.15 万 t/d 的污水处理厂及配套管网	2015 年前	0
十堰市城区污水处理厂污泥处理	污泥处置 200 t/d	2015 年前	0
郧阳区茶店镇污水处理厂及配套管网建设	新建 0.25 万 t/d 污水处理站及配套管网	2015 年前	COD: 127.7 NH₃-N: 29.2
神定河污水处理厂提标改造	通过技术改造，处理出水达到一级 A 要求，并稳定达标运行	2020 年前	COD: 602 NH₃-N: 180.6

注：①新建乡镇生活污水处理厂进水水质 COD 200 mg/L，NH₃-N 40 mg/L，出水水质达到污水处理厂一级 B（COD 60 mg/L，NH₃-N 8 mg/L）；②神定河污水处理厂设计处理能力 16.5 万 t/d，排放标准由一级 B（COD 60 mg/L、NH₃-N 8 mg/L）提高至一级 A（COD 50 mg/L、NH₃-N 5 mg/L）

4）污染物传输控制

神定河流域污水收集系统为清污混流制，雨季雨水、溪流水进入管网，旱季地下水进网，管网收集量远远大于污水处理厂设计处理能力，致使污水处理厂无法正常运行，大量污水溢流直排。大部分干管建设于 20 世纪 70 年代，占用老的排洪管沟，存在管径偏小、检查口溢流、年久失修等问题。与此同时，部分居民小区没有排污干管覆盖，生活污水直排入支沟或河道，造成排污失控。需新建与改造污水收集干管，完善污水收集系统。

本方案沿十堰市北京南路、劳教所路、云南路等6条线路新建污水收集干管 10.44 km，对神定河右岸干管、百二河右岸、百二河左岸、人民路、汉江路等19条破旧干管实施改造，改造干管长度 89.67 km（表 8.3.7）。参考十堰市当地污水管道建设经验，推荐使用钢筋混凝土管，采用沙石垫层基础，接口采用承插式柔性橡胶圈接口形式。

表 8.3.7　神定河流域污水收集干管新建与改造统计表

编号	路段名称	起止点	管网长度/km	实施阶段
1	北京南路		1.6	2020 年前
2	朝阳北路与发展大道连接线	起点人民广场—发展大道	3.4	2020 年前
3	劳教所路	北京北路—发展大道	1.48	2020 年前
4	云南路	车城路口—艳湖公园	1.4	2020 年前
5	水库路	岩洞沟水库—燕子沟	0.86	2020 年前
6	长春路	车城路—四三厂居民社区	1.7	2020 年前
7	神定河右岸干管		1.37	2020 年前
8	百二河右岸		6.36	2020 年前
9	百二河左岸		6.36	2020 年前
10	张湾河		8	2020 年前
11	人民路		11.3	2020 年前
12	汉江路		10.6	2020 年前
13	公园路		4.2	2020 年前
14	朝阳路		11.8	2020 年前
15	东岳路		4.8	2020 年前
16	柳林路	五堰岗楼—柳林立交桥	3.2	2020 年前
17	十房路至毛巾厂		2	2020 年前
18	邮电街	邮电大楼—鸿雁桥	0.69	2020 年前
19	江苏路	建委大楼—体育馆	1.83	2020 年前
20	北京南路出口	武当生物公司与十房路口对接	0.6	2020 年前
21	福建路	三堰天桥—朝阳中路	0.64	2020 年前
22	车城西路	青年广场—23 厂小桥东	9	2020 年前
23	湖南路	车城路—车身公寓	2.07	2020 年前
24	广东路	大岭桥—东汽 42 厂桥头	3.25	2020 年前
25	车架厂		1.6	2020 年前

合计新建和改建污水收集干管 100.11 km，削减 COD 369 t/a；NH_3-N 50.3 t/a

纳入本次污水收集系统新建与改造线路共有 25 条,新建主干管网 10.44 km、改造 89.67 km,合计 100.11 km。实施后,污水收集率提高到 94%,混流率从 34% 降到 33%。结合管理措施,可间接削减 COD 369 t/a,NH_3-N 50.3 t/a。需要特别说明的是,为保证污水收集率和分流率的提高,在建设与改造污水收集干管的同时,地方政府需同步配套建设污水收集支管网约 85 km。

5)生态补水工程

目前,神定河河道生态系统极其脆弱,干流水质呈现重度污染,水质为劣 V 类,河道自净能力不足。主要是河流污径比过大,污染物排放严重超过河流自净能力;神定河污水处理厂出水污染物从排放到入库距离短,且大部分天然径流被小水电站拦截用于发电,导致污水处理厂下游入库河道旱季基本干涸,丧失河流自净能力,亟须开展河道生态环境补水。

神定河的主要环境问题是水质污染,本方案最主要的目的是水质达标,同时兼顾考虑生态、生境的恢复以保障水环境安全。为此,确定神定河生态补水方案:枯季补水时长为 2 个月,通过补水使枯季径流量与平水期水量相当,河流水质达标保证率在 85% 以上。神定河枯水期天然径流量为 7.98 万 m^3/d,平水期天然径流量为 16.96 万 m^3/d,需补水 8.98 万 m^3/d。

神定河主要支流上游有 2 座水库。其中,百二河水库为小(一)型水库,总库容 266 万 m^3,有效库容 160 万 m^3;岩洞沟水库为小(一)型水库,库容 385 万 m^3,有效库容 188 万 m^3。随着丹江口水库的加坝蓄水,拟将这两座水库的饮用水源功能取消,蓄积洪水作为神定河枯水期生态补水水源,可调蓄总库容为 348 万 m^3。

为了满足水资源调度要求,增加库容,计划在原有岩洞沟水库大坝的基础上加高 5 米,并在坝顶修建相应的溢流堰和控制闸门,大坝加高工程完成后,可在原有 385 万 m^3 库容的基础上扩容到 550 万 m^3。另外,由于百二河水库坝体坡比不足,不利于通过加高坝体扩容,为此,计划在该水库上游朱家咀新建一个二级水库。

项目建成后,3 座水库可蓄积洪水 805 万 m^3,在 2 个月(内)每天可为神定河提供 13.2 万 m^3 补水量,为神定河生态修复、水环境安全保障、调峰防洪提供有力的保障。

6)河道生态修复工程

河道生态修复主要是通过一系列工程措施,将已经退化或损坏的河道生态系统进行修复,恢复河道自净能力。本次整治的范围:从张湾区岗子上村口为治理起点,以茶店镇华新水泥厂下游入库断面为终点,河宽 20~40 m,综合治理总长 10.9 km,其中张湾区境内治理长度为 4 km,郧阳区境内治理长度为 6.9 km。生态修复工程按照"分段治理、基底改造、生态护岸、人工复氧、植物恢复"的治理思路进行建设。

第一段:以张湾区洪溪湾村口为治理起点,以神定河污水处理厂排放口为终点,上游径流量为 13.23 万 t/d,综合治理长度约 1.5 km;该段河道宽约 20 m,自然坡降较小(3.0‰),平均水深 0.26 m,流速 0.2 m/s,河道治理措施主要采取基底改造、生态护坡护岸、人工跌水复氧与生态河滩工程。

第二段：以神定河污水处理厂排放口为治理起点，以神定河污水深度处理厂排放口为终点，神定河污水处理厂排放水体 10 万 t/d，综合治理长度为 1.6 km；该段河道宽约 30 m，自然坡降为 3.44‰，平均水深 0.3 m，流速 0.3 m/s，河道治理措施主要采取基底改造、生态护坡护岸、人工跌水富氧与生态河滩工程。

第三段：以神定河污水深度处理厂排放口为治理起点，以水电站拦河滚水坝为终点，新汇入神定河污水深度处理厂排放水体 8 万 t/d，综合治理长度为 0.9 km；该段河道宽约 30 m，自然坡降为 3.44‰，平均水深 0.3 m，流速 0.4 m/s，河道治理措施主要采取基底改造、生态护坡护岸、人工跌水富氧与生态河滩工程。

第四段：以水电站拦河坝为治理起点，以水电站排放口为终点，分流 18 万 t 进入水电站，剩余 13.23 万 t/d 河水进入本段，综合治理长度为 3.2 km；该段河道宽约 20 m，自然坡降达到 8.67%，水流湍急，沿岸护坡完善，河道治理措施主要采取在河道设置人工礁石进行整流使水体自然富氧。

第五段：以水电站排放口为治理起点，以华新水泥厂下游入库断面为终点，新汇入水电站排放水体 18 万 t/d，综合治理长度约 3.7 km；该段河道宽约 40 m，自然坡降为 3.0‰，平均水深 0.3 m，流速 0.3 m/s，河道治理措施主要采取基底改造、局部生态护坡护岸修复与完善、人工跌水富氧与生态河滩工程。

7）河流水质净化工程

神定河污水处理厂下游建有两个梯级电站，即茶店神河电站和郧阳区宏山电站。电站利用拦河坝对大部分河道径流进行了拦截，用于水力发电后再次汇入神定河，造成了与引水渠并行的约 3 km 河道常年无水，几乎丧失河道自净功能，影响神定河入库控制断面水质。因此，工程改造利用现有水渠，采取多种工程措施净化渠道水质，对于改善神定河水质将起到重要作用。

采取"水量分流、水流减速、分段曝气、生态治理"的策略，对河道污水进行综合治理，具体如下。

水量分流——为保证下游河段生态水量，对拦河坝上游来水进行分流，控制引水渠进水口，分流 18 万 t/d 河水进入水渠。

水流减速——为在引水渠中采取如曝气、培养微生物等水质净化措施，需要降低渠中水流速度，延长水力停留时间，提高水质净化效果。本方案拟在引水渠中每隔 150 m 设置活动式插板堰，使过流水体得到消能，减缓水流速度，延长生物净化时间。

分段曝气——拟通过分段曝气，提供交替缺氧—好氧的反应环境，为具有不同功能微生物的培养、生长和繁殖提供相适宜的环境，加强微生物活性，强化系统的净化效果。曝气系统设计分为四段：前两段采用鼓风强化曝气系统；后两段曝气利用水电站的水力冲刷水轮机进行复氧。

生态治理——采用安装立体填料挂膜和种植人工飘带两种方式为微生物提供附着生长介质，形成一个微生物生态治理系统。该系统侧重于微生物硝化作用，硝化是该工艺最主要的生化过程，在好氧及低碳源环境中，可以获得很好的氨氮去除效果，显著改善渠道水质。

8.3.2　老灌河限制纳污红线管理技术方案

1. 限制纳污红线目标

老灌河限制纳污红线指标包括水功能区水质达标率、水污染防治控制单元水质达标率和限制排污总量控制目标。根据《河南省水功能区划》，老灌河划分有两个水功能区，分别为老灌河西峡自然保护区和老灌河淅川保留区，水质保护目标分别为 II 类和 III 类。根据《丹江口库区及上游水污染防治和水土保持"十二五"规划》，老灌河在 2014 年通水之前必须符合水功能区要求，水污染防治控制单元水质断面达标。根据老灌河代表水质断面的水质评价结果见表 8.3.8，超标项目主要是 COD。根据核定的水域纳污能力及限制排污总量方案，2015 年末，老灌河需削减 COD 486 t/a；至 2020 年末，需进一步削减 COD 320 t/a。

表 8.3.8　老灌河流域限制纳污红线指标目标与现状值

指标名称	代表断面/代表水域	目标值	现状值
水功能区水质达标率	老灌河西峡自然保护区（许营断面）	II 类，年度达标率 80%以上	91.7%
	老灌河淅川保留区（张营断面）	III 类，年度达标率 80%以上	75%
水污染防治控制单元水质达标率	老灌河栾川卢氏子单元（三道河）	III 类，达标率 100%	100%
	老灌河丁河子单元（封湾）	II 类，达标率 100%	83.3%
	老灌河蛇尾河子单元（东台子）	II 类，达标率 100%	91.7%
	老灌河杨河子单元（杨河）	II 类，达标率 100%	58.3%
	老灌河许营子单元（许营）	III 类，达标率 100%	100%
	老灌河垱子岭子单元（西峡）	III 类，达标率 100%	100%
	老灌河张营子单元（张营）	III 类，达标率 100%	75%
限制排污总量	全河段	2015 年：COD≤3 080 t/a　NH₃-N≤340 t/a	COD 3 566 t/a NH₃-N 340 t/a
		2020 年：COD≤2 760 t/a　NH₃-N≤340 t/a	

2. 污染源结构分析

老灌河是丹江左岸较大的一级支流，它发源于洛阳市栾川县伏牛山小庙岭，经三门峡卢氏县，在桑坪镇入西峡县境内，向南经西峡县桑平镇、石界河乡、米坪镇、双龙镇、五里桥镇、回车镇至淅川老县城北汇入丹江口水库，较大支流有石界河、长探河、蛇尾河、丁河、古庄河等。老灌河流域污染源结构见表 8.3.9，可以看出，流域内主要污染来源为生活污染源。

表 8.3.9 老灌河污染源来源与结构 （单位：t/d）

项目	工业点源	生活源	合计
污水量	19 468	51 280	70 748
COD 入河量	1.55	8.22	9.77
NH₃-N 入河量	0.05	0.88	0.93

注：①农业面源未做核算；②生活源包括城镇生活和未收集至城镇污水处理厂的生活源等

3. 限制纳污红线保障措施布局

老灌河限制纳污红线保障措施重点削减城镇生活源和工业点源排放负荷，并开展排污口整治。实施农村环境综合整治，包括农村垃圾处理、农村面源治理。开展流域生态恢复和生态建设，包括上游水土保持，生态隔离带建设，生态林建设，鱼类放养繁殖等多项措施。按照纳污红线目标要求，老灌河工程措施的污染物削减量见表 8.3.10，可以满足 2015 年末削减 COD 486 t/a，2020 年末进一步削减 COD 320 t/a 的要求。

表 8.3.10 老灌河流域限制纳污红线工程总体布局与削减效果分析

项目类别名称	实施阶段	COD 削减量/（t/a）	NH₃-N 削减量/（t/a）
乡镇污水处理厂	2015 年前	300	54.6
工业点源污染防治项目	2015 年前	815.7	571
入河排污口规范化整治	2015 年前	—	—
合计		1 115.7	625.6
农村环境连片整治工程	2020 年前	320	64
面源、内源治理与生态修复	2020 年前	—	—
合计		320	64

1）农村生活污染源治理

为严格控制老灌河沿岸主要乡镇生活污水直接入库，规划建设 6 座乡镇污水厂，设计规模 1 000 t/d。配套建设淅川县污水处理厂和西峡县污水处理厂污泥处理设施，新增污泥处理能力 100 t/d，见表 8.3.11。如果按进厂污水浓度 COD 200 mg/L 和 NH₃-N 40 mg/L 计算，出水水质达到一级 B 标准，则可累计削减 COD 300 t/a，NH₃-N 54.6 t/a。

表 8.3.11 老灌河流域生活源污染整治工程规划表

项目编号	项目名称	实施阶段	削减量/（t/a）
1	淅川县污水处理厂污泥处理设施	2015 年前	0
2	西峡县污水处理厂污泥处理设施	2015 年前	0

续表

项目编号	项目名称	实施阶段	削减量/（t/a）
3	毛堂乡污水处理厂（1 000 t/d）	2015 年前	COD：50 NH₃-N：9.1
4	丁河镇污水处理厂（1 000 t/d）	2015 年前	COD：50 NH₃-N：9.1
5	重阳乡污水处理厂（1 000 t/d）	2015 年前	COD：50 NH₃-N：9.1
6	五里桥镇污水处理厂（1 000 t/d）	2015 年前	COD：50 NH₃-N：9.1
7	回车镇污水处理厂（1 000 t/d）	2015 年前	COD：50 NH₃-N：9.1
8	老城镇污水处理厂（1 000 t/d）	2015 年前	COD：50 NH₃-N：9.1
	合计		COD：300 NH₃-N：54.6

注：新建乡镇生活污水处理厂进水水质 COD 200 mg/L，NH₃-N 40 mg/L，出水水质达到污水处理厂一级 B 标准（COD 60 mg/L，NH₃-N 8 mg/L）

　　开展上集镇、毛塘乡等 6 个乡镇的农村环境连片整治工程，规划建设 6 个乡镇居民点垃圾处理设施和 1 座垃圾转运设施，新增垃圾处理能力 180 t/d，垃圾中转能力 30 t/d。在西峡县和淅川县分别建设 2 座垃圾渗滤液收集处理设施，新增渗滤液处理能力 90 t/d 和 80 t/d。见表 8.3.12。

表 8.3.12　老灌河流域农村环境连片整治工程规划表

项目编号	项目名称	实施阶段
1	上集镇垃圾处理设施	2020 年前
2	毛堂乡垃圾处理设施	2020 年前
3	丁河镇垃圾处理设施	2020 年前
4	回车镇垃圾处理设施	2020 年前
5	重阳乡垃圾处理设施	2020 年前
6	五里桥乡垃圾处理设施	2020 年前
7	西峡县垃圾处理场渗滤液处理设施	2020 年前
8	淅川县垃圾处理场渗滤液处理设施	2020 年前
9	垃圾中转设施 1 处	2020 年前
	合计削减 COD 320 t/a；NH₃-N 64 t/a	

2）工业点源污染防治和入河排污口整治

工业点源控制包括工业企业清洁生产和污水提标处理、入河排污口整治。规划安排工业点源污染防治项目 43 项，对控制单元内重点工业企业进行废水治理、清洁生产和技术改造，项目集中在西峡县、淅川县及上集、回车等重点乡镇，新增工业废水处理规模 4.47 万 t/d，工程项目见表 8.3.13。按照污水处理水平由《污水综合排放标准》二级标准提升至一级标准，可削减 COD 815.7 t/a，削减 NH_3-N 571 t/a。规划安排排污口综合整治项目 10 项，工程项目见表 8.3.14。规划从排污口规范化建设、排污口改造工程等方面对排污口进行优化整治，从而便于入河排污口水质监管。

表 8.3.13　老灌河流域工业点源污染防治项目

项目编号	项目名称	实施阶段
1	淅川昌盛酒业有限公司工业废水治理	2015 年前
2	淅川县润达钒业有限公司清洁生产和废水治理	2015 年前
3	淅川丰源氯碱有限公司废水治理和清洁生产	2015 年前
4	淅川丹江减振器有限公司废水治理及清洁生产	2015 年前
5	淅川县有色金属压延有限公司废水深度治理	2015 年前
6	淅川县新潮汽车配件有限责任公司废水治理及清洁生产	2015 年前
7	淅川县肉联厂废水治理	2015 年前
8	淅川华富陶瓷有限公司废水深度治理	2015 年前
9	淅川县丰源化工有限公司结构调整	2015 年前
10	南阳泰隆纸业公司结构调整	2015 年前
11	河南通宇冶材集团有限公司废水治理及清洁生产	2015 年前
12	西峡县水泵有限公司废水治理及清洁生产	2015 年前
13	西峡天宇冶金保护材料有限公司废水治理及清洁生产	2015 年前
14	西峡县大块地石墨有限公司高纯石墨废水治理及清洁生产	2015 年前
15	南阳汉冶特材有限公司废水治理及清洁生产	2015 年前
16	西峡县内燃机进排气管有限责任公司废水治理及清洁生产	2015 年前
17	西峡县冶通合金辅料有限公司清洁生产	2015 年前
18	西峡县兴宝冶金保温材料有限公司废水治理及清洁生产	2015 年前
19	西峡县红星汽车配件有限公司废水治理及清洁生产	2015 年前
20	宛西制药股份有限公司废水治理及清洁生产	2015 年前
21	西峡县天丰制粉有限公司废水治理及清洁生产	2015 年前
22	西峡县福盈有限公司废水治理及清洁生产	2015 年前
23	西峡县瑞发责任有限公司废水治理及清洁生产	2015 年前
24	西峡县正弘公司清洁生产	2015 年前
25	西峡县天马有限公司废水治理及清洁生产	2015 年前

续表

项目编号	项目名称	实施阶段
26	西峡县黎明有限公司废水治理及清洁生产	2015 年前
27	西峡县金峪有限公司清洁生产	2015 年前
28	西峡县盛鑫有限公司清洁生产	2015 年前
29	西峡县鑫宇冶金耐材有限责任公司废水治理及清洁生产	2015 年前
30	南阳龙源陶瓷纤维密封垫有限公司废水治理及清洁生产	2015 年前
31	淅川丹江湖乳业有限公司废水治理	2015 年前
32	淅川县安宁磷化有限公司含磷废水治理	2015 年前
33	南阳兴农生物技术开发有限公司废水治理	2015 年前
34	淅川县丰源农药有限公司废水治理	2015 年前
35	西峡县金鑫特种铸钢有限公司废水治理及清洁生产	2015 年前
36	西峡县冶金辅助材料有限公司清洁生产	2015 年前
37	西峡县鑫龙保温材料有限公司废水深度治理及清洁生产	2015 年前
38	养生殿酒业有限公司废水治理及清洁生产	2015 年前
39	西峡县福莱尔有限公司废水治理及清洁生产	2015 年前
40	西峡县丰业有限公司清洁生产	2015 年前
41	西峡县西瑞电子有限公司清洁生产	2015 年前
42	西峡县合力冶金辅料有限公司废水治理与清洁生产	2015 年前
43	西峡县华邦食品优先公司废水治理与清洁生产	2015 年前

合计削减 COD 815.7 t/a；NH$_3$-N 571 t/a

表 8.3.14　老灌河流域入河排污口整治项目

项目编号	项目名称	实施阶段	削减量/（t/a）
1	城区工业园排污口整治	2015 年前	保障措施
2	淅川县污水处理厂排污口整治	2015 年前	保障措施
3	春风造纸厂排污口整治	2015 年前	保障措施
4	西保冶材公司排污口整治	2015 年前	保障措施
5	宛西制药厂排污口整治	2015 年前	保障措施
6	西峡县污水处理厂排污口整治	2015 年前	保障措施
7	汉冶钢铁公司一期排污口整治	2015 年前	保障措施
8	通宇公司排污口整治	2015 年前	保障措施
9	西峡县大块地石墨有限公司排污口整治	2015 年前	保障措施
10	南阳汉冶特材有限公司排污口整治	2015 年前	保障措施

３）内源治理

开展老灌河淅川、西峡城镇段河道内源污染治理，实施河道底泥清淤、疏浚及水生态修复等综合防治措施，减少内源对水质的污染，规划于 2020 年前实施完成。

４）流域生态保护

流域生态保护的工作重点为上游地区水土保持。水土保持工作以减少入库泥沙、涵养水源、控制面源污染、保护水库水质及维系生态系统良性发展为目标，重点对水土流失严重的老灌河中上游地区进行治理。规划在淅水、锁河及蛇尾河实施水土保持措施，见表 8.3.15。

表 8.3.15　老灌河流域生态保护项目

项目编号	项目名称	实施阶段	削减量
1	淅水项目区水土保持项目	2020 年前	保障措施
2	锁河项目区水土保持项目	2020 年前	保障措施
3	蛇尾河上游水土保持项目	2020 年前	保障措施
4	水毁耕地复垦项目	2020 年前	保障措施
5	下游主河道生态修复及河口湿地恢复	2020 年前	保障措施
6	4 300 hm^2 生态隔离带	2020 年前	保障措施
7	流域生态林建设	2020 年前	保障措施
8	城区河岸带清水景观建设	2020 年前	保障措施
9	河道鱼类人工增殖放流	2020 年前	保障措施

8.3.3　官山河限制纳污红线管理技术方案

1. 限制纳污红线目标

官山河未进行水功能区划，纳污红线指标为水污染防治控制单元水质达标率和限制入河污染物总量（表 8.3.16）。官山河虽然为轻度污染河流，但由于其水质管理目标为 II 类，2013 年的水质达标率仅为 41.7%，超标项目有 COD、NH_3-N 和 TP。根据限制排污总量控制目标，2015 年末，官山河入河排污量 COD 不能超过 697.2 t/a，NH_3-N 不能超过 65.7 t/a，至 2020 年末，官山河入河排污量 COD 应控制在 598.6 t/a 以下，NH_3-N 应控制在 58.4 t/a 以下。可以计算得出，2015 年末，分别需削减 COD 98.6 t/a 和 NH_3-N 3.7 t/a，至 2020 年末，需进一步削减 COD 98.5 t/a 和 NH_3-N 7.3 t/a。

表 8.3.16　官山河流域限制纳污红线指标目标与现状值

指标	代表断面/代表水域	目标值	现状值
水污染防治控制单元水质达标率	官山河子单元 （孙家湾）	II 类，达标率 100%	III 类，达标率 41.7%
限制排污总量	全河段	2015 年： COD≤697.2 t/a NH₃-N≤65.7 t/a 2020 年： COD≤598.6 t/a NH₃-N≤58.4 t/a	COD 795.7 t/a NH₃-N 69.4 t/a

2. 污染源结构分析

官山河发源于福泉山，经马鞍山、小河口、店子河、狮子沟口至马家岗王家河口入丹江口水库，河流长 90.23 km，流域面积 970 km²，平均坡降 5.2‰。流域范围内分布有官山镇和六里坪镇 2 个镇的 17 个自然村。根据污染源调查与统计，官山河流域污染来源见表 8.3.17，官山河流域农业面源、工业点源贡献相当。

表 8.3.17　官山河污染源来源与结构　　（单位：t/d）

项目	工业点源	生活源	合计
污水量	257	7 840	8 097
COD 入河量	1.55	1.78	3.33
NH₃-N 入河量	0.40	0.01	0.41

注：①农业面源未做核算；②生活源包括城镇生活和未收集至城镇污水处理厂的生活源等

3. 限制纳污红线保障措施布局

结合污染源结构，官山河流域水环境治理方案一方面要对现有的点源污染排放进行控制，另一方面应重点考虑农村和农业面源污染的治理。同时，要加强河流生态系统修复和流域生态建设，保障水质长期稳定达标。主要工程措施可以分为点源污染治理措施，农村和农业面源污染控制措施，以及河流生态系统修复和流域生态建设措施。

按照纳污红线目标要求，官山河工程措施的污染物削减量见表 8.3.18，通过实施各类治理措施，官山河流域 2015 年前 COD 削减量可以达到 113.1 t/a，NH₃-N 削减量达 28.4 t/a，能满足 2015 年末削减 COD 98.6 t/a 和 NH₃-N 4.7 t/a 的目标，至 2020 年末，需进一步削减 COD 98.5 t/a 和 NH₃-N 7.3 t/a 的目标要求同样能够通过治理措施达到。

表 8.3.18   官山河流域限制纳污红线保障措施布局与削减效果

项目类别	实施阶段	COD 削减量/（t/a）	NH₃-N 削减量/（t/a）
集镇生活污水治理	2015 年前	113.1	28.4
农业面源污染治理	2015 年前	保障措施	保障措施
流域生态修复	2015 年前	保障措施	保障措施
合计		113.1	28.4
乡村生活污水治理	2020 年前	171.4	4.46
农村环境连片综合整治	2020 年前	保障措施	保障措施
流域水土流失与面源污染治理	2020 年前	保障措施	保障措施
合计		171.4	4.46

1）点源污染治理工程

官山河流域范围大型工业企业较少，主要点源排放为城镇生活污水。城镇生活点源污染控制一方面要加强污水收集设施建设，完善集镇排水体系，实现集镇排水雨污分流，另一方面要加快建设乡镇污水处理厂，削减污染物入河量。目前，官山河流域已建成六里坪污水处理厂，出水执行的是《城镇污水处理厂污染物排放标准》（GB 18918—2002）一级 B 排放标准，需要进行提档升级，改造成排放执行一级 A 标准。六里坪镇污水管网基本上还是雨污合流体制，且管网损毁较严重，真正能够进入污水处理厂的污水很少，需要按照雨污分流的要求进行改造，并且要尽可能扩大管网覆盖范围。官山河流域点源治理规划项目见表 8.3.19。

表 8.3.19   官山河流域点源治理规划项目

项目编号	项目名称	项目内容	建设地点	实施阶段	削减量/（t/a）
1	官山污水处理厂	日处理 1 500 t/d，出水水质达到一级 A	官山镇	2015 年前	COD: 76.6 NH₃-N: 17.5
2	六里坪污水处理厂升级改造	设计规模 1.0 万 t/d，由一级 B 提升至一级 A	六里坪镇	2015 年前	COD: 36.5 NH₃-N: 10.9
3	官山镇污水管网	配套管网 18 km	官山集镇	2015 年前	0
4	六里坪镇污水管网	建设配套管网 20.6 km	六里坪工业园和集镇	2015 年前	0
5	乡村污水治理	新建人工湿地式污水处理池 11 处及生活污水收集管道	岗河、杨家川、岳家川、江家沟、大柳树、财神庙、花栗树、六里坪、孙家湾、马家岗、蒿口	2020 年前	COD: 171.4 NH₃-N: 4.46

注：①新建乡镇生活污水处理厂进水水质 COD 200 mg/L，NH₃-N 40 mg/L，出水水质达到污水处理厂一级 B 标准（COD 60 mg/L，NH₃-N 8 mg/L）；②乡村生活污水人工湿地式污水处理池，处理范围按 20 000 人计，COD 处理率 58.7%，NH₃-N 处理率 10%；③根据原环境保护部《第一次全国污染源普查城镇生活源产排污系数手册》，乡村生活人均排放系数 COD 按 40 g/d，NH₃-N 按 4 g/d 计算

2）农业面源污染治理

在官山河流域内实施生态农业，进行作物栽培模式调整，尽量减少化肥农药的使用。

强制推广机耕机收，把粮油作物的秸秆及其他农田废弃物全部粉碎还田，进行循环无污染利用。进行人畜禽粪便综合治理。探索和推广果园养殖家畜家禽等。大力实施猪-沼-茶、猪-沼-果、猪-沼-菜等生态农业工程。加强农村环境综合整治，全面实施村庄"一建"（建沼气池）、"二清"（清垃圾、清淤泥）、"三化"（绿化、净化、硬化）、"四改"（改水、改厕、改圈、改灶）工程。官山河流域面源污染治理规划项目见表 8.3.20。

表 8.3.20　官山河流域农业面源污染治理规划项目

项目名称	项目内容	建设地点	实施阶段	削减量
官山镇垃圾填埋场	垃圾收运、卫生填埋及渗滤液处理 35 t/d	官山镇	2015 年前	保障措施
吕家河等 5 个村垃圾集并点（中转站）	吕家河、铁炉、赵家坪、官亭垃圾集并点和南神道垃圾中转站，日处理能力 20 t	吕家河村、铁炉村、赵家坪村、官亭村和南神道村	2015 年前	保障措施
河流附近养殖场（大户）搬迁项目	官山镇转移搬迁 120 户，六里坪镇转移搬迁 250 户		2015 年前	保障措施
200 人以下移民集中安置点环保项目	生活污水末端处理及固体垃圾处理	后沟、黄土梁等 7 个安置点	2015 年前	保障措施
农村环境综合整治	13 个村集中安置、基础设施、村庄美化、清洁能源	岗河村、杨家川村、岳家川村、江家沟村、大柳树村、财神庙村、花栗树村、六里坪村、孙家湾村、马家岗村、蒿口村等	2020 年前	保障措施
生猪生态养殖小区建设	建标准化"150"模式猪舍 30 栋 6 480 m²，制作生物发酵床 2 700 m³，配套相应的通风、降温、喂料饮水等设备	袁家河村、李家河村、铁炉村、赵家坪村、西河村、岗河村、杨家川村、岳家川村、孙家湾村、马家岗村、江家沟村	2020 年前	保障措施
家禽（肉鸡、蛋鸡等）生态养殖小区	建设标准化鸡舍 5 万 m²，配套污水处理系统及相应设施、设备	铁环沟村、财神庙村、六里坪村、马家岗村、张家河村、狮子沟村、蒿口村等	2020 年前	保障措施

3）河流生态系统修复

实施河道综合整治。对官山河及其岗河六里坪集镇及以下河段实施河道综合整治。一是进行河岸整治，整治措施包括新建堤防、加固河堤、清淤疏浚、岸边绿化等。二是进行河道疏浚，清理河床污染物。三是在河道中构筑湿地等水质净化设施，提高水体净化能力。四是进行河道排污口整治，除雨水管道外，禁止随意设置排污口。通过以上措施达到防洪减灾、美化环境、保护水质的目的。

规范水产养殖，保护水体生态。通过开展鱼类人工增殖放流、人工种植水生植物、网箱库湾养殖、进行生态技术改造等保护水体环境。

加强流域生态恢复和水土流失治理工程建设。继续实施长防林建设、森林抚育、退耕还林、荒山造林、建设生物隔离带等森林植被恢复工程建设。官山河流域生态修复规划项目见表 8.3.21。

表 8.3.21　官山河流域生态修复规划项目

项目名称	项目内容	建设地点	实施阶段	削减量
河道整治	清淤 49 km（含 7 条主要支流） 修砌防护堤 93 km（官山河 30 km，吕家河 8 km，九道河 3 km，东沟河 8 km，松树沟河 8 km，杉沟河 10 km，骆马沟河 8 km，甘沟河 7 km，西河 4 km，桥梁 6 座：吕家河、赵家坪、五龙庄、官亭、分道观、八亩地）	主河道沿岸	2015 年前	保障措施
官山水库水体净化	增殖放流年投放鱼种 10 t	官山水库	2015 年前	保障措施
建设生态隔离带	种植乔木 4 300 hm^2	主河道沿岸	2020 年前	保障措施
森林植被建设	森林抚育 30.7 万亩，退耕还林 1 万亩、人工造林 0.5 万亩、荒山造林 2.15 万亩，种植油茶等绿色经济作物	主河道沿岸	2020 年前	保障措施
流域水体净化	①鱼类人工增殖放流 2 000 hm^2，年投鱼种 150 t，年投资 300 万元；②人工种植水生植物 1 000 hm^2，投资 150 万元；③网箱库湾养殖进行生态技术改造，网箱 2 000 只，库湾 1 000 hm^2，投资 800 万元	丹江口水库官山河入口处	2020 年前	保障措施
治理水土流失	人工造林 1.05 万亩（退耕还林 0.5 万亩、长防林建设 0.35 万亩、荒山造林 0.2 万亩）、森林抚育 7.2 万亩，投资 300 万元建设生物隔离带；坡改梯 4 000 亩，高标准治理柑橘基地 35 000 亩	流域村	2020 年前	保障措施

参 考 文 献

冯巧, 许子乾, 杨钰, 等, 2014. 基于优化模型的河流纳污量计算方法研究[J]. 水利水电技术, 45(4): 12-16.

郝桂玉, 张道方, 黄民生, 2004. 无动力污水处理技术及其研究与应用进展[J]. 净水技术, 23(4): 25-27.

陆雨, 苏保林, 2011. 河流纳污能力计算方法比较[J]. 水资源保护, 27(7):5-9.

罗小勇, 2016. 基于水功能区的纳污能力计算理论方法及应用[M]. 北京: 中国水利水电出版社.

孟伟, 张楠, 张远, 等, 2007. 流域水质目标管理技术研究: (IV)控制单元的总量控制技术[J]. 环境科学研究, 20(4): 1-7.

彭文启, 2012. 水功能区限制纳污红线指标体系[J]. 中国水利(7): 19-22.

邱凉, 翟红娟, 徐嘉, 2013. 长江中下游水功能区考核指标体系研究与构建[J]. 人民长江, 44(3): 75-77.

王超, 朱党生, 程晓冰, 2002. 地表水功能区划分系统的研究[J]. 河海大学学报(自然科学版), 30(5): 7-11.

王方清, 吴国平, 刘江壁, 2010. 建立长江流域水功能区纳污红线的几点思考[J]. 人民长江, 41(15): 20-22.

袁弘任, 2004. 三峡水库纳污能力分析[J]. 中国水利(20): 19-22.

ZHANG R B, QIAN X, YUAN X C, et al., 2012. Simulation of water environmental capacity and pollution load reduction using QUAL2K for water environmental management[J]. International Journal of Environmental Research and Public Health (9): 4504-4521.

第 9 章
生态清洁小流域建设

　　"十二五"和"十三五"期间，我国大力开展生态文明建设，水环境治理工作迈向以人与自然和谐为主要目标的新阶段。生态文明以生态系统整体性、系统性的内在规律为依据，要求尊重自然、顺从自然、保护自然。2014 年 3 月 14 日，习近平总书记提出了"节水优先、空间均衡、系统治理、两手发力"的新时代治水方针，坚持山水林田湖草是一个生命共同体，强调要用系统思维统筹山水林田湖草治理。这一工作方针的提出，意义重大、要求明确，为新时代水环境治理工作指明了方向，提供了遵循。山水林田湖草是一个生命共同体，区域生态系统的森林、草地、湿地、河流、湖泊、农田等要素间存在相互依赖和相互制约的关系。生态清洁小流域建设通过实施各项遵循自然的治理措施，使流域内水土资源得到有效保护、合理配置和高效利用，人类活动对自然的扰动在生态系统承载之内，最终实现生态系统的良性循环、人与自然和谐。本章将系统介绍适合于丹江口水源区的生态清洁小流域措施体系，并结合已经开展的典型案例总结建设模式和经验，为水源区生态清洁小流域建设全面推广提供参考。

9.1 生态清洁小流域建设内涵与思路

生态清洁小流域建设即以"小流域"为单元，根据系统理论、景观生态学、水土保持学、生态经济学和可持续发展等理论，结合流域地形与地貌特点，土地利用方式和面源污染及水土流失的不同形式，以流域内水资源、土地资源、生物资源承载力为基础，以调整人为活动为重点，坚持生态优先的原则，通过实施各项遵循自然、生态法则及与当地景观相协调的治理措施，建立生态清洁小流域，使流域内人口、资源、环境协调发展。

生态清洁小流域是具有中国特色的流域综合管理模式，生态清洁小流域建设应服务于流域功能定位和区域建设目标（胡建忠，2011；张锦娟 等，2010）。根据区域发展功能定位、社会经济条件、生态环境基础、水资源管理需要、水土保持要求和产业发展方向等，确定小流域的主导功能，突出水土保持和面源污染治理的地位，遵循分类管理和分阶段治理的思路。以流域为单元，以"生态优先、协调发展、突出特色和综合配套"为原则，按照"污染减排、传输阻隔和末端处理"治理模式（刘登伟 等，2014；周萍 等，2010），山、水、林、田、村统一规划，灌、蓄、拦、排、节、污综合治理，紧密结合流域内新农村建设，科学规划污染源防治和水土流失治理措施建设，实施污水、垃圾、厕所、河道、环境同步治理，逐步将小流域建设水平从低等级提高到高等级，最终形成不同特色富有成效的生态清洁小流域治理模式。

根据"系统治理"的治水方针，新时期河湖治理必须要以系统工程的思路来统筹安排山水林田湖草各要素的治理工作（蒲朝勇 等，2015；余新晓，2012）。山坡土壤侵蚀，林地水土流失，农田径流输出，以及村落分散污水是小流域污染的主要来源。结合丹江口库区面源污染的基本现状，生态清洁小流域建设需要贯彻"山水林田村"五位一体的基本思路，建立"控山""净水""护林""保田""治村"的治理框架。"控山"即对山坡的土壤侵蚀问题实施水土保持措施，"净水"即对水质较差河段实施净化措施，"护林"即对水源涵养能力较弱的疏幼林进行封育治理，"保田"即对农田实施保土耕作、植物护坎等保护措施，"治村"即对村落的分散污水和垃圾污染进行综合治理（图9.1.1）。

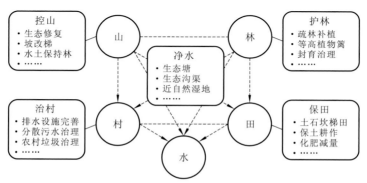

图9.1.1 生态清洁小流域建设总体思路和技术框架

9.2 生态清洁小流域建设措施体系

生态清洁小流域建设措施体系分为源头控制措施、传输控制措施和末端控制措施（李化萍，2019；阳文兴 等，2014）。农业面源污染对水源地水质安全影响最为深远，也是生态清洁小流域建设过程中面临的主要治理难题（赵娟 等，2017）。按照面源污染"源"、传输途径和"汇"控制的原理，生态清洁小流域治理措施对应三类技术措施：源头控制（"源"控制）措施，包括农村生活污水处理、垃圾收集管理和农业种植管理；传输控制措施，包括坡面治理和沟道治理；末端控制（"汇"控制）措施，包括人工水塘、植被缓冲带、湿地生态系统（图9.2.1）。

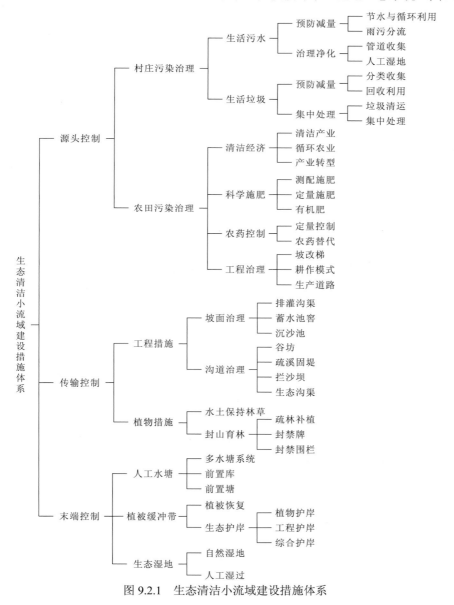

图 9.2.1 生态清洁小流域建设措施体系

9.2.1　源头控制措施

水源区生态清洁小流域建设过程中，源头控制措施包括农村生活污水处理、垃圾收集管理、农业种植管理等（表 9.2.1）。

表 9.2.1　丹江口水源区生态清洁小流域源头控制措施

项目	类别	措施名称
农村生活污水处理	能源替代	沼气池
		省柴灶
	污水净化措施	三格式化粪池
		生态塘
		厌氧池
		人工湿地
		氧化塘
		土壤渗滤床＋FTBR 复合生化池
		微型潜流式人工湿地系统
		净化槽＋表流人工湿地系统
垃圾收集管理	基础设施	垃圾桶
		垃圾池
		垃圾处理厂
	管理制度	垃圾回收制度
农业种植管理	灌溉用水	微喷灌
		滴灌
		小股流涌灌
	坡改梯	生态袋护坎
		土坎
		干砌石田坎
		草皮护坎
		浆砌石田坎
		铅丝笼干砌石田坎
		木桩护坎
		浆砌砖田坎
		六棱砖护坎
		混凝土预制件护坎
		PP 织物袋筑坎
	化肥施用	配方肥
		有机肥
	废弃物利用	秸秆还田
		人窖沤肥

注：PP（polypropylene）为聚丙烯，FTBR（fischer tropsch bio-reactor）为矩阵式膜过滤反应器

1. 生活污水处理

生活污水处理措施包括能源替代和污水净化措施。能源替代作为水土保持措施，是面源污染中生活污水源头控制的重要措施，是控制污染输入的重要环节。污水净化措施是针对生活污水无毒、高有机质、高氮磷营养盐的特点而采取的措施，经污水净化措施处理后的水可再次利用。

污水净化措施包括三格式化粪池、生态塘、厌氧池、人工湿地、氧化塘、土壤渗滤床＋FTBR复合生化池、微型潜流式人工湿地系统和净化槽+表流人工湿地系统等。其中三格式化粪池、厌氧池均利用微生物厌氧发酵反应，主要去除污水中有机质和氮污染物。人工湿地、生态塘、氧化塘等利用土壤、水生生物和植物的吸附、吸收和生物化学反应等综合作用，达到污水净化的目的。土壤渗滤床＋FTBR复合生化池、微型潜流式人工湿地系统和净化槽+表流人工湿地系统则是将微生物厌氧反应、氧化反应和植物吸收等作用共同组合而成的生态系统修复技术。

在丹江口库区及上游地区普遍使用的农村生活污水处理单项措施为沼气池、省柴灶、三格式化粪池、人工湿地、氧化塘等技术。组合技术均处于示范阶段。流域污水处理方式受村庄具体状况、污水排放特点，以及污水处理设施建设和运行成本、运行管理维护难易程度和污水治理效果等因素的影响。根据调查总结，农村污水处理宜采用以下三种处理模式。

1）分散处理模式

分区收集农村污水，每个区域的污水单独处理，可采用小型污水处理设备、自然净化处理设备等工艺形式，适用于规模小、村庄布局分散、地形条件复杂、污水不易集中收集的村庄污水治理。采用人工湿地污水处理技术，主要适用于流域内村庄周边有闲置荒地、坑塘可以利用的村庄污水分散与集中处理，根据工程设计和水体流态的差异，人工湿地污水处理系统可分为表面流湿地、水平潜流湿地和垂直潜流湿地，这三种类型的人工湿地在运行、控制等方面的特征存在一定差异（表9.2.2）。

表9.2.2 三种人工湿地污水处理系统特征表

人工湿地种类	水力负荷		系统控制		季节影响		环境状况		费用		去污效果					优点	缺点
	高	低	复杂	简单	较大	较小	良好	较差	高	低	悬浮物	氮素	磷素	重金属	细菌病毒		
表面流湿地		√		√	√			√		√	○	○	○	○	○	投资少，运行费用低，维护简单	占地大，易受季节影响
水平潜流湿地	√		√			√	√			√	●	◎	●	●	●	对BOD、COD去除效果好，受季节影响小	脱氮效率低
垂直潜流湿地	√		√			√	√			√	○	●	●	◎	○	水利负荷高，对N、P去除效果好	对SS去除效果较差

注：●很好；◎较好；○一般

2）集中处理模式

将农村生活污水通过污水管网收集后集中处理，可采用自然处理、常规生物处理等工艺形式，适用于规模较大的单村或联村污水集中处理。我国农村主要生活污水处理技术如表 9.2.3 所示。

表 9.2.3　我国农村主要生活污水处理技术

处理技术	处理工艺	技术特点	适用范围
沼气池处理技术	生活污水→栅格池→前处理区（多级厌氧发酵）→后处理区（兼性生物滤池）→排放	不消耗动力，运行稳定，管理简便，剩余污泥少，回收能源（沼气），占用空间少	不限
稳定塘处理系统		基建投资省，年运行费用低，管理维护方便；但面积大，受季节、气温、光照等自然因素影响较大	适合于土地资源丰富，适宜种植以亲水植物为主的地区
人工湿地处理技术	格栅→格网→沉淀调节池→人工湿地→氧化塘→水体	效率高，投资和运行费用低，维护管理简便	土地资源丰富，适宜种植以亲水植物为主地区
土壤渗滤处理系统	污水→厌氧沼气池→配水池→土壤渗滤处理工艺→集水井→出水	运行稳定，出水水质好，费用低，景观效果好；化粪池建设技术有待改进，受温度和降雨等影响大	适用于土地较少，但土壤条件适宜的农村居民点
好氧生物处理系统		新农村污水处理中最常用的一种处理技术；占地面积小，建设的地点选择范围大，处理稳定，处理效率高；投资运行成本高	适用于经济发达，资金充裕地区

3）接入市政管网模式

将农村污水通过污水管线收集后输送至附近市政污水管网，就近接入市政污水厂进行集中处理，适用于距离建制镇市政污水管网较近（3 km 以内）、符合接入高程要求的农村污水处理。

2. 垃圾收集管理

生态清洁小流域均开展了垃圾回收、转运和集中处理等工作内容，主要措施包括垃圾桶布设、垃圾收集池建设、配备垃圾转运车。目前，流域内的村庄普遍存在未布设垃圾收集站，或布设的垃圾收集站和垃圾池数量偏少、间隔较远的现象，村民倾倒垃圾不方便。加之部分村民的环保意识不强，部分垃圾被倾倒在沟道内和路边，影响周边环境，尤其在雨季受雨水冲刷，垃圾将会随洪水冲刷至周边的沟道和河渠，污染水质。因此须根据村庄规模、人口、日产垃圾量等在村庄内布置建设垃圾桶和垃圾池（图 9.2.2）。

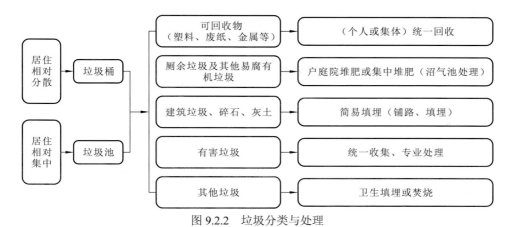

图 9.2.2　垃圾分类与处理

垃圾桶（池）的建设应符合规定：①应设置在便于居民投放和垃圾车收集清运的公共用地及道路两侧，与周边建筑物间隔原则上不少于 5 m，服务半径不宜超过 70 m；②收集容器应按服务人口、产生垃圾最大月平均日产生量及方便使用、满足密闭化和分类要求的原则配置。

村级垃圾收集站的建设应符合规定：①应满足当地环境卫生管理部门确定的垃圾收集运输方式，符合地区环境卫生基础设施建设总体规划要求；②收集站的设置应满足垃圾收集车、垃圾运输车的通行，方便、安全作业和密闭化的要求；服务半径不宜超过 0.8 km，规模应根据服务人口产生垃圾最大月平均日产生量确定。

3. 农业种植管理

农业种植管理包括坡改梯、灌溉用水、化肥施用和废弃物利用 4 个方面。其中坡改梯技术是农业种植管理的重要内容。为了建立环境友好型梯田，坡改梯的建设方法包括生态袋护坎、土坎、干砌石田坎、草皮护坎、浆砌石田坎、铅丝笼干砌石田坎、木桩护坎、浆砌砖田坎、六棱砖护坎、混凝土预制件护坎、PP 织物袋筑坎等技术，这些技术在库区及上游地区均有应用，较为普遍。

我国规定，25°以下的坡耕地一般可修成梯田，种植农作物；25°以上的坡耕地则应退耕植树种草。梯田按建筑材料分为土坎梯田、石坎梯田、植物田坎梯田。梯田防御暴雨标准一般采用 10 年一遇 3～6 h 的最大降雨。丹江口水源区梯田种类及特征见表 9.2.4。

表 9.2.4　丹江口水源区梯田种类及特征

种类	土层厚度/cm		造价/（万元/hm²）			优点	缺点	分布区域
	≥50	<50	4～7	2～4	1～2			
土坎梯田	√				√	施工简单，费用低	梯坎不稳定，容易坍塌	主要分布于土层深厚，年降雨量少的地区
石坎梯田		√	√			结构稳定，保土效果好	费用高，应用有局限性	主要分布于土石山区，石多土薄，降雨量多的地区
植物田坎梯田	√	√			√	景观效果好，造价相对较低	周期长，需后期维护	主要分布于地面广阔平缓，人口稀少地区

在土层厚度大于 50 cm 的地区，宜修建土坎梯田；在石质山区，容易取石的地区，宜修建石坎梯田。修筑梯田应就地取材，根据地形地势，按照大弯就势、小弯取直的原则进行布设。梯田的断面关系埂坎稳定、修建时的工程量、机械化耕作和灌溉的方便。水平梯田的田面呈水平，应有适当的宽度；田坎坡度应适当，既能坚实稳定，又不多占耕地。确定最优田面宽度应考虑 3 个因素，一是土层的厚度，二是工程量和投工，三是梯田建成后便于耕作经营和发挥最优增产效益。梯田田面确定标准见表 9.2.5。除了以上设计要素，为拦蓄降雨的地表径流，在梯田外侧应设计田埂。梯田的田坎和田埂宜种植灌草植被，梯壁宜种植根系发达的草，以达到固土护坡、减少水土流失的目的，同时营造富有层次感的绿色景观。

表 9.2.5 梯田田面确定标准表

地面坡度/（°）	田面净宽/m	田坎高度/m	田坎坡度/（°）
1～5	10～25	0.5～1.2	90～85
5～10	8～10	0.7～1.8	90～80
10～15	7～8	1.2～2.2	85～75
15～20	6～7	1.6～2.6	75～70
20～25	5～6	1.8～2.8	70～65

除此之外，灌溉用水管理技术，例如滴灌、喷灌等，在丹江口库区则较少推广，仅部分小流域开展了相关示范。化肥施用中配方肥和有机肥施用是最为普遍的措施，被丹江口库区及上游地区广泛推广应用。关于废弃物利用，水土保持管理提倡的秸秆还田、人窖沤肥等措施推广实施的范围较广。

9.2.2 传输控制措施

传输控制措施分为坡面治理措施和沟道治理措施。丹江口水源区生态清洁小流域传输控制措施如表 9.2.6 所示。

表 9.2.6 丹江口水源区生态清洁小流域传输控制措施汇总表

项目	类别	措施名称
坡面治理	植被修复	树盘
		土坎
		鱼鳞坑
		人工草场
		封育管护（疏林补植，网围栏，封禁标牌，管护人员）
		水源涵养林种植

续表

项目	类别	措施名称
坡面治理	重力侵蚀防治	刚性拦石坝
		生物袋喷播种草
		六棱砖填土种草
		砼轻型骨架护坡
		边坡植孔绿化
		竹林带
		三维网
		挂网
沟道治理	河道工程	排水沟
		塘堰整治
		沉沙凼
		蓄水池
		防洪堤防
		疏溪固堤
		谷坊
		拦沙坝
	生态修复	生态护岸
		人工湿地

1. 坡面治理措施

坡面治理措施以水土流失防治为重点，以保土固沙为核心，主要分为重力侵蚀防治措施、植被修复措施等，包括护坡措施、水土保持林草措施、封禁标牌和网围栏等。这几项措施均是水土保持管理中普遍使用的措施，治理效果明显，值得进一步推广实施。

1）护坡措施

流域内村庄道路两侧常存在破坏严重、裸露的土质边坡和岩石边坡，边坡坡面土质松散，岩石分化严重，稳定性差。为防止坡面水土流失，恢复坡面自然植被，营造良好的生态景观，对破坏严重、土层裸露、稳定性差的边坡，应采取护坡措施。传统的护坡方法有干砌石护坡、浆砌石护坡、混凝土护坡、格状框条护坡等（表 9.2.7）。

表 9.2.7　丹江口水源区传统边坡防护技术

护坡方法	适用范围		坡比	高度	造价/(元/m²)			优点	缺点
	土质坡	岩质坡			>160	110~160	80~110		
干砌石护坡	√	√	1:2~1:3	<3 m			√	施工简单、造价低	容易大面积坍塌，修复困难
浆砌石护坡	√	√	1:1~1:2			√		结构稳定，效果好	局限性，与环境协调性较差
混凝土护坡	√	√	1:1~1:0.5	<3 m	√			寿命长、施工简单	造价高，与环境协调性差
格状框条护坡	√	√	<1:1	<10 m	√			绿化作用，结构稳定	成本高、施工难度大

随着景观意识和环保意识的增强，传统护坡方法已经不能满足人们的要求，流域内宜更多采用生态护坡技术。生态护坡机理是在坡面上栽种树木、草皮等植被，通过植物根系发育，深入土层，使表土固结，植物覆盖坡面，可以调节表土的湿润，防止扬尘风蚀；植被阻止地面径流，防止冲刷，有利于水土保持。丹江口库区及上游生态清洁流域主要应用的生态护坡技术有人工植被、液压植草、三维植被网、网袋工程和客土喷播等（表 9.2.8）。

表 9.2.8　丹江口水源区主要应用的边坡生态防护技术

生态护坡技术	适用范围		坡比					造价/(元/m²)			优点	缺点
	土质坡	岩质坡	>1:1	1:1	1:0.75	1:0.5	<1:0.3	>130	50~130	20~50		
人工植被	√		√	√	√					√	施工简单、造价低	成活率低、见效慢
液压植草	√			√	√				√		施工简单、速度快	应用局限性
三维植被网	√			√	√				√		寿命长、施工方便	应用局限性
网袋工程	√	√	√	√	√	√	√				应用广、适应性强	成本高，施工难度大
客土喷播		√	√	√	√						应用广、适应性强	成本高、施工烦琐

生物工程主要采取营造水保林、水源涵养林、疏林补植、退耕还草等措施增加林草覆盖率，并设置封禁标牌、网围栏进行封禁治理，减少人为活动对植被的干扰破坏，加强对现有植被的保护，实行全面封禁，充分依靠自然力量实现生态修复，增强荒山、坡地蓄水保土能力。

2）水土保持林草措施

营造水土保持林选址为流域内土层厚度大于 25 cm、坡度小于 25° 的水土流失区及沟（河）道两岸、渠道沿线等，坡地防治措施配置情况见表 9.2.9。

表 9.2.9 坡地防治措施配置表

立地条件			土壤侵蚀程度	土地利用方向	防治措施配置
地貌部位	坡度/（°）	土层厚度/cm	植被覆盖度/%			
坡脚	≤5	≥30	≥30	微度侵蚀	农地	等高耕作、水平梯田
坡下	5~8	≥30	≥30	微度侵蚀	农地	等高耕作、梯田
坡下	5~8	≥30	<30	轻度	经济林、果园	梯田
坡中	8~15	≥30	≥45	轻度	经济林	梯田
坡中	8~15	≥30	<45	中度	经济林、水土保持林	水土保持林草
坡上	15~25	≥25	≥60	轻度	水土保持林草	现有林草地保护
坡上	15~25	≥25	<60	中度、强度	水土保持林草	水土保持林草
坡上	≥25	≤25	<60	强度、极强度	封山育林	封禁标牌和拦护措施

水土保持林树种的选择应符合适地适树、优质高产和多样长效的原则，根据流域气温、降雨、土质等生态因素，以及流域内不同的地块位置、立地条件等，因地制宜配置不同树种。树种宜选择抗逆性好、耐干旱、抗病虫害、生长迅速，能及早郁闭，树冠浓密，落叶丰富，覆盖土壤能力强，根系发达，且具有一定经济价值的乡土树种。丹江口库区及上游生态清洁小流域常用生态林包括乔木，主要有油松、侧柏、刺槐、栾树等，灌木，主要为紫穗槐等；经济林主要有核桃、桃树、杏树、樱桃等树种。水土保持草种要选择抗逆性强，保土性好，生长迅速，具有一定经济价值的乡土草种和耐寒草种。同时宜采用无灌溉或少灌溉的草种，以节约水资源。丹江口库区及上游生态清洁小流域选择的草种有狗牙根、三叶草和紫花苜蓿等。

水土保持林造林初植密度应根据立地条件和林种确定。立地条件好的，生长迅速，成林早，成材快，造林密度要适当小些；立地条件差的，林木生长慢，栽植密度要大些。喜光性树种，生长快，郁闭早，造林密度应小些，喜阴性树种生长慢，郁闭晚，栽植密度应大些；树冠小，干形好，成枝力强的树种，造林密度应小些，树冠大，干形差，栽植密度应大些。丹江口库区及上游生态清洁小流域内水土保持林的造林初植密度一般为 3 m×3 m。水土保持种草方式主要分为直播和混播。直播是种草的主要方式，分为条播和穴播。条播适用于地面比较完整、坡度在 25° 以下的地块，根据不同的草冠情况和栽植目的，以最大草冠能全部覆盖地面为原则，采取不同的行距。穴播适用于地面比较破碎、坡度较陡的地块，以及坝坡、田坎等部位。沿等高线人工开穴，行距与穴距大致相等，相邻上下两行穴位呈"品"字形排列。混播是直播的特殊形式，在直播的几种方式中采用两种以上的草类进行混播，以加速覆盖，增强保持水土的作用，并促进草类生长，提高质量。

3）封禁标牌和网围栏

为保护山区林草地，防止人为放牧、砍伐等破坏活动，在小流域内坡面坡度大于 25°或土层厚度小于 25 cm 的地块，宜进行封禁治理，并设置封禁标牌。封禁标牌应设置于拟封禁区域的出入口、路旁等人为活动比较频繁的区域，标牌以提醒为主，明确封禁范围、封禁管理规定或管护公约等，每个封禁区域应至少设置封禁标牌 1 处。为美化景观，体现人与自然的和谐，封禁标牌的形状、规格与材料应与当地景观相协调，避免过分修饰，材料宜就地选材，采用天然石或木材制作。

护栏措施的主要目的是防止牛羊进入，保护山区林草地。在封禁治理区内林草破坏严重、植被状况较差、恢复比较困难的区域出入路口应设置护栏、围网等拦护设施；在塘坝、水池、污水处理设施等周围，也可根据实际情况，设立护栏设施。拦护设施高度一般在 1～2 m，应与当地景观协调一致，一般可选用植物绿篱、木桩围栏、木桩刺铁丝围栏和混凝土桩刺铁围栏等。

2. 沟道治理措施

沟道治理措施的作用在于防止沟头前进、沟床下切、沟岸扩张，减缓沟床纵坡、调节山洪洪峰流量，减少山洪或泥石流的固体物质含量，使山洪安全地排泄，对沟口冲积堆不造成灾害。河道治理工程措施主要为谷坊工程，除此之外还包括沟头防护工程、拦沙坝、淤地坝、小型水库工程和沟岸防护工程等。

1）谷坊

谷坊应修建在沟底比降较大（5%～10%或更大）、沟底下切剧烈发展的沟段，在考虑沟道是否应修建谷坊时，首先应研究该沟道是否会发生冲刷下切。谷坊高度一般小于 3 m。谷坊的功能：一是固定沟床，改善沟床植物生长的条件；二是拦蓄泥沙，固定和抬高侵蚀基准面，防止沟床下切；三是减缓沟道纵坡，减小山洪流速，缓解山洪、泥石流危害；四是拦截抬高山溪水位，拦蓄洪水，便于引水灌田，同时可增加和保护耕地，某些谷坊还可作为跨越沟道的桥梁。谷坊可分为土谷坊、石谷坊和植物谷坊等（表 9.2.10），其中土谷坊和石谷坊一般布设在侵蚀沟中地质条件好、工程量小、拦蓄径流泥沙多、工程材料充足的地方；植物谷坊一般设在坡度平缓、土层较厚且湿润的沟道内。在丹江口库区及上游生态清洁流域土石山区的支毛沟，坡度 3°～6°、沟底下切侵蚀剧烈发展的沟段，修建有干砌石谷坊和浆砌石谷坊。谷坊防御暴雨标准采取 10～20 年一遇 3～6 h 最大降雨量。

表 9.2.10　谷坊种类及特征表

谷坊种类	透水性		使用年限		沟底比降		造价			优点	缺点
	不透水	透水	永久	临时	≥5%	<5%	高	中	低		
土谷坊	√			√	√				√	施工简单，造价低廉	应用局限，使用周期短
干砌石谷坊		√		√	√			√		施工简单，就地取材	整体性差，稳定性低
浆砌石谷坊	√		√		√			√		整体性好，使用寿命长	受石料限制，抗拉性差
混凝土谷坊	√		√		√		√			整体性好，安全稳定	造价高，防水冲蚀较差
钢筋混凝土谷坊	√		√		√		√			可根据需要逐层加高	施工难度大
插柳谷坊		√		√	√				√	透水性好，造价低廉	周期短，整体性差

2）拦沙坝

拦沙坝是沟道中以拦蓄山洪及泥石流中固体物质为主要目的的拦挡建筑物，既能起到很好的拦沙作用，又能产生良好的经济效益和生态效益。一般而言，采用干砌石坝、浆砌石坝、铁丝石笼坝等。其造价、使用寿命、工程特点与谷坊相似。

3）生态沟渠

近年来，生态沟渠成为河流面源污染防治的重要生态措施逐步引入生态清洁小流域治理中。生态沟渠治理措施包括河道坡岸整治和植被恢复两个部分。其中河道坡岸整治包括木桩栅栏护坡和石材护坡。

（1）木桩栅栏护坡。木桩栅栏护坡是采用各种废弃木材和一些已死的木质材料对河道岸坡进行防护。该护岸结构是先在坡脚处打入木桩，加固坡脚，然后在木桩上按一定间距钉木条或木板以形成岸边木桩栅栏，在栅栏与岸坡之间所夹的空间中填充石料或土料，进一步加固坡脚，也为微生物、水生植物和动物提供生存环境。木桩栅栏护坡适用于坡度较缓，且流水较缓的区域。

（2）石材护坡。石材护坡运用的材料是天然石料。石材护坡具有成本低廉、来源广泛、抗冲刷能力强、经久耐用等优点。此外，其粗糙的表面可以为微生物提供附着场所，石头与石头的空隙可成为水生植物和鱼等水生动物的生存空间。常见的护坡类型有石笼护坡、半干砌石护坡、干砌石护坡、抛石护坡和山石护坡等。石材护坡也是目前库区较为普遍的护坡方式。

生态沟渠植被一般选择本土化、易成活、去污能力强的植物，近年来较为推崇的生态坡岸设计中，采取近自然生态护坡方法，从河流坡顶至坡脚依次种植湿生植物、挺水植物、浮叶植物、沉水植物，河岸植物筛选种类见表 9.2.11。

表 9.2.11　河岸植物筛选种类

岸坡位置	植物类型	名称	株距/m
坡顶部	乔木	垂柳、水杉、杜梨、乌桕、枫杨	5
坡中部	灌木	火棘、黄馨、桑、中华蚊母树、竹柳	2
	草本	香根草、狗牙根、香附子、葱莲、蔺草、苘麻	—
近水	挺水植物	芦苇、菖蒲、香蒲、野茭白、水葱、狐尾草、叶芦荻、风车草、再力花等	—
浅水	浮叶植物	睡莲、荇菜、空心菜、大藻等	—
水体	沉水植物	苦草、黑藻、金鱼藻等	—

9.2.3　末端控制措施

末端控制措施包括人工水塘、植被缓冲带、湿地生态系统等，水源区生态清洁小流域建设的末端控制措施见表 9.2.12。

表 9.2.12   丹江口水源区生态清洁小流域建设末端控制措施汇总表

项目	措施名称
人工水塘	多水塘
	前置库（塘）
植被缓冲带	植被恢复
	植物护岸
	工程护岸
	综合护岸
湿地生态系统	自然湿地
	人工湿地

1. 人工水塘

人工水塘包括前置库（塘）和多水塘系统等多种形式。丹江口库区及上游人工水塘防护技术见表 9.2.13。

表 9.2.13   丹江口库区及上游人工水塘防护技术

项目		前置库（塘）	多水塘	项目		前置库（塘）	多水塘
去除能力	沉水植物	●	●	造价	高		
	浮叶植物	◎	◎		中		√
	挺水植物	○	○		低	√	
处理效果	泥沙	●	●	特点	优点	投资和运行费用少，对水体净化效果较好	投资较少，管理方便，对水体净化效果好
	氮	○	◎		缺点	受流域条件和面积的限制	受流域内面积限制
	磷	◎	●				

注：●很好；◎较好；○一般

前置库（塘）实质上是一种水利设施，它是利用水库的蓄水功能将表层土地中污染物（营养物质）淋溶而产生的径流污水截留在水库（塘）中，不让其直接进入所要保护的水体，而是在农灌时提供水、肥来源，或者经沉淀和自然净化后排放，从而发挥物质循环利用和污染控制的作用。此外，前置库（塘）含氮磷的底泥还可回填农田，改良土壤，对流域的面源控制和水体的保护起到了积极作用。

由于各流域经济实力不同，更多小流域不足以具备建立污水处理厂的条件。在水土流失严重地区和面源污染为主的地区，可以因地制宜开展以前置库生态系统净化技术为核心的农村生态与环境综合整治，充分发挥前置库内的生物天然净化功能，为广大农村提供一条投资省、运行成本低的生态技术。

多水塘系统由水塘及其出入流系统组成，在降雨径流过程中借助巨大的蓄水容量，有效地截留降雨径流，通过沉降、氧化还原、植物吸收等改变养分形态，水塘断面面积增加，导致径流流速和水流的挟沙能力降低，使悬浮物在水塘中大量沉降。

2. 植被缓冲带

　　植被缓冲带是指邻近受纳水体，有一定结构和宽度，在管理上与农田分割的受保护的植被生长带，如植被过滤带、水体岸边缓冲带、草地化径流带、防风或遮护缓冲带等。缓冲带能阻断污染源和河流、湖泊之间的直接连接，污染物在从农田和村庄向水体转移的过程中，以地表径流、潜层渗流的方式通过缓冲带进入水体，从而减少土壤侵蚀，降低固体污染物输出，同时利用植被的生命活动将土壤慢速径流中的大量营养物质吸收，加之土壤这一多孔介质，吸附污染物，从而净化水质。生态清洁小流域植被缓冲带修建的理念是通过工程措施与植物措施相结合，修复受损河道，恢复健康的河流生态系统，同时改善河流沿线自然景观，保护流域水源，促进流域旅游和经济发展。治理措施主要包括植被恢复、生态护岸等（表 9.2.14）。

表 9.2.14　面源污染"汇"控制中生态护岸防护技术

措施	种类	实施条件					造价			效果		
		适用范围	坡度				高	中	低	高	中	低
			1:1	1:2	1:3							
植物护岸	种草护岸	水流流速较缓，沙质或土质岸坡		√	√				√			√
	造林护岸	坡度缓，土层厚度大于 30 cm 岸坡			√			√			√	
工程护岸	干砌石	坡度缓的河岸急流处		√	√			√			√	
	铅丝石笼	坡度缓的河岸急流处		√	√		√				√	
	浆砌石	受水流冲击力强河段	√	√			√			√		
	抛石护岸	受雨水淘刷河岸	√	√				√			√	
综合护岸	植物+工程	一定坡度范围内均可	√	√	√		√			√	

　　1）植被恢复

　　小流域内滨水带宜以自然恢复为主，邻水区域以自然为主，在低洼地种植具有水质净化能力或较高观赏价值的水生植物，如芦苇、菖蒲、荷花、美人蕉、千屈菜等，增加水面景观；水位变化带或消落带以滩地恢复为主，随地势自然分界灌草结合，建设滩地防护林，如垂柳、紫穗槐和沙地柏等；非淹没地恢复缓冲防护林带，以高大乔木如栾树等为主，乔、灌、草结合。由此形成以水源保护为核心，自然景观与人工植被相结合，乔木、灌木与草本相结合，水生植物与旱生植物相结合，防护林带和经济林区建设与绿化美化工程相结合的滨水生态景观区。

　　2）生态护岸

　　（1）植物护岸。植物护岸的目的是形成以植被为重要组成的保护河坡的生态系统。植物护岸适用于坡度缓、水流流速小于 1 m/s 的边坡。坡比小于 1:2 的沙质或土质坡面，宜采用种草护岸。应选用生长快、根系发达、固土作用大的草种，尽可能采用多草种混播。

坡比小于 1：2.5、土层厚度大于 30 cm 的地方，宜采用造林护坡。应选用乡土树种，采用深根性与浅根性相结合、乔灌草混交方式。植物护岸 1～2 年内，应进行必要的封禁和抚育管理，以保护植物健康生长，保证护岸效果。

（2）工程护岸。河道护岸的首要任务是保证河道安全，在河流湍急、存在安全隐患的关键河段应采取工程护岸模式。坡度较缓（1：2～1：3）的河岸急流处，宜采用干砌石、铅丝石笼和堆石护岸等护岸形式；坡比在 1：1～1：2，岸堤可能遭受水流冲刷，且冲击力强的地段，宜采用浆砌石护岸等护岸形式；暴雨中可能遭受洪水淘刷的部分沟岸、河岸，对枯水位以下的坡脚宜采取抛石护岸。此类护岸措施所采用的石材之间均存在缝隙，在保证河道安全的同时，利于植物生长和动物栖息。

（3）综合护岸。综合护岸结合了植物护岸和工程护岸的优势，在坡比小于 1：1 的岸坡，均可采用综合护坡的形式。综合护坡措施包括六棱砖（孔隙内植草）护坡、生态砖护岸、木桩护岸、生态袋护岸等。

3. 湿地生态系统

湿地生态系统是进行面源污染控制的一个重要措施，包括自然湿地与人工湿地。

自然湿地常以水陆交错带的形式出现，有"地球之肾"之称。自然湿地生态系统功能完善（戴君虎 等，2012），与环境关系协调，景观优美，但通常占据较大面积，在集水布水、水力参数以至湿地植物种群组成等方面基本上是一个难以控制的系统。

人工湿地是利用基质-植物-微生物复合生态系统的物理、化学和生物的三重协调作用，通过过滤、吸附、沉淀、离子交换、植物吸收和微生物分解来实现对污水的高效净化。人工湿地模拟和强化了自然湿地的结构和功能，工艺参数可受人工设计控制，单位面积的处理能力较自然湿地大，目前已形成比较成熟的设计工艺和技术规范。

9.3　生态清洁小流域建设分类

由于各地自然地理条件不同，经济发展程度不同，生态清洁小流域建设实践过程中要因地制宜，充分考虑自身特点和实际需求，对流域进行分类分级，形成适应不同区域的生态清洁小流域建设模式。

生态清洁小流域建设类型的划分应遵循以下原则。

（1）一致性原则。同一类型区内的水土流失情况、产业状况、土地利用条件、区位功能等基本一致，治理方向和治理措施基本一致，尽量保持区内一致性和区外差异性。

（2）连续性原则。同一类型区尽量集中连片，体现出区域性特征。

（3）协调性原则。以类型区为基础，小流域功能与区域自然和经济社会发展状况等条件相协调。

在生态清洁小流域建设中，决定小流域建设方向的主要因素可分为自然因素和社会因素两个方面。自然因素主要表现为地形条件、地貌特征、水土流失和土地利用格局等。其中地形条件对降雨径流的形成及流速影响突出，地貌特征直接决定土壤类型、土层及降雨的下渗与径流产生，土地利用格局则反映了人口与耕地分布特征，三者共同决定了区域水土流失和面源污染的分布范围和特点。社会因素包括产业发展结构和水平、人口密度及地方经济发展定位等。小流域建设与区域的发展密切相关，现有的建设基础和区域经济发展趋向将直接影响小流域建设的发展速度和方向。

综合考虑以上两个方面的因素，结合水源区小流域综合治理的现状和要求，将水源区小流域划分为三类：第一类是综合治理型生态清洁小流域；第二类是生态农业型生态清洁小流域；第三类是景观建设型生态清洁小流域（图 9.3.1）。

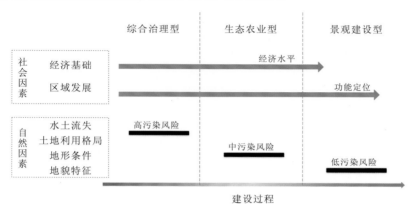

图 9.3.1　生态清洁小流域建设模式示意图

9.3.1　综合治理型生态清洁小流域

1. 小流域的基本特点

水土流失依然较为严重，多位于高山深谷型流域；水土保持治理工作起步较晚，仍需增强；流域经济水平一般，无农业种植大户；距县城较远，交通条件较差。

2. 建设思路

以水土流失治理为主要建设方向，紧紧围绕"生态涵养、生态治理、生态保护"三条防线，从植被恢复、涵养林保护、坡面治理等方面，建立以植被恢复和农业种植科学管理为主的措施体系（图 9.3.2）。

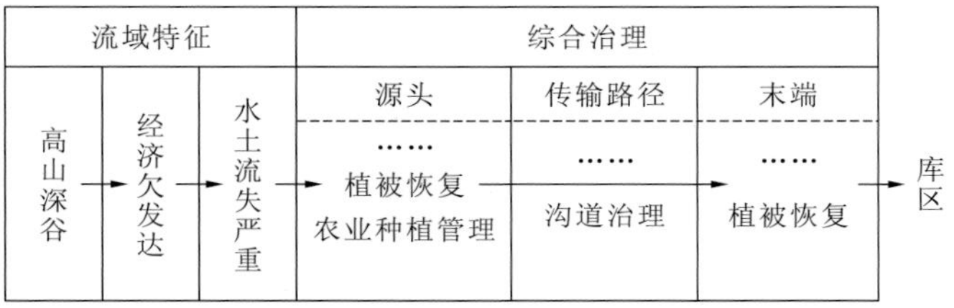

图 9.3.2　综合治理型生态清洁小流域建设思路

3. 治理重点

流域内的水土流失问题。

4. 重点措施

坡面整治措施、水土保持林草、沟道防护、疏溪固堤、塘堰整治、生态修复措施等。

5. 重点治理措施布局

（1）在流域上游采取封禁治理，加强现有林草植被保护，林草破坏严重、植被状况较差地区因地制宜采取林草补植措施。

（2）在流域中、下游加强农地水土流失治理：实施坡改梯和梯田整修工程，加强坡面水系建设，减少因种植引起的水土流失，如基本农田改造，坡改梯，农田与道路之间种树、种草，构筑坡地等高缓冲带，测土配方施肥，推广有机肥；建设或改造沟、池、渠等坡面水系工程。对于农村生产生活污水，以分散处理为主、集中处理为辅的方式进行治理，推荐采用低能耗生态措施；提倡农村垃圾分类处理，回收利用。

（3）在流域下游加强自然环境修复与人工湿地治理：提倡生态沟渠与人工湿地建设，选择低洼地段，采取生态塘、人工湿地、岸坡生态防护等措施，控制和减少进入受纳水体的面源污染物总量。

9.3.2 生态农业型生态清洁小流域

1. 小流域的基本特点

水土流失强度为中度，多位于低山丘陵区；水土流失已基本得到控制；流域经济水平良好，有成熟的农业种植大户；距城镇较近，交通便利。

2. 建设思路

以生态农业发展为主要建设方向，围绕氮磷及有机物污染，以"节约施肥、减少排放"为治理核心，减少面源污染的输入，增强水资源的再利用，鼓励采用无动力生态处理措施，建立以农业施肥管理、生态水系工程和人工湿地为主的生态清洁小流域建设措施体系（图9.3.3）。

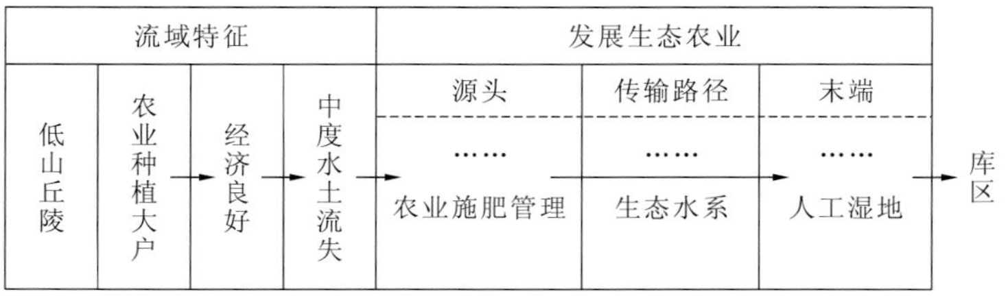

流域特征				发展生态农业		
低山丘陵	农业种植大户	经济良好	中度水土流失	源头 …… 农业施肥管理	传输路径 …… 生态水系	末端 …… 人工湿地

图9.3.3 生态农业型生态清洁小流域建设思路

3. 治理重点

种植污染、农村生活污水和垃圾污染。

4. 重点措施

坡面整治、生态沟渠、生态塘、三格式化粪池、沼气池、厌氧塘、人工湿地及微型污水处理系统等。

5. 重点治理措施布局

（1）在流域上游，实施封育保护，以自然修复为主，部分林草破坏严重、植被状况差的地区实施严格的封禁措施，设置护栏围网减少人为干扰。

（2）在流域中、下游结合有机农业、农村生活污染和水土流失治理，加强生态保护：农业种植管理结合大户经济，推行有机农业和绿色农业，减少化肥农药施用量；农村污水采取分片处理方式治理，以厌氧+人工湿地系统为主，推行无动力污水处理技术；污水量大、居住集中的区域，建设集中生态污水处理工程；污水量大且居住分散的区域，采用化粪池+人工湿地的组合技术。农村垃圾全部采用村收集、镇运输、区县处理的方式实施无害化处理。适度对排水沟渠和河道采取景观与面源污染防治相结合的生态治理措施，推行生态沟渠和生态护坡技术。在面源污染治理的同时，兼具景观美化功能。对村庄进行美化，清理整治废弃地，采取植树、种草、排水、硬化路面等措施，构筑乡村庭院景观。

（3）在流域下游，增强生态河岸建设，采取近自然生态治理方式，增强河岸缓冲带的净化作用。采用林草措施，辅以清淤、整地等工程措施。

9.3.3　景观建设型生态清洁小流域

1. 小流域的基本特点

水土流失强度为轻度，多位于低山丘陵区；水土流失已得到控制；流域经济水平优良，有成熟的农业种植大户；距城镇较近，交通便利。

2. 建设思路

以旅游景观为主要建设方向，围绕"景观美化、人水和谐"为发展目标，在保持面源污染治理功能的基础上，增强治理措施的景观美学价值，将小流域建设与美丽乡村建设紧密结合，配合旅游、休闲度假等区域定位，建立以生态保障措施与景观美学设计结合的生态清洁小流域建设措施体系（图 9.3.4）。

3. 治理重点

农村生活污水、旅游污染和垃圾污染。

4. 重点措施

生态沟渠、生态塘、人工湿地、污水集中处理设施、景观园林设计及水保科技宣传等。

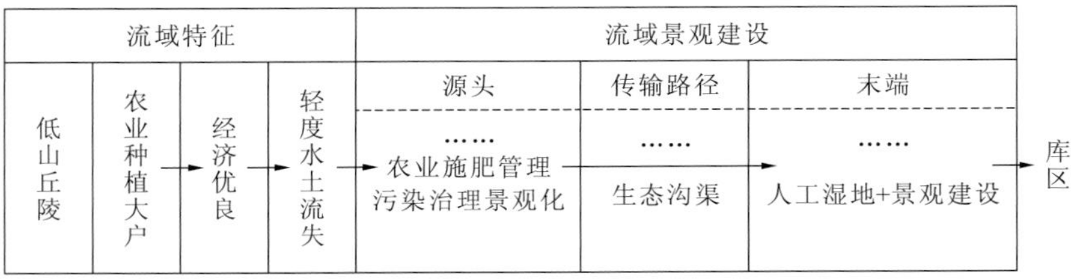

图9.3.4　景观建设型生态清洁小流域建设思路

5. 重点治理措施布局

（1）在流域上游，实施封育保护，以自然修复、封育管护为主。

（2）在流域中、下游结合有机农业、农村生活污染和水土流失治理，加强生态保护：农业种植管理结合大户经济，推行有机农业和绿色农业，减少化肥农药施用量。在污水量大且经济条件允许的情况下，采取雨污分流措施或农村微型净化槽技术；在污水量少，居民分散的区域以厌氧+人工湿地系统为主，推行无动力污水处理技术。农村垃圾全部采用村收集、镇运输、区县处理的方式实施无害化处理。对排水沟渠和河道采取景观与面源污染防治相结合的生态治理措施，推行生态沟渠和生态护坡技术。在面源污染治理的同时，兼具景观美化功能。对村庄进行美化，清理整治废弃地，构筑乡村庭院景观；结合休闲旅游发展，增强水土保持与面源污染控制科普宣传教育；做好旅游的排污治理和管理工作，预防新的生态破坏和水环境污染。

（3）在流域下游，采取近自然治理方式实施沟道清理及生态护岸工程建设，保留河流自然特征，将生态与艺术结合起来，适度建设园林小品。

9.4　典型生态清洁小流域建设模式与经验

9.4.1　桃花谷小流域

桃花谷小流域属丹江一级支流，位于陕西省秦岭南麓，东经 $110°38′\sim110°47′$，北纬 $33°47′\sim33°49′$，辖区内有 1 个乡镇、4 个村，总面积为 5 239 hm^2，森林植被覆盖率为 39.7%，以变质石灰岩为主，间有板岩、片麻岩等。总人口为 0.93 万人，其中农业人口 0.45 万人，农业人口密度 86 人/km^2，耕地 441.9 hm^2，人均占有耕地 0.71 亩。

1. 流域面源污染特征

桃花谷流域属中度水土流失区，治理前 2010 年水土流失面积达 21.54 km^2，其中轻度流失面积 2.81 km^2，中度流失面积 13.01 km^2，强度流失面积 3.7 km^2，极强度流失面积 0.87 km^2，剧烈流失面积 1.15 km^2。2010 年土壤侵蚀总量约 10.5 万 t，年均侵蚀模数为 2 003.8 t/（$km^2\cdot a$）。流域内土地坡度组成见表 9.4.1，耕地坡度组成见表 9.4.2。

表 9.4.1　桃花谷清洁小流域土地坡度组成

土地总面积/hm²	土地坡度组成									
	<5°		5°~15°		15°~25°		25°~35°		>35°	
	面积/hm²	占比/%	面积/hm²	占比/%	面积/hm²	占比/%	面积/hm²	占比/%	面积/hm²	占比/%
5 239	293	5.6	403	7.7	1 195	22.8	1 221	23.3	2 127	40.6

表 9.4.2　桃花谷清洁小流域耕地坡度组成

耕地		耕地坡度组成									
面积/hm²	占土地面积/%	<5°		5°~15°		15°~25°		25°~35°		>35°	
		面积/hm²	占比/%	面积/hm²	占比/%	面积/hm²	占比/%	面积/hm²	占比/%	面积/hm²	占比/%
441.9	8.4	11.9	2.7	107.4	24.3	154.7	35.0	104.7	23.7	63.2	14.3

　　桃花谷流域面源污染的主要来源是农村的生活垃圾、污水和农业生产。流域年产生活垃圾 470 t，无垃圾处理设施，治理前由于村民的环保意识相对薄弱，乱扔垃圾的问题比较突出；村内污水沿道路横流，恶臭熏人，河里各种杂物泛滥，河水发黑发臭。桃花谷流域内农田较多，除草和防治病虫害主要依靠农药，农药的使用量每年达 200 kg 以上，土壤中有机氯农药残留占总残留量的 90% 以上，严重污染环境。化肥是提高粮食产量的主要手段，每亩农田化肥施用量达 120 kg 以上，氮肥总用量 162 t，高出全国平均水平 3 倍以上，而农作物的化肥利用率在 20% 以内，大量的氮磷营养物质随水土流失进入河流，污染水质。

2. 流域治理模式

1）流域治理目标

　　水土流失治理目标：通过对小流域各项治理措施的配套完善，水土流失得到基本控制，水土流失治理率达到 100%，流失泥沙有较大幅度的减少，泥沙拦截率达到 70% 以上，人为水土流失得到有效控制。

　　农村经济发展目标：通过实施坡改梯措施，使人均基本农田达到 1 亩以上，人均粮食产量达 400 kg，合理调整产业结构，发挥土地潜力，发展特色经济，多渠道增加农民收入，农民人均收入增幅比当地平均水平高出 30%。

2）流域治理思路

　　从桃花谷水保科技生态示范园建设入手，以无公害桃园为主导，利用土地利用格局，对污水进行逐级治理利用，达到集自然生态、水保科学、人文历史、民俗文化、宗教文化等于一体的旅游观光小流域。

　　流域发展定位：一流水保示范园区、一流的水利风景区和 4A 级旅游景区。

　　采取的主要措施：重力侵蚀沟治理工程、生态清洁工程[垃圾收集处理利用示范、农业污染防治示范和太阳能采集利用、可变制冷剂流量（variable refrigerant volume，VRV）多联机冷暖系统]、污水治理工程、径流观测工程、生态边坡治理、节水灌溉示范、休闲景观工程等。

3）流域治理措施布局

在桃花谷清洁小流域和水保科技示范园建设规划设计的基础上，提出了桃花谷清洁小流域措施布局，将桃花谷分为 6 个区域：生态园林示范区、水土流失监测区、人居环境生态治理区、沟道综合治理区、生态旅游观光区、生态修复区（图 9.4.1）。分区措施布局体现了从远至近，从上游至下游的逐级治理的思路。

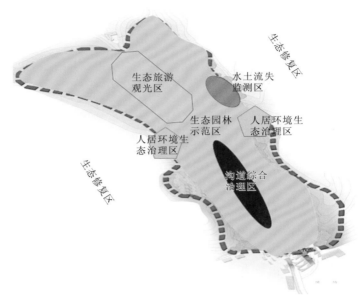

图 9.4.1　桃花谷清洁小流域措施布局示意图

桃花谷小流域污染物源头分布主要归纳为：流域中下游集中居住的 25 户居民日常生活污染源；流域两侧坡耕地农业种植污染源；由于林地砍伐，土壤扰动，表层植被减少导致的坡面土壤侵蚀、水土流失污染源（图 9.4.2）。流域面源污染物传输路径主要分为：通过降水和灌溉作用，从农田排水、农田地表径流、地下渗漏等进入水体；通过降水从沟谷进入水体；通过道路等进入水体等。其治理模式主要分为 4 种。

（1）水土流失综合治理的立体防护。按照"三道防线"总体思路，在园区主沟道中布局石坎梯田和排水沟渠，渠堤与路肩相结合，在支毛沟上游修建谷坊群，坡面设置截排水沟；在水土流失严重的坡面，建立了乔灌草相结合的植被措施，边坡治理工程与生物措施相结合。对坡度较陡的坡面采用砼预制件防护辅以栽植侧柏等生态林；而对坡度较缓的坡面采取小鱼磷坑整地辅以栽植桃树为主的经济林，并在林下撒播种草进行植被绿化；在道路边坡采用不同材料修筑的水平梯田展示工程。对有一些植被覆盖的有林地采取生态修复措施，突出"养山保水"。

（2）农业生产与污染治理的有效对接。对园区内 25 户农户生活污水集中采用了先进的土壤生物渗滤床+FTBR 复合移动球治污技术进行处理后排放，把收集的污水经过生物渗滤床过滤并依靠生态系统中物理、化学和生物的三重协调作用，通过过滤、吸附、沉淀、离子交换、植物吸收和微生物同化分解等途径去除废水中的杂质，实现对水的净化处理后排

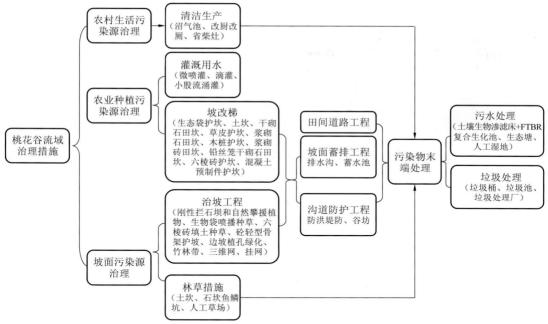

图 9.4.2　桃花谷流域污染来源及主要治理措施图

放，为园区植物景观提供生态用水，做到"多级利用"。

（3）沟道重力侵蚀的综合治理。在大柴沟主沟道实施钢结构拦石坝、刚性拦沙坝防治泥石流示范工程，对沟口的大型滑坡体采取了先卸载后防治的技术思路；对园区道路建设过程形成的路堑裸露高陡边坡采用了坡面加挂包塑镀锌网，然后在网格内喷播由草籽、肥料、黏着剂、纸浆、泥炭土按一定比例组成的混合物的方法进行边坡植被恢复；对移民小区后面的土质低缓边坡首先采用 PP 生态袋进行砌筑，然后喷播由草籽、肥料、黏着剂、纸浆、泥炭土按一定比例组成的混合物的方法进行治理，既达到了防治效果又绿化美化了环境，实现"一举两得"。

（4）高效农业与休闲旅游的有机结合。在人口相对密集的浅山、山麓、坡脚等地方，结合滴灌、喷灌和管道灌溉进行农业结构调整，减少化肥农药的使用，发展与水源保护相适应的生态农业、观光农业、休闲农业，减少面源污染。通过展示各类水土保持示范工程的实效性、先进性、科技性和美观性的特点，使人们在了解、学习水土保持知识的同时，分享治理水土流失的成果，发挥休闲度假旅游资源优势，通过销售、采摘、游览和饮食服务以改善经营管理机制，从而获得收益，达到"以园养园"。

3. 流域工程措施

桃花谷生态清洁小流域工程措施主要包括边坡防护，包括石坎梯田、乔灌草植物措施、砼预制件防护措施、小鱼磷坑、排水沟、谷坊群、PP 生物袋等；沟道治理，包括拦石坝、拦沙坝；面源污染治理，包括垃圾集中收集和污水集中处理等；农田治理，主要包括滴灌、喷灌和管道灌溉，减少农药使用，发展采摘旅游等。具体措施见表 9.4.3。

表 9.4.3　桃花谷流域工程措施具体实施现状

类别	措施	措施具体分类	措施图片	类别	措施	措施具体分类	措施图片
1	水土流失综合治理立体防护	在流域主沟道和主干道旁布设石坎梯田和排水沟渠		2	农业生产与面源污染的治理	土壤生物渗滤床+FTBR复合移动球处理生活污水	
		在支毛沟上游修谷坊群，坡面设置截排水沟				设置垃圾桶40个，收集居民生活垃圾，由园区统一送到垃圾厂处理	
		水土流失严重坡面，乔灌草相结合		3	沟道重力侵蚀治理	对沟区道路建设过程形成的路堑裸露高陡边坡采用坡面加挂包塑镀锌网，在网格内喷播由草籽、肥料、黏着剂、纸浆、泥炭土按一定比例组成的混合物的方法进行边坡植被恢复	
		坡度较陡坡面，砼预制件防护					
		坡度较缓坡面，小鱼鳞坑辅以桃树				对移民小区后面土质低缓边坡采用 PP 生态袋进行砌筑，喷播由草籽、肥料、黏着剂、纸浆和泥炭土按一定比例组成的混合物的方法进行治理	
		道路边坡采用浆砌石、浆砌砖、干砌石、铝丝笼干砌石、预制件等措施		4	发展高效农业，带动休闲旅游	进行农业结构调整，发展滴灌、喷灌和管道灌溉；减少化肥农药的使用；发展与水源保护相适应的生态农业、观光农业、休闲农业，减少面源污染	

4. 治理效果

经过持续的综合治理，桃花谷小流域内的植被覆盖率由治理前的 36% 升高到治理期末的 92%，年减少土壤侵蚀量 3 万 t，减蚀率达 82%，侵蚀模数下降到 466 t/（km^2·a），水土流失由中度降为轻度，年拦蓄水量 116 万 m^3，生态环境得到显著改善，土地利用结构更趋合理，土壤肥力得到提高，为拦截入库泥沙、涵养库区水源、净化库区水质起到积极作用。通过实施坡改梯措施，使人均基本农田达到 1 亩以上，多渠道增加农民收入。

5. 经验总结

1）边坡治理措施系统全面

针对坡面水土流失严重的问题，在治理过程中，既有乔灌草相结合的林草措施，又有鱼鳞坑辅以桃树的工程措施；在边坡防护中，采取浆砌石、浆砌砖、干砌石、铅丝笼干砌石、预制件等多种措施相结合；在边坡植被恢复的过程中，既采取拉网喷播的方法，又采用 PP 生态袋进行砌筑，其示范作用明显。在治理较大范围边坡时，采取 PP 生态袋砌筑、辅挂三维网、包塑镀锌铁丝网喷播植物和直接整理喷播植物相结合，在预防侵蚀发生的同时，形成了绿色生态屏障。

2）采用土壤生物渗滤床＋FTBR 复合移动球技术处理生活污水

生活污水是面源污染的主要来源之一，由于流域居民分布集中，污水收集集中处理是必然趋势。采用土壤生物渗滤床＋FTBR 复合移动球技术，提高处理效率的同时节省了资源，处理后的废水直接进入农田，达到灌溉的目的。

3）项目捆绑整合，多部门联动

将自然资源等各相关部门项目集中实施。自然资源局实施流域内滑坡、泥石流治理和防洪堤建设，交通局实施道路硬化，水务局实施调水工程，财政局完成居民点拆迁和征地工作。在今后流域建设中，发改委和农业部门将分担延伸建设任务。

9.4.2　饶峰河小流域

饶峰河是汉江一级支流，位于汉江北岸，流域中心东经 108°11′40″、北纬 33°06′45″，涉及石泉县饶峰镇、银龙乡、城关镇 3 个乡镇 12 个村。流域总面积 37.43 km^2，林草覆盖率达 56.9%。出露岩性主要有斑岩、炭质灰岩、炭质硅质岩、钙质片岩、闪长岩和花岗岩等，沿饶峰河干流形成杨家坝、黄荆坝、丝银坝等几个串珠状河川冲积川坝区，在沟口、川坝区农户居住较集中，土地资源紧张。区内总人口 13 621 人，其中农业人口 12 421 人。

1. 流域面源污染特征

治理前，根据 2006 年遥感普查数据，流域内有水土流失面积 22.06 km^2。流域内土地坡度组成见表 9.4.4，耕地坡度组成见表 9.4.5。

表 9.4.4　饶峰河清洁小流域土地坡度组成

土地总面积/hm²	土地坡度组成											
	<5°		5°~8°		8°~15°		15°~25°		25°~35°		>35°	
	面积/hm²	占比/%	面积/hm²	占比/%	面积/hm²	占比/%	面积/hm²	占比/%	面积/hm²	占比/%	面积/hm²	占比/%
3 743	1 048.0	28.0	131.0	3.5	149.7	4.0	636.0	17.0	808.5	21.6	969.8	25.9

表 9.4.5　饶峰河清洁小流域耕地坡度组成

耕地		耕地坡度组成									
面积/hm²	占土地面积/%	<5°		5°~15°		15°~25°		25°~35°		>35°	
		面积/hm²	占比/%	面积/hm²	占比/%	面积/hm²	占比/%	面积/hm²	占比/%	面积/hm²	占比/%
800.5	21.4	731.8	91.42	30.9	3.86	37.80	4.72	0	0	0	0

　　"丹治"工程实施以来，流域内水土流失问题得到很大程度治理。随着农村生活的改善，面源污染逐步显现出一些新特点，农村污水、垃圾对水源污染、环境破坏日趋严重。调查表明，治理前 2009 年区内休闲农家乐已达 35 处，连同流域内农户 13 621 人，平均日污水排放量约 443.6 t，日产生垃圾约 11.7 t，污水就地排放，垃圾 90%以上堆放在河道、沟道、水渠边，汛期进入饶峰河，造成污染。

2. 流域治理模式

1）流域治理目标

　　面源污染防治目标：化肥施用强度（折纯）低于 350 kg/hm²，减少 50%以上，农药使用量减少 50%以上，并执行《农药安全使用标准》；固体废弃物集中堆放，定期清理和处置，利用率达 80%以上，生活污水处理率达 80%以上；小流域出口水质达到地表水Ⅱ类水质标准以上，各项指标控制达到标准：总磷<0.1 mg/L，总氮<0.5 mg/L，生化需氧量<3 mg/L，化学耗氧量<15 mg/L。

　　农村经济发展目标：在"丹治"工程已调整土地利用结构的基础上，提高基本农田质量，为设施农业、高效农业的实施奠定基础，路旁、院边种植樱桃、葡萄等特色时令经济林果，大力发展以桑树为主的密植桑园和桑配黄花的地埂经济，结合该地区生态旅游业的蓬勃兴起，依托生态清洁小流域治理日趋完善，发展 210 国道沿线生态"农家乐园"等第三产业，切实增加农民收入。结合"丹治"工程，人均纯收入稳步提高 40%以上，加快农村经济发展。

2）流域治理思路

　　围绕"生态修复、生态治理、生态保护"为主题，按"一河、两岸、三线、四区、二十三个点"布局，突出流域的防污和治污，将流域打造为以经济农业与假日旅游为主的新型小流域，实现"人在画中走、车在林中行、清泉绕村流"。

　　流域发展定位：高效农业；旅游产业（假日经济特色，生态农家游乐）。

　　采取的主要措施：水土保持综合治理措施、生态修复措施、村落工程、生活污水处理、农业示范园、预防监督措施6大类。

3）流域治理措施布局

I. 总体布局

将流域划分为三个主要的类型，即农业污染区，坡面、田面污染区和沟道、河道污染区。

农业污染区：在非污染区（山上、现有林地）2 624.6 hm²、全面实施封育管护、完善生态修复体系，围绕庭院经济与村落景观、庭院、道路绿化措施有机结合，适量布置林草措施以尽快提高地表覆盖度。

坡面、田面污染区：以全面整治坡耕地、提高土地产出率、增加治理直观经济效益、充分利用水土资源作为项目区防治水土流失的重点，在"丹治"工程治理的基础上，改造、提高基本农田质量和改善耕作条件，山水田林路综合治理，适量增加截排水沟、地头蓄水池（窖），配套生产道路，调整产业结构，进行生态农业技术培训，控制化肥使用量，提倡农家肥、有机肥的施用。

沟道、河道污染区：在满足行洪要求的基础上，充分发挥河道的自净、溶解、纳消能力，主要以林灌草结合的生物堤防为主，重点村庄与生态旅游开发结合，适量布置与环境协调的水景生态驳岸、拦蓄措施，尽量保持河道自然景观，尽可能地减少生硬的工程化痕迹，消除河道渠化。

II. 措施体系

饶峰河流域杨柳沟防治措施技术分为了预防减量、治理净化、生活污染治理、生活垃圾治理和宣传教育5个方面，其中将传统的水土保持综合治理技术措施归为治理净化类，并增加了水体净化措施（图9.4.3）。

3. 流域工程措施

根据现场调查情况与流域治理情况总结，措施分类总结，共划分为4个类别：坡面水系改造工程、村庄生活污水治理、村庄生活垃圾治理、预防监督。具体措施见表9.4.6。

1）坡面水系改造工程

坡面水系改造工程措施作为清洁小流域建设的基础，在饶峰河小流域主要表现为三个方面，即梯田改造工程、截排水沟渠工程及河道疏溪固堤工程。其中梯田建设以石坎梯田为主，田坎基础采用干砌石和浆砌石，上部土埂厚度为1.0~0.6 m；截排水沟渠建设采用常规的U形排水渠，渠道结构为预制砼U形槽，槽底铺设砂夹石垫层，槽顶为C20压顶砼；河道疏溪固堤工程与梯田工程、地头蓄水池（窖）配合布置，同时实施生态河道、沉沙池、排水沟等措施。

2）村庄生活污水处理

在饶峰河小流域中，由于地理条件的便利，饶峰河下游部分村庄与石泉县城较近，因此部分生活污水进入管网，通过城镇污水处理厂处理。在距离县城较远的区域，生态清洁小流域污水处理方式采用集中式和分散式，村院实行微型潜流式人工湿地系统集中处理，该技术具有占地面积少、投资成本小、择地适应性强、运行维护费用低、景观性强等优势。分散户用三格式化粪池处理。

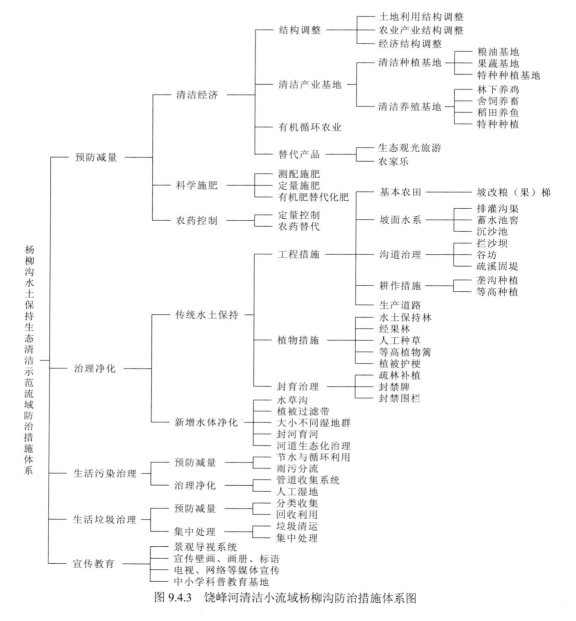

图 9.4.3 饶峰河清洁小流域杨柳沟防治措施体系图

3）村庄生活垃圾处理

（1）建设垃圾收集设施，包括矩形垃圾池、圆形垃圾池及垃圾桶。

（2）建立垃圾收集转运管理制度。靠近国道和县城的居民点统一进行垃圾清运，流域支沟里的居民点主要依托村组定期清运管理。

4）预防监督措施

措施包括：①利用景观导视系统、宣传壁画、画册、标语、电视、网络等，开展水土保持宣传；②落实新建水土保持设施的管护责任；③加强经济林果技术指导，制定管

表 9.4.6　饶峰河清洁小流域工程措施

类别	措施	措施描述	措施图片	类别	措施	措施描述	措施图片
1.坡面水系改造工程	梯田改造	石坎梯田建造		2.村庄生活污水处理	潜流式人工湿地技术	厌氧池+人工湿地	
	截溪固提、沟道工程	U 形排水渠		3.村庄生活垃圾处理	垃圾定点回收	垃圾收集池	
		生态排水渠			科普宣传	面源污染治理科普现场	
		按照景观设计方式,提出生态河道措施		4.预防监督	景观导视系统	人工湿地、污染治理措施导视	

护制度；④每年汛前暴雨后对梯田、小型水利水保设施及时检查和修复；⑤规范水源保护区范围的生产、开发活动；⑥严格执行建设项目的审批、施工、验收等要求；⑦严格执法；⑧依法征收水保"两费"，严格管理使用。

4. 治理效果

经过几年的丹治工程实施，流域内水土流失面积基本得到控制，土壤侵蚀模数由 2 750 t/(km² · a) 降至 664.6 t/(km² · a)。流域出口水质达到地表水Ⅱ类水质标准以上。基本农田质量明显提高，通过发展第三产业增加了农民收入，农村经济发展水平明显提升。

5. 经验总结

（1）制定了流域发展规划，定位明确，建设任务逐步推进。饶峰河是陕西省生态清洁小流域治理中，唯一一个提出了较为明确的流域发展规划的小流域。在小流域发展规划中，明确了流域发展定位、管理目标，并制定了流域近 5 年的建设内容和规模。

（2）将景观设计与面源污染治理有效结合，实现了面源污染治理与旅游经济发展的统一。在饶峰河小流域的杨柳沟生态示范园和后沟清洁小流域治理中，不难看出流域面源污染治理措施的建设和选择，在一定程度上突出了景观视觉效果的美化，例如沉沙池、排水沟、挡土墙、庭院人工湿地等，在满足面源污染治理的同时，得到了环境效益，而且增加了间接经济效益。对以生态旅游或农家乐旅游为定位的旅游型小流域建设，具有较好的借鉴作用。

（3）小型潜流湿地是处理分散型村户生活污水的一项有效措施。饶峰河小流域小型潜流湿地的成功运用，对于分散型村户生活污水的处理，具有较好的借鉴效果。在饶峰河小流域，采用了 32 m² 的厌氧塘+潜流人工湿地的处理模式，可以显著减低生活污水中氮、磷及有机质浓度。由于潜流人工湿地的建造成本较低，而且人工维护费用较低，便于在库区土石山区进行推广使用。

9.4.3 闵家河小流域

闵家河流域属丹江二级支流，位于陕西省商洛市商州区西部的黑龙口镇，介于东经 109°40′~109°44′和北纬 33°44′~33°49′，涉及商州区梁坪、里程两个村，流域总面积为 19.5 km²，森林覆盖率为 58.8%，主要树种有松、栎、柏，灌木林种有马桑、杜鹃、荆条等。地表岩性复杂，以经受多次变质的碎屑岩、结晶岩及风化片麻岩、灰质页岩为主，间有花岗岩等生成。区内总人口 1 983 人，其中农业人口 1 983 人。

1. 流域面源污染特征

2008 年治理前，闵家河流域水土流失面积为 4.92 km²（刘平印，2012）。流域内土地坡度组成见表 9.4.7，耕地坡度组成见表 9.4.8。

表 9.4.7　闵家河清洁小流域土地坡度组成

土地总面积 /hm²	土地坡度组成									
	<5°		5°~15°		15°~25°		25°~35°		>35°	
	面积/hm²	占比/%	面积/hm²	占比/%	面积/hm²	占比/%	面积/hm²	占比/%	面积/hm²	占比/%
1 950.5	351.0	18.0	243.8	12.5	468.0	24.0	421.2	21.6	466.5	23.9

表 9.4.8　闵家河清洁小流域耕地坡度组成

耕地		耕地坡度组成									
面积 /hm²	占土地 面积/%	<5°		5°~15°		15°~25°		25°~35°		>35°	
		面积/hm²	占比/%	面积/hm²	占比/%	面积/hm²	占比/%	面积/hm²	占比/%	面积/hm²	占比/%
93	4.8	75.9	81.61	7.7	8.28	9.4	10.11	0	0	0	0

闵家河流域面源污染的主要来源是农村生活污水和垃圾，另外，农业使用的农药化肥也是面源污染的重要来源。治理前 2009 年流域内休闲农家乐已达 5 处，连同流域内农户 1983 人，平均日污水排放量约 46.68 t，日产生垃圾约 0.05 t。污水就地排放，无污水处理设施；垃圾 90%以上堆放在河道、沟道、水渠边，无垃圾收集处理设施，汛期都进入闵家河，造成污染。流域内农业耕地面积 93 hm²，亩均化肥用量 40 kg，年平均使用化肥量约 39.93 t，年平均使用农药约 0.61 t。

2. 流域治理模式

1）流域治理目标

面源污染防治目标：化肥施用强度（折纯）低于 350 kg/hm²，减少 50%以上，农药使用量减少 50%以上，并执行《农药安全使用标准》；固体废弃物集中堆放，定期清理和处置，利用率达 80%以上，生活污水处理率达 80%以上；小流域出口水质达到地表水Ⅱ类水质标准以上，各项指标控制达到以下标准：总磷<0.1 mg/L，总氮<0.5 mg/L，生化需氧量<3 mg/L，化学耗氧量<15 mg/L。

农村经济发展目标：在"丹治"工程已调整土地利用结构的基础上，提高基本农田质量，为设施农业、高效农业的实施奠定基础，路旁、院边种植樱桃、核桃等特色时令经济林果，结合本区生态旅游业的蓬勃兴起，依托生态清洁小流域治理日趋完善，建设客家山寨一处，发展生态"农家乐园"等第三产业，切实增加农民收入。结合"丹治"工程，人均纯收入稳步提高 40%以上，加快农村经济发展。

2）流域治理思路

闵家河清洁小流域治理思路为：紧紧围绕"生态治理、生态修复、生态保护"为主题，保护清洁水源是生态清洁小流域建设的中心，把防污和治污作为流域建设的重点，建设任务按"一河、两岸、三线"合理布局，突出亮点为核心。

流域发展定位：陕南山区生态清洁流域水保综合治理省级示范区。

采取的主要措施包括预防监督措施、综合治理措施和生态修复措施三大类。

清洁小流域口号是：山绿、水清、景美、富裕。

3）流域治理措施布局

闵家河流域面源污染主要来源：河谷内分散农户的生活污水和垃圾；沿河流两侧分布的农业种植污染源及部分来自坡面水土流失的污染源（图 9.4.4）。流域面源污染传输路径主要有沿排水沟进入沟道，通过沟道进入河流；沿田间道路进入沟道或河流。其治理模式主要分为 3 种。

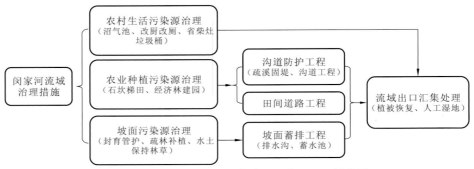

图 9.4.4　闵家河流域污染物来源及主要处理措施图

（1）养山保水。实施区域位于流域顶部。主要为封山禁牧、封育保护，加强林草植被保护，防止人为破坏。主要依靠大自然的力量恢复植被，改善生态环境，涵养水源，保护水资源。采取封禁治理措施，以自然生态修复为主，在交通要道处、路旁、进山口设立宣传封禁标牌、布设刺铁丝网围栏并确定专人管护，实行区、乡、村三级管理。加强林草植被保护，保持土壤，涵养水源。

（2）进村治水。实施区域位于坡中、坡下和坡脚地带。治理的主要措施是修筑石谷坊、截水沟、排水沟，疏溪固堤，整修河堤及生产道路，进行垃圾处置和污水处理。在治理中强化农村污水处理、生活垃圾集中处理和环境美化工程建设，控制化肥农药的使用，达到减少面源污染、控制和减少污染物排放、改善生产条件和人居环境的目的。

（3）入江护水。实施区域位于流域下游沟道两侧及村庄周边地带，一般为河川地、河滩地和阶地。突出生态环境整治，建立河滨带，按照"因地制宜、适地适树"的原则选择树种，恢复河流生态景观。村庄绿化应沿村庄外围和村庄内道路两侧、房前屋后，根据不同地类形成纵横向林网。

3. 流域工程措施

闵家河生态清洁流域措施主要包括污水垃圾收集处理设施，坡面治理技术、沟道治理等内容。根据现场调查情况与流域治理情况总结，措施分类总结，共划分为 5 个类别：预防监督措施、综合治理措施、生态修复措施、林草措施和村落工程。具体措施见表 9.4.9。

表 9.4.9 闵家河流域工程措施具体实施现状

类别	措施	措施具体分类	措施图片	类别	措施	措施具体分类	措施图片
1	预防监督措施	大力宣传、普及水土保持和防治面源污染基本知识		4	林草措施	水土保持林草	
						经济林建园	
2	综合治理措施	坡改梯		5	村落工程	生活垃圾处理	
		截排水沟渠				生活污水处理	
		田间道路				改厨改厕	
		疏溪固堤、沟道工程				村庄美化	
3	生态修复措施	封育管护、疏林补植、修建沼气池和省柴灶等					

对农村面源污染的治理为该流域治理措施特色之一。结合新农村建设，建设收水、排水管网和农户分散式污水处理系统，可就地处理生活污水，有效解决农村污水难处理问题。积极推广生活垃圾无害化处理。生活垃圾主要为厨房垃圾畜禽粪便、农作物秸秆，含有较多有机质，可以堆肥后还田，剩余的小部分采取综合设施进行集中处理。大力推广秸秆还田、有机肥的沤化。每户建设一个有机垃圾沤肥池，吸纳生活中产生的剩菜、剩饭、菜根、菜叶、果皮等厨余垃圾，畜禽粪便实行入窖沤肥。经过一段时间发酵后，将肥料用在果树种植或农田作物种植中。

4. 治理效果

经过几年的丹治工程实施，流域内水土流失面积基本得到控制，土壤侵蚀模数由 2 100 t/(km²·a) 降至 600 t/(km²·a)。流域出口水质达到地表水 II 类水质标准以上。提高基本农田质量，增加农民收入，加快农村经济发展。

5. 经验总结

1）自然修复与人为干预有机结合

在流域坡面治理过程中，主要以自然恢复为主，实施封禁措施，辅以坡改梯田，减少对自然环境的扰动。

2）污染物集中收集处理，美化环境

对于生活污水，采取管道收集进入人工湿地集中处理后进入农田灌溉的方法；生活垃圾统一收集后进行填埋；在能源方面，积极推行沼气池和省柴灶，减少对林木的依赖，避免乱砍滥伐。

3）因地制宜，推广潜力大

根据流域高山深谷的特征，采取封禁措施保护两侧林地，减少人为扰动和水土流失；针对流域内居住分散特点，采取管网收集生活污水，进行集中处理，节省成本；在坡面治理过程中，根据流域山多石多的特点，采取干砌石护坎，避免大规模的硬化，同时注重植被恢复，达到资金投入少、治理效果好的目的。该模式适合在经济技术不发达的地区进行大规模推广。

9.4.4　胡家山小流域

胡家山流域属于汉江二级小支流，位于汉江以北湖北省丹江口市习家店镇和嵩坪镇，介于东经111°12′22″～111°15′20.5″和北纬32°44′17.8″～32°49′15.6″，流域涉及习家店镇的胡家山、朱家院、板桥、五龙池、桐树垭村5个行政村，面积约为32.84 km²，林草覆盖率62.62%。流域内岩体以红砂岩、石灰岩、泥质岩、石英质岩等为主。流域内总人口 4 537 人，其中农业人口 1 960 人。

1. 流域面源污染特征

根据长江流域水土保持监测中心 2004 年遥感调查，结合野外普查资料，治理前流域共有水土流失面积 19.86 km²，占土地总面积的 60.5%，其中轻度流失面积 8.45 km²，中度流失面积 9.41 km²，强度流失面积 1.81 km²，极强度流失面积 0.17 km²，剧烈流失面积 0.02 km²。土壤侵蚀模数为 2 177 t/(km²·a)。流域内土地坡度组成见表 9.4.10，耕地坡度组成见表 9.4.11。

表 9.4.10　胡家山清洁小流域土地坡度组成

土地总面积 /hm²	土地坡度组成									
	<5°		5°～15°		15°～25°		25°～35°		>35°	
	面积/hm²	占比/%	面积/hm²	占比/%	面积/hm²	占比/%	面积/hm²	占比/%	面积/hm²	占比/%
3 283.64	1 037	31.6	941.72	28.7	816.48	24.9	351.4	10.7	137.04	4.2

表 9.4.11 胡家山清洁小流域耕地坡度组成

耕地		耕地坡度组成									
面积/hm²	占土地面积/%	<5°		5°~15°		15°~25°		25°~35°		>35°	
		面积/hm²	占比/%	面积/hm²	占比/%	面积/hm²	占比/%	面积/hm²	占比/%	面积/hm²	占比/%
729.81	27.8	309.24	33.9	171.3	18.8	229.2	25.1	17.79	1.9	2.28	0.2

流域面源污染的主要来源是：村落面源污染物主要为生活污水、禽畜废水、固体废弃物等分散点源径流输出。畜禽污染主要是畜禽产生的粪便；农业种植污染主要为农药化肥的使用。耕地化肥平均施用折纯量约为 650 kg/(hm²·a)，氮肥占 70%、磷肥占 19%。农药以甲胺磷、杀虫双、敌敌畏为主，其平均施用量为 18 kg/(hm²·a)。对小流域内各个支流进行水质调查，水体理化指标的一个显著特征是高氮、低磷，支流磷和氨氮的浓度多达到 Ⅱ 类地表水水质标准，但总氮浓度都超过 Ⅴ 类地表水水质标准。

2. 流域治理模式

1）流域治理目标

生态环境建设目标：项目建设期末林草植被面积占宜林宜草面积的 80% 以上，减沙效益达到 70% 以上，综合治理措施保存率达到 80% 以上，确保水保工程度汛安全。在小流域内加大沼气池、省柴灶的推广，节约能源，人为水土流失得到有效遏制，生态环境明显改善。

农村经济发展目标：通过土地利用调整对 5°~15° 的坡耕地部分改建梯田，使人均基本农田达到 0.07 hm² 以上，部分整地后种植经果林，使人均经果林面积达到 0.05 hm² 以上，加大林果产品数量，提高产品质量，人均纯收入提高 10% 以上，提高农民收入，加快地方经济发展。

2）流域治理思路

围绕"远山生态修复防线、农地综合治理防线、库周生态缓冲防线"三道防线，实施五级防护，突出农田整治和农村污染防治，将流域打造为生态农业型小流域。

流域发展定位：高效农业，清洁生产。

采取的主要措施：水土保持综合治理措施、高效农业、村落工程、生活污水垃圾处理。

3）流域治理措施布局

胡家山流域面源污染物主要来自农村居民地生活污水和垃圾，农田耕作及水土流失带入水体的营养物质。在降雨和灌溉影响下，污染物经沟道进入水体。其污染物治理模式为：

Ⅰ. 因地制宜，科学谋划

进行分区防治。对地面植被覆盖较好的区域，侧重于自然修复、村落面源控制和旅游开发治理；对水土流失严重的区域，侧重于生态农业、村落面源控制和科技示范治理。

设立"三道防线"。从山顶到河谷构筑"远山生态修复防线、农地综合治理防线、库周生态缓冲防线"，结合项目区实际，采取相应的防治措施，以三道防线的防治思路来指导流域综合措施布局。

实施"五级防护"。一是通过封禁治理、疏林补植和小型水利水保工程，建设水源涵养林，养山保水，进行林地径流控制，减少水土流失。二是通过水平梯田建设、坡面水系配套工程，控制农田径流，提高耕地质量，减少人为水土流失，同时大力发展生态农业，减少化肥、农药使用量，推广"猪-沼-果"治理开发模式，减少农田面源污染源。三是通过村落污水和垃圾收集、沼气池、道路硬化，进行村落面源污染控制。四是通过生态溪沟、生态塘堰整治，栽植水生植物降解水质，进行输移途中控制。五是通过植被恢复、人工湿地在流域出口处进行汇集处理（图 9.4.5）。

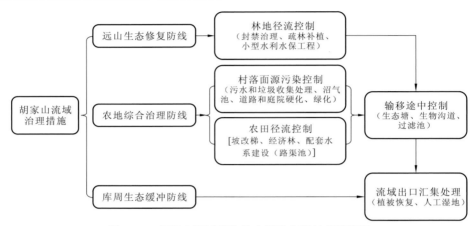

图 9.4.5　胡家山流域污染物来源及主要处理措施图

II. 技术支撑，科学治理

推广先进技术。生物净化技术主要包括生物护坡、生物护埂、生物降解塘、生物沟道和生物过滤等；测土配方施肥及水源涵养种植模式筛选。

注重科技合作。以科技支撑为先导，强化科学治理，确保治理成效。近年来分别与长江委监测中心、长江水资源保护科学研究所、中国科学院武汉植物园、华中农业大学、中国科学院水生生物研究所等几家单位合作开展水库水源区水土流失规律研究，将坡耕地种草养畜、面源污染防治模式和库区生态环境综合治理技术等研究成果应用到生态清洁小流域治理之中，提高生态清洁小流域科学治理水平。

加强项目监测。在胡家山生态清洁小流域已经建成水土保持面源污染水质监测站 1 处，简易小流域径流观测小区 2 处，对典型小流域进行跟踪监测。横向对比各项治理措施的治理效益，纵向对比治理前后小流域的水、沙和生化指标的变化，为开展水土流失和面源污染治理技术研究及项目效益评价提供科学依据。

3. 流域工程措施

胡家山清洁小流域治理措施分为 10 类：预防监督措施、坡改梯、污水垃圾处理、新能源替代等。具体措施见表 9.4.12。其中，污水层层拦截，立体防护为流域治理措施的主要特色之一。其主要的过程：分散农户污水经铺设的收集管网分别流入小的人工湿地（规模为 3～5 户）进行简单处理，然后进入较大的生态塘（容量为 10～20 户），后经过生态沟渠进入更大的水塘进行沉淀和吸收，最终进入大的人工湿地进行末端处理后进入河流。

表 9.4.12 胡家山流域工程措施具体实施现状

类别	措施	具体分类	措施图片	类别	措施	具体分类	措施图片
1	预防监督措施	预防保护措施 监督管理措施		6	造林设计	退耕还林 水土保持生态林 等高植物篱	
2	坡改梯工程	土坎梯田 石坎梯田		7	高效农业	节水灌溉	
3	坡面配套水系	截水沟 排水沟 沉沙池		8	污水处理	人工湿地	
4	田间道路	生产道路 人行道路		9	治塘筑堰	生态塘	
5	沟道防护	沟道治理		10	能源替代	沼气池 省柴灶	

4. 治理效果

通过构建上述环环相扣的立体式多级防治体系，胡家山小流域实现了对面源污染水体的有效拦截、处理，治理后流域水体中总氮、总磷和 COD 浓度分别较治理前减少 20%、30% 和 15%，流域出口入库水质达到Ⅱ类水质标准以上。生态环境明显改善，提高了农民收入，促进了地方经济发展。

5. 经验总结

1）污水实施多级处理

根据流域村民居住分散的特点，将几户生活污水进行分散收集处理，分别建有小型人工湿地，处理后的污水进入人工生态塘进行再处理，然后进入生态沟渠，最后进入流域出口人工湿地，然后排入河流。

2）推广科学种植，增加农民收入

在农业生产过程中，根据流域自身温度、光照、土壤等特点，引入烟叶种植，进行科学指导施肥，在减少投入、保护环境的同时，增加了农民的收入。

3）大力发展与科研院所合作，实现强强联合

针对学校院所科研力量雄厚的特点，积极寻求合作，在流域内建设径流场两处，监测站一处，监测数据实施共享，既丰富了流域监测数据，也为流域面源污染治理提供科学指导。

参 考 文 献

戴君虎, 王焕炯, 王红丽, 等, 2012. 生态系统服务价值评估理论框架与生态补偿实践[J]. 地理科学进展, 31(7): 963-969.

胡建忠, 2011. 生态清洁型小流域建设: 绿化·美化·净化·产业化[J]. 中国水土保持科学, 9(1): 104-107.

李化萍, 2019. 生态清洁型小流域综合治理效益评价研究[J]. 黑龙江水利科技, 47(5): 241-244.

刘登伟, 王小农, 李发鹏, 等, 2014. 我国生态清洁小流域建设问题与对策研究[J]. 水利发展研究, 14(12): 1-4.

刘平印, 2012. 南水北调中线工程水源区闵家河清洁小流域治理模式探讨[J]. 陕西水利, 6(1): 138-140.

蒲朝勇, 高媛, 2015. 生态清洁小流域建设现状与展望[J]. 中国水土保持(6): 7-10.

阳文兴, 闵祥宇, 2014. 生态清洁小流域实践推广的思路与方法[J]. 中国水利(20): 21-23, 60.

余新晓, 2012. 小流域综合治理的几个理论问题探讨[J]. 中国水土保持科学, 10(4): 22-29.

张锦娟, 叶碎高, 徐晓红, 2010. 基于水源保护的生态清洁小流域建设措施体系研究[J]. 水土保持通报, 30(5): 237-240.

赵娟, 许幼霞, 杨译, 等, 2017. 基于水源保护的生态清洁小流域建设措施布局研究[J]. 贵州科学, 35(2): 23-26.

周萍, 文安邦, 贺秀斌, 等, 2010. 三峡库区生态清洁小流域综合治理模式探讨[J]. 人民长江, 41(21): 85-88.

第 10 章
跨区域农林帮扶生态补偿

生态补偿机制是指调整保护和改善生态环境相关方利益关系的一系列行政、法律和经济手段的总和，主要是对生态补偿主体、补偿对象、补偿内容、补偿标准等做出制度性安排。其实质是利益调整，通过对生态建设和保护中各种利益关系进行协调，达到既保护好生态环境、又协调好利益相关者之间的关系的目的。生态补偿机制的建立是以内化外部成本为原则，对保护行为的外部经济性的补偿依据是保护者为改善生态服务功能所付出的额外的保护与相关建设成本和为此而牺牲的发展机会成本。水源地生态补偿的类型有很多，本章重点关注跨区域农林帮扶类型的生态补偿。

10.1 生态补偿理论

10.1.1 生态服务价值理论

1. 生态系统服务功能分类体系

生态系统服务是指生态系统与生态过程所形成及所维持的人类赖以生存的自然环境条件与效用，它不仅给人类提供生存必需的食物、医药及工农业生产的原料，而且维持了人类赖以生存和发展的生命支持系统（王伟 等，2005）。生态系统服务功能根据服务对象可以分为生态服务功能和经济服务功能，其中生态服务功能又分为调节功能和支持功能，经济服务功能又分为产品提供功能和文化功能（图 10.1.1）。

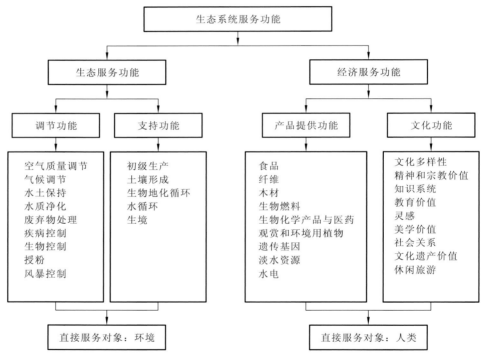

图 10.1.1 生态服务功能分类系统

产品提供功能是指生态系统生产或提供的产品；调节功能是指调节人类生态环境的生态系统服务功能；文化功能是指人们通过精神感受、知识获取、主观印象、消遣娱乐和美学体验从生态系统中获得的非物质利益；支持功能是指保证其他所有生态系统服务功能提供所必需的基础功能。区别于产品提供功能、调节功能和文化功能，支持功能对人类的影响是间接的或者通过较长时间才能发生，而其他类型的服务则是相对直接地和短期影响于人类。一些服务，如侵蚀控制，根据其时间尺度和影响的直接程度，可以分别归类于支持功能和调节功能。由此可见，生态系统服务功能是人类文明和社会经济可持续发展的基础。

部分生态系统服务和功能的具体对应关系见表 10.1.1。

表 10.1.1　部分生态系统服务和功能关系表

序号	生态系统服务	生态系统功能	举例
1	空气质量调节	调节大气化学组成	CO_2/O_2 平衡、O_3 防护 UV-B 和 SO_x 水平
2	气候调节	对气温、降水的调节，以及对其他气候过程的生物调节作用	温室气体调节及影响云形成的 DMS（硫化二甲酯）生成
3	风暴控制	对环境波动的生态系统容纳、延迟和整合能力	防止风暴、控制洪水、干旱恢复及其他由植被结构控制的生境对环境变化的反应能力
4	水循环	调节水文循环过程	农业、工业或交通的水分供给
5	淡水资源	水分的保持与储存	集水区、水库和含水层的水分供给
6	水土保持	生态系统内的土壤保持	风、径流和其他运移过程的土壤侵蚀和在湖泊、湿地的累积
7	土壤形成	成土过程	岩石风化和有机物质的积累
8	生物地化循环	养分的获取、形成、内部循环和存储	固氮和 N，P 等元素的养分循环
9	废弃物处理	流失养分的恢复和过剩养分有毒物质的转移与分解	废弃物处理、污染控制和毒物降解
10	授粉	植物配子的移动	植物种群繁殖授粉者的供给
11	生物控制	对种群的营养级动态调节	关键种捕食者对猎物种类的控制，顶级捕食者对食草动物的消减
12	生境	为定居和临时种群提供栖息地	迁徙种的繁育和栖息地，本地种区域栖息地或越冬场所
13	食品	总初级生产力中可提取的食物	鱼、猎物、作物、果实的捕获与采集，给养的农业和渔业生产
14	木材和生物燃料	总初级生产力中可提取的原材料	木材、燃料和饲料的生产
15	生物化学产品与医药	特有的生物材料和产品的来源	药物、抵抗植物病原和作物害虫的基因、装饰物种（宠物和园艺品种）
16	休闲旅游	提供休闲娱乐	生态旅游、体育、钓鱼和其他户外休闲娱乐活动
17	文化多样性和文化遗产价值	提供非商业用途	生态系统美学的、艺术的、教育的、精神的或科学的价值

2. 生态系统核心服务价值

对一个区域来讲，生态系统为人类提供的不同服务功能，对该区域的人类生存及生活质量的贡献是有等级的（赵军 等，2007）。如干旱区域湖泊生态系统的水分供给功能可能比其他服务功能对人更重要，而自然保护区生态系统的生物多样性保育功能可能比其他服务功能更为重要。将研究区域内能显著促进人类生存及生活质量、对区域可持续发展更为重要的服务功能称为"核心"服务功能。在对生态系统服务功能的价值评估中，"核心"服务功能的价值评估应作为重点。

10.1.2 水资源外部性理论

从经济学角度讲，忽略外部性问题就是认为水资源的开发利用及消费对社会上其他人没有影响，即单个经济单位从其经济行为中产生的私人成本和私人利益被认为是等于该行为所造成的社会成本和社会利益。但是在实际中，这种理想的行为极少存在。在大多数场合下，无论是水资源生产者还是消费者的经济行为都会给社会其他成员带去利益或危害。通过分析用户使用水资源对外界或其他用户造成的影响，可将水资源利用的外部性概括为代际外部性、取水成本外部性、水资源存量外部性、环境外部性、水污染外部性、水源保护外部性等，这些水资源利用产生的外部性都给社会造成未由私人承担的外部成本，产生的是外部不经济性。而水源保护则是给社会带来未获得补偿的外部效益，是一种外部经济性。

根据经济学理论，无论是外部不经济性还是外部经济性都会造成生产者私人成本（收益）不同于社会成本（收益），引起帕累托效率的偏离，导致资源的不合理配置。为保证资源的可持续利用，必须消除私人成本（收益）与社会成本（收益）的差异，达到帕累托效率最优。"帕累托最优"是以意大利古典经济学家帕累托命名的，指资源配置处于一般均衡状态，一个人要想改进自己的福利，必以损害他人的福利为前提。如果一个人的福利改善，并不侵害到别人的福利，则说明资源配置存在改善的余地，这样的改变就被称为"帕累托改进"。如果任何一个人可以在不使他人境况变坏的同时使自己的情况变得更好，那么这种状态就达到了资源配置的最优化，这就被称为"帕累托最优"。外部成本（收益）内部化是实现帕累托效率最优的有效方式（王燕，2011）。内部化的途径是多种多样的，可以通过将征收（补贴）相应于外部成本（收益）的费用或税收，使外部成本纳入私人成本（收益）之中，达到私人成本与社会成本一致，以促进资源的持续开发利用。

10.1.3 水资源价值理论

水资源是否具有价值是实施水源涵养与生态保护补偿的基础与依据。目前有多种关于水资源价值的理论学说，从经典的劳动价值论到现代的资源环境价值论，都从不同的角度论证了水资源具有价值这一客观事实。

水资源价值应该包括两方面的内容，即天然水资源的价值和经过人类劳动改变了水资源的时空分布或质量后所产生的增量价值。对水资源等自然资源的价值,理论界有不同的解释。西方效用价值论和马克思的劳动价值论是分析自然资源价值的基础。

1. 效用价值论

效用是指物品满足人的需要的功能,效用价值论是从人们对物品效用的主观心理评价角度来解释价值及其形成过程的经济理论。效用价值论认为:一切生产无非都是创造效用的过程,人们获得效用不一定非要通过生产不可,也可以通过大自然的恩赐,而且人们的主观感觉是认知效用的出发点,只要人们的某种欲望或需要得到了满足,人们就获得了某种效用。边际效用是评价资源价值的主要依据。边际效用论的主要观点:①效用是价值的源泉,是形成价值的必要条件,效用同稀缺性结合起来,形成商品的价值;②价值取决于边际效用量,确切地说,效用是一种简单的分析结构,它可以用来解释有理性的消费者如何把他们有限的收入分配在能给他们带来满足或效用的各种物品上。

运用效益价值论很容易得出水资源等自然资源具有价值的结论。因为水资源是人类生产、生活不可缺少的自然资源,无疑对人类具有巨大的效用;此外,随着社会的发展,水资源的供需矛盾日益凸显,水资源问题已经成为全球共同关注的问题。水资源满足既短缺又有用的条件,因此水资源具有价值。

2. 劳动价值论

劳动价值论是物化在商品中的社会必要劳动量决定商品价值的理论。马克思论述了使用价值和交换价值存在的对立统一关系,首创了劳动二重性理论,指出价值与使用价值共处于同一商品体内,使用价值是价值的物质承担者,离开使用价值,价值就不存在了。使用价值是商品的自然属性,价值是商品的社会属性。价格是价值的货币表现。商品价值的大小是由社会必要劳动时间决定的。决定商品价值的是社会必要劳动消耗,包括劳动者在创造产品时劳动力的消耗和消耗在劳动对象和劳动资料上的社会必要劳动时间。前者称活劳动,后者称物化劳动。

水资源的劳动价值就是人们为使社会经济发展与自然资源再生产和生态环境保持良性平衡而付出的社会必要劳动。水资源开发利用前后都要投入大量的费用,如开发利用前调查评价、测量、保护等,都要投入大量的人类劳动,所以水资源具有价值。一般认为,水资源的价值是由维护水资源所有权和影响水资源水质、水量的劳动形成的。水资源同其他自然资源一样,是国家领土、主权和资产的一部分,在市场经济条件下,所有权转让的基础是资源的价值。在维护所有权和保护资源资产当中要付出多方面巨大的劳动,如国土资源的保卫,法律的保护,行政的管理,资源的调配,以及为了保护水质搞水土保持,搞环境保护,限制污染行业的发展等多种费用,这些投入维护了天然水资源的所有权,并且直接或间接地改变了水资源的数量和质量,也就形成了天然水资源的价值。这些劳动,尤其是取得和维护水资源所有权所投入的劳动虽然难以直接或准确定量,但在性质上确立了天然水资源的资产性质,并确认其具有价值。

10.2 水源区生态服务价值评估体系

10.2.1 水源区生态服务价值评估框架

以千年生态系统评估工作组的生态服务价值评估框架为基础（戴君虎 等，2012；赵士洞，2001），根据水源区实际情况，构建水源区生态服务价值评估框架（图 10.2.1）。

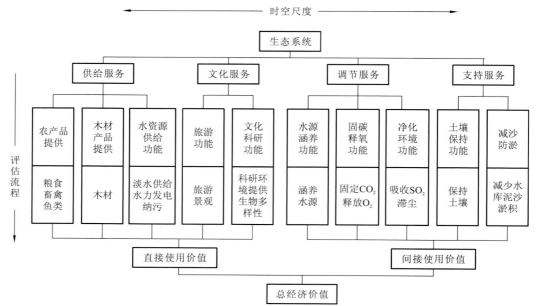

图 10.2.1 水源区生态服务价值评估框架

水源区生态服务价值评估框架涉及的工作流程包括 4 个步骤。

1. 估价对象及研究范围的确定

估价的直接对象是"生态系统服务"，与另一概念"生态系统功能"密切相关。生态系统服务实际上是生态系统产品和服务的简称，指人类从各种生态系统中获得的所有惠益，包括供给服务（如提供食物和水）、调节服务（如固碳释氧）、文化服务（如旅游、科研），以及支持服务（如土壤保持）。由此可见，生态功能是生态系统服务的基础和物质保障，没有生态系统功能，就没有生态服务。生态服务和功能并不是一一对应的关系，一种生态系统服务可能由两种或多种生态系统功能所产生，一种生态系统功能可能提供两种或多种生态系统服务。

估价对象明确以后，需求划定研究范围，即确定生态服务估价的空间范围。南水北调中线水源区的研究范围为丹江口库区及上游汇水区，涉及陕西、湖北、河南三省，区域总面积为 9.52 万 km^2。

2. 生态系统服务分类体系的确定

生态服务包括 4 类：供给服务、文化服务、调节服务和支持服务。其中，供给服务包括提供农业产品、原材料和淡水资源等；文化服务包括旅游、文化科研等；调节服务包括涵养水源、固碳释氧、净化环境、净化水源等；支持服务包括土壤保持、减少水库泥沙淤积等。

在服务被价值化之前，首先要分析它们对人类作用的过程，及不同类型服务所涉范围和程度。针对供给服务，主要涵盖人类从生态系统中获取各种产品的过程。而对于大多数调节服务，要评估其对周围环境的影响。至于文化服务，人类从中获得的利益取决于从生态系统获得的间接经验和抽象感受，因而其评估需要考虑从服务中获益的人数，以及他们与生态系统相互作用的方式。

3. 各类生态系统服务价值评估

水源区生态系统服务的总经济价值包括直接使用价值和间接使用价值两部分。在评估各类生态系统服务价值时，首先要确保公众认可服务存在市场价值，然后基于公众对生态服务的支付意愿选择估价方法。

评估生态系统服务价值实际上等于社会的支付意愿减去社会的生产成本，即评估这些服务为社会带来了多少净福利。对于生态系统来说，将其提供的服务近似看作独家生产的商品，这种情况下商品定价就会近似等于消费者的支付意愿，因此总剩余≈生产者剩余≈市场价格×数量。

4. 价值的比较和汇总

从理论上来说，直接使用价值、间接使用价值互不重复，可直接汇总。直接使用价值、间接使用价值之和为生态系统总经济价值。在决策时，可以对比不同生态系统服务价值的所占比重，确定优先考虑的服务。

10.2.2 水源区生态服务价值评估方法

1. 供给价值评估方法

1) 农产品价值

农产品价值评估方法可分为两种，一种是根据每种产品的市场价值进行汇总估算，另一种是根据研究区域内人均农业纯收入与该区域农业人口数量进行估算，两种方法均称为市场价值法。

（1）根据产品的市场价值计算。农产品包括种植业、牧业和渔业产品，其中种植业产品以净产值来表示，计算公式为

$$V_a = \sum A_{a,i} Y_{a,i} P_{a,i} \tag{10.2.1}$$

式中：V_a 为种植业产品的价值，元；$A_{a,i}$ 为第 i 类植物产品可收获的面积，hm^2；$Y_{a,i}$ 为第 i 类植物产品的单位面积产量，kg/hm^2；$P_{a,i}$ 为第 i 类植物产品当年的市场价格，元/kg。

牧业产品价值和渔业产品价值计算也均采用市场价值法计算：

$$V_s = \sum Y_{s,i} P_{s,i} \tag{10.2.2}$$

$$V_f = \sum Y_{f,i} P_{f,i} \tag{10.2.3}$$

式中：V_s 为牧业产品的价值，元；$Y_{s,i}$ 为当年第 i 类可出售和自宰肉用牲畜数量，头；$P_{s,i}$ 为第 i 类牲畜价格，元/头；V_f 为渔业产品的价值，元；$Y_{f,i}$ 为当年第 i 类渔业产品产量，kg；$P_{f,i}$ 为第 i 类渔业产品价格，元/kg；

（2）根据农业人均收入与农业人口数量估算。利用农业人均纯收入替代农产品市场价值，人均纯收入与农业人口的乘积即为农产品的价值。

$$农产品价值＝人均农业纯收入 \times 农业人口数量 \tag{10.2.4}$$

2）森林木材价值

森林木材价值是指森林生态系统为人类提供可利用木材的价值，利用市场价值法进行计算。森林木材价值以活立木年生长量的价值表示，计算公式为

$$V_m = \sum A_{m,i} Y_{m,i} P_{m,i} \tag{10.2.5}$$

式中：V_m 为区域森林生态系统木材价值，元/a；$A_{m,i}$ 为第 i 类林的分布面积，hm^2；$Y_{m,i}$ 为第 i 类林的年木材贡献量，$m^3/(hm^2 \cdot a)$；$P_{m,i}$ 为第 i 类林的活立木价格，元/m^3。

3）水资源价值

水资源具有多种综合生态服务价值，包括水资源供给价值、水力发电价值、纳污价值、内陆航运价值、水产品生产价值和旅游价值等，这些价值有的可以定量估算，有的则很难进行定量估算。由于丹江口水源区不鼓励水产养殖，同时上游内陆航运较少，地区旅游开发尚未形成规模，因此本小节以水源区核心服务价值为中心，重点关注与调水工程相关的水资源供给价值、水环境容量价值和水力发电价值。

采用市场价值法计算水资源价值：

I. 市场价值法一：综合核算法

综合核算就是通过某种方式综合计算水资源价值，在此基础上，对水资源的价值总量进行核算，计算公式为

$$V_p = W \times P \tag{10.2.6}$$

式中：V_p 为水资源价值量；W 为水资源总量；P 为单位水资源综合价值；可以采用模糊数学法进行 P 值的求算。

II. 市场价值法二：效益价值法

a. 水资源供给价值

效益价值法是对水资源价值进行直接评估时采用的方法，它是通过评估水资源在农业、工业、生活及其他方面产生的价值来计算水资源的价值。

i）农业供水净效益价值

农业用水效益价值：采用灌溉效益分摊系数法来确定农业灌溉效益，计算公式为

$$b = \varepsilon \sum_{i=1}^{m} A_i (Y_i - Y_{oi}) P_i / Q \tag{10.2.7}$$

式中：ε 为农业供水效益分摊系数；b 为灌区水利工程措施分摊的多年平均年灌溉效益，元；A_i 为第 i 种作物的种植面积，亩；Y_i 为有灌溉措施情况下单位面积的多年平均产量，kg/亩，可根据灌区试验站、历史资料等确定；Y_{oi} 为无灌溉措施情况下单位面积的多年平均产量，kg/亩，可根据无灌溉措施地区的调查资料分析确定；P_i 为第 i 种农作物产品的价格，元/kg；m 为农作物种类的总数目；Q 为农业灌溉用水量，m³。

单位水资源的农业效益价值为

$$b_{wn} = b - c \tag{10.2.8}$$

式中：b_{wn} 为单位水资源的农业效益价值，元/m³；c 为水利工程农业灌溉供水年成本，元/m³。

在本小节中，根据调查，丹江口水源区的农业各种作物的效益分摊系数的取值为 0.2～0.4，其中水稻的多年平均效益分摊系数为 0.42～0.44。

ii）城镇供水效益价值

城镇用水分为工业用水和生活用水两部分。工业用水包括冷却水、空调水、产品及生产过程用水与其他用水等。居民生活用水主要是指城镇居民家庭日常的生活用水。由于城镇生活用水的供水保证率大于工业用水的供水保证率，为了简单起见，将城镇生活用水的水资源价值近似等于工业供水的水资源价值。工业和生活用水资源价值的计算亦采用效益分摊系数法，计算公式为

$$b_{wg} = \frac{10\,000 \times \varepsilon}{q_g} - TC_W \tag{10.2.9}$$

式中：b_{wg} 为工业单方用水净效益，元/m³；q_g 为工业万元增加值用水量，m³；TC_w 为工业单方水的供水成本，元/m³；ε 为工业供水效益分摊系数。

本小节中，结合全国各大流域的平均情况，根据丹江口水源区的实际情况，工业供水效益分摊系数取 3%。

iii）其他用水效益价值

其他用水主要包括第三产业用水和公共服务用水、生态用水等。其他用水的计算也采用分摊系数法，计算公式为

$$b_{ws} = \frac{10\,000 \times \varepsilon}{q_s} - TC_W \tag{10.2.10}$$

式中：b_{ws} 为单方用水净效益，元/m³；q_s 为万元增加值用水量，m³；TC_w 为单方水的供水成本，元/m³；ε 为供水效益分摊系数。

在本小节中，根据丹江口水源区的实际情况，其他用水的供水效益分摊系数取 1.5%。

iv）供水工程边际成本

理论上边际成本要求供水量的变动逐步地、连续地、小量地进行，而现实供水过程中，供水量的变动却是突然地、间断地、比较大量地进行。因此，在这种情况下，就只能用相应项目的平均成本来代替边际成本。

该供水工程系统的单位边际成本为

$$C_d = \left[K_t \times \frac{(1+i)^n \times i}{(1+i)^n - 1} + U_a + x \times i \right] / W \tag{10.2.11}$$

式中：K_t 为供水工程系统相关项目的总投资量；i 为国内社会折现率，根据我国行业标准

《水利建设项目经济评价规范》，对水利工程建设社会折现率取 0.12；n 为供水工程经济寿命；U_a 为供水工程年运行费；x 为供水工程流动资金占用量；W 为供水工程的年供水量。

b. 水力发电价值

丹江口水源区水力资源理论蕴藏量为

$$E = 8\,760 \sum_{i=1}^{n} gQ_i h_i \qquad (10.2.12)$$

式中：E 为年发电量，$kW \cdot h$；8 760 为一年的小时数（24×365＝8 760）；n 为河流分段数目；i 为河段序号；g 为重力加速度，取 9.81 m/s^2；Q_i 为第 i 河段的年平均流量，m^3/s；h_i 为第 i-1 河段和第 i 河段之间的水位差，m。

c. 水环境容量价值

水环境容量价值与水资源量、水体本底污染状况、地表水质控制标准等指标直接相关。按照影子工程法计算水源区水资源纳污价值。

$$水环境容量价值 ＝ COD\,纳污容量 \times 削减\,1\,t\,COD\,费用 \qquad (10.2.13)$$

d. 水资源总价值

$$水资源总价值 ＝ 水资源供给价值 ＋ 水力发电价值 ＋ 水环境容量价值 \qquad (10.2.14)$$

2. 文化价值评估方法

1）旅游价值

旅游价值一般采用旅行费用法进行计算。旅游价值可简化为由旅行费用、旅行时间花费价值及其他费用三部分组成：

$$旅行费用 ＝ 交通费 ＋ 食宿费 ＋ 门票及服务费 \qquad (10.2.15)$$
$$旅行时间花费价值 ＝ 旅客旅行总时间 \times 旅客单位时间的机会工资 \qquad (10.2.16)$$
$$其他费用 ＝ 摄影、购物费用 \qquad (10.2.17)$$

在旅行时间花费价值的计算中，游客的机会工资一般取实际工资的 30%～50%。

2）文化科研价值

文化科研价值包括生态系统的美学、艺术、教育、精神和科学价值，计算方法有市场价值法、享受价值法和条件价值法等。其中，较为简易且较为常用的是市场价值法，计算式为

$$文化科研价值 ＝ 单位面积生态系统的评价科研价值 \times 研究区面积 \qquad (10.2.18)$$

3. 调节价值评估方法

1）水源涵养价值

水源涵养价值一般采用影子工程法进行计算。

（1）林地生态系统年水源涵养量计算。生态系统涵养水分主要体现在流域森林生态系统中，可通过水量平衡法算出小流域森林生态系统涵养水分的能力。计算公式为

$$W_t = \sum PS_t(1 - I_t) \qquad (10.2.19)$$

式中：W_t 为年涵养水量，m^3/a；P 为年平均降水量，mm；S_t 为第 i 类森林类型的林地面积，

km^2；I_t 为第 i 类森林类型的林冠截留率。

（2）水源涵养价值计算。生态系统涵养水分功能类似于水库蓄水，可采用影子工程法进行计算，计算公式为

$$水源涵养价值 = 年涵养水量 \times 单位蓄水量库容成本 \qquad (10.2.20)$$

2）固碳释氧价值

固碳释氧价值一般利用影子工程法进行计算。

I. 固定 CO_2 和释放 O_2 量计算

林草等植被调节大气的主要方式是固定 CO_2 和释放 O_2，其价值估算主要根据植物的光合作用公式计算：

$$CO_2(264\ g) + H_2O(108\ g) \rightarrow C_6H_{12}O_6(108\ g) + O_2(193\ g) \rightarrow 多糖(162\ g) \qquad (10.2.21)$$

生态系统每生产 1 g 植物干物质能固定 1.63 g CO_2，释放 1.2 g O_2。

II. 价值估算

（1）固定 CO_2 的价值。目前估算 CO_2 价值的两种基本方法主要是造林成本法和碳税法。

$$造林成本法：固定 CO_2 的价值 = 固碳造林成本 \times CO_2 固定量 \qquad (10.2.22)$$

$$碳税法：固定 CO_2 的价值 = 国际 CO_2 税率 \times CO_2 固定量 \qquad (10.2.23)$$

（2）释放 O_2 价值。目前计算释放 O_2 价值的基本方法主要为造林成本法和工业制氧法。

$$造林成本法：释放 O_2 价值 = 释氧造林成本 \times O_2 释放量 \qquad (10.2.24)$$

$$工业制氧法：释放 O_2 价值 = 工业制氧成本 \times O_2 释放量 \qquad (10.2.25)$$

3）净化环境价值

水源区森林生态系统具有吸收 SO_2、滞尘、杀菌、降噪等净化环境价值，其中以吸收 SO_2、滞尘功能为主，其他功能相对微弱，可忽略不计。

净化环境价值一般利用影子工程法进行计算。

（1）吸收 SO_2 的价值。生态系统吸收 SO_2 的价值计算式为

$$V_{as} = \sum Q_{as,i} A_{as,i} C_{as,i} \qquad (10.2.26)$$

式中：V_{as} 为林木吸收污染物的经济价值，元/a；$Q_{as,i}$ 为第 i 类林木对 SO_2 的吸收能力，$t/(hm^2 \cdot a)$；$A_{as,i}$ 为第 i 类林木的面积，hm^2；$C_{as,i}$ 为消减污染物的投资成本，元/t。

（2）滞尘价值。森林的滞尘作用表现为三个方面，一是通过树林可降低风速，从而使颗粒物因失去移动的动力沉降于地面；二是树冠周围湿度大，使烟尘湿润并增加质量，加上湿润树叶吸附能力提高，使烟尘较容易降落吸附；三是树木表面粗糙多毛，并能分泌多种黏性汁液，可使植物表面吸附、滞留一部分颗粒物，从而起到黏着、阻滞和过滤作用。植被滞尘的经济价值计算公式为

$$V_{ad} = \sum Q_{ad,i} A_{ad,i} C_{ad,i} \qquad (10.2.27)$$

式中：V_{ad} 为林木滞尘的经济价值，元/a；$Q_{ad,i}$ 为第 i 类林木滞尘的吸收能力，$t/(km^2 \cdot a)$；$A_{ad,i}$ 为第 i 类林木的面积，hm^2；$C_{ad,i}$ 为除尘成本，元/t。

4. 支持价值评估方法

南水北调中线水源区的支持功能主要表现为水土保持功能，水土保持价值主要与林草等水土保持措施紧密相关，因此水源区的水土保持价值可细分为土壤保持价值和减少泥沙淤积价值等内容（王玮，2010；余新晓 等，2008）。

1）土壤保持价值

土壤保持价值一般采用市场价值法进行计算。水土保持措施的土壤保持量与措施面积、保土定额和侵蚀模数等参数成正比，计算公式为

$$T_{gt} = (\delta_0 - \delta_g)A_g / \rho \qquad (10.2.28)$$

$$E_{gt} = (T_{gt} / h)r_{gt} \qquad (10.2.29)$$

式中：T_{gt} 为土壤保持量，δ_g 为土壤侵蚀模数，$t/(km^2 \cdot a)$；A_g 为林草等水土保持措施面积，km^2；ρ 为土壤密度，kg/m^3；E_{gt} 为林草措施保持土壤的价值，元；h 为土层厚度，m；r_{gt} 为单位面积土地农业平均收益，元。

2）减少水库泥沙淤积价值

采用影子工程法计算减少泥沙淤积价值。按照我国主要流域的泥沙运动规律，我国土壤侵蚀流失的泥沙有 24% 淤积在水库和河流中。按照蓄水成本计算生态系统减轻泥沙淤积灾害的价值，计算公式为

$$V_p = 0.24A_cC_r / \rho \qquad (10.2.30)$$

式中：V_p 为减少水库泥沙淤积价值，元/a；A_c 为土壤保持量；C_r 为水库工程费用，元/m^3；ρ 为土壤密度，kg/m^3。

3）支持服务总价值

$$支持服务总价值＝土壤保持价值＋减少水库泥沙淤积价值 \qquad (10.2.31)$$

10.2.3　水源区生态服务价值评估

1. 供给服务价值

1）农业产品价值

由于水源区农业、牧业和渔业产品的年产量资料收集困难，无法对每种产品进行量化计算，本小节采用农业人均纯收入乘以农业人口数量的方法进行农业产品价值的估算。

根据南水北调中线工程水源区水资源保护和水污染防治联席会议第三次会议的成果《南水北调中线工程水源区水资源保护与发展报告》，丹江口库区及上游所在的水源区 2012年汉中、安康、商洛、十堰和南阳 5 地市人均农业纯收入 5 200 元，水源区农业人口 2012年总数为 1 241.3 万人，据此估算水源区的农业产品价值为 645.5 亿元/a。

2）森林木材价值

根据《全国林地保护利用规划纲要（2010—2020）》，我国林地质量不高，生产力低下，

全国森林年净生长量仅为 3.85 m³/hm²。南水北调中线水源区土层较薄，森林密度较低，木材生长缓慢，为了便于计算，南水北调中线水源区森林年净生长量采用全国平均水平的 1/10。

南水北调中线工程水源区内能够产生实际价值的林木类型主要包括阔叶林、针阔混交林和针叶林。其中阔叶林以杨木、桦木为主，针叶林以松和杉为主。

活立木价格平均按照 270 元/m³ 计算，根据式（10.2.5）可计算出南水北调中线水源区森林木材价值为 5.13 亿元/a，折合 6.72 元/亩，见表 10.2.1。

表 10.2.1　南水北调中线工程水源区森林木材价值计算表

类型	面积/km²	每年贡献木材量/（m³/km²）	单价	总价值/（亿元/a）
阔叶林	23 890.46	38.5	270 元/m³	2.48
针叶林	5 896.47	38.5	270 元/m³	0.61
针阔混交林	18 397.52	38.5	270 元/m³	1.91
箭竹	2 663.16	3 000（棵）	1.5 元/棵	0.12
合计				5.12

3）水资源价值

根据式（10.2.6）～式（10.2.14），分别采用两种市场价值法计算水资源价值：

I. 市场价值法一：综合核算法

本小节参照李怀恩等（2010）关于水源区汉中、安康和商洛三市的水资源价格研究成果进行 P 值估算。根据其研究成果，汉中、安康和商洛三市的水资源价格分别为 1.209 元/m³、1.208 元/m³、1.131 元/m³，在此取平均值 1.18 元/m³ 为丹江口水源区单方水资源综合价值。

根据《南水北调中线一期工程环境影响复核报告书》，天然情况下丹江口库区及上游天然来水约为 388 亿 m³。因此，根据式（10.2.6）计算可知，南水北调中线水源区天然水资源综合价值为 457.84 亿元/a。

II. 市场价值法二：效益价值法

a. 水资源供给效益

根据式（10.2.7）～式（10.2.11），采用分摊系数法分别计算水源区的农业供水净效益价值、城镇供水效益价值和其他用水效益价值。其中，其他用水效益包括第三产业用水和公共服务用水、生态用水等。

根据调查南水北调中线水源区的农业各种作物的效益分摊系数为 0.2～0.4，其中水稻的多年平均效益分摊系数为 0.42～0.44。另外，结合全国各大流域的平均情况，工业供水效益分摊系数取 3%，其他用水的供水效益分摊系数取 1.5%。

经计算，南水北调中线水源区的天然水资源价格为 1.14 元/m³，库区及上游天然来水按照 388 亿 m³ 计算，可得南水北调中线水源区的水资源供给效益总价值为 442.32 亿元/a（表 10.2.2）。

表 10.2.2　供水净效益计算表

区域	用水类别	供水净效益计算公式	参数取值	供水净效益 /（元/m³）	综合供水净效益 /（元/m³）	天然水综合价格 /（元/m³）
库区及上游用水（36 亿 m³）	农业生产（65%）	$b_{wn} = b - c$	b：0.115 元/m³ c：0.06 元/m³	0.055	0.56	1.14
	城镇工业生活（25%）	$b_{wg} = \dfrac{10\,000 \times \varepsilon}{q_g} - TC_w$	ε：3% q_g：86 m³ TC_w：1.61 元/m³	1.65		
	其他用水（10%）	$b_{ws} = \dfrac{10\,000 \times \varepsilon}{q_s} - TC_w$	ε：1.5% q_s：54 m³ TC_w：1.61 元/m³	1.17		
汉江中下游（257 亿 m³）	农业生产（50%）	$b_{wn} = b - c$	b：0.115 元/m³ c：0.06 元/m³	0.055	0.92	
	城镇工业生活（40%）	$b_{wg} = \dfrac{10\,000 \times \varepsilon}{q_g} - TC_w$	ε：3.2% q_g：86 m³ TC_w：1.79 元/m³	1.93		
	其他用水（10%）	$b_{ws} = \dfrac{10\,000 \times \varepsilon}{q_s} - TC_w$	ε：1.5% q_s：50 m³ TC_w：1.79 元/m³	1.21		
受水区（95 亿 m³）	以城市用水为主	$b_{wg} = \dfrac{10\,000 \times \varepsilon}{q_g} - TC_w$	ε：3.6% q_g：80 m³ TC_w：2.53 元/m³	1.97	1.97	

注：库区及上游供水成本参照十堰市，汉江中下游供水成本参照襄阳市，干线受水区供水成本根据式（10.2.11）计算得出，其中总投资为 1 823 亿元，折现率按 12% 计算，单方水运行管理费按照 0.06 元估算，流动资金按照主体工程投资的 10% 估算，供水工程经济寿命按照 56 年计算（发展研究中心《参阅报告》之十二：中国南水北调工程经济分析）

b. 水力发电效益

为简化起见，仅计算丹江口水电站的发电效益。

天然情况下丹江口水库及上游天然来水量为 388 亿 m³，而天然入库水量约为 348 亿 m³，丹江口水电站平均水头按 70 m 计（最大水头为 80 m，最小水头为 60 m），年发电量为 45 亿 kW·h。按上网电价 0.25 元/（kW·h）计，则丹江口水库上游地区年径流量在丹江口水电站产生的发电效益为 11.25 亿元。目前全国平均水力发电的边际成本为 0.10 元左右，即水力发电的净效益为 0.15 元/（kW·h），因此丹江口水源区总的净发电效益为 6.75 亿元/a（折合单方水发电效益 0.02 元/m³）。

c. 水环境容量价值

按 III 类水标准计算，丹江口水库上游地区地表水资源对 COD 的纳污容量为 19.4 万 t

（控制标准为 20 mg/L，目前丹江口上游水质较好，COD 平均浓度按 II 类水 15 mg/L 计算）。近几年全国废污水排放浓度（COD）为 300～500 mg/L，平均按 400 mg/L 折算，则 19.4 万 t 的 COD 水环境容量相当于可接纳排放浓度为 400 mg/L 的废污水 4.85 亿 t。目前，全国新增 1 t/d 的污水处理能力的边际投资为 2 000～3 000 元，平均按 2 500 元计，处理设施的年利用率按 85% 计，则相当于每增加 1 t 废污水需要增加废污水处理设施的投资 8 元左右，每削减 1 t COD 需要投资 2 万元左右。丹江口水库上游地区地表水资源可提供 19.4 万 t 的 COD 水环境容量，相当于替代 38.8 亿元的污水处理设施投资（折合单位纳污价值 0.1 元/m³）。

d. 水资源总价值

按以上各项主要价值合计（供水、发电、水环境容量），现状丹江口库区及上游区域水资源的总价值为 442.32+6.75+38.8 = 487.87（亿元/a）。

单方水资源的综合价格为 1.14+0.02+0.1 = 1.26（元/m³）。

3）方法一与方法二计算结果对比

利用方法一综合核算法计算的单方水综合价格为 1.18 元/m³，总价值为 457.84 亿元，该方法计算结果相对较为粗糙。方法二效益计算法计算的单方水综合价格为 1.26 元/m³，较综合核算法计算结果高 0.08 元，两者相差较小。

通过综合比较，本小节采取方法二相对详细的计算结果，即水源区单方水的水资源综合价格为 1.26 元/m³，水资源总价值为 487.87 亿元/a。

2. 文化服务价值

1）旅游价值

本小节以武汉游客为典型进行估算，水源区年旅游人数约为 600 万，根据式（10.2.15）～式（10.2.17），计算得出以丹江口水库为主要旅游地点的旅游价值大约为 36 亿元/a。

2）文化科研价值

根据调查，我国单位面积生态系统的评价科研价值为 382 元/hm²，由式（10.2.18）可推出南水北调中线水源区的文化科研价值约为 36.37 亿元/a。

综上可知，南水北调中线水源区的文化功能总价值约为 72.37 亿元/a。

3. 调节服务价值

1）水源涵养价值

根据南水北调中线水源区土地类型统计，全区包括阔叶林、针叶林和针阔混交林在内的林地总面积为 4.8 万 km²；水源区多年平均降水量 873.3 mm，为方便计算，全部概化为一种森林类型，林冠截留率取各森林类型林冠截留率的平均值 26% 进行计算。

根据式（10.2.19），水源区内森林生态系统涵养的平均水量为 310 亿 m³/a。单位蓄水量的水库成本按照 0.67 元计算，根据式（10.2.20）可得水源区生态系统水源涵养价值为 207.7 亿元/a（折合价值 4 327 元/hm²，288 元/亩；所涵养的水的价值折合 0.67 元/m³）。

2）固碳释氧价值

根据《中国生物多样性国情研究报告》，森林层次多，光合作用强，每公顷森林每年可生产12.9 t干物质，农田是6.5 t，草地是6.3 t。

根据式（10.2.21），南水北调中线水源区生态系统固定CO_2总量为1.74亿t，释放O_2总量为1.28亿t（表10.2.3）。

表10.2.3　南水北调中线水源区生态系统固碳释氧量计算表

类型	面积/km²	干物质生产量/(t/km²)	CO_2固定量/亿t	O_2释放量/亿t
林地、灌丛	75 035	1 290	1.58	1.16
水田、旱地	12 800	650	0.14	0.10
草地	2 395	630	0.02	0.02
合计	90 230	2 570	1.74	1.28

（1）固定CO_2的价值。本小节采用造林成本法定量估算水源区生态系统固定CO_2的价值。我国固碳造林的平均成本为260.9元/t，由式（10.2.22）推算出水源区生态系统的固碳价值为453.97亿元/a。

（2）释放O_2价值。本小节采用造林成本法定量估算水源区生态系统释放O_2价值。我国释放氧气造林的平均成本为352.93元/t，由式（10.2.24）推算水源区生态系统释放O_2价值为451.75亿元/a。

南水北调中线水源区林草生态系统调节功能中固碳释氧服务的总价值为905.72亿元/a，折合669.2元/亩。

3）净化环境价值

（1）吸收SO_2价值。根据《中国生物多样性国情研究报告》，阔叶林和针叶林吸收SO_2的能力分别为0.08 865 t/(hm²·a)和0.21 560 t/(hm²·a)，削减SO_2投资成本为600元/t。在本小节中，林地吸收SO_2的能力按照两者平均值0.152 125 t/(hm²·a)计算。由式（10.2.26）可估算出水源区林木生态系统吸收SO_2的总价值为4.4亿元/a（表10.2.4）。

表10.2.4　南水北调中线水源区生态系统吸收SO_2价值计算表

类型	面积/km²	吸收SO_2能力/[t/(hm²·a)]	单价/(元/t)	总价值/亿元
林地	48 184.45	0.152 125	600	4.40

（2）滞尘价值。据测定，阔叶林和针叶林阻滞粉尘能力分别为10.2 t/(hm²·a)和32.2 t/(hm²·a)，除尘成本为170元/t。在本研究中，林地滞尘能力取两者平均值21.2 t/(hm²·a)。由式（10.2.27）可估算出水源区林木生态系统滞尘的总价值为173.66亿元/a（表10.2.5）。

表10.2.5　南水北调中线水源区生态系统滞尘价值计算表

类型	面积/km²	滞尘能力/[t/(hm²·a)]	单价/(元/t)	总价值/亿元
林地	48 184.45	21.2	170	173.66

所以，南水北调中线水源区生态系统净化环境的总价值为 178.05 亿元/a，折合 246.3 元/亩。

4. 支持服务价值

1）土壤保持价值

丹江口水源区水土流失面积 47 422.23 km^2，平均年土壤侵蚀量 1.69 亿 t，平均侵蚀模数为 3 564 t/(km^2·a)，水源区荒地的侵蚀模数按现有侵蚀模数的 3 倍计算（闫峰陵 等，2010）；全区林草面积为 7.74 万 km^2；土壤密度取全国平均值 1.185 t/m^3；土壤以黄棕壤和石灰土为主，土层厚度约为 20～40 cm，坡耕地土层厚度一般不足 30 cm，因此平均土层厚度取 30 cm 进行计算（李亦秋 等，2010）；水源区单位面积农业平均收益按照小麦+玉米价格计算，约为 3 000 元/亩。

根据式（10.2.28）和式（10.2.29），水源区林草等植被的土壤保持量为 4.66 亿 m^3/a，折合 5.52 亿 t/a，价值为 69.9 亿元/a（折合 12.66 元/t，60.2 元/亩）。

2）减少水库泥沙淤积价值

水源区林草保持的土壤总量为 5.52 亿 t/a，土壤密度取全国平均值 1.185 t/m^3；单位蓄水量的水库成本取 0.67 元，根据式（10.2.30）计算得出水源区生态系统减少水库泥沙淤积的价值为 0.75 亿元/a（折合 0.14 元/t，折合林地 0.65 元/亩）。

3）水土保持价值汇总

南水北调中线水源区生态系统土壤保持总价值为

土壤保持价值 + 减少泥沙淤积价值 = 69.9 + 0.75 = 70.65（亿元/a）

单位林草面积的水土保持价值为

$$12.66 + 0.14 = 12.8（元/t）$$
$$60.2 + 0.65 = 60.85（元/亩）$$

5. 评估结果

1）水源区生态系统服务功能价值汇总

将上述计算结果进行汇总，具体见表 10.2.6。南水北调中线水源区生态系统服务的总价值为 2 573 亿元/a。其中，由供给价值和文化价值构成的直接使用价值为 1 210.87 亿元/a，由调节价值和支持价值构成的间接使用价值为 1 362.13 亿元/a。

表 10.2.6　南水北调中线水源区生态系统服务价值汇总表

服务功能类型			水源区服务价值/（亿元/a）		
产品提供功能	农产品提供价值			645.50	1 138.5
	森林木材价值			5.13	
	水资源价值	淡水资源供给价值	442.32	487.87	
		水力发电价值	6.75		
		纳污价值	38.80		

续表

服务功能类型			水源区服务价值/（亿元/a）	
文化功能	旅游价值		36.00	72.37
	文化科研价值		36.37	
调节功能	水源涵养价值		207.70	1 291.48
	固碳释氧价值	固定 CO_2 价值	453.97	905.72
		释放 O_2 价值	451.75	
	净化环境	吸收 SO_2 价值	4.40	178.06
		滞尘价值	173.66	
支持功能	土壤保持价值		69.90	70.65
	减少水库泥沙淤积价值		0.75	
合计			2 573	

2）与水源保护相关核心服务价值

将表 10.2.6 中与水源涵养、水土保持和水源供给等与水源保护相关的核心生态服务价值进行单独汇总，汇总结果见表 10.2.7。

表 10.2.7　水源区与水源保护相关核心生态服务价值

服务类型	价值	数量	总价值/（亿元/a）	折合单位价值
供给服务	水资源价值	388 亿 m^3（水）	487.87	单位综合价值为 1.26 元/m^3 其中单位水量价值为 1.14 元/m^3 单位水环境容量价值为 0.1 元/m^3 单位发电价值为 0.02 元/m^3
调节服务	水源涵养价值	310 亿 m^3（水）	207.70	单位林草涵养水源的价值为 288 元/亩 所涵养的水源价值为 0.67 元/m^3
支持服务	水土保持价值	4.66 亿 m^3（土）	70.65	单位林草保持水土的价值为 60.2 元/亩 保持单位土壤价值为 12.8 元/t
总计			766.22	

从表 10.2.7 可知，南水北调中线工程水源区与水源保护相关的核心生态服务功能总价值为 766.22 亿元/a，其中水源供给价值为 487.87 亿元/a，水资源单位综合价值为 1.26 元/m^3，包括 1.14 元/m^3 的水资源价格、0.1 元/m^3 的纳污价值和 0.02 元/m^3 的水力发电价值；水源涵养总价值为 207.7 亿元/a，折合单位林草涵养水源价值为 288 元/亩，所涵养的水源价值折合 0.67 元/m^3；水土保持价值主要包括土壤保持价值和减少水库泥沙淤积价值，合计 70.65 亿元/a，折合单位林草保持水土的价值为 60.2 元/亩。上述单位价值可为生态补偿标准的确定提供依据。

10.3　水源区农林帮扶生态补偿机制

10.3.1　水源区生态补偿内涵

以流域为单元的生态补偿主要与水有关，根据流域与水有关的客体特征，从生态补偿类型上可以分为限制发展区域生态补偿、重大工程建设生态补偿、水生态保护与修复生态补偿和一般性生产生活用水生态补偿 4 大类（表 10.3.1）。

表 10.3.1　流域与水有关的生态补偿类别

生态补偿类型	范畴
限制发展区域生态补偿	主要包括水源涵养与保护区域生态补偿、蓄滞洪区生态补偿等
重大工程建设生态补偿	主要包括跨流域调水生态补偿、重大水利枢纽建设生态补偿、水能资源开发生态补偿、重大矿产资源开发生态补偿等
水生态保护与修复生态补偿	主要包括由于水资源过度利用而需要进行流域生态修复与建设补偿等
一般性生产生活用水生态补偿	主要包括一般生产生活用水及排污的生态补偿

限制发展区域主要是针对我国法定设立的自然保护区、河源生态脆弱区、我国战略饮用水水源地、水土流失防护区和蓄滞洪区。生态保护与修复区则主要包括流域重要河湖湿地和水土流失区等。重大工程建设区涉及重大跨流域调水工程、大型水利枢纽工程和水资源开发项目。一般性生产生活用水区则指普遍存在于流域内的日常用水关系涉及的范围。各类型补偿的特点及方式见图 10.3.1。

南水北调中线水源区在严格意义上属于限制发展区域，因此其生态补偿的具体内涵可以界定为水源区与农林帮扶有关的生态补偿，归根到底是对水源区提供的生态服务价值增加值进行补偿，包括水源涵养、水土保持和水质保护等行为新增的生态服务价值。具体而言，就是对水源区农林生产群众在库区水源涵养和水质保护工作中的人力物力投入提供资金、政策和技术等补偿，以保证其具有足够的经济回报。

10.3.2　农林帮扶生态补偿机制框架

目前，南水北调中线工程水源区农业人口和农业经济比重大，大部分区域仍然以传统耕作方式为主，水土流失和农业面源污染问题较为突出，对库区水质产生较大影响，该区域经济比较落后，农民收入水平较低，传统的劳作方式短期难以改变（王国栋 等，2012a）。需要设计一种以水源区农林生产帮扶为主要内容的生态补偿框架体系，既可有效改善居民生活，又可以提高水源区水源涵养、水土保持和水质保护效益，持续保护和改善库区水质（黄昌硕 等，2009；俞海 等，2007）。

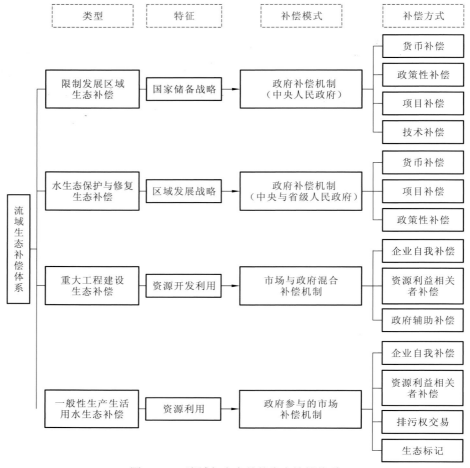

图 10.3.1　流域与水有关的生态补偿体系

　　围绕"受水区给水源区农林生产提供帮扶"的总体思路，通过对生态型农林生产行为对水体生态服务功能的损益分析，明确补偿的主体与对象，紧贴水源涵养、水土保持、水质保护和增加农民收入的具体目标确定生态补偿内容，参照生态服务价值评价结果确定补偿标准，并通过设计补偿模式、资金筹措与使用方式，以及生态补偿运行的保障体系，构建南水北调中线工程水源区农林帮扶生态补偿机制的实施框架（图 10.3.2）。

1. 补偿原则、目标与范围

1）水源区生态补偿原则

　　根据南水北调中线工程水源区基于农林帮扶机制的生态补偿内涵，结合限制发展区生态补偿情况，依照"谁受益谁补偿，谁保护谁受偿"思路，制定水源区生态补偿基本原则。

　　（1）开发者保护、破坏者恢复和受益者补偿原则。谁开发谁保护，谁破坏谁恢复，谁受益谁补偿。污染者有责任对自己污染环境所造成的损失做出赔偿，而环境受益者也有责任和义务对生态功能保护区域及其居民提供适当补偿。生态环境保护不仅仅是某一区域的事情，同时整个流域也获得利益。由于资源环境效益的扩散性作用和特点，生态环境改善

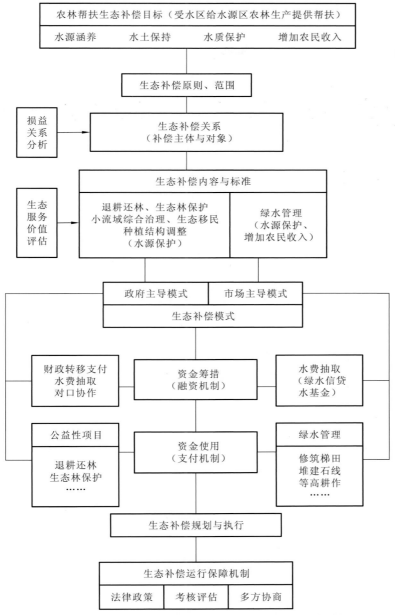

图 10.3.2　南水北调中线水源区农林帮扶生态补偿机制实施框架

　　会使多人受益，根据外部经济性理论，生态环境改善的受益者应为生态环境改善支付相应费用，以鼓励为保护和改善环境做出贡献者。因此，对于南水北调中线工程而言，工程受水区应该为水源区的生态环境建设提供一定的资金、技术等方式的补偿，只有这样才能保障水源区生态保护措施的有效实施。

　　（2）公平补偿原则。在生态补偿法中，生态平等可视为生态正义的尺度，而公平是生态正义的内容所在。公平原则在内容上包括机会公平和分配公平，在时间跨度上包括代内公平和代际公平，在范围上包括人与人的公平、人与自然的公平。在生态补偿法中，从范围来看，生态利益原则下的补偿包括对当代生态利益的缺损进行补偿和对后代人生态利益进行补偿；从具体内容来看，主要体现在公平地确定补偿关系的主体，适宜的补偿手段，达到生态利益多元主体地位与机会的公平。

（3）均衡协调原则。目前生态建设意识强的，往往是经济发展水平比较高的地区，而要求为生态建设付出代价的，往往是处于贫困地区和不发达地区的人们。所以要想改变贫困地区和不发达地区为追求经济发展而以破坏生态环境为发展途径的现象或趋势，就必须通过其他途径尽快提高贫困地区和不发达地区的经济发展水平和收入水平，使受益地区和保护地区得到共同发展。

发达地区有义务也有必要加大对不发达地区和重要生态功能区的资金和技术支持，下游地区应脱离行政区域的概念积极对上游生态保护地区进行必要的补偿，不同行业、不同生态要素或自然资源开发单位间也应根据需要开展补偿。

（4）政府与市场相结合原则。在生态利益原则下，对于生态经济价值采用市场机制补偿，对于生态社会价值与生态价值，要以政府管制的机制给予补偿，这是两种针对生态利益层次性而采用的补偿机制。单纯的行政措施费用高、经济上低效率，因而市场化—建立市场本位的环境管理模式成为环境管理的发展趋势。政府补偿可采用加大财政转移支付、增收生态补偿税、支持生态环境重点保护地区生态移民和替代生态、替代能源发展，建立绿色 GDP 制度、进行生态税费改革，也可以采用直接的财政补偿、财政援助、优惠贷款等方式加大对生态建设与生态维护的投入；而市场补偿主要发挥市场的流通功能，将生态资源合理定价，使生态投资者得到合理回报，促进生态资源市场交易、生态资本增值，以成本—效益模型考察人们开发利用生态资源活动，最大限度发挥其经济价值。

2）水源区生态保护目标

（1）水质目标。水源区生态补偿措施的水质目标是通过生态型农林生产措施减少土壤侵蚀和面源污染，尽可能地帮助水源区主要入库支流水质实现管理目标。

（2）水量目标。南水北调中线工程水源区生态补偿措施在水量上的目标是通过生态型农林生产措施尽可能地在涵养水源、增加可利用水量方面起到良好作用，为南水北调中线工程调水提供更多的可利用水资源量。

（3）水生态目标。通过水质和水量目标的实现，保障丹江口水库及主要入库支流能够实现其正常的服务功能，使水源区的水生态系统得到有效保护。

3）生态补偿范围

（1）水源区接受补偿的范围。水源区接受补偿的范围可分为两个层面：其一是丹江口库区范围，包括河南省南阳市淅川县、邓州市，湖北省十堰市张湾区、茅箭区、丹江口市（含武当山特区）、郧阳区、郧西县；其二是上游地区，指水源区除丹江口库区以外的区域，包括河南省南阳市和三门峡市的部分县（市、区），湖北省十堰市部分县（市、区）及神农架林区，陕西省安康市、汉中市、商洛市的部分县（市、区），共计 43 个，详见表 10.3.2。

表 10.3.2　水源区接受补偿的地域范围

省	地（市）	县（市、区）名称	县（市、区）数/个
陕西	汉中	汉台、南郑、城固、洋县、西乡、勉县、略阳、宁强、镇巴、留坝、佛坪	11
	安康	汉滨、汉阴、石泉、宁陕、紫阳、岚皋、镇坪、平利、旬阳、白河	10
	商洛	商州、洛南、丹凤、商南、山阳、镇安、柞水	7
河南	三门峡	卢氏	1
	洛阳	栾川	1
	南阳	西峡、淅川、内乡、邓州	4
湖北	十堰	丹江口（含武当山特区）、郧阳、郧西、竹山、竹溪、房县、张湾、茅箭	8
	神农架林区	红坪镇、大九湖乡	1
合计		43	

注：标黑的属于丹江口库区的县（市、区）

（2）受水区提供生态补偿的范围。根据中央人民政府和水源保护受益者两个层面的生态补偿主体确定提供生态补偿的范围。其一是中央人民政府，国家通过财政补贴和转移支付的形式为水源区提供生态补偿。其二是水源保护受益者，包括①受水区地方政府和群众（一期工程供水范围），包括北京，天津，河北省的邯郸、邢台、石家庄、保定、衡水、廊坊 6 个省辖市及 14 个县级市和 65 个县城，河南省的南阳、平顶山、漯河、周口、许昌、郑州、焦作、新乡、鹤壁、安阳、濮阳 11 个省辖市及 7 个县级市和 25 个县城；②水资源的开发利用者，水源保护效益的享受者，如南水北调中线水源管理单位等。

2. 补偿主体与对象

1）补偿主体

水源区基于农林帮扶生态补偿的主体可以分为两类。

I. 中央人民政府

南水北调中线工程是国家战略性基础设施，由于水源涵养和保护区生态环境问题的社会性和环境保护的公益性，中央人民政府作为生态补偿的主体已形成共识。生态效益是国家站在可持续发展战略的高度，以调整环境保护过程中保护者的生存发展权和受益者的经济发展权之间的关系为其基本职责。在补偿过程中，中央人民政府应始终处于主导地位（图 10.3.3）。

II. 水源保护受益者

（1）受水区地方政府和群众：南水北调中线工程受水区是最大直接受益方，即京、津、冀、豫等受水区人民政府和群众，应当是南水北调中线库区水源区生态补偿主体。

（2）水资源的开发利用者：取用水资源的单位或个人和其他生态效益的享受者，如南水北调中线水源管理单位等。

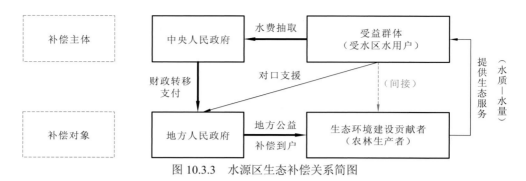

图 10.3.3　水源区生态补偿关系简图

2）补偿对象

南水北调中线水源区生态补偿对象应包括：一是当地政府，即水源区人民政府；二是水源区退耕还林、退耕还草、植树造林、防止水土流失的农林生产者。

（1）水源区环境保护的直接执行者（水源区农林生产者）。水源区农林生产者通过改进耕作方式和退耕还林等措施，减少了农业面源污染，涵养了水资源，对水源区水资源和生态环境保护直接做出积极贡献，理应获得补偿。

（2）为水源区生态环境建设做出贡献者（地方人民政府）。水源区保护者和生态环境建设者为库区水源地生态环境保护和建设，在人力、物力、财力、智力上投入了大量的精力，并且牺牲了当地经济发展的机会和机遇（水源区提供生态服务功能的地方政府因为在提供生态服务功能的过程中，由于限制发展等承担一定的机会成本损失），为丹江口水库水源地生态环境保护的可持续发展做出了贡献，理应成为生态补偿的对象。

3. 补偿内容

围绕"受水区给水源区农林生产提供帮扶"的总体思路确定生态补偿内容。农林生产帮扶的目标是产生水源涵养、水土保持、水质保护和增加农民收入，与此相关的农林生产帮扶包括退耕还林、涵养林保护、小流域综合治理、生态移民、农业种植结构调整、绿水管理等，这些生态补偿内容大多属于公益性项目，在水源保护效益方面具有良好作用，但是在增加农民收入、帮助农民摆脱贫困方面的效益较差（王国栋 等，2012a）。

由此引入绿水管理，将绿水管理融入农林帮扶生态补偿中，通过改变农民传统的耕作方式，既能实现减少水土流失的效果，又能提高粮食产量，帮助农民增加收入（李建 等，2014）。农民在提高自身生活水平的同时，在参与水源保护方面的积极性也会提高，从而有利于水源区农林帮扶生态补偿机制长效稳定地运行。

1）退耕还林

长期以来，水源区在经济落后、农业生产力低下的情况下，由种田引起的农业面源污染和水土流失问题较为突出，致使水源区生态环境遭受破坏。实施退耕还林，改变农民传统的广种薄收的耕种习惯，使地得其用，宜林则林，宜农则农，扩大森林面积，不仅从根本上保持水土、改善生态环境。

从保护和改善水源区生态环境出发，将易造成水土流失的坡耕地有计划有步骤地停止耕种，按照适地适树的原则，因地制宜地植树造林，恢复森林植被。退耕还林工程建设包括两个方面的内容：一是坡耕地退耕还林；二是宜林荒山荒地造林。

结合水源区实际情况，根据 2011 年国土资源部印发的《高标准基本农田建设规范（试行）》，对于坡度＞25°、水土流失严重的农耕地需要进行退耕还林，以实现水源区水源涵养和防治水土流失的目标。水源区遥感资料分析显示，水源区坡度＞25°的坡耕地面积仍然约有 834.6 km²，约占整个水源区耕地总面积的 6.52%。

2）涵养林保护

涵养林保护包括封山育林、天然林保护和生态林建设等。其中，封山育林是借助自然演替恢复森林的一种森林资源培育方式，具有成本低、见效快、效果好等优点，通过封山育林形成的乔灌草结合的复层混交林，层次复杂，结构稳定，能有效涵养水源、减轻水土流失、改善小气候、减轻气象和地质灾害、保护生物多样性，具有更强的改善生态功能，更能体现生态优先的原则。封山育林对于森林植被的恢复与重建，提高森林涵养水源、保持水土能力和保护生物多样性等有着不可替代的作用。

南水北调中线工程水源区内，对于坡度大、水土流失严重的地区应实行封山育林工程。根据林业保护工程的相关要求，对划入生态公益林的森林应该实行严格管护，坚决停止采伐，对划入一般生态公益林的森林，大幅度调减森林采伐量；加大森林资源保护力度，大力开展营造林建设；加强多资源综合开发利用，调整和优化林区经济结构。

3）小流域综合治理

小流域综合治理是根据小流域自然和社会经济状况及区域国民经济发展的要求，以小流域水土流失治理为中心，以提高生态经济效益和社会经济持续发展为目标，以基本农田优化结构和高效利用及植被建设为重点，建立具有水土保持兼高效生态经济功能的半山区小流域综合治理模式。进行综合治理的小流域面积一般规定在 30 km² 以下。

南水北调中线水源区小流域综合治理应以库区不同入库支流及小流域为单元，合理安排农林用地，布置水土保持农业耕作措施、林草措施与工程措施，做到互相协调、互相配合，形成综合的水土流失防治措施体系。

4）生态移民

南水北调中线水源区生态移民是为了保护水源区生态脆弱区域生态环境，确保水源区水资源环境和水质安全而进行的移民。丹江口上游支流源头区大多地处贫困山区，交通不便，居民大多以农业生产为主，而山区土地相对贫瘠，从事农业生产易产生水土流失等问题。鉴于丹江口水源地作为国家战略性水源地的重要性，国家理应通过生态补偿方式支持库区的生态移民措施，通过移民的方式，使生态脆弱区的居民重新集中起来，形成新的村镇，以实现水资源保护与经济社会协调发展的目标。

参照三峡工程库区生态移民实践，生态移民坚持自愿原则，并充分尊重民意、民俗。移民新村的建设不但生活条件齐全，而且教育、卫生等均须统筹考虑，让移民"迁得出、稳得下、富得起来"。

5）农业种植结构调整

随着南水北调中线工程水源保护工作的深入开展，水源区传统农业种植模式必须向生态农业转变，完成农业经济结构调整。针对丹江口库区十堰等地区，黄姜种植和黄姜加工带来的水环境污染问题，以及传统农业种植过程中过量使用农药和化肥等问题，通过生态补偿措施，引导水源区农户调整农业种植结构，严格控制黄姜种植规模、提升污水处理工艺，推广"橘-草-鸡"和"果园生草覆盖"等生态种植模式，减少化肥和农药使用，并积极推进标准化生产模式，通过生物、物理、农艺等措施，有效控制农业面源污染。

据农业部门统计，传统农业模式下水源区化肥施用强度约为 16.7 kg/亩（折纯）、农药施用量为 0.67 kg/亩。由于化肥施用方法多为抛洒浅施，且一年多次施用，利用率仅为 30%~40%，剩余 60%~70%的化肥残留地表，构成污染，而作物农药吸收比例也不足 4 成。过量施用化肥、农药致使土壤板结、结构破坏、有机物急剧减少，同时污染日渐严重，一旦遭遇暴雨侵袭，大量农药残留物便随地表径流直接进入河流水体，污染水源区水质，成为农业面源污染重要污染源之一。

在水源保护现实要求下，调整农业生产模式，转变农业经济结构成为治理农业污染，保护水质的关键。发展"橘-草-鸡"和"果园生草覆盖"等生态农业种植模式，以及将传统粮食种植调整为猕猴桃、柑橘等经济作物。农业结构调整后平均每年化肥施用量可减少到 6.7 kg/亩、农药施用量可减少到 0.13 kg/亩，生态效益显著，同时可增加当地农民收入，实现生态效益和经济效益的协调发展。

6）绿水管理

绿水和蓝水概念最早是由 Falkenmark 在 1995 年提出的，全球约 2/3 的降水通过森林、草地、湿地和雨养农业的蒸散返回到大气中，成为绿水，而仅有约 1/10 的降水储存于河流、湖泊及地下含水层中，成为蓝水（图 10.3.4）。这部分被称为"绿水"的水资源量相当可观，虽不能被人类直接利用，但可以被植物利用，间接转化成可被利用的水资源量。绿水支撑着约占全球耕地面积 83%的雨养农业，为世界 70%的人口提供粮食保障，是世界粮食生产最重要的水源。

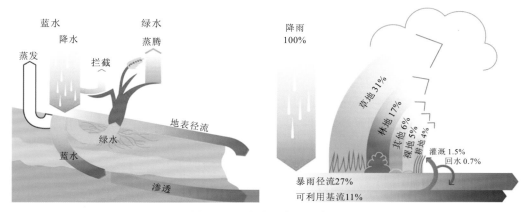

图 10.3.4　绿水和蓝水示意图

绿水管理由世界土壤信息中心、国际水资源研究中心、国际农业发展基金等单位合作开发，是一种通过科学的耕作方式增加土壤持水力，同时兼顾土壤和水资源管理的管理方式。绿水管理措施包括带状间作、垄作区田、条田、草田轮作、免耕覆盖、鱼鳞坑、修筑梯田、森林管理等，这些价格低廉的农业种植方式和林业管理方式能够起到增加降雨入渗率和土壤持水力、减少水分无效蒸发和水土流失、提高农作物生产效率和减少面源污染的效果，其意义在于能够优化传统土地管理模式、完善水资源管理机制和提高水资源保护的全民参与水平。

绿水管理的实质是通过科学的耕作方式建立一种"土壤水库"。实施绿水管理能够提高降水的土壤入渗率，减缓暴雨径流对土壤的冲刷，减少水分的无效蒸发而增加植被的有效蒸腾，提高水的生产效率，增加农作物产量，还能缓解洪涝和旱灾，增加河流非汛期河道基流量，提高贫困地区的农业经济水平。

研究表明，秸秆覆盖可减少 65%～90% 的地表径流，并减少 25% 以上的非生产性蒸发；水土保持耕作可减少 30%～90% 的地表径流；并列的山脊、梯田和集蓄雨水可以减少 50%～100% 的径流。通过控制径流，这些做法保护了土壤，增加了地下水的补给，从而增加了河川基流。

世界水土保持方法和技术纵览（World Overview of Conservation Approaches and Technologies，WOCAT）详细介绍了如何利用现有的知识和资金更有效地用于提高可持续的土地管理决策。其中提到一些价格低廉的绿水管理措施技术，例如石线、梯田、等高耕作、地表覆盖等。

4. 补偿标准

生态补偿标准的确定原则是结合水源区生态服务价值评估结果及水源区和国内相似地区已经采用的标准，进行比较和衡量后综合确定。

1）退耕还林

尽管国家近年来在南水北调中线水源区推行退耕还林政策，各级地方人民政府也取得了大量成果，但是水源区内仍然有部分 >25° 的坡耕地（据遥感资料统计为 834.57 km²）在从事农业耕种，没有全面完成退耕还林。所以，退耕还林仍然是水源区农林帮扶生态补偿措施的重要内容，已有的退耕还林资金投入仍不能完全满足水源区退耕还林的资金需求。以下计算的水源区退耕还林投入是需要新增加的生态补偿投入，该计算过程充分考虑了已有投资和已取得的成果。

I. 按国家现有标准计算

《国务院关于完善退耕还林政策的通知》（国发〔2007〕25 号）规定："继续对退耕农户直接补助。现行退耕还林粮食和生活费补助期满后，中央财政安排资金，继续对退耕农户给予适当的现金补助，解决退耕农户当前生活困难。补助标准为：长江流域及南方地区每亩退耕地每年补助现金 105 元；黄河流域及北方地区每亩退耕地每年补助现金 70 元。原每亩退耕地每年 20 元生活补助费，继续直接补助给退耕农户，并与管护任务挂钩。补助期为：还生态林补助 8 年，还经济林补助 5 年，还草补助 2 年。根据验收结果，兑现补助资金。"

如果按照水源区坡度＞25°的坡耕地全面实施退耕还林，还林面积总计约 834.57 km²，补偿标准按照国家标准每年 105 元/亩计算，则整个南水北调中线水源区的退耕还林金额约为 1.31 亿元/a。

丹江口库区需要实施退耕还林的面积为 191.2 km²，合计 28.68 万亩，补偿标准按照国家标准每年 105 元/亩计算，丹江口库区退耕还林资金需要 0.3 亿元/a。由此可推出，上游汇水区退耕还林资金需要 1.02 亿元/a。

II. 按水源保护价值计算

水源区林地的生态服务价值包括提供木材、水源涵养、固碳释氧、净化空气（吸收 SO_2 与滞尘）和保持土壤等方面，其中与水源保护相关的核心生态服务价值为水源涵养和保持土壤。根据 10.2 节对核心生态服务价值的计算结果，以及需要实施退耕还林的土地面积，按照水源保护价值推算，水源区退耕还林的补偿标准为 348.2 元/亩，即 4.36 亿元/a，包括丹江口库区 1.0 亿元/a 和上游汇水区 3.36 亿元/a（表 10.3.3）。

表 10.3.3　水源区林地系统的水源保护价值

地区	保护类型	单位价值/（元/亩）	＞25°坡耕地面积/km²	年价值/（亿元/a）
水源区	水源涵养	288	834.6	3.61
	保持土壤	60.2	834.6	0.75
	合计	348.2		4.36
丹江口库区	林地水源涵养与土壤保持	348.2	191.2	1.00
上游汇水区		348.2	643.4	3.36

III. 综合标准

上述计算可知，国家对退耕还林的补偿标准实际上是相对偏低的，而如果按照水源保护价值补偿，就目前水源区经济发展水平而言，其标准可能偏高。因此，在此采用两者的平均值作为水源区退耕还林的生态补偿标准，折合人民币 226.6 元/亩。整个水源区退耕还林补偿额度为 2.84 亿元/a（表 10.3.4）。

表 10.3.4　水源区退耕还林生态补偿标准与额度

生态补偿标准/（元/亩）		需要退耕还林面积/km²	生态补偿额度/（亿元/a）
按国家现有标准	105		1.31
按水源保护价值	348.2	834.57	4.36
综合标准（均值）	226.6		2.84

2）涵养林保护

根据《中央财政森林生态效益补偿基金管理办法》（2009 修订版）（财农〔2009〕381 号）规定："中央财政补偿基金依据国家级公益林权属实行不同的补偿标准。国有的国家级公益林平均补偿标准为每年每亩 5 元，其中管护补助支出 4.75 元，公共管护支出 0.25 元；集体和个人所有的国家级公益林补偿标准为每年每亩 10 元，其中管护补助支出 9.75 元，公共管护支出 0.25 元。"

根据南水北调中线工程水源区土地利用与土地覆盖格局图分析可知，水源区包括阔叶林、针叶林和针阔混交林的林地面积总计约 4.8 万 km²。按照集体和个人所有的国家级公益林补偿标准（每年每亩 10 元）计算，则整个水源区封山育林的补偿额度为 7.2 亿元/a。水源区每年投入 7.2 亿元涵养林保护资金可确保现有涵养林可持续发挥水土保持、水源涵养和水质保护的重大作用。

3）绿水管理

通过收集水源区气候、土壤和土地利用等资料，利用 SWAT 等水土评估模型，量化评估秸秆覆盖、修筑梯田、带状间作等绿水管理措施在水源涵养、水质保护和防治水土流失方面的效果，寻找丹江口库区不同区域的最佳绿水管理措施，根据量化结果计算水量、水质和发电等实际效益，确定最佳绿水管理措施的生态补偿标准。

综合考虑绿水管理的效益与投入成本，经计算与分析后得出绿水管理措施的补偿标准为 22.9 元/亩。假设全部旱地农田（水源区 1 477 万亩）均采取绿水管理措施，则整个水源区绿水管理的生态补偿资金额度为 3.38 亿元/a。以往的生态补偿项目没有涉及绿水管理的内容，因此水源区每年 3.38 亿元的绿水管理资金投入属于新增加的生态补偿资金。

4）小流域综合治理

参照《丹江口库区及上游水污染防治和水土保持"十二五"规划》所列的坡面整治、沟道防护和种植林草等工程措施的相关标准，并按照水源区安全保障区、水质影响控制区和水源涵养生态建设区的划分思路，对库区新增小流域综合治理措施进行相应补偿。

《丹江口库区及上游水污染防治和水土保持"十二五"规划》中水土保持项目总投资 25.4 亿元，平均 5.08 亿元/a，平均治理成本为 4 035.04 元/hm²，合 269 元/亩。

因此，小流域综合治理的生态补偿按照 269 元/亩标准进行补偿。结合水源区实际情况，以及丹江口库区及上游水污染防治和水土保持规划情况，假设整个水源区每年完成 60 万亩的小流域综合治理面积，则整个水源区所需的小流域综合治理生态补偿额度为 1.61 亿元/a。

5）生态移民

南水北调中线水源区实际情况，生态移民的生态补偿标准由房屋补偿费、安置补偿费和过渡期补偿资金组成较为合适。由于水源区面积较大，范围涉及湖北、河南、陕西三省，各省的移民搬迁政策不同，补偿标准也各有差异，水源区的生态移民补偿标准应该按照当地政策单独制定和执行。

I. 房屋补偿费

水源区内，房屋补偿标准可参照商洛市针对集中安置群众的房屋补偿标准：安置户选择 60 m² 房屋自筹 1 万元，选择 80 m² 自筹 2.5 万元，选择 100 m² 自筹 4 万元，财政按每户 3 万元标准补助，剩余资金由县区政府预算安排。

II. 安置补偿费

生态移民安置补偿费按照征地补偿标准和办法确定，安置补偿数额参照标准，按照原来集体所有的耕地和林地面积进行具体计算。据调查：湖北省 2014 年征地补偿标准规定，水源区内十堰市征收集体土地的综合补偿标准为 38 665 元/亩；河南省 2013 年征地补偿标准规定，水源区内南阳市西峡县和淅川县平均综合征地补偿标准为 37 274 元/亩（西峡县综合征地补偿标准 38 544 元/亩，淅川县综合征地补偿标准 36 005 元/亩）；陕西省 2010 年征地补偿标准规定，水源区内汉中、安康、商洛三市平均补偿标准为 31 320 元/亩。其中，汉中市平均综合征地补偿标准为 34 179 元/亩，安康市平均综合征地补偿标准为 30 445 元/亩，商洛市平均综合征地补偿标准为 29338 元/亩。

因此，综合湖北省、河南省和陕西省三省征地补偿标准，水源区移民搬迁的征地补偿平均标准为 3.58 万元/亩。

III. 过渡期补偿资金补偿标准

参照三峡库区重庆市生态移民政策，在规定时限内搬迁的农户，其搬家补助费按每户一次性计发，3 人以下（含 3 人）每户 300 元，3 人以上每户 500 元。

IV. 人均生态移民补偿标准

房屋补贴费 3 万元/户，平均每户按照 3 人计算，每人房屋补贴费为 1 万元；移民安置费平均 3.58 万元/亩，平均每人按照 1 亩土地计算，每人安置费平均 3.58 万元；过渡期补偿金每户 300 元，每户按照 3 人计算，则每人 100 元。因此，生态移民补偿标准平均为 4.59 万元/人。

结合水源区实际情况，假设整个水源区每年完成生态移民 1 万人，则整个水源区生态移民补偿资金的额度为 4.59 亿元/a。

6）农业种植结构调整

国家对水源区农业扶持予以政策倾斜，加大农业专项资金的扶持力度。根据《中央财政农业技术推广与服务补助资金管理办法》（财农〔2012〕501 号）规定，农技推广资金的主要支出范围包括材料、农资、小型仪器设备等技术物化投入品的购置补助，推广服务、宣传培训、技术咨询等费用补助，以及与农业技术推广相关的其他支出。农技推广资金的分配和拨付综合考虑各省耕地面积、粮食等主要农产品产量、农业增加值、绩效评价结果等因素，实行资金切块分配。中央财政将农技推广资金分项拨付到省级财政，省级财政按照农技推广资金补助对象的预算级次和财政国库管理制度有关规定拨付资金。农技推广资金的补助方式可采取现金补助、实物补助、定额补助、以奖代补、奖补结合、先建后补等。

在调整农业种植结构的同时，建设生态沟渠和生态塘，削减氮磷等农业污染物排放量，根据实际工程量确定生态补偿标准。

7）水源区生态补偿标准汇总

围绕退耕还林、涵养林保护、绿水管理、小流域综合治理、生态移民、农业种植结构调整等与水源涵养、水土保持和水质保护相关的生态补偿内容，根据上述计算，得出整个水源区的农林帮扶生态补偿的总额度为 19.63 亿元/a（表 10.3.5）。

表 10.3.5　水源区农林帮扶生态补偿标准与额度汇总表

补偿内容	对应生态服务价值	补偿标准	补偿额度/（亿元/a）
退耕还林	水土保持、水质保护	226.6 元/亩	2.84
涵养林保护	水源涵养、水土保持	10 元/亩	7.20
绿水管理	水源涵养、水土保持、水质保护	22.9 元/亩	3.38
小流域综合治理	水源涵养、水土保持、水质保护	269 元/亩	1.61
生态移民	水土保持、水质保护	4.59 万元/人	4.59
农业种植结构调整	水质保护	政策补偿、技术补偿	
合计			19.62

5. 补偿模式

补偿实施主体和运作机制是决定生态补偿模式本质特征的核心内容。一方面，由于丹江口水库是国家大型战略性水源地，生态补偿需要政府参与，即需要政府补偿模式；另一方面，水资源保护和水权交易需要引入市场机制，充分发挥市场作用，并推进公众参与，因此水源区的生态补偿还需要市场补偿模式。

1）政府主导补偿模式

水源区政府主导的生态补偿模式分为纵向补偿（纵向财政转移支付）和横向补偿（横向对口协作）两种途径。其中，纵向财政转移支付的补偿形式以中央人民政府为主要补偿主体，通过向受水区征收环境税和抽取一定比例调水水资源费为主要资金筹集方式；横向对口协作的补偿形式以受水区地方人民政府为主要补偿主体，通过横向财政转移支付、生态保护项目资助等为主要资金筹集方式。

政府主导补偿模式下的生态补偿对象主要为水源区地方人民政府，水源区地方人民政府利用中央人民财政转移支付和受水区对口协作资金开展与水源保护相关的公益性项目，例如退耕还林、涵养林保护、小流域综合治理、生态移民、种植结构调整等。与市场自发执行相比，这些公益性项目更适合地方人民政府出面，以行政干预的方式贯彻执行，政府主导下的生态补偿措施更具有可操作性，同时也会具有更高的实施效率。

基于农林帮扶生态补偿机制框架下政府主导生态补偿模式如图 10.3.5 所示。

2）市场主导补偿模式

市场补偿模式是指以市场交换为基础推行的自由补偿模式，由受水区水务公司向企业和群众收取水费，受水区水务公司和中线公司之间完成调水水量分配和水费征收，再由中线公司与水源区地方人民政府和群众之间完成补偿行为。

在实际情况下，完全市场条件下的生态补偿难以实际操作和落实。特别是，我国农户的土地性质属于集体所有制，并不是个人的私人财产，在农户与受水区群众或企业之间建立直接的补偿关系较难实施。因此，本小节所指的市场主导补偿模式实际上是市场引导下地方人民政府参与落实的一种补偿模式。

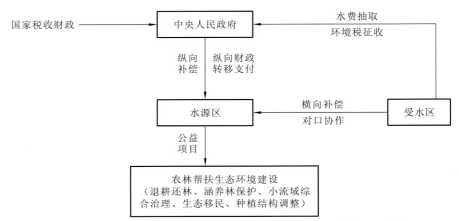

图 10.3.5 基于农林帮扶生态补偿机制框架下政府主导生态补偿模式

　　基于农林帮扶生态补偿机制框架下，市场主导补偿模式的直接补偿主体是中线水源管理单位，实际的补偿主体是受水区的水用户，水源管理单位负责向南水北调中线干线管理单位收取原水水费，干线管理单位负责向受水区分配调水水量并从受水区水务公司收取水资源费，而受水区水务公司则最终从水用户手中收取水费。水源管理单位所收取的原水水费大部分需要用来偿还债务（南水北调中线工程建设的贷款和利息），以及用于工程的管理、运营和维护等，剩余资金一部分上缴中央财政，另一部分可以成立绿水管理专项基金用于水源区的绿水管理生态补偿，还可以与其他基金组织、非政府组织和银行合作，以绿水信贷的形式向水源区农户发放低息贷款，为水源区提供农林帮扶。

　　根据水源区的实际情况，中线水源管理单位是水源区水源保护和利用的直接受益者，因此在水源保护管理方面具有最直接的责任和义务，同时也比干线公司和受水区更方便地直接与水源区地方人民政府及农户接触和协商。因此，建议水源管理单位在原水水费中抽取一部分费用，用于水源区农林帮扶生态补偿，并对水源区的补偿对象进行考核与评估（图 10.3.6）。

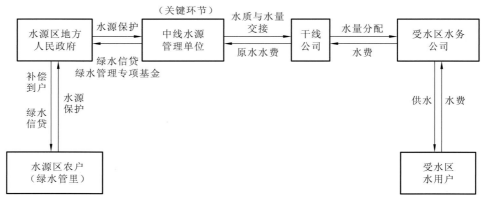

图 10.3.6 基于农林帮扶生态补偿框架下市场主导生态补偿模式

　　由水源管理单位成立绿水管理专项基金及绿水信贷是一种市场主导生态补偿模式的探索，可为水源区农林帮扶生态补偿提供更加多元化的补偿模式，并为政府主导下的生态补偿模式注入新的活力，同时也符合水源管理单位的自身利益。

3）水源区农林帮扶生态补偿模式汇总

根据上述分析，结合水源区实际情况和中国具体国情，基于农林帮扶生态补偿机制的补偿模式以政府主导为主，市场引导模式为辅。将两种生态补偿模式进行合并和汇总，见图 10.3.7。

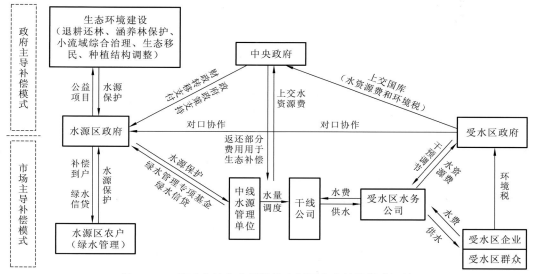

图 10.3.7　基于农林生产帮扶的水源区生态补偿模式汇总

政府主导下的生态补偿模式是水源区生态补偿的主要途径，而市场主导下的生态补偿模式可以作为引入市场机制的一种探索，为建立一种长效稳定的农林帮扶生态补偿机制提供新内容。

6. 补偿方式

针对不同的补偿内容，水源区生态补偿的方式分为货币补偿、政策补偿、项目补偿和技术补偿，其中货币补偿为最主要和最重要的补偿方式。图 10.3.8 为不同补偿内容下政府主导补偿模式和市场主导补偿模式对应的补偿方式。

1）政府主导补偿模式下的补偿内容和方式

以政府补偿为主要模式的农林帮扶内容包括退耕还林、涵养林保护、生态移民、小流域综合治理和种植结构调整，主要补偿方式是财政转移支付，主要补偿形式包括货币补偿和政策补偿等。其中，政策补偿是指政府根据区域生态保护的需要，通过实施差异性的区域政策，鼓励水源区实行环境友好型的生产生活方式，或直接吸纳社会资本投入到水源区的生态保护与建设之中，从而达到生态补偿效果的一种间接补偿方式。

中央人民政府对省级人民政府的权力和机会补偿。受补偿者在授权的权限内，利用制定政策的优先权和优惠待遇，制定一系列创新性的政策，在投资项目、产业发展和财政税收等方面加大了对区域的支持和优惠，促进发展并筹集资金、利用制度资源和政策资源进行补偿十分重要，尤其是在资金十分贫乏、经济落后的水源地区更为重要，"给政策"就是一种补偿。

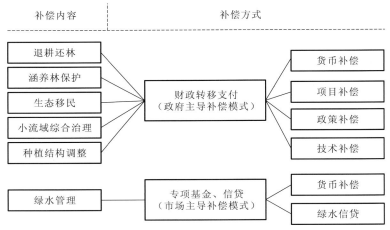

图 10.3.8　水源区农林帮扶生态补偿方式

2）市场主导补偿模式下的补偿内容

以市场补偿为主要模式的农林帮扶内容主要指绿水管理，主要补偿方式是货币补偿和绿水信贷。

Ⅰ. 绿水管理专项基金

由中线调水公司从水费中抽取一定比例的费用成立绿水管理专项基金用于水源区的绿水管理，是专门补偿给水源区农户供其用于开展农业绿水管理的专项资金。

Ⅱ. 绿水信贷

中线调水公司在水费中抽取或者在生态补偿专项基金中拿出一部分资金与非政府组织和银行等部门合作，为水源区农户提供小额低息贷款，即绿水信贷，帮扶水源区农户改进生产方式、提高生活水平。

流域上下游，或者说水源区与受水区之间，存在潜在的上下游利益关系（图 10.3.9），上游通过更好的土地管理实践（绿水管理），下游可以获得更多的实际利益。绿水管理的主要优势在于能够确保流域上下游相关利益者获得互利共赢，而绿水信贷的宗旨是通过上下游相关利益者相关作用推行一种可持续的机制。

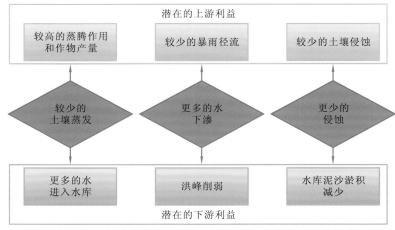

图 10.3.9　绿水信贷水源区与受水区之间潜在的上下游利益

绿水信贷是付给农户用于水管理活动的费用（图 10.3.10），迄今为止，农户参与水管理的工作尚未被受益方承认，也没有得到任何奖励。绿水信贷对贫困农户大有好处，同时也可以保障受益方获得清洁水源。绿水信贷在生态补偿机制中起到桥梁作用，由下游水用户给中、上游农户提供小额、定期付款，可使这些农户采取可持续的土地和水管理技术措施；同时，也可使农户收入多样化，进而摆脱贫困。这种绿水信贷模式是支付环境服务的一种特例。

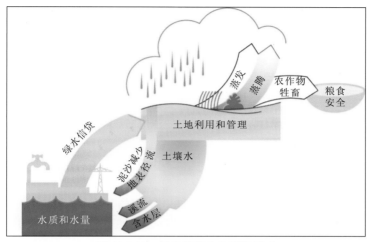

图 10.3.10　绿水信贷农林帮扶模式

7. 补偿资金筹措

根据生态补偿资金来源主导方式，补偿资金筹措的方式大致分为以下几类。

1）财政转移支付

I. 国家税收纵向财政转移支付

国家财政是政府的理财之政，指国家为了维持其存在和实现其社会管理职能，凭借政权的力量参与国民收入分配的活动。它既是国家为了满足社会公共需要而对社会产品所进行的一种社会集中性分配行为，同时它本身也是一种社会宏观的公共管理活动。

南水北调工程是国家战略性水资源配置工程，调水工程涉及的生态补偿责任理应由国家来承担其中一部分。因此，从国家战略层面讲，需要国家从税收财政中拿出一部分资金用于调水工程的生态补偿，相当于从其他行业征收税费补贴到南水北调工程生态补偿当中。

II. 对口协作横向财政转移支付

横向财政转移支付是受水区与水源区省与省之间的财政转移机制。生态环境是一种公共物品，具有明显的跨区域性和全国性。全国性的生态服务理应由中央人民政府财政支出承担，而具有地域属性的生态服务则应由区域内所有受益者共同承担。但在现实中，区域性生态服务的各个受益区往往隶属于不同行政区，各个地方政府财政存在一定差异。因此，横向转移支付或许可以解决区域性生态服务有效供给问题。其机制是将财政资源从富裕地区向贫困地区转移，平衡生态功能区之间的协调发展。

2）在调水的水费中抽取一定比例费用

将水资源生态保护费纳入水价，受水区的地方人民政府通过计收水费，在调水水费中抽取一定比例的费用直接补偿给丹江口水源区用于生态建设。短期内，这种方法会导致受益地区收入减少，但是将这些资金投入到丹江口库区水源涵养、水土保持及水质保护工作，从长期来看，会增加枯水期水流量，减少泥沙淤积量，长期受益的将是受水区。

在调水水费中抽取一定比例费用的生态补偿资金筹集方式具有长效、稳定的特点，应该作为水源区生态补偿资金筹措的主要方式。

南水北调中线工程调水的水费中包含了原水的价格，即水资源费，在水费中抽取一定比例费用用于生态补偿是建立生态补偿稳定长效机制的有效途径，但是在生态补偿机制运行前迫切需要明确水费中专门用于生态补偿的资金在水费中所占的比例。基于农林帮扶生态补偿资金在水费中的分摊比例计算如下。

（1）绿水管理资金：3.38亿元/a $\xrightarrow{95亿m^3水}$ 折合0.0356元/m³ → 全部由水源管理单位承担；

（2）其余 5 种补偿资金：16.25亿元/a $\xrightarrow{95亿m^3水}$ 折合0.171元/m³ → 受水区承担40% → 折合 0.0684 元/m³；

（3）生态补偿资金在水费中的分摊比例。6 种生态补偿措施的综合单位额度为 0.104 元/m³，另外，受水区政府承担的40%补偿额度中还含有一部分通过环境税征收上来的资金，因此生态补偿资金在水费中实际所占的额度要小于 0.104 元/m³。

如果按照目前北京居民用水阶梯水价第一档 5 元/m³ 计算，农林帮扶生态补偿费用在水费中所占的比例仅为 2.08%，若按照北京居民用水收取的水资源费 1.57 元/m³ 计算，农林帮扶生态补偿费用在水资源费中所占的比例也仅为 6.6%，在水费中所占的比例较小，因此从水费中抽取一定比例费用用于生态补偿的方式是可行的。

3）在受水区收取环境税

以受水区对生态环境产生或者可能产生不良影响的生产、经营、开发者为征收对象，以生态环境整治及恢复为主要内容，向受益单位、部门征收一定的环境税，并将其纳入国家预算，由财政部门统一管理，国家每年将一部分资金返还给参与水源区生态环境建设的农户。

4）建立水源区生态补偿专项基金

生态补偿基金应该主要来源于受水区的利税、国家财政转移支付资金、扶贫资金、国际环境保护非政府机构及企业和个人的捐款等。生态补偿基金通过基金管理委员会等类似机构进行统一管理支付、专款专用。例如，政府可以设立环境基金主要从事环保技术开发与应用、碳排放交易等促进生态补偿和环境保护的经济活动。一般用于加强水源区的生态恢复和增值功能，如防护林工程建设、水库涵养保护、水源区环境综合整治、资源保护和灾害防治及生态农业小区、生态工业小区和生态村镇建设等方面。

5）实行信贷优惠

通过制定有利于生态建设的信贷政策（绿水信贷），以低息或无息贷款的形式向有利于水源保护的生产活动提供小额贷款，可以作为水源区生态环境建设启动资金，鼓励当地人民从事绿水管理生产。绿水信贷资金的筹集数额根据水源区农户的实际需求确定。

6）生态补偿资金筹措与分摊汇总

政府主导模式的生态补偿内容包括退耕还林、生态林保护、小流域综合治理、生态移民和种植结构调整，该部分内容的补偿主体为中央人民政府和受水区政府，建议中央和受水区对该部分补偿资金的分摊比例为 6∶4，政府主导的生态补偿额度总计 16.25 亿元/a，市场主导的生态补偿额度总计 3.38 亿元/a。资金的主要筹集方式为在调水水费中抽取一部分费用及向受水区工业企业中收取一部分环境税，资金筹集额度见表 10.3.6。受水区内部筹集生态补偿资金时按照各自承诺的用水比例进行分摊。

表 10.3.6　水源区农林帮扶生态补偿资金筹措汇总表

补偿模式	资金支付方式	资金筹措方式	资金分摊比例/%	补偿额度/（亿元/a）	补偿主体	补偿对象	补偿内容
政府主导补偿模式	财政转移支付	水费抽取	60	9.75	中央政府	水源区政府和群众	退耕还林 生态林保护小流域综合治理 生态移民 种植结构调整
	对口协作	环境税	40	6.50	受水区政府		
市场主导补偿模式	绿水管理基金	水费抽取	100	3.38	中线水源管理单位	水源区农户	绿水管理
	绿水信贷	水费抽取	根据农户实际需求确定				

8. 补偿资金使用

1）公共支付

公共支付是国家或者说上级政府直接提供项目基金和直接投资的一种补偿支付方式。该种支付方式在重要水源区和大范围的生态保护功能区能发挥重要的作用。其主要方式包括财政补贴、政策倾斜、项目实施、税费改革及技术支持等。政府可以利用财政转移支付手段、差异性区域生态补偿政策、生态保护项目、环境税费制度等多种方法来保护水源地的生态环境。

财政转移支付方法：一方面中央人民政府通过财政纵向转移支付的形式将国家一部分财政税收转移支付给水源区，供其用于水源保护；另一方面，受水区地方人民政府通过对口协作的形式向水源区进行横向财政转移支付，支持水源区水源保护工作。水源区地方人民政府在拿到转移支付的资金后，以退耕还林、涵养林保护、小流域综合治理、生态移民、种植结构调整等公益性项目的形式落实生态补偿资金的使用。

差异性生态补偿政策：南水北调工程跨越多个区域，其生态补偿政策也应综合考虑不同区域、不同主体的不同利益需求。基于保护者的补偿需求及受益者的支付责任，应优化生态补偿政策，在水源区与受水区应实行不同的生态补偿政策以满足不同地区的不同需求。另外，在调水工程各个阶段，政府也应根据各个阶段的生态环境问题差异制定相应生态补偿政策，分阶段有针对性地研究水源区的生态补偿政策。差异性生态补偿政策能明确生态补偿主体、对象、范围和责任，优化整合现有的环境保护政策，促进水源区生态功能正常发挥，进而切实保障南水北调工程调水的顺利实施。

生态保护项目：中央人民政府利用中央财政资金及国债资金在水源区实施退耕还林工程、天然林保护工程、生态林工程等项目，特征是政府对流域生态与环境服务进行购买。生态保护项目具有区域范围广、投资规模大、建设期限久等特点，是国家生态保护和建设的主要举措。

环境税费制度：政府对于环境污染、生态破坏和资源使用或消费等影响环境的行为所实行的环境税费机制，是调节经济发展与生态环境保护的经济杠杆，能提高经济效率、促进环境状况和资源使用状况的好转。政府增加新的税种，开征生态环境补偿税费，比照教育费附加征集的办法，征收生态补偿费附加等办法，对有利于生态保护的行为实施税收优惠，针对排放各种废气、废水和固体废弃物的企业征收生态环境补偿税，再根据跨区域生态补偿的实际情况，将该项税收合理分配给各区域，作为受污染区域环境保护的专项开支，同时也需加强对该笔税收用途的审计监督，防止被挤占挪用。

2）补偿到户

水源区农林生产者从事绿水管理等水源保护工作需要花费一定成本，可以将绿水管理专项基金通过补偿到户的形式补偿农户在水源保护中的投入，从而提高农民生态保护的积极性。同时，通过绿水信贷的发放，为农户提供小额低息贷款，鼓励农户从事生态型农林生产，让农民通过多途径增加经济收入，提高生活水平。

在补偿到户过程中，中线水源管理单位面对的是水源区分散的广大农户，为了更具可操作性，水源区广大农户可以预先成立农户合作组织或者委托当地政府作为组织者，形成对等协商关系，然后再进行补偿资金的协调与分配。

10.4 典型流域农林帮扶生态补偿实例

本节选取堵河上游作为南水北调中线水源区典型流域，探讨农林帮扶生态补偿机制的实际运行，其中重点阐述以市场为主导的绿水管理和绿水信贷在生态补偿机制中如何发挥作用，为水源区农林帮扶生态补偿机制运行提供实践案例。

10.4.1 堵河上游流域概况

1. 区域位置

堵河发源于大巴山北麓，由西南流向东北然后汇入汉江。全长 354 km，控制流域面积 1.2 万 km²，平均坡度 4.8%。选取丹江口库区竹山水文站以上的堵河上游作为研究区域，堵河上游流域面积约 9026 km²，约占整个水源区面积的 1/10，位于北纬 31°30′~32°37′ 和东经 109°11′~110°25′。研究区内地貌类型多样，以亚高山地貌为主，相对高差较大，最高海拔为 2833 m，最低为竹山水文站的 220 m。

堵河是丹江口入库支流之一，南水北调大规模的水量分配计划使堵河流域水资源压力正在增加。为了提高下游可供水量和丹江口水库入库流量，流域用水效率正变得越来越重要。在过去 30 年里，我国政府一直在做调水的准备工作，并且采取了一些措施来减轻供水压力。主要的土地利用类型已经发生了改变，1978～2007 年，堵河流域内森林面积增加，耕地面积减少了 40% 以上。监测结果表明堵河流量在过去 10 年有所降低。流域内存在的主要问题仍然是土壤侵蚀问题，水土流失，水库泥沙淤积和下游可供水量降低。

2. 人口与社会经济

堵河上游流经竹溪县、竹山县大部分区域，以及神农架林区和房县的一小部分区域，其中流域内的人口和耕地主要分布在竹山县和竹溪县境内，因此本节仅统计竹山县和竹溪县的人口与社会经济情况。

根据湖北省统计局发布的信息显示，2012 年竹山县和竹溪县人口总计约为 78 万人（竹山县 41.71 万人、竹溪县 36.29 万人），其中农业人口约 70.2 万人（竹山县 38.77 万人，竹溪县 31.43 万人）。

2012 年末，竹山县和竹溪县生产总值 106.19 亿元（竹山县 58.14 亿元，竹溪县 48.05 亿元），以药材、物流、农副产品为主。流域内经济总体特点是农业经济比重大，人均生产总值较低，第三产业发展较为滞后。

3. 气候

堵河上游具有典型的亚热带季风气候，过去 50 年平均气温维持在 12.4～18.4℃，多年平均降水量为 905.2 mm，6～10 月季风期间平均降水量为 973 mm，占全年平均降水量的 80%。

4. 水文

堵河流域过去二三十年已经采取了一些措施来改善水质、增加水量和保护土壤。但是这些措施不但没有增加下游流量甚至使其变得更缺乏。图 10.4.1 显示竹山水文站过去 30 年年平均实测流量呈现下降趋势。但是，这种下降趋势主要是由于 1985～1995 年的相对枯水造成的。同时，9 个气象站的降水监测资料则显示过去 30 年平均降水量完全平坦的趋势。因此，流量的下降趋势不能用降水量的减少来解释，而是由总蒸发量增加和需水量变化造成的。在绿水管理项目过程中，其主要目标是寻找增加下游水量和减少蒸发的可持续管理措施。

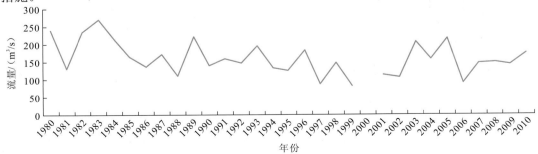

图 10.4.1　竹山站年平均实测流量序列

堵河上游总体水量平衡（1980～2010 年）显示大约 60%的降水转化为溪流（蓝水），40%通过总蒸发消耗（绿水）。这 40%的蒸散水量就是采取正确的管理措施能够额外产生的蓝水资源量。定义管理措施，将总蒸发拆分成土壤蒸发和植被蒸腾在水量平衡分析中是必要的，并且需要进行深入探索。其中，植被的蒸腾量与农作物的粮食产量具有显著的相关关系。

5. 泥沙

侵蚀和泥沙是绿水管理概念中非常重要的方面，通过减少地表径流，将水以绿水的方式存储于土壤中，并且水土能够得到保持。政府部门过去几十年已经采取了一系列措施来减少竹山站的输沙量（图 10.4.2）。减少泥沙侵蚀的措施包括将土地利用类型从耕地变为林地，竹山站输沙量减少的趋势表明过去采取的措施已经取得了一部分成效，并且未来的绿水管理措施应该以维持输沙量减少趋势为目标。

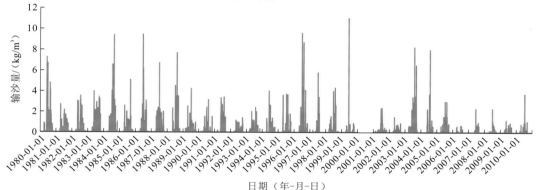

图 10.4.2　竹山站输沙量实测序列

6. 土地利用

堵河上游 1990 年、2000 年和 2007 年的土地利用遥感影像图见图 10.4.3，土地利用变化情况见表 10.4.1。

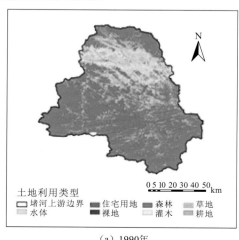

（a）1990年

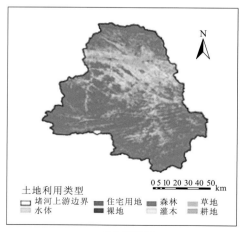

（b）2000年

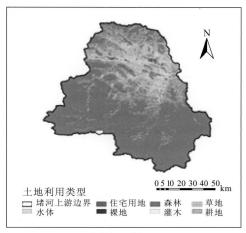

（c）2007年

图 10.4.3　堵河上游 1990 年、2000 年和 2007 年土地利用遥感影像图

表 10.4.1　堵河流域土地利用变化情况　　　　　　　　　　（单位：%）

土地利用类型	1978 年	1987 年	1999 年	2007 年	变化率（1978～2007 年）
水体	0.4	0.4	0.3	0.3	−25
住宅用地	0.8	0.9	1.1	1.4	+75
裸地	0.3	0.4	0.4	0.7	+133
林地	70.9	70.4	69.3	76.2	+7.5
灌木	10.2	10.4	9.4	9.5	−6.9
草地	7.6	7.3	5.9	6.1	−19.7
耕地	9.8	10.2	13.6	5.8	−40.8

　　在国家土地利用状况分类标准中，所有的农业用地都被定义为耕地，包括永久耕地和新增耕地、稻田、草田轮休地和作物相间的土地（如作物-果树和作物-桑树）；草地包括密集的、中度的和稀疏的三种类型；水体包括溪流、河流、水库和池塘。在堵河流域，林地占总面积的70%以上，其次是灌木、草地和耕地，水体和住宅用地仅占总面积的20%左右（表 10.4.2）。

表 10.4.2　堵河上游流域土地利用类型和面积比

土地分类	面积/km²	占总面积的比例/%	SWAT 模型中的名称	代码
水体	31	0.35	WATR	11
住宅用地	113	1.26	PLAN	21
裸地	61	0.68	BARE	31
林地	6 893	73.36	FRST	41
灌木	850	9.41	RNGB	51
草地	556	6.16	RNGE	81
耕地	522	5.78	AGRL	82
合计	9 026	100		

利用 ArcGIS 软件对堵河上游流域内的坡度进行统计分类，结果见表 10.4.3。从表中可以看出，堵河上游坡度大于 25° 的耕地面积为 8 km²，占流域内耕地总面积的 1.54%。

表 10.4.3　堵河上游流域土地利用类型坡度分类统计表　　　（单位：km²）

土地利用类型	0~5°	5°~15°	15°~25°	>25°
水体	6	10	9	6
住宅用地	57	42	12	2
裸地	23	28	9	1
林地	321	2 178	2 954	1 450
灌木	122	422	267	36
草地	125	293	125	10
耕地	194	250	67	8
合计	848	3 223	3 443	1 513

7. 土壤属性

堵河流域北部的土壤以黄棕土为主，约占 71.5%；南部的土壤以棕色土最为常见，另外石灰土仅约占该区域的 5%。该区域最显著的土地利用类型为林地和灌木，村庄、小的城镇和农业用地大多沿堵河分布，最主要的农作物为玉米和小麦。堵河上游流域土壤属性如图 10.4.4 所示。

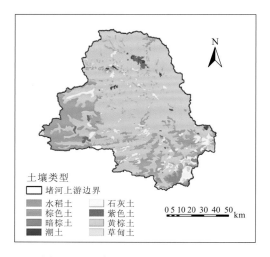

图 10.4.4　堵河上游流域土壤类型图

堵河上游流域不同土壤类型所占比重，以及其在 SWAT 模型中的代码值和类型如表 10.4.4 所示。

表 10.4.4　堵河上游土壤类型统计表

土壤类型	面积/km²	面积比/%	代码	SNAM_CN
黄棕土	6 454.3	71.5	7	huangzongrang
棕色土	1 670.0	18.5	2	zongrang
石灰土	496.5	5.5	5	shihuitu
水稻土	144.5	1.6	1	shuidaotu
暗棕土	117.3	1.3	3	anzongrang
紫色土	90.2	1.0	6	zisetu
潮土	45.2	0.5	4	chaotu
草甸土	9.1	0.1	8	caodiantu

10.4.2　基于绿水管理的农林帮扶生态补偿

1. 绿水管理原理

流域绿水管理通过减少暴雨径流和增加土壤入渗来减少水力侵蚀，水流使得土壤颗粒变疏松，降低了土壤肥力，并增加了水体的浑浊度。这些被水流侵蚀的土壤颗粒在水库库区淤积，从而减少了水库的调蓄能力。当降雨入渗率升高时，水分在流域内的滞留时间就会增加，洪水减少，径流侵蚀能力降低，粮食产量增加，因此既增加了土壤侵蚀的阻力又增加了土壤的肥力。也就是说，增加降水入渗土壤的比例可以改善流域水质，同时减少水库的泥沙淤积。绿水就是源于降水、入渗到土壤中并可用于生物生产的水。绿水应当更好地用于植物的蒸腾，而不是用于土壤无效蒸发。开发绿水利用可以从局部和远程减少地表径流和侵蚀作用。

绿水管理的总体目标是上游农户通过更好地管理水土资源获得效益：①增加水量；②减少土壤侵蚀和下游水库淤泥；③减少面源污染；④减轻洪水；⑤减轻干旱；⑥减轻气候变化的影响；⑦提高作物产量、水质和公众健康水平；⑧提高当地经济，改善社会和环境的恢复能力，通过资产建设来固定土壤，改善水资源，减少贫困和使农民收入变得多样化。

2. 模型建立与验证

1）模型选取

目前，有大量的水文模型可供选择，用于在现场和流域水平分析水土关系。本小节选择 SWAT 模型评估农作物-土地-土壤管理对下游水量和泥沙量的影响。选取 SWAT 是因为它是一个流域尺度的模型，可在大的、复杂的流域内量化土地管理措施的影响。

在堵河流域利用 SWAT 模型进行绿水管理研究，SWAT 模型是最早由美国农业部农业研究局（United States Department of Agriculture-Agricultural Research Service，USDA-ARS）和美国德州农工大学（Texas A&M University）开发的一种分布式、区域尺度的流域模型，现已成为全球领先的空间分布式水文模型。SWAT 模型的优势在于它是一个基于物理意义的降雨-径流模型，而不是一个纯粹的数据统计模型或者纯概念模型。这就保证了在监测资料缺乏地区能够有更可靠的情景模拟和更好的性能，这也是在流域尺度上开展研究的一个必要条件。此外，该模型主要关注土地管理和水侵蚀过程的相互作用。因为它能够表现和模拟土地管理实践在流域尺度上对水量和产沙量的影响。

2）SWAT 模型

目前，世界不同地区具有利用 SWAT 模型在不同尺度流域进行水文和水质研究的成功案例。SWAT 是一个物理基础的分布式模型，可以进行连续时间序列的模拟。SWAT 模拟的流域水文过程分为水循环的陆面部分（即产流和坡面汇流部分）和水循环的水面部分（即河道汇流部分）。前者控制着每个子流域内主河道的水、沙、营养物质和化学物质等的输入量；后者决定水、沙等物质从河网向流域出口的输移运动。整个水分循环系统遵循水量平衡规律。SWAT 模型涉及降水、径流、土壤水、地下水、蒸散及河道汇流等多个方面（图 10.4.5）。

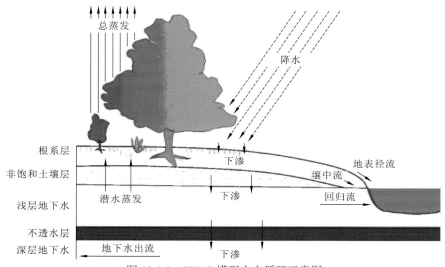

图 10.4.5　SWAT 模型水文循环示意图

SWAT 模型将一个流域划分为若干个小的独立计算单元，每个单元内主要物理性质的空间变化是有限的，因此水文过程可以看成是均匀的，而流域总的集水行为就是多个不同小的子流域汇流集成的结果。土壤属性图和土地利用图在每个子流域边界内组成一个独特的组合，每个组合都可看作一个均质的物理实体，叫作水文响应单元（hydrological response unit，HRU），水文响应单元的水量平衡在日尺度上进行计算。因此，SWAT 模型将流域分解为在土壤、土地覆盖等方面具有相似性质的若干单元。

3）数据编辑与模型配置

SWAT 模型的建立需要输入地形、土壤、土地利用及水文气象数据。利用 SWAT2009

版本编辑 SWAT 模型的输入文件。基于 DEM、土地利用和土壤数据，堵河上游流域被划分为 55 个流域子单元，并进一步划分为 829 个水文响应单元（HRUs）。降水-径流演算利用 SCS 径流曲线数法，河道流量演算利用变量存储系数法。Penman-Monteith 方程用于计算潜在蒸发，植被蒸散利用潜在蒸发和植被叶面积指数的线性关系计算。

4）模型校准与验证

利用流域出口断面竹山水文站 2001～2010 年的月均流量资料进行模型校核。模型的性能利用纳什效率系数（Nash-Sutcliffe efficiency coefficient，E_{NS}）、百分比偏差（percent bias，P）和判决系数（coefficient of determination，R^2）来检验。

$$E_{NS} = 1 - \frac{\sum_{i=1}^{n}(O_i - P_i)^2}{\sum_{i=1}^{n}(O_i - O_{ave})^2} \qquad (10.4.1)$$

$$P = \frac{\sum_{i=1}^{n}(O_i - P_i)}{\sum_{i=1}^{n}O_i} \times 100\% \qquad (10.4.2)$$

$$R^2 = \left\{\frac{\sum_{i=1}^{n}(O_i - O_{ave}) \times (P_i - P_{ave})}{\left[\sum_{i=1}^{n}(O_i - O_{ave})^2\right]^{0.5} \times \left[\sum_{i=1}^{n}(P_i - P_{ave})^2\right]^{0.5}}\right\}^2 \qquad (10.4.3)$$

式中：O_i 均为观测值；P_i 为模拟值。一般地，当 $R^2 > 0.5$ 时可认为 SWAT 模型的模拟结果是可以接受的。

堵河流域竹山站径流和产沙量的模拟结果见图 10.4.6 和图 10.4.7。可以看出，模拟的地表径流和产沙量的月径流过程与实测数值具有较好的一致性。根据式（10.4.1）～式（10.4.3）对模型性能进行校核，见表 10.4.5。校核结果表明，地表径流和产沙量的模拟结果与实测数值匹配较好。因此，模型的校准和验证较为成功。

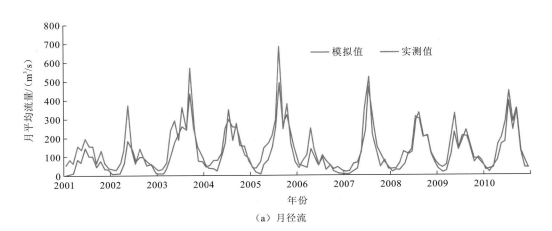

（a）月径流

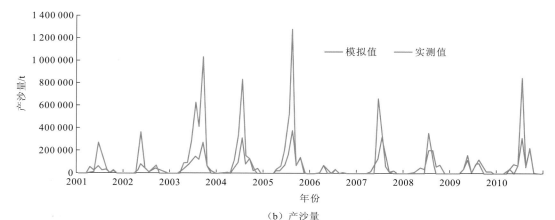

（b）产沙量

图 10.4.6　竹山站月径流和产沙量模拟值与实测值对比

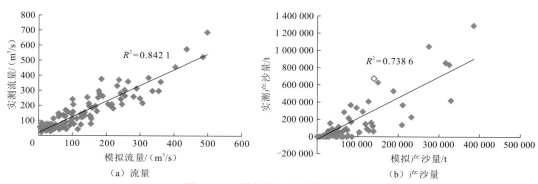

（a）流量　　　　　　　　　　　　　　　（b）产沙量

图 10.4.7　模拟值与实测值散点图

表 10.4.5　模型性能校核参数表

指标	流量指标	产沙量指标	指标值接受范围
E_{NS}	0.79	0.54	$0.5 < E_{NS} < 1.0$
P	18.07	43.77	$\pm 15 < P_{流量} < \pm 25$ $\pm 30 < P_{产沙量} < \pm 55$
R^2	0.84	0.74	$R^2 > 0.5$

3. 绿水管理措施的模型支持

通过改变计算模型参数来设定不同的开发场景，以此反映不同方式的绿水管理干预措施。根据模型工具包计算出流域各部分水土保持措施对农业生产力和现有水量的影响，并就各场景对上游和下游干预措施进行综合性描述。堵河流域绿水管理措施的模型参数值如表 10.4.6 所示。

表 10.4.6　SWAT 模型参数值和每种绿水管理情景下参数值的变化

序号	情景	土地利用	ESCO	USLE_P	CN2	SLOPE	OV_N	FilterW
0	现状	耕地	0.9	1	77～89	100%	0.14	0
1	石线	耕地	0.96	1	75～87	100%	0.14	0.5
2	梯田	耕地	0.9	0.8	75～87	80%	0.14	0
3	等高耕作	耕地	0.9	0.9	70～82	100%	0.42	0
4	地表覆盖	耕地	0.99	0.9	75～87	100%	0.14	0

对这些参数的描述如下：

ESCO：土壤蒸发补偿系数，该参数值增加将导致土壤无效蒸发减少，而可供植被蒸腾利用的水（绿水）增加。

USLE_P：水土保持措施因子，该参数值减小将导致土壤蒸发减少。

CN2：径流曲线数，该参数值减小将导致土壤侵蚀减少和地下水补给量增加。

SLOPE：坡度。

OV_N：地表径流的曼宁系数 n，该参数值增加意味着径流的阻力越大、流速越低、侵蚀越少。

FilterW：过滤带宽度，代表水文响应单元区域周围的缓冲带，该参数值越大意味着土壤侵蚀量越小、水分下渗量越大、地表径流越小。

4. 绿水管理措施实施效果

1）水源供给效益

选取石线、梯田、等高耕作、地表覆盖 4 种绿水管理措施进行模拟计算，并根据计算结果进行效益分析。现状条件下的模拟结果、绿水管理实践区域内主要的水量平衡组分，以及整个流域平衡结果如表 10.4.7 所示。

表 10.4.7　绿水管理情景模拟的关键输出因子（2001～2010 年平均）

	项目	现状值	石线（变化率，%）	梯田（变化率，%）	等高耕作（变化率，%）	地表覆盖（变化率，%）
流域平衡	面积/km²	9 026.729	0.0	0.0	0.0	0.0
	降水/10⁶ m³	8 959.712	0.0	0.0	0.0	0.0
	作物蒸腾/10⁶ m³	3 078.915	0.2	0.2	0.3	0.2
	土壤蒸发/10⁶ m³	295.016	−1.5	0.2	0.4	−2.5
	地下水补给/10⁶ m³	2 630.498	0.3	0.3	1.0	0.4
	地表径流/10⁶ m³	1 580.956	−0.7	−0.8	−2.5	−0.7
	侧向排水/10⁶ m³	1 074.845	0.1	−0.1	0.2	0.1
	地下径流/10⁶ m³	2 491.845	0.3	0.3	1.0	0.4
	泥沙损失/（t/a）	9 557 981.256	−6.3	−8.6	−7.2	−3.1
	蓝水/10⁶ m³	5 147.234	0.0	−0.1	−0.3	0.0

项目		现状值	石线（变化率，%）	梯田（变化率，%）	等高耕作（变化率，%）	地表覆盖（变化率，%）
农业区	面积/km²	519	0.0	0.0	0.0	0.0
	作物蒸腾/10⁶m³	265	2.3	1.9	3.9	2.5
	土壤蒸发/10⁶m³	65	-6.9	0.8	2.0	-11.1
	地下水补给/10⁶m³	23	39.3	34.9	108.2	44.2
	地表径流/10⁶m³	108	-10.6	-11.9	-36.3	-9.7
	侧向排水/10⁶m³	8	7.0	-13.3	21.6	7.1
	地下径流/10⁶m³	22	39.3	34.9	108.1	44.2
	泥沙损失/（t/a）	1 660 043	-36.6	-49.9	-41.7	-17.8
	蓝水/10⁶m³	138	-1.6	-4.5	-9.9	-0.1

由表 10.4.7 可见，4 种绿色管理情景模拟结果显示在农业区采取的措施最大可以减少约 50%的泥沙损失。但是，农业覆盖面积仅占研究区域总面积的 6%，因此农业区绿色管理措施的效果在整个流域平衡中所占的比例较小。对于 4 种情景来讲，地下水补给量的增加相当于增加了绿水量，这导致植被蒸腾率提高，从而利于增加粮食产量。

从表 10.4.7 中还可以看出一个变化，就是地表径流和土壤流失减少，并且绿水对河流的贡献更多。但是由于 4 种情景措施中植被蒸腾作用增强，产生的蓝水总量相对减少。

绿水管理措施的实质是通过增加降水的土壤入渗建立"土壤水库"，在汛期减少暴雨径流，增加有效蒸发和地下水补给量，从而在非汛期通过土壤水和地下水补给河流中的地表水。因此，绿水管理措施的实际效益通过"土壤水库"对水资源的调蓄作用来体现，具体则表现为下游可利用水量增加，流域出口控制断面竹山水文站的径流情况见表 10.4.8。

表 10.4.8　不同情景下流域出口控制断面竹山站径流对比

措施		1月	2月	3月	4月	5月	6月	7月	8月	9月	10月	11月	12月	年径流总量
工况/10⁶m³	现状	127.3	75.2	91.7	193.8	350.7	428.1	719.7	697.8	636.4	484.1	334.7	212.9	4 352.4
	梯田	127.7	75.9	92.4	194.3	346.8	425.8	715.9	696.0	635.8	484.4	335.6	213.6	4 344.2
	等高耕作	129.1	76.0	91.3	192.5	342.8	424.3	711.5	694.0	636.1	486.8	338.5	216.0	4 338.9
	地表覆盖	128.5	75.6	92.6	194.6	350.6	428.6	718.8	697.7	636.1	486.0	336.9	214.7	4 360.7
	石线	128.2	75.3	92.2	194.7	349.1	427.5	717.8	697.1	636.6	485.3	336.4	214.3	4 354.5
采取绿水管理措施后水量变化（与现状对比）/%	梯田	0.4	0.7	0.8	0.5	-3.9	-2.3	-3.8	-1.8	-0.6	0.3	0.8	0.7	-8.2
	等高耕作	1.8	0.7	-0.4	-1.3	-7.9	-3.8	-8.2	-3.8	-0.3	2.7	3.8	3.1	-13.6
	地表覆盖	1.2	0.3	1.0	0.4	-0.2	0.1	-0.9	-0.2	-0.3	1.9	2.2	1.8	8.0
	石线	0.9	0.1	0.5	0.9	-1.8	-0.7	-2.0	-0.8	0.2	1.3	1.7	1.4	1.9
	平均变化	1.1	0.5	0.5	0.2	-3.4	-1.6	-3.7	-1.7	-0.2	1.5	2.1	1.7	-3.0

从表 10.4.8 中可以看出，采取不同方式的绿水管理措施后，尽管从年径流总量的角度来看，流域出口断面的水量有所减少，但是从年内分配的角度看，总体上表现为汛期流量减少、非汛期流量增加。

汉江流域丹江口库区的汛期主要集中在 6～9 月，其中 6～8 月为主汛期，9 月为后汛期。一般情况下，在汛期要求将水库水位控制在防洪限制水位以下，需要提前腾空部分库容，绿水管理措施实施后 5 月的流域径流有所减少与此相对应。从调水角度讲，汛期的洪峰水量属于不可用水量，而在非汛期汇入丹江口水库的水量基本上属于调水的可利用水量。因此，从调水的可利用水量角度出发，水源区的水土保持和水源保护措施应该尽可能地实现拦蓄暴雨洪水、增加非汛期径流补给的效果。

根据计算结果，虽然采取梯田、等高耕作、地表覆盖和石线等绿水管理措施后，平均情况下 5～9 月的径流量减少 1 060 万 m^3，但是减少的这部分水量基本上为洪峰流量，属于调水的不可利用水量。同时，采取绿水管理措施后在 10～4 月流域出口水量平均增加 760 万 m^3，增加的该部分水量全部属于调水的可利用水量，而且该部分水通过土壤调蓄后水质也有所改善。

绿水管理措施产生的水资源可利用效益分为供水效益、发电效益和水环境容量效益，根据水源区生态服务功能价值的评估结果，单位水资源供给的综合价值为 1.26 元/m^3。因此，采取绿水管理措施后水源供给的价值，即增加的可利用水量的价值见表 10.4.9。

表 10.4.9　不同绿水管理措施水源供给效益

绿水管理措施	增加可利用水量/万 m^3	单方水价值/（元/m^3）	效益/万元
梯田	410	1.26	516.6
等高耕作	1 040	1.26	1 310.4
地表覆盖	920	1.26	1 159.2
石线	670	1.26	844.2
平均值	760	1.26	957.6

注：单方水价值 1.26 元为综合价值，已考虑了库区用水、调水和中下游用水等的水量分配因素

2）水土保持效益

根据绿水管理措施的情景模拟结果（表 10.4.7），在采取梯田、等高耕作、地表覆盖、石线 4 种绿水管理措施后，堵河上游流域出口的泥沙分别减少 82.2 万 t、68.8 万 t、29.6 万 t 和 60.2 万 t，4 种绿水管理措施的平均减少泥沙量为 60.2 万 t。按照生态系统服务功能价值，绿水管理措施水土保持的价值体现在保持土壤价值、减少水库泥沙淤积价值和维持发电效益价值。

在保持土壤价值和减少水库泥沙淤积方面，根据 10.2.3 小节对水源区生态服务功能价值的评估结果，减少 1 t 泥沙体现的生态系统服务价值为 12.8 元/t。

在维持发电效益方面，减少流域泥沙损失即是减少下游水库泥沙淤积，可为水库节省一部分库容，这部分库容的水量可进一步产生发电效益。根据 10.2.2 小节分析，丹江口水库单方水的发电效益大约为 0.02 元/m^3，泥沙容重为 1.25 t/m^3。

堵河上游绿水管理措施实施后在保持土壤价值、减少水库泥沙淤积和维持发电效益方面所体现的价值见表 10.4.10。

表 10.4.10　不同绿水管理措施的水土保持效益

绿水管理措施	土壤保持量 /万 t	保持土壤和减少水库淤积效益/万元	维持发电效益/万元	合计/万元
梯田	82.2	1 052.16	1.32	1 135.68
等高耕作	68.8	880.64	1.10	950.54
地表覆盖	29.6	378.88	0.47	408.95
石线	60.2	770.56	0.96	831.72
平均值	60.2	770.56	0.96	831.72

注：保持土壤和减少水库淤积效益=土壤保持量×12.8 元/t；维持发电效益=土壤保持量÷1.25 t/m³×0.02 元/m³

3）水质净化效益

在绿水管理情境下，更多的降雨被就地拦蓄和下渗，因此地表径流减少、壤中流和地下径流增加，更多的水经过土壤过滤后水质得到改善，产生的面源污染也同时减少。

农业面源污染与地表径流关系最为密切，一般情况下农业化肥和农药极易随着降水后产生的地表径流汇入河网，并最终进入下游水库。如果更多的降水通过下渗，以壤中流和地下径流的方式补给河流，则被带入河网水系中的 N、P 等营养物质将会减少，而河流中的基流是反映土壤水和地下水补给河流的重要因素，因此对流域出口断面流量进行基流分割，通过绿水管理措施实施后基流的变化趋势，就能在一定程度上反映出流域水质保护的效益。

采用滤波法（徐磊磊 等，2011）计算河道基流，将水文站实测日平均流量划分为地表径流和基流两部分。滤波法的计算公式为

$$BF(i) = \frac{k}{1+c}BF(i-1) + \frac{c}{1+c}BF(i) \quad (10.4.4)$$

$$Q(i) = BF(i) + OF(i) \quad (10.4.5)$$

式中：$Q(i)$ 为 i 时刻的径流量；$OF(i)$ 为 i 时刻的地表径流量；$BF(i)$ 为 i 时刻的基流量；k 为退水系数，取为 0.95；c 为参数，取为 0.15。

通过 SWAT 模型模拟计算了堵河上游不同绿水管理措施下流域出口断面的水量变化，利用滤波法对日流量序列进行基流分割（图 10.4.8），然后计算月平均基流量。

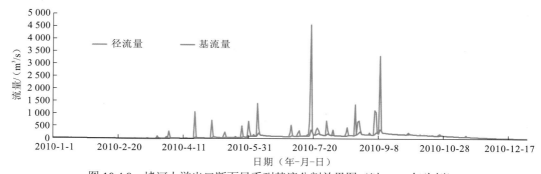

图 10.4.8　堵河上游出口断面日系列基流分割效果图（以 2010 年为例）

从图 10.4.9 中可以看出，在绿水管理措施实施后，流域出口断面的河道基流量均不同程度地升高，而且绿水管理措施在非汛期对河道基流的贡献作用比汛期更为明显。这进一步验证了绿水管理措施实质上是通过增加降水的土壤入渗建立"土壤水库"，在汛期减少暴雨径流，增加有效蒸发和地下水补给量，从而在非汛期通过土壤水和地下水补给河流中的地表水。

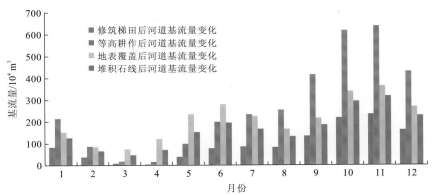

图 10.4.9　绿水管理措施实施后堵河上游出口控制断面河道基流的水量变化

堵河上游流域出口断面年平均径流总量与基流和地表径流分割情况见表 10.4.11。从表中可以看出，采取绿水管理措施后，流域出口断面的基径比由原来的 0.66 增加到 0.67，说明绿水管理措施的实施增加了基流量。

表 10.4.11　不同情景下流域出口断面基流与总径流情况

项目		现状	梯田	等高耕作	地表覆盖	石线	绿水管理措施平均值
工况/10⁶ m³，基径比除外	径流总量	4 352.50	4 344.14	4 338.91	4 360.58	4 354.43	4 350.11
	基流量	2 886.18	2 897.35	2 917.58	2 910.75	2 905.41	2 903.45
	地表径流量	1 466.32	1 446.79	1 421.33	1 449.83	1 449.02	1 446.66
	基径比	0.66	0.67	0.67	0.67	0.67	0.67
采取绿水管理措施后水量变化（与现状对比）/%	径流总量		−8.35	−13.59	8.09	1.93	−2.98
	基流量		11.17	31.40	24.58	19.23	21.60
	地表径流量		−19.52	−44.99	−16.49	−17.30	−24.58

根据湖北省农业科学院研究成果（张小勇 等，2012），丹江口库区湖北省水源区农田 TN 年平均流失量为 12.98 kg/hm²，TP 年平均流失量为 1.07 kg/hm²。根据土地利用分析，堵河上游流域农田面积为 51 900 hm²，故堵河上游 N、P 元素的面源污染总量分别为 673.7 t/a 和 55.5 t/a。这些 N、P 主要以地表径流的形式流失，约占总流失量的 90%，因此堵河上游以地表径流形式流失的 N、P 营养物质总量约为 606 t/a 和 50 t/a。

污水处理厂对 TN 和 TP 需要进行深度处理才能消除，处理费用是一般污水处理费用的 2～3 倍，按照普通污水处理价格的 2 倍计算，即取 1.6 元/t，一般情况下每吨污水中 TN

和 TP 平均含量分别为 40 g 和 10g，处理 1 g TN 和 1 g TP 分别需要 0.04 元和 0.16 元。绿水管理措施实施在水质保护方面的效益见表 10.4.12。

表 10.4.12　不同绿水管理措施的水质保护效益

绿水管理措施	地表径流减少比例/%	TN 流失量/t	TP 流失量/t	水质保护效益/万元
梯田	1.35	8.18	0.68	43.52
等高耕作	3.17	19.21	1.59	102.20
地表覆盖	1.14	6.91	0.57	36.75
石线	1.19	7.21	0.60	38.37
平均值	1.71	10.38	0.86	55.21

注：TN 流失量=606 t/a×地表径流减少比例；TP 流失量=50 t/a×地表径流减少比例

4）农业增收效益

泥沙侵蚀主要影响作物生产。作物产量随肥沃的土壤流失而减少，由于关于影响的准确数据对许多因素（作物、土壤、肥料、管理）具有高度依赖性。通常情况下作物产量与作物的蒸腾量具有正相关关系，本小节通过作物蒸腾量的增加来评估农业增收效益，因此假设每吨输沙量可减少 2%的产量，1 m³ 水的农作物产量等于 0.625 元（0.1 美元）的农作物价值（Brandsma et al.，2013）。

根据表 10.4.7 中堵河上游采取 4 种绿水管理措施后农田作物蒸腾量的增加值，计算农业增收效益，计算结果见表 10.4.13。

表 10.4.13　不同绿水管理措施的农业增收效益

绿水管理措施	农田作物蒸腾量的增加值/万 m³	水的农作物价值/（元/m³）	农业增收效益/万元
梯田	609.5	0.625	380.94
等高耕作	503.5	0.625	314.69
地表覆盖	1 033.5	0.625	645.94
石线	662.5	0.625	414.06
平均值	702.25	0.625	438.91

5）堵河上游绿水管理措施综合效益

根据模型预测，堵河上游实施绿水管理措施后在水源涵养、水土保持和水质保护三大主体目标方面均产生了良好效益。经计算，堵河上游 4 种绿水管理措施能够产生的平均综合效益约为 2 223.24 万元。其中，水源涵养、水土保持和水质保护的综合效益约为 1 784.33 万元/a。具体计算结果见表 10.4.14。

表 10.4.14　堵河上游绿水管理措施年度综合效益

绿水管理措施	水源涵养效益/万元	水土保持效益/万元	水质保护效益/万元	农业增收效益/万元	综合效益/万元
梯田	516.6	1 053.48	43.52	380.94	1 994.54
等高耕作	1 310.4	881.74	102.20	314.69	2 609.03
地表覆盖	1 159.2	379.35	36.75	645.94	2 221.24
石线	844.2	771.52	38.37	414.06	2 068.15
平均值	957.6	771.52	55.21	438.91	2 223.24

6）成本效益分析

为了计算全面实施绿水管理措施的投资，做了年成本预算。整个堵河上游绿水管理措施的成本和效益见表 10.4.15。

表 10.4.15　堵河上游绿水管理措施年成本

绿水管理措施	单位成本/(元/hm^2)	数量/万 hm^2	总成本/万元	总效益/万元	效益成本比
梯田	1 500	0.17	255	1 755	6.88
等高耕作	150	5.19	778.5	933.69	1.20
地表覆盖	750	5.19	3 892.5	4 647.69	1.19
石线	857	0.17	145.69	1 002.69	6.88
平均	—	—	1 267.92	2 084.77	1.64

注：等高耕作只是在原有耕作的基础上稍微改变一下耕作方式，所花费成本几乎与原有成本接近，额外增加的成本本小节按照 150 元/hm^2 计算；由于梯田和石线工程一次性投资建设可以多年受益，本小节将梯田和实现发挥效益的期限按照 10 年计算，总成本均摊到每年。

从表 10.4.15 中可以看出，梯田、等高耕作、地表覆盖和石线 4 种绿色管理措施的效益成本比均大于 1，其中石线和梯田措施的效益成本比相同且最高，等高耕作和地表覆盖效益成本比相对较低，而且两者较为接近。

因此，梯田、等高耕作、地表覆盖和石线 4 种绿水管理措施都比较适合在水源区进行应用和推广，其预期效益均高于成本。按照平均水平计算，4 种绿水管理措施的平均总成本为 1 267.92 万元，而平均总效益约 2 084.77 万元，平均总效益是平均总成本的 1.64 倍。其中，与水源涵养、水土保持和水质保护相关的生态补偿效益平均为 1 784 万元。

5. 绿水管理生态补偿标准

根据水源区生态补偿的内涵，即水源区与农林帮扶有关的生态补偿，归根到底是对水源区提供的生态服务价值增加值进行补偿，有水源涵养、水土保持和面源污染控制等。堵河上游农业区采取绿水管理措施后，农民通过增加粮食产量获得 440 万元/a 的额外收入，在水源涵养、水土保持和水质保护方面平均增加的生态效益为 1 784 万元/a，这部分生态效益应视为生态服务价值的增加值，因此堵河上游农业绿水管理生态补偿总金额为 1 784 万元/a，折合每年 22.9 元/亩。

10.4.3　其他农林帮扶生态补偿

1. 退耕还林

根据堵河上游土地利用状况可知，堵河上游仍有 8 km² 的坡度大于 25° 的坡耕地需要实施退耕还林（表 10.4.3）。补偿标准按照每年 226.6 元/亩计算，则堵河上游退耕还林的生态补偿资金总计需要 271.92 万元/a。

2. 涵养林保护

堵河上游涵养林林地面积共计 6 852 km²，占流域面积的 73.36%。补偿标准按照每年每亩 10 元计算，堵河上游涵养林保护的补偿资金共计 1.03 亿元/a。

3. 小流域综合治理

参照《丹江口库区及上游水污染防治和水土保护"十二五"规划》中竹山县和竹溪县小流域水土保持治理内容，平均每年治理面积约 40 km²，小流域综合治理的生态补偿标准按照 269 元/亩进行补偿，则堵河上游小流域综合治理所需的生态补偿资金总计 1614 万元/a。

4. 生态移民

根据表 10.3.6，生态移民标准为 4.59 万元/人，堵河上游流域平均每年的移民人数按照 1 000 人计算，则生态移民补偿资金共计 4 590 万元/a。

5. 种植结构调整

种植结构调整主要是进行技术补偿和政策补偿，由于补偿资金量化困难，堵河上游种植结构调整的生态补偿资金暂不进行计算。

10.4.4　堵河上游农林帮扶生态补偿体系

1. 堵河上游农林帮扶生态补偿标准汇总

对堵河上游绿水管理、退耕还林、涵养林保护、小流域综合治理等与水源保护相关的生态补偿标准进行汇总，见表 10.4.16。整个堵河上游农林帮扶生态补偿机制的补偿额度约为 1.85 亿元/a。

表 10.4.16　堵河上游农林帮扶生态补偿标准与金额汇总

补偿内容	补偿标准	补偿数量	补偿额度/（万元/a）
绿水管理	22.9 元/亩	77.85 万亩	1 782.77
退耕还林	226.6 元/亩	1.2 万亩	271.92
涵养林保护	10 元/亩	1 027.8 万亩	10 278.00
小流域综合治理	269 元/亩	6 万亩	1 614.00
生态移民	4.59 万元/人	1 000 人	4 590.00
合计			18 536.69

2. 补偿关系与模式

根据生态补偿内容的不同，堵河上游生态补偿的对象、模式和方式均有所差别，具体见表 10.4.17。

表 10.4.17　堵河上游农林帮扶生态补偿关系与模式

生态补偿模式	资金支付方式	资金筹措方式	资金分摊比例/%	补偿额度/（万元/a）	补偿主体	补偿对象	补偿内容
政府主导补偿模式	财政转移支付	水费抽取	60	10 058	中央人民政府	水源区政府和群众	退耕还林、生态林保护、小流域综合治理、生态移民、种植结构调整
	对口协作	环境税	40	6 706	受水区政府		
市场主导补偿模式	绿水管理基金	水费抽取	100	1 784	中线水源管理单位	水源区农户	绿水管理
	绿水信贷	水费抽取	根据农户实际需求确定				

（1）绿水管理生态补偿的对象主要以水源区农户为主，宜采用市场模式进行补偿，资金筹措方式主要从南水北调的水费中抽取一部分费用，还可以从调水后受水区的水权交易中收取一部分费用，共同组成绿水信贷基金，专门用于基于绿水管理的农业生态补偿。

（2）除绿水管理以外的生态补偿，即退耕还林、涵养林保护、小流域综合治理、生态移民和种植结构调整，措施的实施和补偿资金的落实均离不开地方人民政府。因此建议绿水管理外的生态补偿模式以政府补偿为主，资金筹措方式一是从南水北调水资源费中抽取一部分费用，二是在受水区水用户中收取一部分环境税，共同组成专项生态补偿资金。由于退耕还林、涵养林保护、小流域综合治理、生态移民、种植结构调整等措施均离不开中央政策规定和扶持，因此建议中央与受水区的出资比例为 6∶4，补充额度总计 16 764 万元/a，受水区内部出资比例则按照用水比例进行分摊。

参 考 文 献

戴君虎, 王焕炯, 王红丽, 等, 2012. 生态系统服务价值评估理论框架与生态补偿实践[J]. 地理科学进展, 31(7): 963-969.

黄昌硕, 耿雷华, 王淑云, 2009. 水源区生态补偿的方式和政策研究[J]. 生态经济(3): 165-171.

李建, 尹炜, 杨国胜, 2014. 南水北调中线水源区绿水管理技术研究[J]. 水利经济, 32(1): 7-11.

李怀恩, 庞敏, 肖燕, 等, 2010. 基于水资源价值的陕西水源区生态补偿量研究[J]. 西北大学学报(自然科学版), 40(1): 149-154.

李亦秋, 冯仲科, 韩烈保, 等, 2010. 丹江口库区及上游生态系统土壤保持效益价值评估[J]. 中国人口·资源与环境, 20(5): 64-69.

王伟, 陆健健, 2005. 生态系统服务功能分类与价值评估探讨[J]. 生态学杂志, 24(11): 1314-1316.

王玮. 2010, 南水北调中线水源区(陕西段)水土保持生态补偿研究[D]. 西安: 西安理工大学.

王燕, 2011. 水源地生态补偿理论与管理政策研究[D]. 泰安: 山东农业大学.

王国栋, 王焰新, 涂建峰, 2012a. 南水北调中线工程水源区生态补偿机制研究[J]. 人民长江, 43(21): 89-93.

王国栋, 许秀贞, 翟红娟, 2012b. 南水北调中线水源保护联席会议制度探索与实践[J]. 人民长江, 43(7): 94-97.

徐磊磊, 刘敬林, 金昌杰, 等, 2011. 水文过程的基流分割方法研究进展[J]. 应用生态学报, 22(11): 3073-3080.

闫峰陵, 罗小勇, 雷少平, 等, 2010. 丹江口库区水土保持生态补偿标准的定量研究[J]. 中国水土保持科学, 8(6): 58-63.

余新晓, 吴岚, 饶良懿, 等, 2008. 水土保持生态服务功能价值估算[J]. 中国水土保持学报, 6(1): 83-86.

俞海, 任勇, 2007. 流域生态补偿机制的关键问题分析: 以南水北调中线水源涵养区为例[J]. 资源科学, 29(2): 28-33.

张小勇, 范先鹏, 刘冬碧, 等, 2012. 丹江口库区湖北水源区农业面源污染现状调查及评价[J]. 湖北农业科学, 51(16): 3460-3464.

赵军, 杨凯, 2007. 生态系统服务价值评估研究进展[J]. 生态学报, 27(1): 346-356.

赵士洞, 2001. 新千年生态系统评估: 背景、任务和建议[J]. 第四纪研究, 21(4): 330-336.

BRANDSMA J, VAN DEN EERTWEGH G, DROOGERS P, et al., 2013. Green and blue water resources and management scenarios using the model for the Upper Duhe Basin, China-Feasibility study [J].Future Water Report, 1: 126.